Robert Schaback

Grundlagen der Informatik

Robert Schaback

Grundlagen der Informatik

für das Nebenfachstudium

Friedr. Vieweg & Sohn   Braunschweig / Wiesbaden

CIP-Titelaufnahme der Deutschen Bibliothek

Schaback, Robert:
Grundlagen der Informatik: für d. Nebenfach-
studium / Robert Schaback. — Braunschweig;
Wiesbaden: Vieweg, 1988
ISBN-13: 978-3-528-06304-7   e-ISBN-13: 978-3-322-83697-7
DOI: 10.1007/978-3-322-83697-7

Der Verlag Vieweg ist ein Unternehmen der Verlagsgruppe Bertelsmann.

Alle Rechte vorbehalten
© Friedr. Vieweg & Sohn Verlagsgesellschaft mbH, Braunschweig 1988
Softcover reprint of the hardcover 1st edition 1988

Druck und buchbinderische Verarbeitung: Lengericher Handelsdruckerei, Lengerich

Für Helmut Werner

22.3.1931 − 22.11.1985

Vorwort

Dieses Buch entstand aus zwei Zyklen der Vorlesungen Informatik I/II an der Universität Göttingen. Es enthält die wichtigsten Begriffe und Techniken der Informatik, soweit sie mir für das Nebenfachstudium nötig erscheinen.

Aus der Göttinger Situation heraus waren einige Nebenbedingungen zu beachten:

- Es kann kein Programmierkurs zwingend vorausgesetzt werden; die Vorlesung muß deshalb auch die Grundlagen der Programmierung auf den Ebenen der Hochsprache, des Betriebssystems und des Maschinencodes enthalten. Allerdings sind im Mittel bei 70% der Hörer Grundkenntnisse in einer Programmiersprache vorhanden (leider oft nur BASIC). Parallel zum zweiten Teil der Vorlesung findet ein PASCAL-Kurs statt, der auf die Kapitel 5 bis 9 aufbaut; danach wird eine Veranstaltung über Kleinrechnersysteme angeboten, die sich inhaltlich an das letzte Kapitel dieses Buches anschließt.

- Besondere mathematische Vorkenntnisse sind bei einem Teil der Hörer nicht zu erwarten, weil die Vorlesung für alle Fachbereiche offen ist. Deshalb muß ein Minimum an mathematischen Grundlagen eingebaut werden.

Die erste Version dieses Textes entstand im Studienjahr 1984/85 unter Verwendung des Textsystems RUNOFF und wurde inhaltlich durch viele Diskussionen mit Dr. **I. Diener** sowie durch Redaktionsarbeiten von cand. math. F. **Bulthaupt** und cand. math. J. **Ebrecht** sehr gefördert.

Zum Studienjahr 1985/86 wurde der Text um ein Kapitel über Automaten erweitert und größtenteils durch cand. math. M. **Buhmann** auf LaTeX umgestellt. Die vorliegende Version ist schließlich das Ergebnis einer gründlichen Überarbeitung seit Februar 1987. Bei der kritischen Durchsicht halfen Dr. **I. Diener**, Dr. **I. Kießling**, Dipl. Math. **M. Lowes**, Dr. **G. Siebrasse** und Prof. Dr. **R. Switzer**; das Literaturverzeichnis redigierten Frau G. **Hansen−Schmidt** und Frau Ch. **Schrörs**. Allen Beteiligten, auch Frau U. **Schmickler−Hirzebruch** vom Vieweg−Verlag, möchte ich an dieser Stelle herzlich danken.

Dieses Buch ist meinem 1985 verstorbenen akademischen Lehrer Helmut **Werner** gewidmet. Er hat in vorbildlicher Weise Mathematik und Informatik in Forschung und Lehre verbunden und für die Anwendungen in anderen Wissenschaften nutzbar gemacht.

Göttingen, 19. Oktober 1987   R. Schaback

Inhaltsverzeichnis

Liste der Figuren

Liste der Tabellen

1 Nachrichten

1.1 Grundbegriffe

1.1.1 Informatik

Nach der geläufigen Definition [43] befaßt sich **Informatik** mit der systematischen Verarbeitung von Informationen im allgemeinen und auf Maschinen (Datenverarbeitungsanlagen, *Computer*) im besonderen. Deshalb behandelt das erste Kapitel die **Informationen** und das zweite die **Verarbeitung**.

1.1.2 Information

Im normalen Sprachgebrauch bezeichnet man die Kenntnis über bestimmte Sachverhalte und Vorgänge in einem Teil der wahrgenommenen Realität als **Information**. Diese Kenntnis erlangt man, wenn man gewisse **Nachrichten**, z.B. in einer Zeitung, gelesen und verstanden hat. Deshalb entsteht **Information** durch das Verstehen einer **Nachricht**. Nachrichten und **Daten** sind synonym.

Zuerst ist festzustellen, daß die Nachricht nicht von dem sie aufnehmenden Subjekt abhängt, wohl aber die Information. Ein des Deutschen Unkundiger kann sich durch die in einer deutschen Zeitung enthaltenen Nachrichten nicht informieren. Die Nachrichten erreichen ihn zwar, da er sie als Zeichen auf Papier sehen kann. Sie sind aber für ihn nicht sinnvoll interpretierbar.

Das Informiertsein wird in der Regel durch Verstehen einer Nachricht bewirkt, kann aber auch unabhängig von der Nachricht weiterbestehen, denn auch nach dem Wegwerfen der Zeitung (d.h. nach dem Verschwinden der Nachricht) bleibt das Informiertsein erhalten (vorausgesetzt, das Gedächtnis spielt mit).

1.1.3 Interpretation

Den Vorgang, der aus einer Nachricht eine Information macht, nennt man **Interpretation**. Sie setzt einen Interpretierenden voraus, dessen "innerer Zustand" sich durch die Interpretation verändert.

Diese Formulierung erfaßt sowohl den Menschen als Interpretierenden, der durch eine Nachricht informiert wird, als auch eine Maschine, die gewisse Nachrichten erhält und dadurch zu gewissen Aktionen veranlaßt wird (das ist die maschinelle Form des Informiertseins).

Bei menschlicher Interpretation liegt es nahe, statt Information auch **Bedeutung**, **Inhalt** oder **Sinn** zu sagen. Einer Nachricht kann auf sehr verschiedene Weise durch Interpretation eine Information abgewonnen werden. Viele Mißverständnisse beruhen darauf. Andererseits wird dies auch direkt eingeplant. Die Erstellung politischer Dokumente geschieht häufig so, daß Kompromißformeln (als Nachricht) so geschickt gewählt werden, daß beide Seiten eine jeweils verschiedene, aber für sie befriedigende Interpretation vornehmen können.

Bemerkung 1.1.3.1.   Es gibt eine mathematische Informationstheorie (begründet durch C.E. **Shannon** 1949 [47]), die andere Wege geht und für die Darstellung der Grundlagen der Informatik im Rahmen eines Lehrbuchs ungeeignet ist. Eigentlich ist sie eine Nachrichtentheorie, da sie keine Informationen, sondern Nachrichten zum Gegenstand hat. □

Bemerkung 1.1.3.2.   Auch Kunst vermittelt Informationen, wobei die Vielfalt der Träger und Formen besonders groß ist. Man mache sich das an Beispielen klar! □

Aufgabe 1.1.3.3.   Man gebe Beispiele von Nachrichten an, die je nach Interpretation verschiedene Informationen liefern können. □

Aufgabe 1.1.3.4.   Man gebe Beispiele für Nachrichten an, bei denen die Änderung eines einzigen Zeichens zu einer ganz anderen Information führt. □

1.1.4   Träger und Form

Nachrichten haben zwei für sie charakteristische Bestandteile: sie haben einen **Träger** und eine **Form**.

Beispiel 1.1.4.1.   Die Nachricht, die man hier sieht, hat als Träger schwarze Schrift auf Papier, als Form die deutsche Sprache mit ihren üblichen Schriftzeichen. Die Nachricht besteht aus dem Text allein; sie ist vom Verständnis des Textes unabhängig und existiert auch für eine Katze, wenn man ihr dieses Blatt zeigt. Eine Information wird letztere diesem Text nicht abgewinnen können, ebensowenig wie ein des Deutschen Unkundiger dies können wird. □

1.1.5   Metanachrichten

Wenn im folgenden über Nachrichten geschrieben wird, so ist der geschriebene Text selbst eine Nachricht, die bei Interpretation durch einen verständigen Leser diesem erklären soll, wie er die Nachricht "Nachricht" zu interpretieren hat. Man hat also eine Nachricht über die Nachricht "Nachricht". Wie kann man aber den Begriff "Nachricht" ohne Nachrichten erklären?

Hier ergibt sich gleich zu Beginn ein problematischer **Selbstbezug**, der im folgenden aber beseitigt werden wird. Andererseits sind Selbstbezüge (Rekursionen) ein wichtiges und interessantes Thema in der Informatik, das später noch oft auftreten wird. Das Problem wird schreibtechnisch umgangen, indem in diesem Buch die Nachrichten, die als Objekte behandelt werden, in der Regel in Apostrophe eingeschlossen oder *kursiv* geschrieben werden, um sie von dem eigentlichen Text (der Nachricht über die *Nachricht*, der **Metanachricht**), zu unterscheiden. Man erklärt die Information der Nachricht *Nachricht* durch eine Metanachricht.

Beispiel 1.1.5.1.   Die Nachricht *Hund* hat, so wie sie der Leser hier vor sich sieht, als Träger schwarze Schrift auf Papier, als Form die deutsche Sprache. Wenn die Kursivschrift fehlen würde, wüßte man nicht, ob die gemeinte Nachricht *Hund* oder *Hund hat* oder etwa *Hund hat, so* ist. □

Aufgabe 1.1.5.2. Man überlege sich einige originelle Nachrichten, die Selbstbezüge enthalten. □

1.2 Träger

Träger bestehen aus Medium und Signal. Das **Medium** ist in der Regel ein physikalisches Objekt, etwa

Papier	Elektromagnetische Felder
Magnetisierte Schichten	Schallfeld
Bildschirme	Drähte

Das **Signal** ist eine zeitliche oder räumliche physikalische Struktur, die dem Medium aufgeprägt und für das Medium typisch ist.

Signale können **flüchtig** und **nichtflüchtig** sein. Flüchtig bedeute in diesem Zusammenhange, daß eine äußere Hilfe nötig ist, um die Struktur aufrechtzuerhalten. **Feste** Signale sind:

- Zeichen (z.B. Buchstaben) auf Papier

- Löcher in Lochkarten oder Lochstreifen

- Magnetisierte Spuren auf Magnetbändern oder Magnetplatten

Flüchtige Signale sind:

- Elektrische Ströme in Drähten

- Elektromagnetische Felder im Raum

- Töne und gesprochene Worte im Luft–Schallfeld

Beispiel 1.2.0.3. Man diktiert in ein Diktaphon, eine Sekretärin hört das Band ab, schreibt ein Telex, das Telex wird nach Brasilien gesendet, dort wird es ausgedruckt und dem Empfänger vorgelesen.

Man sieht, wie dieselbe Nachrichtenform auf verschiedenen Trägern auftritt und welche Medien und welche Signale im Spiele sind. Man hofft, daß die übertragene Nachricht beim Empfänger die gleiche Information bewirkt wie beim Absender (**Informationstreue** der Nachrichtenübertragung); dessen kann man sich aber nie sicher sein, denn der Adressat kann die gleiche Nachricht anders interpretieren. Da die Interpretation einer Nachricht in der Regel nur von der Form, nicht vom Träger der Nachricht abhängt, kann man nur dann auf Informationstreue hoffen, wenn die Form unverändert bleibt. □

Aufgabe 1.2.0.4. Nach obigem Muster überlege man sich noch andere Übertragungswege für Nachrichtenformen. □

Aufgabe 1.2.0.5. Man gebe mehrere Beispiele von Nachrichten an, wobei möglichst verschiedene Träger und Formen auftreten sollten. □

1.3 Form

1.3.1 Sprachen, Worte, Alphabete, Zeichen

Die Form einer Nachricht wird in der Regel in einer **Sprache** fixiert. Diese ist unabhängig vom Träger. Gleiche Formen können auf sehr verschiedenen Trägern auftreten, wie oben schon gezeigt wurde; gleiche Informationen können bei Interpretation sehr verschiedener Nachrichtenformen resultieren.

Beispiel 1.3.1.1.   Man kann eine Nachricht, die bei geeigneter Interpretation die Information *Hund* ergibt, in vielen Sprachen formulieren, z.B. *dog, chien, canis* oder

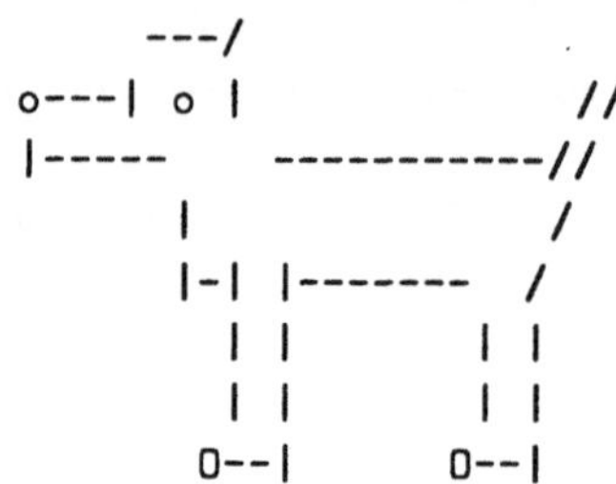

□

Sprachen bestehen aus Folgen von **Sätzen**, diese aus Folgen von **Wörtern**, diese wiederum aus Folgen von **Zeichen**. Alle zusammen bilden die **Sprachelemente** der Sprache. Das Grundelement "Zeichen" sollte man nicht weiter untergliedern, um nicht in eine unendliche Suche nach der kleinsten Einheit zu geraten, dem **infiniten Regreß ins Detail**. Die Zeichen mögen aus einem festgelegten endlichen und geordneten Zeichenvorrat, dem **Alphabet**, stammen, wobei auch exotische Alphabete zugelassen sind (sogar Chinesisch und Hieroglyphen lassen sich von Datenverarbeitungsanlagen behandeln, vgl. z.B. [50], S. 252). Eine "Folge" erhält man dabei durch "sequentielles Hintereinandersetzen" (*Concatenation* , **Verkettung**). Eine genauere Fixierung dieser Terminologie folgt später, weil "Hintereinandersetzen" eine Verarbeitungsform ist und die Verarbeitung von Zeichenfolgen Gegenstand des nächsten Kapitels ist.

Beispiel 1.3.1.2. Umgangssprache.   Diese hat das klassische Alphabet mit den üblichen Zeichen. Um legale und verständliche Sätze bilden zu können, gibt es eine Anzahl spezieller **Satzzeichen**, die man im Sinne der Informatik mit zum Alphabet zählen muß. Diese unterscheiden sich von den sonstigen Zeichen dadurch, daß ihre Interpretation allein zur Strukturierung der Sprache verwendet wird. Spezielle Satzzeichen sind die **Trennzeichen** wie Leerzeichen, Komma, Semikolon etc., die zwischen Sprachelementen Trennungen bewerkstelligen. **Steuerzeichen** sind solche, die unabhängig von der Interpretation die äußere Form eines Textes beeinflussen, etwa der "Wagenrücklauf" oder der "Zeilenvorschub". Genaugenommen sind alle durch Schreibmaschinentasten darstellbaren Zeichen zum Alphabet zu rechnen, wenn man strukturierte Texte mit Mitteln der Sprache darstellen will. □

Beispiel 1.3.1.3. Morsealphabet.   Zeichen sind '·', '−' und der Zwischenraum '␣', der als Trennzeichen interpretiert wird (in der Informatik auch "*blank*" genannt).

Zeichen werden in Gruppen zu je höchstens 6 "echten" Zeichen zusammengefaßt; die Gruppen werden durch *blanks* getrennt. Legale Worte und Sätze enthalten deshalb nie mehr als 6 "echte" Zeichen nacheinander. □

Beispiel 1.3.1.4. Ganze Dezimalzahlen. Hier wird erstmalig eine "Kunstsprache" zu Übungszwecken konstruiert. Man vergesse also, was ganze Dezimalzahlen normalerweise sind, und betrachte die folgende Definition als absolut verbindlich.

Das Alphabet besteht aus den Ziffern 0 bis 9 und den Vorzeichen + und −. Legale Zahlen haben höchstens ein Vorzeichen; wenn sie eines haben, so beginnen sie damit.

Man sollte sich daran gewöhnen, präzise Definitionen auch präzis zu verstehen. Deshalb mache man sich klar, daß die Zeichenfolgen 2 ⌣ 7 und 2+2 im obigen Sinne illegal sind, so verständlich sie auch sein mögen. Hingegen sind natürlich 27 und 4 legal. □

Beispiel 1.3.1.5. Bit–Alphabet. Zeichen sind die **Bits** 0 und 1. Die Worte über diesem Alphabet sind die Folgen von Nullen und Einsen (**Bitstrings** oder **Binärworte**). Oft werden statt 0 und 1 auch **O** und **L** verwendet. □

Beispiel 1.3.1.6. Byte–Alphabet. Zeichen sind die Binärworte der Länge 8, die **Bytes**. □

1.3.2 Syntax

Es sollte aufgefallen sein, daß nicht scharf genug definiert wurde, was im obigen Abschnitt unter "legal" zu verstehen ist. Diese auch im täglichen Leben schwierige Frage (es gibt zu ihrer Klärung einen eigenen Berufsstand) wird später untersucht. Hier sollte die Bemerkung genügen, daß es Regeln gibt (oder geben sollte, z.B. in der Umgangssprache), die festlegen, welche Zeichenfolge ein "legales" Wort und welche Wortfolge einen "legalen" Satz der Sprache bildet. Dabei kann man zwei Ziele verfolgen; einerseits kann man die Regeln unabhängig von der Interpretation formulieren, also nur die zur Bildung von Nachrichten erlaubten Sprachelemente festlegen, andererseits kann man die Regeln mit Rücksicht auf die Interpretation so formulieren, daß jede den Regeln genügende Nachricht auch eindeutig interpretierbar ist. Da aber die Interpretation vom Interpretierenden abhängt, wählt man in der Regel die erste Alternative. Solche Regeln machen dann die **Syntax** der Sprache aus. Festzuhalten ist, daß Syntaxregeln sich nur auf die **Form** und nicht auf die eventuelle **Interpretation** der in einer Sprache formulierbaren Nachrichten beziehen; der Begriff "legal" bedeutet dann nicht "inhaltlich verständlich", sondern nur **"formal zulässig"** (Parallelen zum Rechtssystem sind wohl nicht zufällig).

Bei den ganzen Dezimalzahlen gemäß der obigen Definition ist +4711 legal, aber + ⌣ 4711 nicht, da das *blank* hier nicht zum Alphabet gehört. Dennoch ist + ⌣ 4711 verständlich. Umgekehrt ist in der gewöhnlichen deutschen Sprache das Wort *Barberockschat* formal zulässig, aber kaum verständlich.

1.3.3 Formale Sprachen

Mit zunehmender Komplexität der Sprache wird auch die Entscheidung über die Zulässigkeit von Worten oder Sätzen schwieriger (ganz zu schweigen von der noch schwierigeren inhaltlichen Interpretation). Deshalb benutzt man in der Informatik Hierarchien von Sprachen, die sich maschinell übersetzen lassen und in einer möglichst primitiven "untersten" Sprache enden, die dann sogar von Maschinen interpretiert werden kann.

Die Syntaxregeln solcher Sprachen werden so scharf formuliert, daß im allgemeinen durch ein einfaches Verfahren geklärt werden kann, ob ein Satz der Sprache "legal" ist oder nicht. Gleichzeitig wird versucht, "legale" Sätze auch automatisch interpretierbar zu halten, so daß möglichst alle den Regeln genügenden Nachrichten auch interpretierbar sind. Dies bewirkt, daß keine Diskrepanz zwischen "legal" und "verständlich", also zwischen "formal in Ordnung" und "interpretierbar" auftritt. Im Kapitel 4 werden solche **formalen Sprachen** genauer untersucht.

1.3.4 Übersetzung

Der Übergang von einer Sprache zur anderen bei (hoffentlich) gleichbleibender Interpretation wird **Übersetzung** genannt. Davon zu unterscheiden ist die **Übertragung** gleichbleibender Nachrichtenformen auf andere Träger.

1.3.5 Codes

Ein **Code** ist eine Zuordnung zwischen Zeichen oder Zeichengruppen von zwei verschiedenen oder zwei gleichen Alphabeten. Geschieht diese Zuordnung zeichenweise, so spricht man auch von **Chiffrierung.**

In der Regel wird bei einer Codierung nicht der gesamte Zeichen– oder Wortvorrat in der Zielsprache ausgenutzt (**Redundanz**). Die nicht benutzten Zeichen oder Worte kann man zur Fehlererkennung heranziehen. Dies kann so weit gehen, daß bei einfachen Übermittlungsfehlern eine nachträgliche Korrektur möglich ist (**fehlertolerante Codierung** , *error–correcting Codes*, vgl. Beispiel 1.3.5.12).

Beispiel 1.3.5.1. Dezimalsystem.   Die Zeichen sind 0 bis 9, $+$ und $-$ sowie bei englischer Schreibweise ein Dezimalpunkt. Die Codierung ist die übliche (man beschreibe sie als Übung genauer). $\square$

Beispiel 1.3.5.2. Morse–Code. Diesen Code zeigt Tabelle 1. $\square$

Beispiel 1.3.5.3. Nichtnegative Binärzahlen. Hier gibt es nur die Zeichen 0 und 1, die dann zu beliebig langen Worten der Form $b_n b_{n-1} \ldots b_1 b_0$ verbunden werden, wobei alle b_i nur Null oder Eins sein können. Der Codewert eines solchen Wortes ist die Zahl

$$2^0 \cdot b_0 + 2^1 \cdot b_1 + \ldots + 2^n \cdot b_n = \sum_{i=0}^{n} 2^i b_i.$$

In der Regel wird bei Maschinen die Wortlänge beschränkt. Dadurch sind bei Binärworten der Länge n nur Zahlen zwischen 0 und $2^n - 1$ codierbar. Beim Addieren großer Zahlen muß man dann mit Überlaufeffekten rechnen. $\square$

a	·—	i	··	r	·—·	1	·————
ä	·—·—	j	·———	s	···	2	··———
b	—···	k	—·—	t	—	3	···——
c	—·—·	l	·—··	u	··—	4	····—
ch	————	m	——	ü	··——	5	·····
d	—··	n	—·	v	···—	6	—····
e	·	o	———	w	·——	7	——···
f	··—·	ö	———·	x	—··—	8	———··
g	——·	p	·——·	y	—·——	9	————·
h	····	q	——·—	z	——··	0	—————
.	·—·—·—	,	——··——	:	———···	-	—····—
,	·————·	()	—·——·—	?	··——··	··	·—··—·

Tabelle 1: Morse–Code

Aufgabe 1.3.5.4. Man übe das Addieren, Subtrahieren, Multiplizieren und Dividieren im Binärsystem an Hand von je 2 Beispielen mit mindestens sechsstelligen Binärzahlen. □

Beispiel 1.3.5.5. Ganze Binärzahlen. Will man positive und negative ganze Zahlen mit $n + 1$ Bits darstellen, so muß man die insgesamt möglichen 2^{n+1} Codewerte annähernd in zwei Hälften aufteilen. Deshalb codiert man wie oben durch $b_n b_{n-1} \ldots b_1 b_0$ im Falle $b_n = 0$ die positive Zahl $\sum_{i=0}^{n-1} 2^i b_i$, während negative Zahlen z durch das **Zweierkomplement** der entsprechenden positiven Zahl dargestellt werden. Dieses erhält man durch Vertauschung von 0 und 1 und nachfolgendes Addieren einer 1. Ein Beispiel ist

$$
\begin{array}{rcl}
23_{dezimal} & = & 00010111_{binär} \\
\text{Vertauschung von 0 und 1} & = & 11101000_{binär} \\
& & +1_{binär} \\
\text{Zweierkomplement von } 23_{dezimal} = -23_{dezimal} & = & 11101001_{binär}
\end{array}
$$

Ein Vorzug dieser Darstellung ist, daß die Rechenregel $z + (-z) = 0$ für alle Zahlen z zwischen 0 und $2^{n-1} - 1$ bis auf einen Überlauf in der ersten Stelle zutrifft. Ferner haben negative Zahlen als führendes Bit eine 1; deshalb kann man das Vorzeichen leicht aus der Zahldarstellung ablesen. Die binären Zahldarstellungen, wie sie in heutigen Maschinen intern auftreten, werden in den Abschnitten 13.3.3 und 13.3.6 genauer behandelt. □

Aufgabe 1.3.5.6. Welche Binärworte der Form $b_n b_{n-1} \ldots b_1 b_0$ sind gleich ihrem Zweierkomplement? □

Aufgabe 1.3.5.7. Wieso ist -2^n mit $n + 1$ Bits in der obigen Form codierbar, $+2^n$ aber nicht? □

Beispiel 1.3.5.8. Im **Hexadezimalsystem** braucht man 16 Ziffern, die aus 0–9 und A–F (für 10–15) bestehen. Dann schreibt man Worte wie oben im Binärsystem hin, aber jetzt können die Einzelzeichen b_i zwischen 0 und F liegen und die entsprechenden Werte zwischen 0 und 15 haben.

Der Codewert ist die Zahl

$$16^0 \cdot b_0 + 16^1 \cdot b_1 + \ldots + 16^n \cdot b_n = \sum_{i=0}^{n} 16^i b_i.$$

$\square$

Aufgabe 1.3.5.9.   Man mache sich Gedanken über die Rechenregeln in dieser Zahlcodierung und übe das Addieren und Subtrahieren an Hand einiger mindestens vierstelliger Beispiele. $\square$

Man kann eine Binärdarstellung, deren Wortlänge ein Vielfaches von 4 ist, leicht in eine Hexadezimaldarstellung umwandeln und umgekehrt. Dazu braucht man nur die Binärdarstellungen der Zahlen zwischen 0 und 15. Beispielsweise ist

$$\begin{aligned}
23_{dezimal} &= 00010111_{binär} \\
&= 17_{hexadezimal} \\
-23_{dezimal} &= 11101001_{binär} \\
&= E9_{hexadezimal}
\end{aligned}$$

Beispiel 1.3.5.10.   Wenn man die Dezimalziffern 0 bis 9 binär codieren will, braucht man vier Bits. Dann hat man noch Redundanz, die man zum Codieren des Vorzeichens verwenden kann. Diese nutzt man z.B. durch Codieren von $+$ durch $C_{hexadezimal} = 1100_{binär}$ und von $-$ durch $D_{hexadezimal} = 1101_{binär}$. Eine Dezimalzahl mit k Ziffern und einem Vorzeichen benötigt dann $4 \cdot (k+1)$ Bits. Diese Codierung nennt man **BCD-Code** oder **gepackt–dezimale Zahldarstellung**. $\square$

Aufgabe 1.3.5.11.   Man schreibe die hexadezimalen Zahlen AFFE und BCD im BCD-Code mit hexadezimal bzw. binär codierten Ziffern hin. $\square$

Beispiel 1.3.5.12. Man kann 16 verschiedene Zeichen codieren durch je eine Sequenz von 8 Bits gemäß Tabelle 2. Dieser Code ist geeignet, jeden Fehler mit bis zu 3 falschen Bits zu erkennen und jeden Fehler mit einem falschen Bit zu korrigieren. $\square$

Aufgabe 1.3.5.13.   Man beweise die obige Aussage. Dazu betrachte man auf geeignete Weise eine "Distanz" der Codewörter. $\square$

Beispiel 1.3.5.14.   Der wichtigste Code für alphabetische und numerische Texte ist der ASCII-Code (*American Standard Code for Information Interchange*). Dieser Code (vgl. Tabelle 3 auf Seite 10) bildet das klassische Alphabet ab auf die Bytes, d.h. die Worte aus 8 Zeichen über dem Bit-Alphabet. Dabei werden eigentlich nur 7 Bits verwendet (der Code ist redundant). Das achte Bit kann zur **Paritätskontrolle** herangezogen werden, indem es auf Null bzw. Eins gesetzt wird, wenn die Bitsumme der ersten sieben Bits gerade bzw. ungerade ist. Dann gibt es immer eine gerade Zahl von Einsen im Byte. Die ersten 32 Zeichen sind Steuerzeichen wie z.B. LF = *Line Feed* (Zeilenvorschub), HT = *Horizontal Tab* (Tabulatorzeichen). $\square$

<pre>
1 1 1 1 1 1 1 1
1 1 1 0 1 0 0 0
1 0 1 1 0 1 0 0
1 0 0 1 1 0 1 0
1 0 0 0 1 1 0 1
1 1 0 0 0 1 1 0
1 0 1 0 0 0 1 1
1 1 0 1 0 0 0 1
0 0 0 1 0 1 1 1
0 1 0 0 1 0 1 1
0 1 1 0 0 1 0 1
0 1 1 1 0 0 1 0
0 0 1 1 1 0 0 1
0 1 0 1 1 1 0 0
0 0 1 0 1 1 1 0
0 0 0 0 0 0 0 0
</pre>

Tabelle 2: Ein fehlerkorrigierender Code

Beispiel 1.3.5.15. Ungepackte Dezimalzahlen. Bei vielen Anwendungen will man Dezimalzahlen direkt ziffernweise codieren. Die simpelste Form ist die ASCII–Codierung der Einzelziffern und des Vorzeichens nach Tabelle 3. □

Bemerkung 1.3.5.16. Es gibt eine eigenständige, aber leider zu militärischen Zwecken mißbrauchte mathematische Disziplin, die sich mit Codes beschäftigt (**Codierungstheorie**). Die spezielle Lehre von der Ver- und Entschlüsselung codierter Texte nennt man **Kryptographie**. □

1.3.6 Kommunikation

Unter **Kommunikation** versteht man den **Austausch von Informationen**. Das klingt einfach, scheint aber in der Praxis schwierig zu sein, wenn man sich beispielsweise die Kommunikation zwischen verschiedenen Generationen oder Machtblöcken ansieht. Schöne Beispiele bieten dazu die Bücher von P. **Watzlawick** (u.a. [53]).

Kommunikation setzt Nachrichtenaustausch voraus. Da Nachrichten Form und Träger haben, müssen die Kommunikationspartner bereits auf der Stufe des Nachrichtenaustausches für gleiche Formen und Träger sorgen.

Beispiel 1.3.6.1. Die Nachricht *Waldi ist ein Hund* kann vom Kommunikationspartner nur dann aufgenommen werden, wenn er diese Nachricht liest (Abrede über gleichen Träger). Desgleichen setzt sie die Kenntnis des lateinischen Alphabets voraus (Abrede über gleiche Form), wenn sie beispielsweise vom Kommunikationspartner weiterzugeben ist. Ein Nachrichtenaustauschpartner kann diese Nachricht weitergeben oder etwa die Anzahl der Buchstaben auswerten etc., ohne sie zu verstehen. Manche wissenschaftlichen Auswertungen sind von letzterem Typ, da Daten ausgezählt werden, die Phänomene aber unverstanden bleiben.

Dez	Hex	Char	Dez	Hex	Char	Dez	Hex	Char	Dez	Hex	Char
0	00	NUL	32	20	␣	64	40	@	96	60	`
1	01	SOH	33	21	!	65	41	A	97	61	a
2	02	STX	34	22	¨	66	42	B	98	62	b
3	03	ETX	35	23	#	67	43	C	99	63	c
4	04	EOT	36	24	$	68	44	D	100	64	d
5	05	ENQ	37	25	%	69	45	E	101	65	e
6	06	ACK	38	26	&	70	46	F	102	66	f
7	07	BEL	39	27	'	71	47	G	103	67	g
8	08	BS	40	28	(	72	48	H	104	68	h
9	09	HT	41	29	)	73	49	I	105	69	i
10	0A	LF	42	2A	*	74	4A	J	106	6A	j
11	0B	VT	43	2B	+	75	4B	K	107	6B	k
12	0C	FF	44	2C	,	76	4C	L	108	6C	l
13	0D	CR	45	2D	-	77	4D	M	109	6D	m
14	0E	SO	46	2E	.	78	4E	N	110	6E	n
15	0F	SI	47	2F	/	79	4F	O	111	6F	o
16	10	DLE	48	30	0	80	50	P	112	70	p
17	11	DC1	49	31	1	81	51	Q	113	71	q
18	12	DC2	50	32	2	82	52	R	114	72	r
19	13	DC3	51	33	3	83	53	S	115	73	s
20	14	DC4	52	34	4	84	54	T	116	74	t
21	15	NAK	53	35	5	85	55	U	117	75	u
22	16	SYN	54	36	6	86	56	V	118	76	v
23	17	ETB	55	37	7	87	57	W	119	77	w
24	18	CAN	56	38	8	88	58	X	120	78	x
25	19	EM	57	39	9	89	59	Y	121	79	y
26	1A	SUB	58	3A	:	90	5A	Z	122	7A	z
27	1B	ESC	59	3B	;	91	5B	[	123	7B	{
28	1C	FS	60	3C	<	92	5C	\	124	7C	—
29	1D	GS	61	3D	=	93	5D	]	125	7D	}
30	1E	RS	62	3E	>	94	5E	^	126	7E	~
31	1F	US	63	3F	?	95	5F	_	127	7F	DEL

Tabelle 3: ASCII–Code.

Die Spalte *Dez* gibt den Dezimal–, die Spalte *Hex* den Hexadezimalwert des Byte–Codes des Zeichens in der Spalte *Char* an.

Ein Nachrichtenaustausch kann also ohne jede Interpretation der Nachrichten (etwa ohne Kenntnis des Hundes Waldi) erfolgen; die ausgetauschte Nachricht kann bei Interpretation einen beliebig unsinnigen oder falschen Inhalt haben. *Sechs ist eine Primzahl* ist auch eine Nachricht. Kommunikation im eigentlichen Sinne setzt voraus, daß sich die Partner auch über die Interpretation der auszutauschenden Nachrichten einigen; der folgende Abschnitt wird zeigen, wie problematisch dies ist. □

1.3.6.2 Bemerkung. Es gibt eine spezielle Kommunikationstheorie, deren philosophische Richtung etwa in [34] zusammengefaßt wird.

1.4   Interpretation

1.4.1   Semantik

Die Interpretation einer Nachricht setzt einen Interpretierenden voraus, der "höhere Informationen" besitzt, die ihm die Interpretation gestatten.

Um beispielsweise der Nachricht *Hund* einen Inhalt zuordnen zu können, sollte man wissen, was ein Hund ist; die charakteristischen Eigenschaften von Hunden stecken nicht in Träger und Form der Nachricht *Hund*.

Ist die Interpretation der Wörter und Sätze einer Sprache durch Regeln ausdrückbar, so bilden diese Regeln die **Semantik** der Sprache. Dabei ist klar, daß die Regeln einer "höheren" Sprache (**Metasprache**) entstammen müssen, die als verständlich angenommen werden muß, denn man kann B durch A nur dann sinnvoll erklären, wenn A ohnehin bekannt ist und B noch unklar ist.

Weil man Maschinen kaum beibringen kann, was unter einem Hund zu verstehen ist (es werden bestenfalls die Personaldaten des "Herrchens" zwecks Hundesteuereintreibung maschinell behandelt), ist klar, daß die Interpretation von Nachrichten durch Maschinen entweder gar nicht oder nur sehr schematisch durchgeführt werden kann; der Reichtum der Belletristik beispielsweise beruht dagegen auf der fast unbegrenzten menschlichen Fähigkeit, Nachrichten vielfältig zu interpretieren. Interpretationen sind nämlich angenehmerweise keineswegs eindeutig.

Beispiel 1.4.1.1. Man betrachte eine Sorte von Witzen, die auf der Mehrdeutigkeit der Interpretation der Nachrichten *Kohl* oder *Birne* beruhen. □

Beispiel 1.4.1.2. Zahlensysteme. Hier ist die Semantik durch die entsprechende arithmetische Vorschrift gegeben; dies bewirkt eine systematische Interpretationsmöglichkeit durch Menschen und Maschinen. Was aber beispielsweise unter '7' wirklich zu verstehen ist, bleibt dem menschlichen Bewußtsein überlassen. Die Semantik gibt hier also eine Interpretation, die in der Umgangssprache als "höhere" Sprache formuliert ist und in dieser unmittelbar verständlich ist. □

1.4.2   Formale Interpretation

Auf Grund der strikten Gesetzmäßigkeiten der Physik, denen Maschinen unterliegen, können jene nur nach strikten formalen Regeln arbeiten. Deshalb ist die Informatik im wesentlichen auf die Verarbeitung auf Formebene beschränkt; sie kann die Information nur bearbeiten, wenn sie selbst "Form" hat, d.h. sich in formalen Regeln festschreiben läßt. Deshalb sollte man richtigerweise von **Nachrichten-** oder **Daten**verarbeitung statt von Informationsverarbeitung oder Informatik sprechen. Nur bei der Ausführung von Befehlen, die in Nachrichtenform gegeben sind, führen Maschinen eine Interpretation von Nachrichten durch.

In der "Künstlichen Intelligenz" behandelt man oft auch die Semantik in einer formalen Weise. Dies geschieht beispielsweise durch "Anheften" von Attributen an Sprachelemente, etwa durch: Ein *Hund* ist etwas, das die Eigenschaften *Haustier sein, bellen können, vier Beine haben* hat. Dabei werden lediglich Beziehungen zwischen unverstandenen formalen Nachrichten hergestellt, die eine bestimmte Struktur auf der Menge der Sprachelemente aufbauen ("semantisches Netz"); die so verknüpften Nachrichten sind für Maschinen nur spezielle Folgen von ASCII–Zeichen ohne besondere Bedeutung.

1.4.3   Exkurs über Informationstiefe

1.4.3.1   Sinnlose Nachrichten.   Gewisse Nachrichten, beispielsweise beliebig gemischte Buchstabenfolgen, sind sinnlos. Sie haben Form, geben aber keine Information. Andererseits gibt es formal einfache Nachrichten, die unter Umständen durch entsprechend "tiefsinnige" Interpretation viel Information ergeben, etwa *Wahrheit, Gnade, Liebe, Tod* etc.

Diese einfache Beobachtung zeigt das Gewicht der Information gegenüber der formalen Nachricht. Ignoriert man die Information, behandelt man also diese Worte als reine Nachrichten, so werden sie durch diesen Gewaltakt zu sinnlosen Buchstabenfolgen für den Interpretierenden.

Neben dem totalen Sinnverlust gibt es natürlich auch die Möglichkeit, stufenweise eine sinnvoll interpretierbare Nachricht durch immer weniger tiefe Interpretation auf eine bloß formale Zeichenkette zu reduzieren:

Jeder Zeitungsartikel lehrt, daß die Leser sich auf ganz verschiedene Weise eine Interpretation zurechtlegen. Beispielsweise wird die Nachricht von einer Amnestie für Steuersünder im Zusammenhang mit Parteispenden von den Lesern sehr verschieden interpretiert. Die Initiatoren freuen sich über die Publicity, der Korrektor der Verlages sucht den Artikel nach Druckfehlern ab, und manche Leser machen sich Gedanken, ob das geschilderte Vorgehen formal zulässig ist. Verständlich ist der Artikel allen, aber es ist nicht unbedingt gesagt, daß sich jeder Leser auch betroffen fühlt und über die moralische Sauberkeit des Vorganges nachdenkt.

Aus diesem Beispiel wird klar, daß die "Interpretationstiefe" für Nachrichten charakteristisch ist für den Unterschied zwischen Maschinen und Menschen. Ebenso deutlich wird die Interpretationstiefe bei der Konfrontation von Menschen oder Maschinen mit Kunstwerken.

Es ist weitgehend dem Willen des Menschen überlassen, wie tief seine Interpretation einer Nachricht gehen soll. Wenn bewußt eine oberflächliche Interpretation vorgenommen wird, kann man von (semantischer) **Reduktion** sprechen.

Der Stil der Berichterstattung in modernen Medien fördert die semantische Reduktion durch den Leser, weil häufig von Ereignissen, die ihrer Tragik wegen im Leser Betroffenheit und ein tieferes Nachdenken auslösen müßten (z.B. Unglücksfälle, Epidemien, Naturkatastrophen, Armut und Hunger in der Dritten Welt), nur in Form von Zahlenmaterial oder einzelnen Bildern berichtet wird.

Ein weiterer Fall ist die semantische Reduktion bei wissenschaftlichen Aussagen wie

> Es wird angenommen, das Phänomen A sei erklärbar allein aus den Tatsachen des Objektbereichs B.

Hier steht die semantische Reduktion schon am Ausgangspunkt der Forschung, indem nämlich die Interpretationsmöglichkeiten für Phänomene bewußt eingeschränkt werden auf den Objektbereich B. Dementsprechend sind dann die Ergebnisse. Ein typisches Beispiel ist

> "Es wird angenommen, daß das Lebensgeschehen und die psychischen Vorgänge aus der Anordnung und physikalischen Wechselwirkung der Teile eines Organismus im Prinzip vollständig erklärt werden können" (K. **Steinbuch** [50]).

Selbst bei Anwendung moderner Wissenschaftstheorie ist dieses Vorgehen nicht zwingend begründbar, denn auch dann, wenn man nur den Falsifikationen Wahrheit zuspricht, sollte man eher große als kleine Objektbereiche erlauben, da dann die möglichen Denkweisen nicht unzulässig eingeschränkt werden. Eine semantische Reduktion a priori stellt sich daher als ein rein willkürlicher, die Erkenntnis behindernder Akt heraus.

Da man Exaktheit gewinnt, indem man Nachrichten nach strikten formalen Regeln interpretiert, verliert man automatisch die Fülle möglicher Interpretationen und damit den maximal möglichen Umfang der Information. Deshalb liegt eine Art von **Unschärferelation** vor, da man Umfang und Exaktheit der Interpretation nicht gleichzeitig maximieren kann. Dies scheint für alle Wissenschaften zu gelten; exemplarische Nachprüfungen, etwa in Mathematik, Philosophie und Psychologie, sind lohnend.

Die obigen Ausführungen sollten jeden, der mit Nachrichten umgeht, darauf aufmerksam machen, daß man einen Teil seines Menschseins aufgibt, wenn man dort, wo das Gegenteil angebracht wäre, das Formale gegenüber dem Inhaltlichen überbetont. In dieser Richtung drohen die Gefahren einer unbewältigten Informationstechnologie; der Reduktionsprozeß macht aus Menschen Personaldatensätze und aus dem Wettrüsten ein Zahlenspiel.

Dem ist entschieden entgegenzuwirken, und zwar gerade in einem einführenden Buch über Informatik.

1.4.4 Bemerkungen

Es gibt eine ausgedehnte Literatur über Information, Sprachen und deren Syntax bzw. Semantik. Klassische Werke sind die von N. **Chomsky** [10] über Syntax sowie von C.E. **Shannon** [47] über Information im mathematischen Sinne.

Der Begriff "Pragmatik" wird hier ignoriert, da ihn die Sprachtheoretiker ganz anders als die Informatiker verstehen. Im Kapitel 4 werden formale Sprachen genauer behandelt.

1.5 Ebenen

In diesem Abschnitt soll der Leser auf ein wichtiges Strukturierungshilfsmittel der Informatik vorbereitet werden: das Denken in **Ebenen**.

1.5.1 Meta–Ebenen

Die Formulierung der Semantik einer Sprache setzt eine "höhere" Sprache voraus. Diese heißt **Metasprache** in bezug auf die gegebene Sprache. Etwas allgemeiner verwendet man die Vorsilbe *Meta*, wenn man ausdrücken will, daß eine höhere Stufe eingenommen wird, von der aus die untere Stufe beschrieben und erklärt wird. Beispielsweise nennt man eine Theorie, die sich mit Theorien beschäftigt, eine Metatheorie; eine Nachricht, die bei geeigneter Interpretation eine Nachricht niedrigerer Stufe beschreibt, ist diesbezüglich eine Meta–Nachricht.

Klassische Wissenschaften, etwa die Mathematik, haben eigene Spezialsprachen mit eigenen Alphabeten (z.B. Summenzeichen, Integral) und durch Rückgriff auf die Umgangssprache festgelegte Interpretationen. Es sollte festgehalten werden, daß das Heranziehen einer Metaebene keineswegs das Erkenntnisproblem löst, denn wenn man jene exakt beschreiben will, braucht man eine Meta–Meta–Ebene und so weiter. Dies sei der **infinite Meta–Regreß** genannt. Eine Meta–Ebene kann also nur zu einer Erläuterung, nicht aber zu einer Begründung der nächstunteren Ebene dienen.

Beispielsweise ist die mathematische Beweistheorie als Metatheorie der Mathematik kein Mittel, die Mathematik tiefer zu begründen; ihre Beweise (die die üblichen mathematischen Beweise zum Gegenstand haben) bedürfen ebenso einer Grundlage wie die der klassischen Mathematik. Sie klärt nur die Beweisstrukturen auf.

Wegen des infiniten Meta–Regresses ist es also nur von darstellungstechnischem Nutzen, Meta–Ebenen "oberhalb" der Ebene des gesunden Menschenverstandes einzuziehen. Deshalb wird im folgenden dem menschlichen Denken vertraut und die **Umgangssprache** als oberste Metasprache bei der Beschreibung anderer Sprachen verwendet.

Innerhalb der Umgangssprache werden später noch einige Sprachelemente der Mathematik eingeführt und als Bereicherung der Metasprache aufgefaßt.

1.5.2 Dingebene

Die menschliche Interpretation verbindet in der Regel die gegebene Nachricht mit einem vorher vorhandenen "Begriff". Diesen Vorgang nennt der Volksmund "begreifen".

Dies soll hier nicht weiter vertieft werden; es genügt, daß der Begriff etwas Gedachtes, in bezug auf den Menschen Innerliches ist im Gegensatz zu einem "Ding", das man in der Außenwelt vor sich hat und anfassen kann (ein "Begreifen" in anderem Sinne).

So wie die Nachricht *Hund* nicht enthält, was begrifflich unter einem Hund zu verstehen ist, so enthält weder sie noch der Begriff HUND einen wirklichen Hund als "Ding". Der Begriff HUND ist vom Ding Hund auf der **Dingebene** verschieden und wird durch das Sprachelement *Hund* auf der Sprachebene dargestellt. Die Interpretation einer solchen Nachricht liefert nur den Begriff, nicht ein Objekt der Dingebene. Sie bildet die Nachricht auf die Begriffsebene, nicht auf die Dingebene ab. Es liegen insgesamt drei Ebenen vor, die man unterscheiden muß:

Sprachebene	(Nachrichten, außerhalb des Subjekts)
Begriffsebene	(Informationen, im Subjekt)
Dingebene	(physische Dinge)

Hier traten vorübergehend drei verschiedene Schriftarten für Objekte aus den drei Ebenen auf: *Hund*, HUND und Hund. Natürlich war es unumgänglich, den Hund der Dingebene auf der Sprachebene durch "Hund" abzubilden, weil man keinen leibhaftigen Hund in dieses Buch packen kann.

An vielen Stellen in der Informatik ist die "physikalische" Ebene von den "logischen" Ebenen zu unterscheiden; sie ist bei Beschränkung auf physikalische Objekte eine spezielle Dingebene. Diese Unterscheidung trat oben schon bei den Begriffen *Träger* und *Form* auf: der *Träger* ist physikalisch, die *Form* ist "logisch". Die in der Informatik auftretenden Objekte der physikalischen Ebene bilden die **Hardware**, die Objekte der logischen Ebenen bilden die **Software**.

1.5.3 Sprachebenen

In der Informatik verwendet man, wie schon angedeutet wurde, Hierarchien von Sprachen, die zwischen der Umgangssprache als oberster Sprache und Metasprache (die für Maschinen fast unverständlich ist) und einer untersten (Maschinen-) Sprache mehrere Sprachebenen bilden. Dabei ist in der Regel nicht die jeweils obere Sprache die Metasprache der unteren, sondern alle Sprachen werden in der Umgangssprache als Metasprache beschrieben.

Die entscheidende Beziehung zwischen den Sprachebenen ist vielmehr die der automatischen Übersetzbarkeit (von oben nach unten) unter Beibehaltung des semantischen Gehalts. Die Stufung erfolgt von oben nach unten durch abnehmende Komplexität der Sprachstruktur und zunehmend leichtere Interpretierbarkeit. Die unterste Stufe, die Maschinensprache, ist dann unmittelbar maschinell interpretierbar, und zwar durch unmittelbare physikalische Ausführung auf der Dingebene.

Die übliche Ebenenhierarchie der Sprachen innerhalb der Anwendungen der Informatik ist

- Anwender-Dialogsprache

  ("Benutzeroberfläche", orientiert am Anwendungsproblem)

- Formale Programmiersprache (siehe Kapitel 5 bis 8)

  (orientiert am Programmierproblem)

- Betriebssystem–Steuersprache (siehe Kapitel 11)

  (vermittelt zwischen Programmier– und Maschinensprache und organisiert den Gesamtablauf und die Gerätesteuerung)

- Maschinensprache (siehe Kapitel 13)

  (orientiert an der logischen Struktur, der "Architektur" der verwendeten Maschine, siehe Kapitel 12)

- Mikroprogramm–Sprache

  (in diesem Buch nicht behandelt).

Die Verarbeitungsysteme (Programmsysteme), die eine höhere Programmiersprache in eine maschinennähere Sprache transformieren, heißen **Übersetzer** oder **Compiler**. Wenn eine Direktinterpretation auf einer der höheren Stufen durchgeführt wird, nennt man das zugehörige Programm **Interpreter**.

Beispiel 1.5.3.1. ISO–Referenzmodell.

Dieses Modell der *International Organization for Standardization* betrifft die Organisation von Datenfernübertragungen und veranschaulicht die ebenenorientierte Denkweise in der Informatik.   Da eine Rechnerkopplung sowohl die physikalische Datenübertragung als auch das wechselseitige "Verständnis" der übertragenen Daten erfordert (also auch eine semantische Verabredung getroffen werden muß) und obendrein die zu verbindenden Systeme selbst in Ebenen strukturiert sind, hat man sieben Ebenen definiert:

1. Anwendungsebene (*application layer*)

2. Anpassungsebene (*presentation layer*)

3. Verbindungsebene (*session layer*)

4. Transportebene (*transport layer*)

5. Netzwerkebene (*network layer*)

6. Streckenebene (*link layer*)

7. physikalische Ebene (*physical layer*)

Die Details dieses Ebenenmodells werden hier unterdrückt; es genügt ein Verweis darauf, daß jede Ebene sich der darunter liegenden bedient (definiert durch "Dienstprotokolle") und daß auf jeder Ebene durch "Kommunikationsprotokolle" Syntax und Semantik der Kommunikation auf der jeweiligen Ebene geregelt sind. □

1.5.4 Abstraktionsebenen

Das Grundprinzip des Übergangs von einem speziellen Objekt zu einer Menge von Objekten mit gleichen oder ähnlichen Eigenschaften kann man **Generalisierung** oder **Abstraktion** nennen. Dabei geht man zu einem "Oberbegriff" über, der die speziellen Objekte umfaßt. In der Mathematik tut man dies beispielsweise durch Bildung von Mengen, die man dann als Objekte neuen Typs auffaßt.

Generalisierung ist ein wichtiges Mittel zur Ebenenbildung, wie das folgende Beispiel zeigt (frei nach D.R. **Hofstadter** [25]):

- Informationsträger

- Publikation

- Druckerzeugnis

- Zeitung

- Tageszeitung

- Göttinger Tageblatt

- Göttinger Tageblatt vom 21. September 1987

- Mein Exemplar vom Göttinger Tageblatt vom 21. September 1987

- Mein Exemplar vom Göttinger Tageblatt vom 21. September 1987, wie es vierzehn Tage später in der Altpapiersammlung endet

Man erkennt die Generalisierung von unten nach oben und die Spezialisierung von oben nach unten. Die Spezialisierung erfolgt durch Hinzufügen neuer Attribute, die Generalisierung durch Weglassen.

Die Wahl der richtigen Abstraktionsebene ist bei vielen Aufgaben der Informatik von ganz entscheidender Bedeutung. Sie verlangt, die unwesentlichen Details von den wichtigen Elementen unterscheiden zu können und dann die wesentlichen Dinge formal exakt zu behandeln.

1.5.5 Top–down und Bottom–up

Bei der Analyse solcher Hierarchien (Metaebenen, Sprachebenen und Abstraktionsebenen) kann man in den Ebenen entweder von oben nach unten (**top–down**) oder von unten nach oben (**bottom–up**) vorgehen. Ein pädagogischer Text (auch dieser) kann dementsprechend entweder von allgemeinen Prinzipien oder von speziellen, detaillierten Beispielen ausgehen. Der erstere Weg ist für die Darstellung der Grundlagen der Informatik vorzuziehen, da man sonst erst große Teile der Physik und der Elektrotechnik aufarbeiten müßte, die aber für das praktische Arbeiten und für das Verständnis der Prinzipien der Informatik völlig unwesentlich sind. Ferner wird das nächste Kapitel zeigen, daß zur sprachlichen Beschreibung komplexer Verarbeitungsfolgen nur dann eine weitgehende Fehlerfreiheit erreicht werden kann, wenn man in Abstraktionsebenen *top–down* vorgeht (vgl. Regel 1 im Abschnitt 2.5).

1.6   Objekte

1.6.1   Standardisierung

Hier werden am Beispiel der Umgangssprache gewisse Fähigkeiten von Sprachen untersucht, neue Sprachelemente mit neuen Interpretationsmöglichkeiten zu bilden. Dies ist eine Vorbereitung auf spätere Sprachkonstruktionen.

Dabei wird stillschweigend vorausgesetzt, daß die Interpretationen nicht ganz beliebig sind, sondern daß eine **Standardinterpretation** vorliegt, die man sich idealerweise weitgehend unabhängig vom interpretierenden Subjekt vorstellen kann und die durch die neuen Konstruktionen erweitert wird. Die im folgenden betrachteten Interpretationen sind also stets Erweiterungen einer Standardinterpretation. Dies soll bewirken, daß sie auf allen Sprachelementen, die unter der Standardinterpretation irgendeine Information ergeben, dieselbe Information liefern.

Der wichtigste Fall einer Standardinterpretation ist die beim Duden stillschweigend unterstellte. Eine Erweiterung ergibt sich beispielsweise durch neue Definitionen in Wissenschaftsdisziplinen. Dabei werden neuen Wörtern neue Informationen zugewiesen, aber die Standardinterpretation bleibt unangetastet.

Ferner wird im folgenden aus dem Bereich der Informationen, d.h. der Interpretationsergebnisse, eine nicht genau spezifizierte Teilmenge ausgezeichnet, nämlich die der sogenannten **Werte**. Diejenigen Sprachelemente, deren Interpretation einen Wert ergibt, heißen **Konstantenbezeichner**. Die Werte, die als Ergebnisse der Standardinterpretation auftreten, heißen **Standardwerte**.

Diejenigen Sätze oder Wörter oder Zeichen einer Sprache, deren Standardinterpretation Standardwerte ergibt, heißen **Standardbezeichner**.   Zusammen mit ihren Werten werden sie **Standardobjekte** genannt. **Konstanten** sind Standardobjekte, die aus einem Standardbezeichner und einem Standardwert bestehen, der bei der Standardinterpretation des Bezeichners auftritt.

Beispiel 1.6.1.1.   In der Umgangssprache sind die Standardbezeichnungen die im Duden eindeutig festgelegten Wörter; mit ihrer dort beschriebenen Bedeutung (der bei menschlicher Interpretation sich ergebenden Information) bilden sie die Standardobjekte. Jedes Buch, jede Zeitung und jedes Gespräch setzen die Standardobjekte als gegeben voraus.

Besonders wichtig sind die Standardbezeichnungen *wahr*, *falsch*, 0, 1, usw.; deren Werte unter der Standardinterpretation setzt man als bekannt und nicht vom interpretierenden Subjekt abhängig voraus. Zusammen mit ihren Werten liefern diese Bezeichner die grundlegenden Konstanten der Informatik. □

Jetzt wird untersucht, wie in Sprachen von Standardobjekten zu komplizierteren Objekten übergegangen werden kann.

1.6.2 Deklarationen

Der Satz

> Die Nachricht *mickerhommogen* bedeute ab sofort dasselbe wie *Ich komme morgen*

erweitert bei Interpretation die Interpretationsmöglichkeiten des Interpretierenden. Er macht ein bisher uninterpretierbares Wort interpretierbar. Man sieht, daß Interpretation ein dynamischer Prozeß ist, der durch die interpretierten Nachrichten selbst verändert werden kann.

Die obige Nachricht bezeichnete eine alte Information mit einem neuen Wort. Es können aber auch neue Informationen gebildet werden. Wenn man beispielsweise aus dem üblichen Vorrat an Standardwerten die reellen, aber nicht rationalen Zahlen streicht, tut dies der Satz

> Die Nachricht *Pi* bedeute *das Verhältnis des Kreisumfangs zum Kreisdurchmesser,*

da der Zahlwert von π nicht rational ist. Hier wird gleichzeitig ein bisher uninterpretierbares Wort interpretierbar gemacht und ein neues Interpretationsergebnis (ein Wert) erzeugt.

Die Sprache selbst enthält also durch Worte wie *bedeuten* eine Möglichkeit, aus sich selbst heraus erweitert zu werden.

Ein Sprachelement heißt **Deklaration**, wenn es bei Interpretation einem speziellen Sprachelement eine neue oder alte Information zuweist. Das Sprachelement wird dann **Bezeichner** (engl. *identifier*) oder **Name** genannt. Die durch eine Deklaration vermittelte Interpretation ordnet dem Namen eine Information zu.

1.6.3 Konstantendeklarationen

Eine Deklaration, die einem Namen einen **Wert** als Information zuweist, heißt **Konstantendeklaration**, denn es entsteht nach der obigen Begriffsbildung eine Konstante mit neuem Namen.

Typisch wäre etwa

> *Pi* bedeute dasselbe wie 3.1415
> *Hexisben* bedeute dasselbe wie 17.

In etwas formalerer Schreibweise:

> CONST *Neu-Konstantenname* = *Name eines Wertes*

wobei das Schlüsselwort CONST darauf hinweist, daß

- der folgende Name ein neuer Konstantenname sein soll,

- das Gleichheitszeichen als "bedeute dasselbe wie" zu interpretieren ist und

- der darauf folgende Name bei Interpretation einen Wert liefern soll, dessen neuer Name links vom Gleichheitszeichen steht.

1.6.4 Typen

Eine Menge von Werten heißt **Typ**. Eine **Typdeklaration** weist einem Typ einen Namen zu. Beispiele sind:

- Die Standardwerte der Standardbezeichnungen 2,4,6 usw. bilden einen Typ mit dem Namen *gerade Zahl*.

- Die Standardwerte der Standardbezeichnungen *Kreuz*, *Pik*,*Herz* und *Karo* bilden den Typ *Spielfarbe*.

Ein **Typname** ist also ein Sprachelement, das bei Interpretation eine **Wertemenge** liefert. Es bezeichnet kein festes und auch kein freies (unspezifiziertes) Element der Wertemenge, sondern die Menge selbst.

Die Freiheit, neue Typen definieren zu können, ist nötig, wenn man die Freiheit der sachgemäßen abstrakten Objektwahl haben will. Das kann in etwas formalerer Schreibweise durch eine Deklaration

TYPE *Typname = Typdefinition*

geschehen, die statt der obigen umgangssprachlichen Form benutzt werden kann:

TYPE *Spielfarbe = (Karo, Herz, Pik, Kreuz)*

Wenn der Wert W eines Objekts O mit Namen N in einem Typ T liegt, so sagt man auch, O oder N seien vom Typ T. Dieser Sprachgebrauch ist im Prinzip inkorrekt, da es bei der Typfestlegung auf den Wert und nicht auf den Namen ankommt.

1.6.5 Variable

Dieser Abschnitt ist für die Informatik besonders wichtig, wie der folgende Ausspruch von E.W. **Dijkstra** zeigt:

> *"Once a person has understood the way in which variables are used in programming, he has understood the quintessence of programming."*

1.6.5.1 Definition. In der Informatik und auch in Teilen der Mathematik bezeichnet man gewisse Zeichen oder Wörter auch als **Variable**. Damit ist gemeint, daß sie einen nicht festgelegten Wert aus einer Menge von Werten (eines Typs) auf Sprachebene vertreten.

Beispiel 1.6.5.2.   Typische Variablendeklarationen sind in den folgenden Sätzen enthalten :

- Sei n eine ganze Zahl ...

- Für alle reellen Zahlen x gilt ...
- K sei die Kontonummer des Kunden mit der Kundennummer N ...

□

1.6.5.3 Typen von Variablen. Variablen haben einen Typ. Sie können jeden Wert dieses Typs annehmen, sind aber nicht von vornherein auf einen speziellen Wert festgelegt.

Beispiel 1.6.5.4. Bei Nachrichten wie

Man suche zwei Zahlen x und y mit $x + y = 5$ und $x - y = 1$

und der darauf folgenden Rechnung wird ein fester Wert am Schluß erreicht, nämlich 3 für x und 2 für y. Dennoch sind die Werte der Variablen x und y zunächst nicht festgelegt. Es stellt sich lediglich am Ende der Rechnung heraus, daß von den vielen möglichen Werten nur jeweils einer den geforderten Bedingungen genügt. □

1.6.5.5 Referenz. Da Variablen neben einem Namen und einem Typ auch einen veränderlichen Wert dieses Typs haben können, auf den der Name auf Sprachebene hinweist und der "zugänglich" sein muß, stellt man sich den Wert als "abgelegt" auf einem **Wertplatz** vor. Der Wertplatz muß für Werte eines speziellen Typs geeignet sein; er hat deshalb ein "Typetikett". Der Zugang zum Wertplatz erfolgt über einen **Zeiger**, der wie ein Wegweiser auf den Wertplatz verstanden werden kann. Deshalb wird hier die Interpretation von Namen von Variablen durch einen **Zeiger (Referenz)** auf einen mit einem Typetikett versehenen **Wertplatz** festgelegt, auf dem dann die veränderlichen Werte stehen können:

1. Die Interpretation ordnet einem Variablennamen eine Referenz zu.

$$\text{Interpretation}$$
$$Name \quad \Rightarrow \quad Referenz$$

2. Die Referenz besteht aus einem Zeiger auf einen Wertplatz, dem ein Typetikett angehängt ist:

$Referenz$

Auch auf die Referenz wirkt der Typ zurück; Typen von Zeigern sind nach den Typen der Wertplätze, auf die sie verweisen, zu unterscheiden.

Die Terminologie der Informatik ist hier nicht einheitlich. E. **Horowitz** [26] verbindet Wertplatz und Referenz zu einer Einheit, die er *reference* nennt; die obige Definition folgt im wesentlichen F.L. **Bauer** und G. **Goos** [4]. Der naheliegende Weg, die Interpretation eines Variablennamens direkt durch den Wertplatz unter Ausschaltung der Referenz festzulegen, ist nicht empfehlenswert, weil auf unteren Ebenen die Namen wegfallen, aber die Referenzen bestehen bleiben und manipulierbare Werte eigenen Typs sind.

Der Name auf Sprachebene ist etwas Festes im Vergleich zu den wechselnden Werten einer Variablen. Deshalb ist auch das Interpretationsergebnis, die Referenz auf einen Wertplatz, fest. Um an den Wert zu gelangen, ist ein zweiter Schritt nötig, die **Auswertung** (engl. *evaluation*). Dies sollte man immer sauber unterscheiden, was aber in der Praxis häufig unterdrückt wird.

1.6.5.6 Variablendeklaration. Die Beispiele zu Beginn des Abschnitts 1.6.5 weisen einer Variablen, die durch einen Namen auf Sprachebene (z.B. x, K, usw.) repräsentiert wird, einen Typ zu (z.B. *ganze Zahl*, *Kontonummer*). Dies nennt man **Typzuweisung** oder **Variablendeklaration** . Die letztgenannte Auffassung bezieht sich darauf, daß der neue Name als Variablenname zu einer Variablen eines gewissen Typs interpretierbar wird; es liegt also eine Deklaration vor.

Die Deklaration einer Variablen umfaßt deshalb normalerweise einen Typnamen und einen Variablennamen. Sie hat die Form

> VAR *Variablenname : Typname*

und bewirkt, daß die Interpretation des Namens *Variablenname* durch eine Referenz (Verweis auf einen Wertplatz) des Typs *Typname* erfolgen kann. Sie sagt nichts über spezielle Werte, die an dem Wertplatz stehen, sondern nur etwas über deren Typ. Der Platz bleibt leer.

1.6.5.7 Wertzuweisung. Werte gelangen auf den Wertplatz einer Variablen durch eine sogenannte Wertzuweisung:

> *Variablen–Name* $:=$ *Wert*

Dabei ist im Gegensatz zu gewissen Programmiersprachen, etwa FORTRAN, die Unsymmetrie der Wertzuweisung in der Schreibweise berücksichtigt. Noch etwas genauer müßte man

> *Wert* $\rightarrow$ *Variablen–Name*

schreiben, um zu zeigen, daß eine Art "Eintragung" stattfindet, vergleichbar etwa der Eintragung eines Zahlwertes in ein Kästchen auf einem Formular. Dabei muß man aber das Kästchen von seinem Namen unterscheiden, denn die Eintragung erfolgt in das Kästchen, nicht in den Namen des Kästchens.

Bei ganz präziser Ausdrucksweise besagt die Wertzuweisung semantisch, daß ein Wert auf einem Wertplatz abgelegt wird, auf den eine Referenz verweist, die dem Variablennamen per Interpretation zugeordnet ist. Diese Interpretation wurde durch eine Variablendeklaration möglich.

1.6.6 Gleichheit

Die **Gleichheit** ist ebenso wie die Wertzuweisung ein grundlegendes, aber auch leicht mißverständliches Konzept. Genaugenommen müßte man zwei Variablen als gleich erklären, wenn sie gleiche Namen, gleiche Referenz, gleichen Typ und gleichen Wert haben (gleiche Referenzen verweisen stets auf denselben Wertplatz, so daß die Wertplätze bei gleicher Referenz automatisch gleich sind). Dies wird aber in der Regel nicht so genau genommen. Beispielsweise wird für zwei Variable x und y, die im Sinne der Mathematik für Zahlen stehen (den Typ *Zahl* haben), der Satz

$$\textit{Wenn } x = y \textit{ gilt, so gilt auch } x - 1 = y - 1$$

als richtig empfunden, wobei unter "$=$" verstanden wird, daß die **Werte** der Variablen links und rechts des Gleichheitszeichens übereinstimmen. Die **Namen** x und y sind natürlich ungleich.

Das soll hier nicht weiter vertieft werden; es kommt nur darauf an, das Problembewußtsein des Lesers zu schärfen. Man kann dies an diversen Beispielen tun, etwa: Ist 7 gleich *Sieben* ? Als Nachrichten nicht; nur die übliche Interpretation der Nachrichten liefert das gleiche Ergebnis.

Bei der Frage nach "Gleichheit" muß man also genau auf die Ebenen achten, bezüglich denen diese Gleichheit gemeint ist.

2 Verarbeitung

2.1 Grundbegriffe

2.1.1 Handeln

Bei der **Verarbeitung** geht es im Gegensatz zum Nachrichtenbegriff, der im Theoretischen bleibt, um praktisches **Handeln**. Dieses setzt einen Handelnden voraus, wie die Interpretation einen Interpretierenden voraussetzte, und bewirkt wie diese auch **Zustandsänderungen**, und zwar zunächst im Handelnden und dann auch in dessen Umfeld.

2.1.2 Handlungsebenen

Auch beim Handeln ist zwischen der Beschreibung auf Sprachebene, dem Begreifen des Beschriebenen auf der Begriffsebene und dem realen Ausführen auf der Dingebene zu unterscheiden. Letztere kann man dann auch **Handlungsebene** nennen. Die Sprachebene enthält nur die Beschreibung einer Handlung in Nachrichtenform. Wenn dieser Nachricht eine Information per Interpretation zugeordnet werden kann, ist die Beschreibung der Handlung verstanden, aber noch nicht unbedingt auch ausgeführt worden.

In der Informatik und auch im normalen Sprachgebrauch wird eine unausgeführte Beschreibung zukünftigen Handelns **Programm** genannt.

2.1.3 Exkurs über unausgeführte Handlungsabsichten

Die Aufstellung eines Programms und dessen Ausführung werden auch im täglichen Leben oft unzulässig verwechselt, denn häufig liegen gute Absichten vor, die nie zur Ausführung gelangen.

Als einfaches Beispiel mag die Handlungsabsicht *Frieden schaffen mit immer weniger Waffen* dienen, die ganz in der logischen Ebene bleibt, dort auch sehr vernünftig ist, die aber auf der Dingebene des Handelns nicht verwirklicht wird (es ist eher das Gegenteil der Fall). Auch in der Informatik ist der Unterschied zwischen der Aufstellung eines Programms und dessen Ausführung oft schmerzlich fühlbar.

2.1.4 Befehle und Befehlssprachen

In der Sprachebene werden Handlungen nur beschrieben; diese Beschreibungen stellen dar, daß gewisse Handlungen an gewissen Dingen Zustandsänderungen vornehmen sollen. Die Beschreibung ist eine **Nachricht**. Sie ist interpretierbar, und die Interpretation bewirkt dann entweder ein "Verstehen" auf der menschlichen Begriffsebene oder eine direkte Ausführung auf der Handlungsebene (dies ist bei Menschen und Maschinen möglich).

Im Normalfall ist das Handeln von Maschinen, Tieren und unselbständigen Menschen gesteuert durch Nachrichten, die **Befehle** genannt werden und deren Interpretation die Ausführung der im semantischen Gehalt der Befehle festgelegten Handlungen bewirkt.

Das gesteuerte Handeln entsteht also durch Interpretation einer Sprache (**Befehls-sprache**), deren Sprachelemente als Aufforderung zum aktuellen Handeln auf der Dingebene und als Beschreibung der zu behandelnden Dinge dient. Von diesem Typus sind die in der Informatik auftretenden Sprachen. Man sollte sich klarmachen, daß hier eine tiefgehende Reduktion des Sprachschatzes auf Kasernenhofjargon stattfindet.

2.1.5 Exkurs über freies Handeln

2.1.5.1 Unschärferelation. Wenn man das Handeln exakt beschreiben will, muß man es formalisieren und in Befehlsform fixieren. Dabei verliert man die Fülle der möglichen Handlungen, die man aus freier Selbstbestimmung und Verantwortungsgefühl durchführen könnte. Hier zeigt sich eine zweite Spielart der **Unschärferelation**; ebenso wie man nicht Tiefe und regelhafte Fixierung der Interpretation von Nachrichten gleichzeitig maximieren kann, ist man bei regelhafter Fixierung der möglichen Handlungen gleichzeitig in seinen Möglichkeiten, in Eigenverantwortung das in der jeweiligen Situation Nötige und Richtige zu tun, unzulässig eingeschränkt.

2.1.5.2 Institutionen und Sachzwänge. Das Handeln der Menschen in Institutionen ist weitgehend durch Vorschriften, Erlasse und Gesetze geregelt (Varianten von Befehlssprachen). Dahinter steht die Forderung nach Klarheit der Kompetenzen, d.h. der Befehlsstruktur. Dadurch werden diese Institutionen aber auch unbeweglich und die in ihnen Handelnden sind für fast nichts persönlich verantwortlich, da sie leicht nachweisen können, daß sie sich an die Regeln gehalten haben. Da sie das und im wesentlichen **nur** das tun, können sie aber auch nicht viel bewegen. Das wird oft fälschlicherweise **Sachzwang** genannt.

Bei vielen bekannten Institutionen der heutigen Zeit ist dies feststellbar: Man erkauft eine klare Befehlsstruktur durch Verlust an Freiheit, Verantwortlichkeit und Kreativität. Dies ist Konsequenz der Unschärferelation. Gleichzeitig wird die Macht der Spitzen der Institutionen zunehmend zu einer Ohnmacht gegenüber den sogenannten "Sachzwängen", die sich bei genauerem Hinsehen aber als Konsequenz der einengenden Fixierung der Handlungsmöglichkeiten durch Gesetze und Erlasse herausstellen.

2.1.5.3 Konsequenzen. Auch hier liegt eine der Gefahren der mißbräuchlichen Anwendung von Informatik-Konzepten auf das menschliche Zusammenleben. Wenn das menschliche Handeln die Durchschaubarkeit des Handelns von Computern haben soll, ist der Ameisenstaat nicht fern. Wenn man jeden Arbeitsplatz durch Vorschriften exakt durchstrukturiert, hat man den Arbeitenden zur Maschine gemacht.

Deshalb ist zu befürchten, daß das Informationszeitalter den Schreibtischarbeiter so behandeln wird wie das frühe Industriezeitalter den Produktionsarbeiter: es stellt ihn an einen Arbeitsplatz, der ihm keine Gestaltungsmöglichkeiten mehr läßt und ihn daher kurzfristig zur Maschine und langfristig überflüssig macht. Beispiele sind einerseits die Expertensysteme, die Experten ersetzen, und andererseits die computergesteuerten Diagnosesysteme für Computer, die zunehmend die Wartungstechniker überflüssig machen. Diejenigen, die an ihrem Arbeitsplatz nach exakten Regeln vorgehen müssen, sind genau die, die zuerst Gefahr laufen, durch Maschinen ersetzt zu werden. Dabei ist zu betonen, daß solche Arbeitsplätze eigentlich menschenunwürdig sind und ganz zu Recht den Maschinen überlassen werden sollten.

Jeder Informatikstudent sollte sich darüber im klaren sein, daß er mit sozialem Sprengstoff umgeht. Dies ist aber kein Grund, den Umgang zu unterlassen, denn die Situation ist dieselbe wie bei der Einführung des Pfluges, des mechanischen Webstuhls oder des Dynamits. Das Ziel ist, mit Sprengstoff so umzugehen, daß er nützlich und nicht schädlich wirkt; man sollte die Einführung des Computers nutzen, um für neue, den menschlichen Gestaltungsmöglichkeiten adäquate Arbeitsfelder frei zu werden.

2.1.6 Abstraktionsebenen beim Handeln

Komplizierte Handlungen sind in der Regel untergliederbar in elementare Handlungen (Beispiele: *Zähneputzen*, *Telefonieren* usw. enthalten Handbewegungen, die nicht weiter untersucht werden und angenehmerweise unbewußt ablaufen). Dies gilt sowohl für die logische als auch für die Dingebene. Bei der Aufgliederung von Handlungen muß man, um einen erneuten infiniten Regreß ins Detail zu vermeiden, gewisse **Standardhandlungen** undiskutiert hinnehmen. Das gleiche gilt für die Beschreibung der zu behandelnden Dinge; man verwendet gewisse Standarddinge, um komplizierte Dinge zusammenzusetzen. Man spricht umgekehrt von **abstützen**: eine komplizierte Handlung stützt sich ab auf Standardhandlungen. Dabei wird der *top–down*-Weg auf einer hinreichend tiefen Stufe abgebrochen.

Ein Verarbeitungsprozeß ist also ein in Ebenen strukturiertes Gebilde aus Handlungen auf Dingen, die sich abstützen auf Standardhandlungen auf Standarddingen.

2.2   Verarbeitungstypen

Mit **Verarbeitungstypen** sind die grundlegenden Struktureigenschaften einer in Standardhandlungen zergliederten Verarbeitung oder Handlung gemeint.

Ist diese Zergliederung eine Auflösung in aufeinanderfolgende Schritte, so spricht man von **sequentieller** Verarbeitung. Gibt es dagegen gleichzeitig ablaufende Schritte, so wird die Verarbeitung **parallel** genannt.

Ist der Verarbeitungsprozeß durch sich selbst vollständig determiniert und somit von Ereignissen der Außenwelt unabhängig, so spricht man von **Stapel-** oder **Batchverarbeitung** . Beispiel: ein Büroarbeitsplatz, besetzt durch einen Beamten, ohne Telefon und Sprechzeiten für Besucher.

Ist ein Wechselspiel mit der Außenwelt durch Reaktionen auf gewisse Ereignisse möglich, so gibt es mehrere Verarbeitungsformen:

- Bei **Realzeit–Verarbeitung** wird jeder aus der Außenwelt hereinkommende Vorgang sofort bearbeitet, so daß für die Außenwelt keine ins Gewicht fallende Verzögerung erkennbar ist. Der Verlauf des Verarbeitungsprozesses ist also mit einem anderen, auf der Dingebene real ablaufenden Prozeß synchron zu halten. Beispiele dafür bieten die Prozeßsteuerung durch Computer oder die Buchungsterminals für Reisen.

- Bei **interaktiver Verarbeitung** findet ein Dialog zwischen Außenwelt und Verarbeitungsplatz statt, der die Arbeit beeinflußt (z.B. durch Telefon oder anklopfende Besucher). Dabei muß die Arbeit nicht innerhalb fester Zeiten beendet werden; es findet eine im Zeitverlauf unkritische Wechselwirkung mit der Außenwelt statt.

- Ferner kann die Arbeit **ereignisgesteuert** sein, nämlich wenn die Arbeit durch äußere Ereignisse jeweils unterbrochen wird und nach den Unterbrechungen die normale Verarbeitung wieder aufgenommen wird. Dies wird im Abschnitt 10.1 genauer dargestellt.

- Ein Verarbeitungsprozeß heißt **terminierend**, wenn er in einer endlichen Zahl von Schritten beendet ist. Das Zählen ist bespielsweise ein nicht terminierender Prozeß.

Die obigen Verarbeitungstypen werden im Kapitel 11 noch genauer behandelt; vorerst sollen die Verarbeitungsformen auf den verschiedenen Nachrichtenbestandteilen dargestellt werden.

2.3 Verarbeitungsebenen

Die Verarbeitung von Nachrichten kann auf den zwei Nachrichtenbestandteilen **Träger** und **Form** sowie durch **Interpretation** geschehen. Deshalb unterscheidet man die Verarbeitungsformen nach diesen Ebenen.

2.3.1 Verarbeitung auf Trägerebene

Die hier charakteristischen Verarbeitungsformen sind

Duplizieren	(z.B. Fotokopieren)
Umwandeln	(z.B. Vorlesen eines Textes)
Bewegen	(Senden per Post oder Draht oder Funk)
Speichern	(z.B. Aufschreiben von Worten, Tonbandaufnahme)

Sie sind im wesentlichen durch physikalische Bedingungen determiniert und somit dem raschen technologischen Wandel unterworfen. Deshalb werden sie in dieser *top–down–*Didaktik nur kurz gestreift.

Bei Verarbeitung auf **Trägerebene** bleibt die Form unverändert. Es kommt manchmal eine reine **Signalverarbeitung** bei gleichem Medium (etwa bei Umtransformation von Spannungen) oder ein **Mediumwechsel** bei gleichem Signal vor (z.B. Fotokopieren oder Verwandeln eines elektrischen Signals auf einer Leitung in ein drahtloses Sendesignal).

2.3.1.1   Datenerfassung. Für die Informatik wichtig ist der Übergang von allgemeinen zu maschinell lesbaren Trägern in der **Datenerfassung**. Durch Belegleser ist ein technologischer Fortschritt gemacht worden, der zur maschinellen Lesbarkeit praktisch aller gedruckten oder getippten Texte geführt hat. Dazu wird **optische Abtastung** verwendet, die es erlaubt, Bilder aller Art erst maschinell zu erfassen und danach zu untersuchen. Auch auf dem Gebiet der **direkten Spracheingabe** in Maschinen ist in absehbarer Zeit mit marktreifen Seriengeräten zu rechnen. Dadurch ist es bei den wichtigsten menschlichen Kommunikationsträgern (Sprache und Schrift) möglich, sie auf einen maschinell behandelbaren Träger umzusetzen. Was davon zu halten ist, steht auf einem anderen Blatt (J. **Weizenbaum** [55]).

Die potentiellen Auswirkungen der maschinellen Spracheingabe sind besonders kritisch, weil es möglich wird, über das vorhandene Telefonnetz eine automatisierte Überwachung zu installieren, die bisher undenkbar war, da man nicht Tausende von Menschen zum Abhören von Gesprächen einsetzen konnte.

2.3.1.2   Datenausgabe. Im Bereich der Schrift ist die **Datenausgabe** im Prinzip unproblematisch, da die elektrische Schreibmaschine schon lange die Umsetzung von elektromagnetischen Signalen in Drähten auf Druckzeichen auf Papier realisiert. Im **Sprachbereich** wird auch an brauchbaren Ausgabemöglichkeiten gearbeitet. Die **Bildausgabe** hingegen ist schon sehr weit fortgeschritten, da man Fernsehbilder als Punktrasterbilder auffassen kann, die sich punktweise verarbeiten lassen. Details müssen Spezialveranstaltungen über graphische Datenverarbeitung (*Computer Graphics*) vorbehalten bleiben.

2.3.1.3   Rechnerkopplung. Die Kopplung zwischen Rechenanlagen beinhaltet stets auch eine Verarbeitung von Daten auf Trägerebene. Hier ist normalerweise eine Verabredung über Signal und Medium nötig, die physikalisch durch spezielle Geräte (Modems), die symmetrisch an beiden Leitungsenden liegen, durchgeführt wird.

Auf logischer Ebene verwendet man strikt definierte Kommunikationsprotokolle. Hier wirkt sich aus, daß manche Alphabete (z.B. das im ASCII–Code verwendete) Steuerzeichen enthalten, die eine Kommunikation stark vereinfachen, da man Steuerzeichen als Zeichen für Metanachrichten wie *Ende der Nachricht* hat.

2.3.2   Verarbeitung auf Formebene

Hier wird die Verarbeitung bei gleichem Träger durchgeführt. Da sich die Form verändert, kann sich auch die Information (in kontrollierter oder unkontrollierter Weise) verändern. Man unterscheidet

> **Übersetzung**   (Sprache in Sprache, z.B. Englisch – Deutsch)
> **Umkodierung**   (Alphabet in Alphabet)
> **Auswerten**   (z.B. 12 aus 7 + 5)

Die Auswertungen können natürlich ganz verschiedenartig sein, je nachdem, welche Nachrichtentypen vorliegen und was als Ergebnis gewünscht wird. Diese Verarbeitungsformen sind die häufigsten.

2.3.3 Verarbeitung durch Interpretation

Hier liegt im wesentlichen bei maschineller Verarbeitung eine Interpretation durch
Ausführung vor. Diese findet im allgemeinen nur auf unterster Sprachebene statt.
Sie ist stark maschinenabhängig und wird wegen des *top–down*–Weges dieses Buches
erst im Kapitel 13 behandelt.

2.4 Algorithmen

2.4.1 Definition

Eine Nachricht heißt **Algorithmus**, wenn sie in einer Befehlssprache formuliert ist
und bei Interpretation eine Klasse von Verarbeitungsprozessen genau und vollständig
beschreibt.

Es wird ausdrücklich darauf hingewiesen, daß ein Algorithmus eine spezielle Art
von **Nachricht** ist. Die Begriffe *Träger, Form, Information, Interpretation, Syntax,
Semantik* etc. sind auf ihn anwendbar. Es wird stillschweigend unterstellt, daß die
Sprache, in der der Algorithmus formuliert ist, eine Standardinterpretation hat, deren
Anwendung einen Verarbeitungsprozeß auf Begriffs– oder auf Dingebene liefert.

Algorithmen enthalten Beschreibungen von **Operationen** auf **Objekten** gewissen
Typs. Ein Algorithmus gelangt erst durch Interpretation zur Ausführung. Die Operationen und Objekte in einem Algorithmus sind nicht aus der Handlungs– oder Dingebene genommen, sondern sind Sprachelemente mit einer Standardinterpretation (siehe
den Abschnitt 1.6, dessen Terminologie hier aufgegriffen wird). Deshalb impliziert die
Formulierung eines Algorithmus die Abstraktion der Objekte und Operationen, und
zwar von der Dingebene in die Sprach– und Begriffsebene.

Beispiel 2.4.1.1. Der Algorithmus, der das Zähneputzen beschreibt, ist unabhängig
vom Fabrikat der Zahncreme und von der Form der Zahnbürste; er verwendet eine
"abstrakte Zahncreme" und eine "abstrakte Zahnbürste". Er putzt auch nicht die
Zähne, denn er ist eine Nachricht. Erst wenn er dementsprechend interpretiert wird,
werden (hoffentlich) die Zähne sauber. □

2.4.2 Ebenen für Algorithmen

Man kann nach dem oben über Verarbeitungsprozesse Gesagten auch für deren sprachliche Beschreibungen, die Algorithmen, verschiedene Abstraktionsebenen wählen, auf
denen man sie formuliert. Dort fixiert man sie durch Zusammensetzung von Beschreibungen von Standardobjekten und Standardoperationen. Die unterschiedliche Komplexität der zusammengesetzten Operationen und Objekte setzt sich auf ihre algorithmischen Beschreibungen fort und wird auf den jeweiligen Abstraktionsebenen durch
die unterschiedliche Komplexität der verwendeten Befehlssprachen berücksichtigt.
Hierin liegt ein weiterer Grund für die Sprachhierarchien in der Informatik.

Die Befehlsempfänger in den jeweiligen Abstraktionsebenen kann man als **abstrakte
Maschinen** bezeichnen. Sie interpretieren den Algorithmus, indem sie auf den Objekten der jeweiligen Ebene Operationen ausführen.

Ganz besonders bei Algorithmen ist eine sachgemäße Wahl der Abstraktionsebene
wichtig. Man faßt elementare Operationen zu größeren **Blöcken** zusammen, man
segmentiert zu große Algorithmen durch Aufteilung. Hier ist wieder das *top–down*–
Prinzip wichtig. Man formuliert Algorithmen erst grob (durch große, noch unspezi-
fizierte Blöcke) und segmentiert sie dann in immer feinere Teile. Das kann so weit
gehen, daß man eine eigenständige neue Sprache als oberstes Sprachniveau einführen
muß.

Das Erstellen von umfangreichen, komplizierten und korrekten Algorithmen ist ein
schwieriges technisches Problem. Man nennt deshalb die technischen Prinzipien zur
Konstruktion größerer Programme auch **Software–Engineering**. Als Hilfsmittel verwendet man dazu oft spezielle Werkzeuge (**Software Tools**) und geeignete Beschrei-
bungsverfahren. Dies wird im Abschnitt 2.5 näher ausgeführt; es wird versucht, durch
frühzeitige Gewöhnung an Grundtechniken des *Software Engineering* die Konsequenzen zu ziehen aus der **Software Crisis**, die in mehreren Artikeln des sehr lesenswerten
Sammelbandes *Programming Methodology* (Herausgeber: D. **Gries**, [20]) beschrieben
wird.

Es ist noch darauf hinzuweisen, daß durch die hohe Komplexität, die ein vielschichti-
ger, schlecht strukturierter und ereignisgetriebener Algorithmus haben kann, eine gegenüber kleinen oder infolge ihrer klaren Struktur überschaubaren Algorithmen völlig
neue und manchmal kaum beherrschbare Situation entstehen kann: das Verhalten
des Algorithmus ist nicht mehr von vornherein klar und muß durch sekundäre (externe) Maßnahmen beobachtet werden. Auch durch "vernetztes" Denken sind solche
Systeme nicht beherrschbar; die schiere Größe und die Vielfalt der möglichen Eingaben, die das System steuern, erlauben es nicht, wichtige Entscheidungen von den
Ergebnissen der Algorithmen abhängig zu machen. Dies betrifft viele Systeme im
Bereich der "Künstlichen Intelligenz", besonders aber auch die großen ereignisgetriebenen Warnsysteme im militärischen oder technischen Bereich (vgl. die Beispiele von
J. **Weizenbaum** in [55]).

2.4.3 Operationen und Operanden

Hier wird die Terminologie des Abschnitts 1.6 aufgegriffen und auf Operationen erweitert. Auf Sprachebene werden Objekte und Operationen durch gewisse Sprachelemente, die man **Namen, Bezeichnungen** oder **Bezeichner** (engl. *identifier*)
nennen kann, vertreten. Die Interpretation dieser Namen führt bei Konstanten direkt in die Wertebene, bei Variablen erst auf die Referenzebene, worauf sich dann
noch die Auswertung anschließt. Bei **Operationen** ist das Interpretationsergebnis in
der Wertebene eine **Verarbeitung** die unmittelbar ausgeführt wird (gedanklich oder
maschinell). Diese bewirkt **Zustandsänderungen** und zwar bei den **Werten** der
beteiligten Objekte.

Die durch eine Operation betroffenen Objekte nennt man **Operanden**.

Auf Sprachebene werden Operanden und Operationen natürlich durch gewisse Sprachelemente repräsentiert; die Wirkung der Operationen auf den Operanden bezieht
sich aber nicht auf die Namen der Operanden (diese werden nur zur Identifikation

gebraucht), sondern auf die Werte. Die Ausführung findet auch erst bei Interpretation auf Werteebene statt. Die Sprachelemente, die die Operanden beschreiben, können Bezeichner für Konstanten oder Variablen sein. Bei Interpretation der Operation und der Operanden muß dann immer bis auf Werteebene heruntergegangen werden. Bei Variablen heißt das, daß Werte in den Wertplätzen sein müssen, auf die die Referenzen verweisen.

2.4.4 Ausdehnung auf Referenzen

Jede Operation kann man natürlich von der Werteebene auf die der Referenzen ausdehnen, nämlich indem man die Auswertungsabbildung vorschaltet und das Ergebnis in einem Wertplatz ablegt, auf den eine Referenz verweist:

	Referenzbildung (Ablegen)		Operation (Arbeiten)		Auswertung (Holen)	
Referenz	$\rightarrow$	Wert	$\leftarrow$	Wert	$\leftarrow$	Referenz

Die dadurch zusammengesetzte "neue" Operation wirkt scheinbar direkt auf Referenzen; eigentlich wirkt sie aber auf die Werte an den Wertplätzen, auf die die Referenzen verweisen, und die Referenzen werden nicht verändert. Genaugenommen kann man Operationen sogar auf Variablennamen in der Sprachebene erweitern, indem man noch die Interpretationsabbildung vorschaltet, die aus Variablennamen Referenzen bildet.

Man sollte daher stets unterscheiden, auf welcher Ebene eine Operation wirkt. Im engeren Sinne sollen in diesem Text immer die Operationen direkt auf die Werte wirken; der Wirkungsbereich wird erst nachträglich erweitert.

2.4.5 Standardisierung

Gewisse Standardoperationen (z.B. die Addition von Zahlen) haben in der Umgangssprache oder in anderen Sprachen Standardbezeichnungen (z.B. das Zeichen +). Im folgenden wird angenommen, daß solche **Standardoperationen** vorhanden sind; sie haben in den hier betrachteten Sprachen Standardbezeichnungen, deren Standardinterpretation bekannt sei. Wie bei den Objekten faßt man Operationen als Kombination von Bezeichnung und Interpretation der Bezeichnung auf (Name und Wert bilden ein Objekt). Der Begriff "Wert" der Metasprache bezieht sich also auch auf Interpretationsergebnisse sprachlich wohldefinierter Befehle.

2.4.6 Deklarationen von Operationen

Natürlich kann man auch Operationen neu deklarieren und ihnen Namen geben, etwa durch Sprachkonstruktionen wie

Die Operation *Zähneputzen* besteht aus folgendem:

- Man nehme eine Zahnbürste und eine Tube Zahncreme.

- Man öffne die Tube und bestreiche die Zahnbürste mit Zahncreme.

- Man bürste die Zähne mit der bestrichenen Zahnbürste.

- Man spüle den Mund mit Wasser aus.

- Man spüle die Zahnbürste mit Wasser aus.

- Man lege Zahnbürste und Zahncreme wieder an ihren Platz.

Hier treten Bezeichnungen von Objekten (Operanden) und deren Zuständen auf; die Interpretation der obigen Nachricht definiert auf Wertebene einen Verarbeitungsprozeß auf den Werten (Zuständen) der angegebenen Objekte.

Man sieht, daß die Formulierung von Algorithmen nichts anderes als eine **Deklaration komplexerer Operationen durch Standardoperationen** ist. Sie gibt Algorithmen als speziellen Sprachkonstruktionen einen Namen und beschreibt, welche Interpretation dieser neue Name haben soll. Diese Interpretation ist ein Wert der Wertebene.

Das Ergebnis der Interpretation der obigen Nachricht *Zähneputzen*, der aktuell durchgeführte Prozeß des Zähneputzens, verwendet spezielle Werte der Operanden, nämlich eine spezielle Zahncreme und eine spezielle Zahnbürste. Davon ist aber die Formulierung der Operation unabhängig. Sie gilt für **jede** Zahnbürste und **jede** Zahncreme. Deshalb werden Operationen nicht für spezielle Objekte deklariert, sondern für beliebige Objekte eines speziellen **Typs**. Da diese Objekte auf Sprachebene Namen haben müssen, sind Operanden normalerweise Variablen in dem hier gemeinten Sinne, denn sie haben einen Namen und einen Typ und können einen nicht festgelegten Wert auf Wertebene haben.

2.4.7 Typen von Operationen

Da feste Operationen per Interpretation einen festen Wert haben, kann man Mengen solcher Werte zu **Typen** zusammenfassen und dann Typen von Operationen bilden. Beispielsweise enthält der Typ *zweistellige Zahlenoperation* die Addition, die Subtraktion, die Multiplikation und diverse andere denkbare Zahlenoperationen, etwa

Bilde $\sqrt{a^2 + b^2}$ für beliebige reelle Zahlen a und b.

Jede spezielle Zahlenoperation dieses Typs bildet einen Wert. Man sieht hier wieder ganz deutlich, daß in der Informatik nicht prinzipiell zwischen Daten und Algorithmen unterschieden wird.

Im Vorgriff auf Späteres ist darauf hinzuweisen, daß die Typen von Operationen sich nach den Typen der Operanden richten. Dies trifft auch in obigem Beispiel zu, denn es wurden alle Operationen betrachtet, die zwei Operanden vom Typ *Zahl* in einen Operanden vom Typ *Zahl* umformen.

2.4.8 Zusammenfassung und Ausblick

Die bisher aufgetretenen Grundbegriffe lassen sich folgendermaßen zusammenfassen:

Nachrichten haben Träger und Form; durch Interpretation gewinnt man aus ihnen Informationen. Sie werden in der Informatik durch Algorithmen verarbeitet. Ein Algorithmus ist ein spezieller Typ von Nachricht. Er ist syntaktisch exakt beschrieben in einer Befehlssprache, deren Semantik auf eine Struktur von Operationen auf Mengen von Werten von Objekten abbildet. Die Befehlssprache wird auf unterster Sprachebene durch Ausführung interpretiert, während sie auf höherer Sprachebene in eine primitivere Sprache übersetzt wird.

Semantik und Syntax der Befehlssprache müssen wegen der maschinellen Übersetzung und Interpretation regelhaft formuliert sein. Deshalb werden im Kapitel 4 formale Sprachen exakter eingeführt und genauer untersucht. Dabei wird die Rolle von metasprachlichen Algorithmen zur Festlegung von Syntax und Semantik einer formalen Sprache deutlich. Deshalb kann man formale Sprachen, auch wenn sie nicht Befehlssprachen sind, nur unter Benutzung von Algorithmen beschreiben. Der Algorithmusbegriff führt also zurück zu den formalen Sprachen und diese wiederum lassen sich nur mit Algorithmen (in Metasprache) darstellen.

Das Vorgehen im Kapitel 4 wird vermutlich dem Leser etwas übertrieben abstrakt vorkommen. Der Grund ist, daß absolute Exaktheit in formalen Konstruktionen geübt werden soll. Zu exakten Konstruktionen in der Informatik benötigt man natürlich auch Grundelemente der exakten Wissenschaft par excellence, nämlich der Mathematik. Dies wird hier aber lediglich als eine Erweiterung der Metasprache um einige hilfreiche Begriffskonstruktionen aufgefaßt. Deshalb werden die mathematischen Grundbegriffe im Kapitel 3 kurz zusammengestellt; dieses kann von mathematisch ausreichend vorgebildeten Lesern übersprungen werden.

Vorher soll aber noch das Formulieren von Algorithmen detaillierter behandelt und an konkreten Beispielen eingeübt werden, ohne daß man sich auf eine formalisierte Befehlssprache beschränkt.

2.5 Strukturierte Algorithmen

2.5.1 Didaktischer Exkurs

Wenn man einen Verarbeitungsprozeß der Dingebene (z.B. Lagerhaltung, Gehaltsabrechnung usw.) algorithmisch beschreiben will, so sollte man eine Reihe von Regeln befolgen, die eigentlich erst bei sehr komplizierten Verarbeitungsprozessen ihre volle Tragweite entfalten, die man aber schon an kleinen Beispielen üben kann. Da das Formulieren von Algorithmen (auf niedrigster Abstraktionsstufe **Programmierung** genannt) einerseits eine der Hauptaufgaben des Informatikers im Berufsfeld ist und andererseits eine in Zukunft immer wichtiger werdende Kulturtechnik darstellt, soll hier die Befolgung solcher Grundregeln von Anfang an eingeübt werden. Das didaktische Fernziel ist, durch Erlernung geeigneter Beschreibungsmethoden zu einem Programmierstil zu kommen, der Fehler von vornherein minimiert; die Formulierungsregeln sollten so sein, daß sich durch die Anwendung der Regeln bereits die Richtigkeit der formulierten Algorithmen ergibt und nicht erst nachträglich geprüft werden muß. Gute Programme enthalten, wie sich zeigen wird, durch eine übersichtliche Struktur und durch entsprechende Kommentare einen Beweis ihrer Richtigkeit.

Wegen dieser Querverbindung zwischen mathematischen Beweisen und korrekten Programmen wäre es von der Struktur des Lehrstoffs her angebracht, die folgenden Dinge erst nach der Behandlung der mathematischen Grundlagen darzustellen. Das hat aber den Nachteil, daß in den begleitenden Übungen erst viel zu spät begonnen werden kann, Programme zu schreiben. Deshalb werden die Regeln zur Erstellung gut strukturierter Algorithmen schon innerhalb dieses Kapitels behandelt.

2.5.2 Pseudocode

Es ist ratsam, die Ausbildung im algorithmischen Denken nicht durch die Zwangsjacke einer speziellen Maschinenfamilie oder einer speziellen Sprache einzuengen. Deshalb wird in diesem Kapitel bei der strukturierten Algorithmenformulierung eine "Sprache" (Pseudocode) verwendet, die eigentlich noch zur Umgangssprache gehört, aber gewisse Elemente aus heutigen Programmiersprachen heranzieht. Dabei wird die Sprache nicht exakt fixiert, sondern nur an die später genauer dargestellte Sprache PASCAL angelehnt.

Bei großen Programmierprojekten wird die Programmerstellung erst als ein sehr später Schritt des Entwicklungsprozesses durchgeführt; die vorhergehenden Schritte werden nicht in Form einer Programmiersprache festgelegt. Deshalb kann auch hier zunächst auf eine konkrete Programmiersprache verzichtet werden.

2.5.3 Abstraktionsebenen

Wie sich oben zeigte, sollten Algorithmen in **Ebenen** strukturiert werden. Bei ihrer Formulierung ist folgendes grundlegend:

Regel 1 *Man gehe in Abstraktionsebenen top–down vor. Dabei achte man nur auf den vorgegebenen Verarbeitungsprozeß, nicht auf irgendwelche Datenverarbeitungsanlagen oder Programmiersprachen.*

Beim Durchgang durch die Abstraktionsebenen sollte man stets im Auge behalten, daß der Abstraktionsgrad von Objekten und Operationen hoch bleibt und nicht zu früh absinkt. Deshalb gilt

Regel 2 *Man vermeide Festlegungen von Details und verfrühte Entscheidungen über Alternativen auf den oberen Abstraktionsniveaus.*

Geht man durch die Abstraktionsebenen von oben nach unten vor, so hat man abstraktere und komplexere Operationen durch speziellere und einfachere auszudrücken (**Verfeinerung** von Operationen).

Die Befolgung der beiden obigen Regeln führt zu korrekten und überschaubaren Algorithmen, weil man bei schrittweiser Verfeinerung eines *top–down*-Entwurfs eher den Überblick behalten kann als bei "Spaghetti"– oder "Drahtverhau"– Programmierung. Letztere entsteht beim *bottom–up–* eher als beim *top–down*-Design.

Für die Verfeinerung gibt es auf Sprachebene (zunächst) fünf Stufen:

1. **Programmebene.** Hier ist der einen Verarbeitungsprozeß beschreibende Algorithmus die **einzige** auf Sprachebene deklarierte Operation.

2. **Prozedurebene.** Hier werden komplexe Unter–Verarbeitungsprozesse algorithmisch formuliert, die bezüglich des Gesamtprozesses wie eine *black box* betrachtet werden können, d.h. ihre Interna sind für den Gesamtprozeß irrelevant und können auf niedrigerer Abstraktionsstufe behandelt werden.

3. **Blöcke.** Dies sind Sammlungen von Operationen, die lose miteinander zusammenhängen, aber weder einen einzelnen Unter–Verarbeitungsprozess algorithmisch beschreiben noch gegenüber dem Gesamtprozeß wie eine *black box* abgegrenzt sind.

4. **Zusammengesetzte Operationen.** Dies sind Operationen, die in schematischer und sprachlich eindeutig strukturierter Weise aus einfacheren Operationen zusammengesetzt sind.

5. **Standardoperationen.** Diese bilden die Elementarbausteine auf unterster Stufe.

In diesen Ebenen wird später *top–down* vorgegangen. Dabei werden im Pseudocode die entsprechenden Sprachkonstruktionen beschrieben.

2.5.4 Korrektheit von Algorithmen

Erfahrungsgemäß sind schlecht strukturierte Algorithmen fehlerhaft. Deshalb ist Korrektheit von Algorithmen ein Ziel, das eine gute Strukturierung des Algorithmus voraussetzt, aber natürlich noch zusätzliche Anstrengungen erfordert.

Eine weitverbreitete Unsitte ist es, Algorithmen erst "ins Blaue hinein" zu formulieren und dann durch eine Reihe von Tests auf Richtigkeit zu prüfen. Auch dazu gibt es einen klassischen Ausspruch von E.W. **Dijkstra:**

> *Program testing can be used to show the presence of bugs, but never to show their absence!*

Dies ist ein Spezialfall der allgemeineren, aus der Mathematik bekannten Situation:

> Beispiele beweisen nichts; sie decken (als **Gegen**beispiele) nur Fehler auf.

Beim Formulieren korrekter Algorithmen wird daher seit einigen Jahren empfohlen, von vornherein einen **Korrektheitsbeweis** im Auge zu haben und ihn parallel zur Entwicklung des Algorithmus auszuführen. Dies wird im folgenden noch genauer dargestellt. Allgemein gilt zumindestens

Regel 3 *Man formuliere den Algorithmus auf jeder Abstraktionsebene von vornherein korrekt und verlasse sich nicht auf spätere Fehlersuche.*

2.5.5   Kommentierung und Dokumentation

Eine weitere Unsitte besteht darin, Algorithmen zu formulieren und erst danach für
eine erläuternde Kommentierung und Dokumentation zu sorgen. Stattdessen sollte
man sich früh daran gewöhnen, schon beim Aufstellen eines Algorithmus die nötigen
erläuternden und die Korrektheit beweisenden Kommentare einzusetzen.

2.5.6   Exkurs über strukturiertes Handeln

Die Interpretation eines gut strukturierten und korrekten Algorithmus sollte ein sinnvoll strukturiertes Handeln des Interpretierenden ergeben. Umgekehrt sollte jeder
Handelnde sich selbst die Richtlinien seines Handelns klar vorstellen können. Das bedeutet, daß gut geplantes Handeln auch nach obigen Regeln strukturiert sein sollte.
Leider ist das häufig nicht der Fall.

Das übliche "Hau–ruck–Programmieren" mit nachfolgendem Fehlersuchen entspricht
im täglichen Leben der

Regel 2a *Man sollte das Kind erst aus dem Brunnen holen, wenn es hineingefallen
ist.*

Das ist an sich nicht unvernünftig, aber erheblich besser ist die Befolgung von

Regel 3a *Man sorge dafür, daß das Kind nicht in den Brunnen fällt.*

Dabei ist klar, daß die Befolgung von Regel 3a die von Regel 2a in der obigen
Form sogar überflüssig machen würde. Viele Zeitgenossen, besonders Politiker, ziehen
aber leider die erste Regel der zweiten vor (Beispiele: Waldsterben, Chemieunfälle,
Sondermüllbeseitigung). Es ist leider nicht nur in der Programmierung üblich, Fehler
erst nachträglich auszumerzen statt ihre Entstehung zu verhindern.

2.5.7   Programme

Wie oben schon angedeutet wurde, wird ein Algorithmus, der als Einheit einen kompletten Verarbeitungsprozeß sprachlich beschreibt, **Programm** genannt.

In Pseudocode–Form (und später auch in PASCAL) werden Programme in der Form

```
PROGRAM Programmname;
{Kommentar zur Funktion des Programms}
Deklarationen von Objekten und Operationen
BEGIN
    Operationen des Programms
END {Programmname}.
```

geschrieben.   Dabei kann der *Programmname* beliebig gewählt werden, und der
(in geschweifte Klammern gesetzte) Kommentar zur Funktion des Programms sollte
möglichst genau beschreiben, was das Programm leistet. Das Ganze ist eine Deklaration im Sinne des Abschnitts 1.6.

Die *Operationen des Programms* können Prozeduren, Blöcke, zusammengesetzte Operationen oder Standardoperationen sein. Sofern Operationen oder Objekte neu zu deklarieren sind, haben diese Deklarationen vor dem BEGIN zu stehen; dadurch wird ein Programm in einen **Deklarations–** und einen **Befehlsteil** aufgeteilt. Einzelheiten dazu werden später folgen.

2.5.8 Sequentielle Operationen

Eine algorithmische Beschreibung des Verarbeitungsprozesses *Zähneputzen* sollte auf der höchsten Abstraktionsebene wegen der obigen Regeln die triviale Form

```
PROGRAM Zähneputzen;
Deklarationen von Objekten und Operationen
BEGIN
    Zähneputzen vorbereiten;
    Zähneputzen;
    Zähneputzen nachbereiten {Aufräumen}
END {Zähneputzen}.
```

haben, wobei man sich die drei Operationen als Prozeduren vorstellen kann, deren Interna zunächst unbekannt bleiben können.

Jede dieser Operationen kann man als Befehle an eine **abstrakte Maschine** ansehen, für die die drei obigen Befehle interpretierbar und damit ausführbar sind (angenommen, die abstrakte Maschine kenne abstrakte Zähne, und wisse, wie man dieselben abstrakt putzt).

Festzuhalten ist, daß die drei Schritte des obigen Algorithmus notwendig nacheinander (**sequentiell**) auszuführen sind, da es keinen Sinn macht, das Zähneputzen nachzubereiten, wenn es noch nicht stattgefunden hat. Allgemein gilt:

Regel 4 *Man formuliere algorithmische Operationen nur dann sequentiell, wenn dies durch die Aufgabenstellung (oder, auf tieferem Abstraktionsniveau, durch eine restriktive Programmiersprache) erzwungen wird.*

Bei der obigen Form des Algorithmus sind die Objekte noch nicht definiert; es sind nur die Operationen in Umgangssprache (Pseudocode) beschrieben.

Viele Verarbeitungsprozesse haben die obige algorithmische Grobstruktur. Ersetzt man *Zähneputzen* durch *Kaffeekochen* oder *Waschmaschinenreparatur*, so hat man die Interpretation leicht verändert; wenn man statt *Zähneputzen Arbeit* sagt, hat man ein höheres Abstraktionsniveau, auf dem viele Verarbeitungsprozesse denselben Algorithmus haben. Die Abstraktion der Interpretationsregeln für die obigen Operationen erlaubt also eine ganz allgemeine Verwendbarkeit.

Sequentielle Operationsfolgen werden hintereinander bzw. untereinander geschrieben und es wird vereinbart, daß die Interpretation in der üblichen Lesereihenfolge vorgenommen wird. Die Sequentialität der abendländischen Schrift wird dabei ausgenutzt.

Das Semikolon trennt Operationen voneinander, wo es nötig ist. Man mache sich klar,
daß es ein Trennzeichen ist und nicht automatisch hinter jeder Operation steht. Die
geschweiften Klammern schließen Kommentare ein und trennen sie vom Pseudocode.
Die Syntax ist an dieser Stelle nicht so sehr wichtig; später werden genauere Syntaxregeln für Algorithmen angegeben. Spezielle "Schlüsselwörter" (engl. *keywords*) werden
in GROSSBUCHSTABEN geschrieben, während der übrige Text, insbesondere die
neu deklarierten Namen, in *Kursivschrift* steht.

2.5.9 Abstrakte Objekte

Jetzt wird

Regel 5 *Man lege die abstrakten Objekte fest, auf denen in der entsprechenden Abstraktionsstufe gearbeitet werden soll.*

befolgt; als Objekte für den obigen Algorithmus kommen z.B.

- *Zähne*

- *Zahnbürste*

- *Zahncreme*

- *Wasser*

in Frage und man kann darüber streiten, ob ein Wasserglas nötig ist oder nicht. Die
Objekte und ihre Zustände sind zunächst unspezifiziert gemäß Regel 2; deswegen bleibt
auch die Wasserglasfrage noch offen.

Die Objekte bestehen aus einer Bezeichnung (auf Sprachebene) und einem Wert (auf
Ding– oder Begriffsebene nach der Interpretation). Die Bezeichnungen wurden oben
festgelegt und eine Standardinterpretation unterstellt.

2.5.10 Abstrakte Operationen

Nun folgt

Regel 6 *Man lege die abstrakten Operationen fest, auf denen in der entsprechenden
Abstraktionsstufe gearbeitet werden soll.*

Dadurch sind die obigen Schritte weiter verfeinerbar zu

Schritt 1:	*Zahnbürste* mit *Zahncreme bestreichen*
Schritt 2:	*Zähne* mit *Zahnbürste bürsten*
Schritt 3:	*Zähne* und *Zahnbürste* mit *Wasser spülen*

In etwas exakterer Schreibweise:

```
PROGRAM Zähneputzen;
Objekte: Zahnbürste,Zähne,Zahncreme,Wasser;
Operationen: BESTREICHE, BÜRSTE, SPÜLE;
BEGIN
    BESTREICHE (Zahnbürste, Zahncreme);
    BÜRSTE (Zähne, Zahnbürste);
    SPÜLE (Zähne,Wasser);
    SPÜLE (Zahnbürste,Wasser)
END {Zähneputzen}.
```

Hier ist zu sehen, daß die Operationen *BESTREICHE BÜRSTE* und *SPÜLE* für
die abstrakte Maschine auf dieser (neuen) Stufe interpretierbar und ausführbar sein
müssen; sie sind im Deklarationsteil aufgelistet, aber noch nicht ausreichend spezifiziert. Jede der Operationen ist hier als "Prozedur" formuliert, deren Interna noch nicht
definiert und für den Gesamtalgorithmus auch im Detail irrelevant sind. Man kann
die Operationen als *black boxes* ansehen. Die Operanden der Operationen wurden in
Klammern angegeben und zunächst nicht näher ausformuliert.

Eine genauere Beschreibung der Objekte erfordert die Angabe der für sie möglichen
Werte oder Zustände, denn die Operationen sind dadurch definiert, daß sie die
Werte der Operanden verändern. Es ist jetzt also an der Zeit, sich über (abstrakte)
Zustände der Objekte Gedanken zu machen, um die Operationen genauer definieren
zu können:

Zähne	:	Zustände *sauber, ungespült* und *schmutzig*
Zahnbürste	:	Zustände *sauber, bestrichen* und *ungespült*
Zahncreme	:	Zustand *vorhanden*
Wasser	:	Zustand *vorhanden*

Wenn man der *Zahncreme* und dem *Wasser* bei diesem Abstraktionsprozeß keine speziellen Zustände zuschreibt, sondern sie einfach als unbegrenzt vorhanden annimmt,
hat man den Algorithmus stark vereinfacht; dasselbe gilt für die einfache Klassenein-
teilung der Sauberkeit der *Zähne* in *sauber, ungespült* und *schmutzig* (Kinder haben
beispielsweise ganz andere Ansichten über saubere Zähne als Erwachsene, insbesondere
Zahnärzte). Man ist gezwungen, die Zustände *schmutzig* und *ungespült* bei *Zähnen*
zu unterscheiden, da es zwei verschiedene Reinigungsprozesse gibt. Beim Zustand
ungespült für *Zähne* wurde angenommen, daß "geputzt, aber ungespült" gemeint ist.

Eine weitere Verfeinerung ergibt

Regel 7 *Man definiere die abstrakten Operationen exakt durch die Zustandsänderungen, die sie auf den Objekten bewirken sollen.*

Man kann dann als nächsten Verfeinerungsversuch festlegen

- *bestreichen* ist eine Operation, die bei Anwendung auf eine *Zahnbürste* und eine
  Zahncreme die erstere vom Zustand *sauber* in den Zustand *bestrichen* überführt.

- *bürsten* ist eine Operation, die bei Anwendung auf *Zähne* als erstes Objekt und eine mit *Zahncreme* in den Zustand *bestrichen* gebrachte *Zahnbürste* als zweites Objekt beide Objekte in den Zustand *ungespült* überführt.

- *spülen* ist eine Operation, die bei Anwendung auf ein Spülobjekt (z.B. *Zähne* oder *Zahnbürste*) im Zustand *ungespült* mit einem *Spülmittel* (z.B. *Wasser*) als zweites Objekt das erstere in den Zustand *sauber* überführt.

Weitere Details bleiben nach Regel 3 vorerst unberücksichtigt.

Die Sprachform einer solchen Deklaration von Operationen bzw. Prozeduren im Pseudocode ist:

```
PROCEDURE Prozedurname (Liste von Objektnamen mit Typen);
{Beschreibung der Wirkung der Prozedur}
Deklarationen der bisher uninterpretierbaren und
intern verwendeten Objekte und Operationen
BEGIN
    Operationen
END {Prozedurname}
```

Eine genauere Formulierung des obigen Algorithmus in Pseudocode ist dann

```
PROGRAM Zähneputzen;
{Dieses Programm überführt Zähne in den Zustand sauber.
Es setzt Zahncreme und Wasser im Zustand vorhanden voraus.
Es folgen Deklarationen der externen Objekte:}

Zähne : Zustände sauber, ungespült und schmutzig;
Zahnbürste : Zustände sauber, bestrichen und ungespült;
Zahncreme : Zustand vorhanden;
Wasser : Zustand vorhanden;
Spülobjekt : Zahnbürste oder Zähne;
Spülmittel : Wasser;
{Es folgen Deklarationen von Operationen in Prozedurform:}

PROCEDURE BESTREICHE (Zahnbürste, Zahncreme);
{Diese Prozedur führt eine Zahnbürste
vom Zustand sauber in den Zustand bestrichen über
und setzt Zahncreme im Zustand vorhanden voraus.}
BEGIN
    {noch fehlende Verfeinerung....}
END {BESTREICHE};
```

```
PROCEDURE BÜRSTE (Zähne, Zahnbürste);
{Diese Prozedur setzt eine Zahnbürste im Zustand bestrichen voraus und
führt Zähne und Zahnbürste in den Zustand ungespült über}
BEGIN
    {noch fehlende Verfeinerung....}
END {BÜRSTE};

PROCEDURE SPÜLE (Spülobjekt, Spülmittel);
{Diese Prozedur führt ein Spülobjekt vom Zustand
ungespült unter Benutzung von Spülmittel, das im Zustand
vorhanden sein muß, in den Zustand sauber über}
BEGIN
    {noch fehlende Verfeinerung....}
END {SPÜLE};
{Ende des Deklarationsteils des Programms.}
BEGIN
    {Es beginnt der Befehlsteil.}
    BESTREICHE (Zahnbürste, Zahncreme);
    BÜRSTE (Zähne, Zahnbürste);
    SPÜLE (Zähne, Wasser);
    SPÜLE (Zahnbürste, Wasser)
END {Zähneputzen}.
```

Man hat streng zu unterscheiden zwischen den **Deklarationen** der Prozeduren *BE-STREICHE, BÜRSTE* und *SPÜLE*, die **vor** dem BEGIN stehen, und den **Aufrufen** derselben Prozeduren, die **nach** dem BEGIN stehen. Die Deklarationen machen die Aufrufe erst interpretierbar. Erst vom BEGIN ab kann der Algorithmus durch Ausführung interpretiert werden; der **Deklarationsteil** vor dem BEGIN erweitert die Interpretationsmöglichkeiten durch Deklaration neuer Operationen, führt dieselben aber nicht aus.

2.5.11 Typen

Im Beispiel *Zähneputzen* ist die Operation *spülen* sowohl auf die *Zähne* als auch auf die *Zahnbürste* anzuwenden; ihre Funktion besteht darin, das jeweilige Objekt vom Zustand *ungespült* in den Zustand *sauber* zu überführen. Deshalb wurde der Verarbeitungsprozeß *spülen* als Prozedur *SPÜLE* formuliert, bei der das Objekt unspezifiziert bleibt, der Objekttyp aber so sein muß, daß die Zustände *ungespült* und *sauber* für das jeweilige Objekt wohldefiniert sind. Operationen (und Prozeduren) arbeiten also nicht notwendig auf speziellen externen Objekten, sondern auf beliebigen externen Objekten aus speziellen externen Objekttypen. Die externen Bezeichnungen und die speziellen Werte der Objekte sind irrelevant, es kommt nur auf den Typ an. Deshalb wurde oben der Typ *Spülobjekt* eingeführt, der *Zahnbürste* und *Zähne* umfaßt.

Aus diesen Gründen sollten zwei der obigen Regeln genauer formuliert werden:

Regel 6a *Man lege die abstrakten Operationen fest, auf denen in der entsprechenden Abstraktionsstufe gearbeitet werden soll, und gebe die Typen an, auf die die Operationen wirken sollen.*

Regel 7a *Man definiere die Operationen exakt durch die Zustandsänderungen, die sie auf Objekten, die entsprechende Typen haben, bewirken sollen.*

Sind Typen bereits deklariert, so kann man die Terminologie des Abschnitts 1.6.5.6 aufgreifen und interne Variablen einfach durch

VAR *Liste von Variablennamen : Typname*

deklarieren; die Typdeklaration muß die möglichen Zustände oder Werte umfassen.

2.5.12 Vor– und Nachbedingungen

Man beschreibt die Zustandsänderungen von Objekten durch die Wirkungen von Operationen dadurch, daß man die Zustände vor Beginn der Operation (durch **Vorbedingungen**) und die Zustände nach der Operation (durch **Nachbedingungen**) jeweils in geschweiften Klammern vor und nach der Operation anführt. Es gilt

Regel 8 *Man beschreibe Blöcke von Verarbeitungsschritten so, daß alle betroffenen Objekte und deren Zustände vor und nach dem Block angegeben werden (Vor– und Nachbedingungen).*

Das Ziel ist, die Formulierung eines Programms so zu gestalten, daß die Nachbedingung des Programms sich aus der Vorbedingung des Programms durch Anwendung der Operationen zwangsläufig ergibt. Dann wird ein Programm (mit den Vor– und Nachbedingungen auch für alle Zwischenschritte) zu einem **Beweis**. Man beweist die Nachbedingung aus der Vorbedingung durch Anwendung der Operationen.

Beispiel 2.5.12.1.

Vorbedingung	:	Der Wert der Zahl mit Namen x ist 12
Operation	:	Teile den Wert der Zahl mit Namen x durch zwei
Nachbedingung	:	Der Wert der Zahl mit Namen x ist 6

□

Beispiel 2.5.12.2.   Unter Verwendung der Abkürzung *für x gilt die Aussage A* anstatt der genauen Form *für den Wert der Variablen vom Typ "ganze Zahl" mit Namen x gilt die Aussage A* kann man allgemeiner schreiben

Vorbedingung	:	x ist durch sechs teilbar
Operation	:	Teile x durch zwei
Nachbedingung	:	x ist durch drei teilbar.

Ein Beweis der Nachbedingung aus der Operation und der Vorbedingung ist in der folgenden Umformulierung enthalten:

Vorbedingung	:	x ist durch sechs teilbar, also gilt $x = 6 \cdot y$
		mit einer ganzen Zahl y
Operation	:	Teile x durch zwei
		Dann gilt $x = (6 \cdot y)/2 = 3 \cdot y$ und dies ergibt die
Nachbedingung	:	x ist durch drei teilbar

□

Man hat deshalb folgende

Regel 9 *Ein gut formuliertes Programm enthält einen Beweis der Nachbedingung aus der Vorbedingung. Die Beweisschritte sind indirekter Bestandteil des Programms.*

Der Befehlsteil des Programms *Zähneputzen* wird jetzt einmal exakt mit Vor– und Nachbedingungen ausformuliert:

```
BEGIN
    {Vorbedingung des Programms:
    Zahnbürste im Zustand sauber.
    Zahncreme und Wasser im Zustand vorhanden.}

    BESTREICHE (Zahnbürste, Zahncreme);

    {Vorbedingung:  Zahnbürste im Zustand sauber,
    Zahncreme im Zustand vorhanden.
    Diese Vorbedingung ist erfüllt.
    Nachbedingung von BESTREICHE (Zahnbürste, Zahncreme) :
    Zahnbürste im Zustand bestrichen,
    Zahncreme im Zustand vorhanden.
    Nach der Ausführung von BESTREICHE
    gilt diese Nachbedingung; das Wasser ist
    immer noch im Zustand vorhanden.}

    BÜRSTE (Zähne, Zahnbürste);

    {Vorbedingung von BÜRSTE (Zähne, Zahnbürste):
    Zahnbürste im Zustand bestrichen,
    Zähne in irgendeinem Zustand.
    Diese Vorbedingung ist erfüllt.
    Nachbedingung von BÜRSTE :
    Zahnbürste im Zustand ungespült,
    Zähne im Zustand ungespült. }
```

SPÜLE (Zähne, Wasser);

{Vorbedingung von *SPÜLE (Zähne, Wasser)*:
Zähne im Zustand *ungespült*,
Wasser im Zustand *vorhanden*.
Diese Vorbedingung ist erfüllt.
Nachbedingung von *SPÜLE (Zähne, Wasser)*:
Zähne im Zustand *sauber*.
Wasser im Zustand *vorhanden*.}

SPÜLE (Zahnbürste, Wasser);

{Vorbedingung von *SPÜLE (Zahnbürste, Wasser)*:
Zahnbürste im Zustand *ungespült*.
Wasser im Zustand *vorhanden*.
Diese Vorbedingung ist erfüllt.
Nachbedingung von *SPÜLE (Zahnbürste, Wasser)*:
Zahnbürste im Zustand *sauber*.
Wasser im Zustand *vorhanden*.
Insgesamt gilt die Nachbedingung des Programms:
Zähne und *Zahnbürste* sind im Zustand
sauber. Ferner sind *Zahncreme* und
Wasser nach wie vor im Zustand *vorhanden*. }
END {*Zähneputzen*}.

Man sieht, daß die Beschreibungstechnik die Eingangsobjekte (den **Input**) und die Ausgangsobjekte (den **Output**) genau angibt. Dabei ist es egal, wie die Zustandsänderung bewirkt wird (es ist gleich, ob man die Zähne durch Bürsten von links nach rechts oder von oben nach unten putzt, es kommt nur auf die Sauberkeit an). Dies ist eine weitere Folge der Beachtung von Regel 2.

Die Richtigkeit des bisher formulierten Algorithmus ergibt sich daraus, daß die Schritte genau die nötigen Zustandsänderungen der abstrakten Objekte bewirken.

2.5.13 Abstraktion und algorithmische Äquivalenz

Um die Abhängigkeit des Algorithmus von der jeweiligen Interpretation und der Abstraktionsstufe noch deutlicher zu machen, soll die Abstraktion und die Uminterpretation durch andere, zunächst seltsame Bezeichnungen erleichtert werden:

Sp stehe für die abstrakte *Zahncreme*,
Sb stehe für die abstrakte *Zahnbürste*,
F stehe für die abstrakten *Zähne*,
W stehe für das abstrakte *Wasser*;

die Zustände werden durch Nachstellung von

/s für *sauber*,
/b für *bestrichen*,
/u für *ungespült*,

abgekürzt, so daß *Sb/b* die bestrichene Zahnbürste beschreibt. Den Zustand *vorhanden* kann man ignorieren. Dann ist der Algorithmus auch beschreibbar durch

$$
\begin{array}{ccccccc}
 & \text{Schritt 1} & & \text{Schritt 2} & & \text{Schritt 3} & \\
Sp & \rightarrow & Sp & & & & \\
Sb/s & \rightarrow & Sb/b & \rightarrow & Sb/u & \rightarrow & Sb/s \\
 & & F & \rightarrow & F/u & \rightarrow & F/s \\
 & & & & W & \rightarrow & W
\end{array}
$$

wobei die Pfeile den Verarbeitungsverlauf andeuten.

Eine Uminterpretation der Symbole durch

> Sp stehe für *Scheuerpulver*
> Sb stehe für *Schrubber*
> F stehe für *Fußboden*
> W stehe für *Wasser*;

und

> /s für *sauber*,
> /b für *bestreut*
> /u für *ungespült*,

gibt einen sinnvollen Verarbeitungsprozess wieder, der als Interpretationsergebnis von dem ursprünglichen verschieden ist, aber auf dem gleichen Algorithmus beruht, wenn man die Interpretation der Nachrichten Sp, Sb, /b usw. nicht festlegen würde.

Umgekehrt formuliert: beide Verarbeitungsprozesse haben die gleiche algorithmische Grundstruktur bei höherem Abstraktionsniveau.

Die sprachlich–symbolische Schreibweise erlaubt es, verschiedene Prozesse der Dingebene durch verschiedene Interpretationen des gleichen Algorithmus auf höherem Abstraktionsniveau durchzuführen.

2.5.14 Verfeinerung

Die genaue Beschreibung der Operationen auf höherer Abstraktionsstufe durch Zustandsänderungen der Objekte und durch Vor- bzw. Nachbedingungen erlaubt nun, weitere Verfeinerungsschritte vorzunehmen, die für jeden Schritt unabhängig von den übrigen geschehen können, und die Richtigkeit des abstrakten Algorithmus auf der höheren Stufe nicht in Frage stellen. Dadurch kann man das Gesamtproblem in einzelne Teilprobleme zerlegen und diese einzeln weiter bearbeiten. Das wurde oben schon für die Verfeinerung von *Zähneputzen* durch die Prozeduren *BESTREICHE*, *BÜRSTE* und *SPÜLE* ausgeführt.

In diesem Beispiel sind diese Prozeduren aber noch nicht voll deklariert; es wurden im Deklarationsteil nur ihre Vor– und Nachbedingungen angegeben, ohne ihre Operationen zu spezifizieren. Der Weg durch die Abstraktionsebenen von oben nach unten muß also durch Verfeinerung noch weiter fortgesetzt werden.

Auch die Objektdeklarationen (durch Angabe der Zustände) sind noch nicht ausgereift. Denn bekanntlich haben die Interpretationen der abstrakten Objekte in der Dingebene noch "Ortszustände", die nicht vernachlässigt werden können. Die Zahnbürste beispielsweise kann die Ortszustände

$$abgelegt, \quad genommen \text{ und } im \ Mund$$

haben, und es ist klar, daß man die Operation *bestreichen* auf die *Zahnbürste* nicht anwenden kann, wenn sich diese *im Mund* befindet. Dort aber muß sie sich befinden, wenn sie in der Prozedur *BÜRSTE* die *Zähne* bürsten soll. Vorher sollte sie *genommen* werden, denn es kann bei weiterer Verfeinerung des Algorithmus nicht angenommen werden, daß sie von externen Kräften bewegt wird. Man sieht, daß man noch viele Verfeinerungsschritte braucht, bis man eine Abstützung des Algorithmus auf allereinfachste Standardoperationen erreicht hat (man algorithmisiere etwa die zusammengesetzte Operation *Nimm die Zahnbürste* usw. usw.).

2.5.15 Parallelverarbeitung

Der dritte Verarbeitungsschritt enthält zwei Teilprozesse, die nicht notwendig sequentiell bearbeitet werden müssen:

$$\text{Schritt 3a} \qquad\qquad \text{Schritt 3b}$$
$$Sb/u \quad \rightarrow \quad Sb/s \qquad F/u \quad \rightarrow \quad F/s$$

Hier kann man die beiden Schritte parallel ausführen. Vorausgesetzt ist dabei das Vorhandensein zweier abstrakter sequentieller Maschinen oder einer abstrakten Maschine für Parallelverarbeitung oder (auf der Dingebene) eines Helfers, der die Zahnbürste ausspült, während man selbst sich die Zähne spült.

2.6 Prozeduren

2.6.1 Innenwelt und Außenwelt

Die obigen Beispiele zeigen, daß die Spezifikation von komplexen Operationen als Prozeduren so verläuft, daß man die Wirkung der Prozeduren durch Zustandsänderungen von Objekten abstrakt festlegt, ohne die Interna der Prozeduren zu kennen. Nach außen ist das Verhalten der Prozedur bekannt, das Innere ist verborgen. Bei Verfeinerung sind dann auch die Interna einer Prozedur weiter auszuformulieren (evtl. durch andere Prozeduren).

Man erkennt also, daß Prozeduren eine **Innenwelt** und eine **Außenwelt** besitzen. Dabei wurde jeweils nur das Verhalten der Prozedur gegenüber der Außenwelt beschrieben und offengelassen, wie die Prozedur intern abläuft. Man kann daher statt von "*top–down*" auch von "*outside–in*" sprechen, denn bei Verfeinerung wurde von außen nach innen vorgegangen. Die Spezifikation der "Innenwelt" einer Prozedur erfolgt in deren Deklarations– und Befehlsteil; sie betrifft die "Außenwelt" der internen Einzeloperationen und ist in der "Außenwelt" der Prozedur nicht sichtbar. Dies kann sich in mehreren Ebenen vollziehen (P. **Handke**: *"Die Innenwelt der Außenwelt der Innenwelt"*).

Entscheidend ist, daß für die jeweilige Außenwelt egal ist, wie die Innenwelt aussieht (das ist die Kunst des Delegierens). Die Innenwelt ist, wie man sagt, nicht nach außen **transparent**; sie ist gegenüber der Außenwelt **geschützt** oder **verdeckt**. Die einzige Verbindung zwischen Innen– und Außenwelt besteht in der Korrespondenz zwischen der ersten Zeile der Prozedurdeklaration (dem **Prozedurkopf** im Deklarationsteil) und dem **Prozeduraufruf** im Befehlsteil.

2.6.2 Prozeduren

Dem Leser dürfte nach einiger Übung mit der strukturierten Programmierung in Pseudocode klar sein, daß es unverhältnismäßig aufwendig ist, jede Einzeloperation durch ihre Wirkung auf Objekte klar zu beschreiben. Deshalb macht man dies in der Praxis nur für größere Blöcke von Operationen, nämlich für die oben schon erwähnten Prozeduren. Vorläufig wird ein Block von Operationen, der

1. eine im Detail komplexe Operation als Einheit beschreibt

2. eine "Innenwelt" besitzt, die gegenüber einer "Außenwelt" geschützt ist und

3. eine genau definierte "**Schnittstelle**" zwischen Außenwelt und Innenwelt hat,

eine **Prozedur** genannt.

Eine genauere Festlegung dieses Begriffs im Zusammenhang mit Programmiersprachen soll aber erst später erfolgen. Der Prodezurbegriff setzt also eine Innen– und eine Außenwelt voraus. Die "größte" Außenwelt von Prozeduren ist der Algorithmus selbst; dann verwendet man auch den Namen PROGRAM. Beide Begriffe wurden oben schon in der Darstellung der Abstraktionsebenen innerhalb der Algorithmenformulierung erwähnt.

Bei schrittweiser Verfeinerung (siehe obiges Beispiel) treten dann z.B. Prozeduren in Prozeduren im Programm auf, d.h. es werden Prozeduren ineinander und in das umfassende Programm hinein geschachtelt.

Bei Prozeduren wird also immer eine umfassende Prozedur (das Programm) vorausgesetzt. Typische "Seiteneffekte" wie z.B. das Schreiben oder Lesen von Daten gehen sogar über den Rahmen des Programms selbst hinaus, d.h. sie bewirken eine Änderung der Zustände der Außenwelt des Gesamtprogramms. Deshalb sollte man nicht vergessen, daß auch das Programm selbst wieder eine in der Regel nicht vollständig algorithmisch definierte Außenwelt (eine **Umgebung**) hat. In der Regel ist ein auf Maschinen ablaufendes Programm eingebettet in ein davon unabhängiges, seinen Ablauf überwachendes und seine Ressourcen kontrollierendes äußeres Programm, das **Betriebssystem**. Im Abschnitt 11.1.2 wird darauf genauer eingegangen.

2.6.3   Schnittstellendeklaration

Die durch eine Prozedur beschriebene Gesamtoperation arbeitet auf den Objekten, die
die Schnittstelle bilden. Deren Bezeichner werden im Prozedurkopf festgelegt und es
wird ihnen ein Typ zugewiesen. Sie sind in der Innenwelt einer Prozedur wie Variablen
anzusehen und werden **Formalparameter** genannt .

Die Schnittstellendeklaration im Prozedurkopf besteht in allen gängigen Programmiersprachen aus einer Liste der Art

(Parametername : Typname; usw.)

wobei Parameter gleichen Typs auch durch Kommata getrennt gelistet werden können.

2.6.4   Deklaration von Prozeduren

Es ist zusammenfassend festzuhalten, daß neue Prozeduren durch

1. Zuweisung eines neuen Namens,

2. Deklaration der Schnittstelle zwischen Innenwelt und Außenwelt,

3. Deklaration ihrer internen Operationen,

4. Deklaration ihrer internen Objekte,

5. ihren Befehlsteil

deklariert werden. Die Schreibweise erfolgt wie im Abschnitt 2.5.10.

2.6.5   Prozeduraufruf

Von der Deklaration zu unterscheiden ist der **Aufruf** einer bereits definierten Prozedur. Hier ist letztere auszuführen und nicht zu beschreiben. Ein solcher Aufruf kommt
nach der Deklaration im Befehlsteil einer Prozedur oder des Programms vor.

Beim Aufruf einer Prozedur aus einer äußeren sind in dieser die Parametertypen bekannt und brauchen nicht erneut spezifiziert zu werden (sie sind nur für die Schnittstelle wichtig, treten also nur bei der Prozedurdeklaration auf). Deshalb wird beim
Aufruf die Parameterliste ohne Typangaben und Doppelpunkte geschrieben, wobei
aber aus historischen Gründen Kommata statt Semikola die Trennzeichen in der Liste
sind. Man schreibt also beim Aufruf nur

Prozedurname (Parametername1,Parametername2 usw.)

Die Listen müssen natürlich in ihrer Elementzahl, in der Reihenfolge ihrer Elemente
und deren Typen übereinstimmen.

Die Beendigung eines Prozeduraufrufs (der Rückgang von einer inneren Prozedur in
eine äußere) wird aus historischen Gründen auch **Rücksprung** genannt.

2.6.6 Schachtelung von Prozeduren

Wie oben schon festgestellt wurde, ist die Innenwelt von Teilprozeduren beim Aufruf
für die umfassende Prozedur verdeckt. Wenn etwa die Prozedur P in der Prozedur Q
und diese in der Prozedur R aufgerufen wird, kann man das "Ineinanderschachteln"
so veranschaulichen:

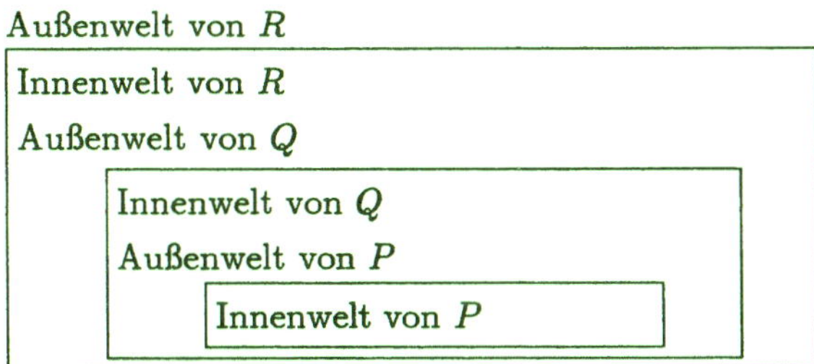

Die Semantik des Prozeduraufrufs durch Anlage eines "Kastens" mit Innen- und
Außenwelt ist für das Folgende hilfreich. Man kann sich den "Kasten" auch als
Formular vorstellen, auf dem eine bestimmte Prozedur ausgeführt wird. Dies wird
im Abschnitt 6.2 bei der Formularmaschine auch getan.

Die obige Schachtelung betrifft nur die Aufrufe, nicht die Deklarationen. Man kann
aber auch die Deklarationen ineinanderschachteln, und deren Schachtelung muß nicht
mit der der Aufrufe übereinstimmen. Das wird im Abschnitt 7.4 genauer ausgeführt.

Beispiel 2.6.6.1.   Ein weiteres typisches Beispiel für Prozeduren in Pseudocode
ergibt sich bei Kochrezepten, wo die typischen Operationen

Gieße den Inhalt des Gefäßes A in das Gefäß B

Rühre den Inhalt des Gefäßes C um

häufig auftreten. Sie sind Prozeduren, die auf Parameter vom Typ *GEFÄSS* wirken.
Man könnte also definieren

TYPE *GEFÄSS* : hat Zustände *leer, voll, umgerührt* usw.

wobei die Zustandsdefinition noch ganz in der Umgangssprache bleibt. Dann hat man
Prozeduren mit den Köpfen

PROCEDURE *GIESSE (A, B : GEFÄSS)*

und

PROCEDURE *RÜHRE (C : GEFÄSS)*

zu deklarieren. Innerhalb der Prozedur *GIESSE* können bei weiterer Verfeinerung beispielsweise die umgangssprachlichen Operationen

Bewege die Hand Z von X nach Y
Fasse Gefäß D mit Hand Z
Bestimme Ort V des Gefäßes D

auftreten, die als abstrakte Objekttypen *HAND* und *ORT* aufweisen. Man kann beispielsweise schreiben

TYPE *HAND* : mit Zuständen *leer, geschlossen, geöffnet* usw.;
TYPE *ORT* : drei Koordinaten als reelle Zahlen

PROCEDURE *BEWEGE (Z : HAND, X,Y : ORT)*
PROCEDURE *FASSE (D : GEFÄSS, Z : HAND)*
PROCEDURE *PLATZ (D : GEFÄSS) : ORT*

und der Leser sollte Vor– und Nachbedingungen, ausgedrückt durch Zustände, einsetzen. Der Prozedur, die einen Ort eines Gefäßes bestimmt, wurde der Name *PLATZ* gegeben, da der Name *ORT* schon als Typname vergeben ist. Das Ergebnis vom Typ *ORT* wird durch die Typdefinition nach der Parameterliste beschrieben. Dies geschieht nach den Regeln des folgenden Abschnitts. □

2.6.7 Funktionsprozeduren

Prozeduren mit nur einem Ergebniswert nennt man **Funktionsprozeduren**. Die allgemeine Form des Kopfes einer Funktionsprozedurdeklaration, wie sie oben schon im Beispiel auftrat, ist

PROCEDURE *Prozedurname (Parameterliste) : Resultattypname*

Allerdings wird in der später verwendeten Sprache PASCAL eine etwas andere Schreibweise für Funktionsprozeduren verwendet:

FUNCTION *Funktionsname (Parameterliste) : Resultattypname*

Dies ist in der von N. **Wirth** nach PASCAL entworfenen Sprache MODULA–2 wieder aufgehoben worden, so daß hier mit gutem Gewissen beide Alternativen zugelassen werden.

Innerhalb von Funktionsprozeduren ist der Funktionsname wie eine Variable vom Resultattyp zu verstehen. Es sollte also im Befehlsteil stets eine Wertzuweisung an dieselbe auftreten:

```
   . . .

   Funktionsname:= · · ·
   . . .
```

Beispiel 2.6.7.1.   Das Kochrezept-Beispiel hat dann die (noch immer unvollständige) Form

```
PROCEDURE GIESSE ( A, B : GEFÄSS);
{Vorbedingungen : keine.
Nachbedingung : Der Inhalt des Gefäßes A
ist dem des Gefäßes B hinzugefügt.
Die Prozeduren BEWEGE, FASSE, ORT sind
importiert, d.h. im Deklarationsteil einer
umfassenden Prozedur deklariert. Interne Objekte sind:}
RechteHand : HAND;
Tischplatte, ÜberB : ORT;
BEGIN
   BEWEGE (RechteHand, Tischplatte, ORT(A));
   FASSE (A, RechteHand);
   Berechne einen Ort ÜberB über ORT(B);
   BEWEGE (RechteHand, ORT(A), ÜberB);
   ....
END {GIESSE};
```

Dies ist die Deklaration der Prozedur *GIESSE*. Innerhalb von *GIESSE* befinden sich geschachtelte Aufrufe anderer Prozeduren wie *BEWEGE* und *FASSE* etc..

Hier wurde angenommen, daß die Prozeduren *BEWEGE* und *FASSE* nicht innerhalb der Prozedur *GIESSE* deklariert, sondern nur "importiert" wurden; ihre Deklarationen befinden sich in der Außenwelt von *GIESSE*. Die **Aufrufe** von *BEWEGE* und *FASSE* sind in *GIESSE* geschachtelt, die **Deklarationen nicht.** Das könnte auch anders sein; es spricht zunächst nichts gegen eine Deklaration von *BEWEGE* und *FASSE* innerhalb von *GIESSE*. Der folgende Abschnitt zeigt aber, daß eine lokale Deklaration von *BEWEGE* in *GIESSE* die Prozedur *BEWEGE* für die Außenwelt von *GIESSE* verdecken würde; man könnte *BEWEGE* nur innerhalb von *GIESSE* verwenden, was bei einer so allgemeinen Prozedur unangenehm wäre. □

2.6.8　Gültigkeitsbereich

Die benützten Namen (von Objekten und Prozeduren) innerhalb einer Prozedur zerfallen in drei Klassen:

1. die **lokalen** bzw. **internen** liegen ganz in der Innenwelt, sind nur dort deklariert und von außen nicht "sichtbar",

2. die **Formalparameter**, die intern als Variable fungieren und beim Aufruf über einen der unten stehenden Mechanismen mit der Außenwelt verbunden werden sowie

3. die **globalen** bzw. **externen**, die sowohl innen als auch außen vorkommen, aber in der Außenwelt deklariert sind.

Im obigen Beispiel ist die Variable *RechteHand* vom Typ *HAND* bezüglich der umfassenden Prozedur *GIESSE* lokal, für die Teilprozeduren *BEWEGE* und *FASSE* ein Parameter. Außerhalb von *GIESSE* ist *RechteHand* als Bezeichner unbekannt. Dagegen ist der Bezeichner *BEWEGE* sowohl innerhalb als auch außerhalb von *GIESSE* bekannt.

Allgemein sind die in einer Prozedur neu deklarierten Namen nur innerhalb derselben Prozedur und allen darin neu **deklarierten** (nicht den nur aufgerufenen!) Teilprozeduren semantisch interpretierbar. Bei Beendigung der Prozedur verlieren sie ihre Bedeutung. Der **Gültigkeitsbereich** (engl. **scope**) einer Bezeichnung ist also die Prozedur, in der der Bezeichner deklariert wurde und alle innerhalb dieser Prozedur geschachtelt definierten anderen Prozeduren. Das END einer Prozedur hat somit eine große Bedeutung für die Interpretierbarkeit von Namen; weil aus diesem Grunde bei stark verschachtelten Prozeduren klar sein sollte, welches END zu welcher Prozedur gehört, ist in der oben festgelegten Schreibweise stets der Prozedurname in Klammern dem END nachgestellt worden.

Man muß deutlich unterscheiden zwischen Prozedur**aufruf** und Prozedur**deklaration**. Der Gültigkeitsbereich wird durch die Schachtelung von **Deklarationen** und nicht durch die Schachtelung von Aufrufen bestimmt. Die Standardbezeichner haben einen unbegrenzten Gültigkeitsbereich. Das Konzept des Gültigkeitsbereichs ist deshalb nur auf selbstdefinierte Namen anzuwenden.

2.6.9　Modularität

Isolierte Prozedurdeklarationen sind nach PASCAL–Konvention illegal. Es wird dort vorausgesetzt, daß alle Deklarationen geeignet in ein Programm geschachtelt sind und daher alle Bezeichner lokal oder aus einer umfassender definierten Prozedur global definiert (und verschieden voneinander) sind. Diese strikte Regelung ist nicht zwingend, denn es spricht nichts dagegen, bei einer exakten Schnittstellenbeschreibung modulare Prozeduren zu erlauben.

In der neueren PASCAL–Variante MODULA–2 ist es erlaubt, externe Bezeichner aus anderen Prozeduren zu importieren. Dies geschieht durch Angabe des externen Prozedurnamens (damit man dort nachsehen kann, wie die Deklaration des Bezeichners aussieht) und durch Angabe der Bezeichner selbst. Die Schreibweise ist

FROM *Prozedurname* IMPORT *Bezeichnerliste*

beim Import externer Namen; eine analoge Konstruktion erlaubt den Export interner Namen. Dadurch hat man sowohl die globale Verwendbarkeit von gewissen Bezeichnern als auch die Modularität der Prozedurdeklaration gesichert. Prozeduren lassen sich dann isoliert deklarieren.

Bei der Algorithmenformulierung in Pseudocode kann dieses dieses Konzept in freier Weise verwendet werden; man kann beispielsweise Teilprozeduren wie *BEWEGE* und *FASSE* innerhalb umfassender Prozeduren wie *GIESSE* als importiert bezeichnen, wie oben schon geschehen. Es ist ratsam, beim modularen *top–down*–Entwurf größerer Systeme immer eine präzise Schnittstellenbeschreibung für Prozeduren im Sinne des Imports und Exports von Deklarationen vorzunehmen, und zwar bei **jeder** Programmiersprache.

2.6.10   Parameter

2.6.11   Aktual– und Formalparameter

In diesem Abschnitt sollen die verschiedenen Mechanismen aur Koppelung von Formal– und Aktualparametern dargestellt werden.

Beispiel 2.6.11.1.   Man sieht, daß im Beispiel der Kochrezepte die innerhalb der umfassenden Prozedur lokalen Werte

RechteHand vom Typ *HAND*
Tischplatte, ÜberB vom Typ *ORT*

als Werte der Parameter der Teilprozeduren auftreten und damit diese interpretierbar machen.

Die umfassende Prozedur *GIESSE* ist durch Ausführung nicht interpretierbar, solange keine speziellen Werte den Formalparametern A und B vom Typ *GEFÄSS* zugewiesen sind (Wertzuweisung an Variablen im Sinne des Abschnitts 1.6.5). Sie ist aber auch ohne vorherige Wertzuweisung verständlich, da zu einem Verständnis auf Begriffsebene die aktuellen Werte nicht wichtig sind.

Die Aufrufe der "inneren" Prozeduren *BEWEGE, FASSE* usw. enthalten als Parameter entweder lokale Variablen oder formale Parameter der umfassenden Prozedur *GIESSE*. Man kann also annehmen, daß bei Aufruf der "inneren" Prozeduren Werte (wenn auch unbekannte) vorhanden sind. Diese werden von der Außenwelt an die Innenwelt weitergegeben. Von der Außenwelt her gesehen sind die Parameter "Aktualparameter", denn sie spezifizieren, für welche speziellen globalen Variablen die innere Prozedur auszuführen ist.   Die Innenwelt der "inneren" Prozeduren kennt diese Aktualparameter nicht direkt. Sie arbeitet mit Formalparametern und kümmert sich nicht um die spezielle Art des Aufrufs. □

2.6.12　Übergabearten

Die Verbindung von Formalparametern mit Aktualparametern kann auf verschiedene
Weise geschehen. Die beiden wichtigsten Arten unterscheiden sich darin, ob die
Formalparameter eine bezüglich der "inneren" Prozedur lokale Referenz haben oder
nicht.

Wenn ja, so spricht man vom **Wertaufruf**[1] oder **call–by–value** (vgl. Figur 1), denn

		Inter- pretation	Referenz	Wertplatz mit Typetikett
Außen- welt	Aktualparameter mit Namen A und Typ T	$\Rightarrow$	$\rightarrow$	$\boxed{W}\!\!-\!\!\boxed{T}$
Schnitt- stelle			Kopie der Werte	$\Downarrow$
Innen- welt	Formalparameter mit Namen F und Typ T	$\Rightarrow$	$\rightarrow$	$\boxed{W}\!\!-\!\!\boxed{T}$

Figur 1: Wertaufruf, call–by–value

es wird beim Aufruf der Prozedur für die Formalparameter je eine lokale Referenz angelegt und mit dem Wert des zugehörigen Aktualparameters versehen. Dann läuft die
lokale Prozedur rein auf den Werten ab, und bei Beendigung der Prozedur können die
Werte nicht nach außen übermittelt werden. Diese Aufrufart hält Fehlereinflüsse in
lokalen Grenzen und sollte immer dann verwendet werden, wenn keine Ergebnisse an
die Außenwelt abzugeben sind. Bei einer Funktionsprozedur kann man die Eingabeparameter in der Regel auf den Wertaufruf beschränken, da man ja das Ergebnis als
Wert der Funktion ausgeben kann.

Bei Prozeduren in der klassischen Schreibweise ist es wegen der fehlenden Rückwirkung
auf die Außenwelt nutzlos, ausschließlich den Wertaufruf zu verwenden, es sei denn,
daß man einen **Seiteneffekt** beabsichtigt. Dies ist eine Wirkung auf die Außenwelt,
die sich nicht durch Veränderung der Zustände globaler Variablen niederschlägt und
somit auf Sprachebene nicht zum Ausdruck kommen kann. Typische Beispiele sind
interne Schreiboperationen in einer Prozedur.

Deshalb benutzt man die Möglichkeit, den Formalparametern keine eigenen Referenzen zuzuweisen und die Verbindung von Aktual- zu korrespondierenden Formalparametern durch Gleichsetzen der Referenzen zu bewirken (**Referenzaufruf, call–by–
reference**). Beim Aufruf einer Prozedur wird dann kein neuer Wertplatz angelegt;
die Wertplätze der Formalparameter sind dieselben wie die der Aktualparameter und
liegen deshalb in der Außenwelt der Prozedur (vgl. Figur 2). Jede durch die lokale

---

[1]Der unsinnige Gebrauch des Worts "Aufruf" ist historisch bedingt Parameter kann man nicht
aufrufen, sondern nur übergeben

		Inter- pretation	Referenz	Wertplatz mit Typetikett
Außen- welt	Aktualparameter mit Namen A und Typ T	$\Rightarrow$	$\rightarrow$	$\boxed{W}\!-\!\boxed{T}$
Schnitt- stelle			$\Updownarrow$	Identifikation der Referen- zen
Innen- welt	Formalparameter mit Namen F und Typ T	$\Rightarrow$	$\rightarrow$	

Figur 2: Referenzaufruf, call–by–reference

Prozedur bewirkte Veränderung der Parameterwerte liefert also eine Veränderung der
Außenwelt. Die Ergebnisse einer Prozedur sind in diesem Falle selbstverständlich der
Außenwelt bekannt.

Es sollte zu ahnen sein, daß diese segensreiche Erfindung auch ihre Tücken hat, denn
bei einer größeren Anzahl von verschachtelten Prozeduren mit vielen Referenzaufrufen
entstehen globale Vernetzungen großer Komplexität. Es ist deshalb sinnvoll, sich
soweit wie möglich auf den Wertaufruf zu beschränken und Resultate stets über
Funktionsprozeduren an die Außenwelt zu übertragen.

Im folgenden wird immer der Wertaufruf (Figur 1) angenommen, wenn nichts anderes
gesagt ist. Der Referenzaufruf (Figur 2) wird bei der Prozedurdeklaration erzwungen,
indem man das Wort VAR vor die mit Referenzaufruf zu behandelnden Formalparameter setzt.

Im obigen Beispiel ist also genauer

PROCEDURE *GIESSE (VAR A,B : GEFÄSS)*

PROCEDURE *RÜHRE (VAR C : GEFÄSS)*

PROCEDURE *BEWEGE (VAR Z : HAND; X,Y : ORT)*

PROCEDURE *FASSE (D : GEFÄSS; VAR U : HAND)*

zu schreiben, wobei nur die durch die Prozeduren veränderten Objekte per Referenzaufruf verarbeitet werden.

2.7 Zusammengesetzte Operationen

2.7.1 Bedingte Operationen

Beispiel 2.7.1.1. Bei der folgenden Darstellung des Algorithmus des Telefonierens wird vorausgesetzt, daß ein Ortsgespräch von einer bereits gefundenen freien Telefonzelle aus zu führen sei und daß der Telefonierende mindestens zwei Groschen habe. Diese Vorbedingungen des Algorithmus sollten vor dem eigentlichen Algorithmus schon geprüft sein:

Regel 10 *Man verlege die Prüfung von Vorbedingungen so weit wie möglich nach vorne, eventuell in einen Vorverarbeitungsprozeß.*

Die grobe algorithmische Struktur auf oberster Abstraktionsebene ist dann

> Versuche, die gewünschte Verbindung herzustellen. Gelingt das nicht, gib nach gewisser Zeit auf.

Die Nachbedingung des Algorithmus ist

> Die Verbindung ist zustandegekommen oder man hat aufgeben müssen.

Dabei wurde der Einfachheit halber angenommen, daß das Zustandekommen der Verbindung auch das erfolgreiche Führen des Gespräches impliziert. Der Fall "*Vati ist nicht zu Hause, rufen Sie doch später mal an*" ist dadurch ausgeschlossen.

Man sieht, daß hier eine Entscheidung verlangt ist:

- wenn die Verbindung zustandekommt, sollte man sprechen und
- wenn sie nicht zustandekommt, sollte man den Wählvorgang wiederholen.

□

Eine **Entscheidung** ist eine zusammengesetzte Operation in der allgemeinen Form

> Wenn Bedingung B erfüllt, dann Operation A, sonst Operation C

oder in Kurzfom

```
IF  Bedingung B
THEN  Operation A
ELSE  Operation C
FI
```

Dabei können die Operationen A und C natürlich wieder zusammengesetzte Operationen sein oder aus Prozeduraufrufen bestehen. Die **Bedingung** B in der Entscheidung ist ein Ausdruck, dessen Interpretation einen der Werte *wahr* oder *falsch* annehmen kann; diese Werte bilden den später noch oft auftretenden Typ *BOOLEAN*. Im Kapitel 3 werden Ausdrücke mit solchen Interpretationsresultaten genauer behandelt. Das FI dient als Symbol für die Beendigung der IF–Operation. Bedingte Operationen sind ineinanderschachtelbar:

```
IF Bedingung 1
THEN
    IF Bedingung 2
    THEN
        Block 1
    ELSE
        Block 2
    FI
ELSE
    Block 3
FI
```

Die Regeln dafür sind einfach: eine bedingte Operation vom Typ IF – THEN –
ELSE – FI ist eben nichts anderes als eine Operation und kann daher wieder in einer
bedingten Operation vorkommen. Wenn eine Alternative nach ELSE leer bleiben soll,
so schreibt man eben die leere Operation hin :

```
IF Bedingung
THEN
    Operation oder Block
ELSE
FI
```

2.7.1.2 Vor– und Nachbedingungen. Beim Beweis einer Nachbedingung unterhalb einer bedingten Operation hat man natürlich eine Fallunterscheidung zu machen
und dadurch zwei Einzelbeweise zu führen. In der Situation

```
{Vorbedingung V}
IF B
THEN
    Operation A
ELSE
    Operation C
FI
{Nachbedingung N}
```

hat man im Falle des Zutreffens von B aus der Vorbedingung V zusammen mit der
Bedingung B und der Operation A auf die Nachbedingung N zu schließen, während
man im anderen Fall V und C sowie das Gegenteil von B zur Verfügung hat, um N
herzuleiten.

2.7.2 Blöcke

Blöcke von Operationen bilden eine sequentiell zusammengesetzte Gesamtoperation, die sich wie eine einzige Operation behandeln läßt. Gegenüber der Prozedur ist keine präzise Trennung von Innen– und Außenwelt und auch keine Schnittstelle vorhanden; gegenüber zusammengesetzten Operationen wie den bedingten Operationen oder den unten dargestellten Schleifen ist keine feste Struktur außer der sequentiellen Anordnung vorgegeben.

Man schreibt Blöcke in der Form

```
BEGIN
    Operation 1;
    Operation 2;
    usw.
    Operation
END
```

und kann Blöcke natürlich auch ineinander schachteln.

2.7.3 Schleifen

Beispiel 2.7.3.1.   Solange keine Verbindung erreicht wird, ist im Beispiel des Telefonierens der Wählvorgang als ein noch nicht im Detail festgelegter Prozeß zu wiederholen. Man hat hier das Grundprinzip einer **Schleife**: eine bestimmte Operation (oder ein Block von Operationen) ist zu wiederholen, bis eine bestimmte Bedingung zutrifft. Die Wiederholung des Wählens darf in diesem Beispiel nicht ad infinitum wiederholt werden (das Verfahren würde sonst nicht "terminieren"), so daß man als **Abbruchbedingung** eine Zeitbegrenzung einführen muß:

> Solange keine Verbindung zustandekommt
> oder die Zeitbegrenzung nicht überschritten ist,
>
> versuche wiederholt folgendes:
>
> > Erstens : die Verbindung zustandezubringen und
> >
> > zweitens : wenn das gelingt: zu sprechen.
>
> Ende des zu wiederholenden Prozesses.

□

Die Bedingung in obigem Beispiel wurde gemäß

Regel 11 *Man setze Bedingungen in Algorithmen so, daß sie die Vorbedingungen des nächsten Schrittes implizieren.*

so gewählt, daß bei Ende der Schleife das Verletztsein der Bedingung gleichbedeutend mit der Nachbedingung des Algorithmus ist, denn es ist entweder die Verbindung zustandegekommen oder das Zeitlimit ist überschritten.

Der Algorithmus ist also durch die Art und den Ort der Bedingung automatisch korrekt. Man braucht sich daher nur noch darum zu kümmern, daß die Schleife nicht unendlich oft durchlaufen wird, aber das wurde ja durch das Zeitlimit ausgeschlossen.

Durch die Befolgung der obigen Regel ist stets ein korrekter Schritt des Beweises der Nachbedingung aus der Vorbedingung gegeben.

Für Schleifen der obigen Art soll die Schreibweise

```
WHILE Bedingung
DO
    Operation oder Block
OD
```

verwendet werden, wobei das Schließen des DO durch dessen "Umkehrung" OD angedeutet wird.

Beispiel 2.7.3.2. In Pseudocode–Schreibweise ergibt sich als Fortsetzung des obigen Beispiels

```
PROCEDURE Telefonieren;
{Vorbedingung : Telefonieren möglich;
Nachbedingung : Es kommt eine Verbindung zustande
oder die interne Zeitbegrenzung ist überschritten.}
BEGIN
    WHILE keine Verbindung zustandekommt
        oder die Zeitbegrenzung nicht
        überschritten ist
    DO
        Versuche, die Verbindung herzustellen;
        IF das gelingt
        THEN spreche
        ELSE nichts tun
        FI
    OD
END {Telefonieren};
```

□

Aufgabe 2.7.3.3. Man führe das Beispiel des Telefonierens nach den obigen Regeln weiter aus und achte insbesondere auf exakte Abstraktion der Objekte, Operationen, Zustände und Bedingungen. □

Bemerkung 2.7.3.4.   Man sollte sich früh genug an eine übersichtliche Schreibweise
für Algorithmen gewöhnen. Die "Klammerungen" wie DO – OD oder IF – THEN
– ELSE – FI oder BEGIN – END sollten immer übereinander stehen, wenn man
nicht mit einer einzigen Zeile für den kompletten Befehl auskommt. Beim Schreiben
von Programmen mit Block–Editoren (vgl. Abschnitt 11.5.1) gewöhne man sich an,
Wortpaare wie BEGIN – END stets gemeinsam und übereinander einzugeben und
erst dann den eigentlichen Programmtext einzuschieben. □

2.7.3.5   REPEAT–Schleifen.   Die wichtigste Standardform neben der WHILE–
Schleife ist

```
REPEAT
    Operationsfolge
UNTIL Bedingung
```

Hier wirken REPEAT und UNTIL wie eine BEGIN – END – Klammer, deren eingeschlossene Operationen mindestens einmal durchgeführt werden, aber zusätzlich so
lange wiederholt werden, bis die Bedingung am Ende der Schleife erfüllt ist. Man
kann die erwünschte Nachbedingung direkt als "Bedingung" am Schleifenende einsetzen, muß aber sicherstellen, daß die einmalige Ausführung der Operationsfolge möglich
und sinnvoll ist.

2.7.4   Zusicherungen und Invarianten

Bei der Formulierung von Schleifen sollte man stets eine **Zusicherung** oder **Invariante** angeben. Dies ist eine in geschweifte Klammern eingeschlossene Bedingung
in Pseudocode, die am Anfang und am Ende einer jeden Wiederholung der Schleife
erfüllt ist. Sie sollte so formuliert sein, daß sie zusammen mit der Terminierungsbedingung der Schleife die Nachbedingung nach Beendigung der Schleife ergibt. Im
obigen Beispiel fallen Zusicherung und Terminierungsbedingung zusammen, aber in
allgemeineren Fällen liegen die Dinge etwas komplizierter.

Beispiel 2.7.4.1.   Gegeben sei das Problem, den größten gemeinsamen Teiler G
zweier ganzer positiver Zahlen A und B zu berechnen, wobei nur Subtraktionen,
Wertzuweisungen und Vergleichsoperationen als Standardoperationen zugelassen sind.
Es ist zunächst festzustellen, daß das Problem eine simple Lösung hat, wenn A und B
gleich sind. Wenn A aber größer ist als B, so ist der größte gemeinsame Teiler von A
und B derselbe wie der von $A - B$ und B, denn jeder gemeinsame Teiler von A und
B teilt auch $A - B$ und B; umgekehrt teilt jeder gemeinsame Teiler von $A - B$ und
B auch A und B. Entsprechendes gilt, wenn B größer ist als A. Man kann also das
Ganze durch eine Schleife bewerkstelligen, in der fortgesetzt subtrahiert wird, wobei
der größte gemeinsame Teiler unverändert bleibt. Das liefert sofort die Idee für die
richtige Invariante.

In der folgenden Formulierung wird der Typ *Zahl* verwendet:

```
TYPE Zahl : nichtnegative ganze Zahl;
FUNCTION GGT (A, B : Zahl) : Zahl;
{Vorbedingung : A, B haben positive und ganze Werte.
Nachbedingung : GGT ist der größte gemeinsame
Teiler der Werte von A und B}
VAR a, b : Zahl;
BEGIN
    Setze den Wert von a gleich dem von A;
    Setze den Wert von b gleich dem von B;
    {Zusicherung : Der größte gemeinsame Teiler
    der Werte von A und B ist derselbe wie der
    der Werte von a und b.}
    WHILE Wert von a ungleich Wert von b
    DO
        IF Wert von a größer als Wert von b
        THEN
            Ersetze Wert von a durch Wert von a−b
        ELSE Ersetze Wert von b durch Wert von b−a
        FI
    OD
    {Nachbedingung der Schleife :
    Die Werte von a und b sind gleich. Zusicherung:
    Der größte gemeinsame Teiler der Werte von A und B
    ist derselbe wie der der Werte von a und b. Konsequenz: }
    Der Wert des Ergebnisses der Prozedur GGT
    ist der von a {oder b}
END {GGT};
```

Hier wurde zu Übungszwecken genau zwischen der Sprach– und der Wertebene unterschieden. Das wird später wieder liberalisiert.

Es ist zu sehen, wie die Kombination von Zusicherung und Schleifenbedingung gerade die Nachbedingung des Algorithmus liefert. Diese Technik sollte zur Gewohnheit werden. □

Beispiel 2.7.4.2.   Ein weiteres Beispiel ist die Abstützung der Multiplikation beliebiger positiver Zahlen auf die Addition und auf die Multiplikation mit 2 bzw. die Division gerader Zahlen durch 2. Wenn man die zu multiplizierenden Zahlen X und Y sich in Binärdarstellung gegeben denkt, so wird das Ergebnis $MULT$ allmählich durch sukzessives Addieren des Bitmusters von Y aufgebaut, und zwar brauchen nur so viele Additionen durchgeführt zu werden, wie Einsen in X auftreten. Man muß also in einer Schleife nacheinander die Einsen aus der Darstellung von X herausziehen und auf das Ergebnis $MULT$ nacheinander das verschobene Bitmuster von Y, also das Ergebnis der Multiplikation von Y mit einer Zweierpotenz, addieren.

Ein Zahlenbeispiel ist:

$$X \qquad Y$$
$$101100101 \;\cdot\; 10110111$$

$$\text{---------------------}$$

10110111	Y wird genommen, da letztes Bit von X Eins
0	Keine Addition, da vorletztes Bit von X Null
10110111	$Y \cdot 4$ wird addiert, da drittletztes Bit von X gleich Eins ist.
0	Null mal $Y \cdot 8$ wird addiert
0	Null mal $Y \cdot 16$ wird addiert
10110111	Eins mal $Y \cdot 32$ wird addiert
10110111	Eins mal $Y \cdot 64$ wird addiert
0	Null mal $Y \cdot 128$ wird addiert
10110111	Eins mal $Y \cdot 256$ wird addiert

$$\text{-----------------------------}$$

$MULT$ = Summe der obigen Binärzahlen

Deshalb wird man eine Variable $MULT$ zur Aufnahme des Endergebnisses verwenden, die man nacheinander "auffüllt" mit den Zwischenergebnissen. Zur schrittweisen Bildung der Zweierpotenzen mal Y nimmt man eine Hilfsvariable y; eine Hilfsvariable x wird gebraucht, um X allmählich von rechts zu "verkürzen", indem man die Bits nacheinander wegschneidet und durch Test des Rests auf Geradzahligkeit entscheidet, ob addiert werden muß.

Der Algorithmus ist also

FUNCTION *MULT (X, Y : Zahl) : Zahl;*
{Vorbedingung : X und Y ganze nichtnegative Zahlen.
Nachbedingung : Das Ergebnis $MULT$ hat als
Wert den des Produkts der Werte von X und Y}
VAR *x, y : Zahl;*
Der Wert von MULT wird auf Null gesetzt;
Der Wert von x wird gleich dem von X gesetzt;
Der Wert von y wird gleich dem von Y gesetzt;
{Invariante : Wert von $MULT + x \cdot y$ gleich
Wert von $X \cdot Y$ }
WHILE *Wert von x nicht Null*
DO
   IF *Wert von x gerade*
   THEN *halbiere Wert von x*
     {das letzte Bit von x ist Null und wird abgeschnitten}
   ELSE BEGIN
      Addiere Wert von y zum Wert von MULT;

    {das letzte Bit von x ist 1
    und y muß auf *MULT* addiert werden}
    Ziehe Eins vom Wert von x ab;
    {dann entsteht eine gerade Zahl}
    Teile das Ergebnis durch 2
    und weise es x als Wert wieder zu
    {dies schneidet das letzte Bit ab}
   END
  FI;
  Verdopple den Wert von y
  {dies muß in beiden Fällen geschehen}
  {Invarianzbeweis :
  Im ersten Fall : $MULT + (x/2) \cdot (y \cdot 2)$
  $= MULT + x \cdot y = Wert\ von\ X \cdot Y$
  Im zweiten Fall : $MULT + y + ((x - 1)/2) \cdot (y \cdot 2)$
  $= MULT + x \cdot y = Wert\ von\ X \cdot Y$
  Der Gesamtwert ist unverändert.}
 OD
 {Die Schleife terminiert, weil sich x verkleinert.
 Nach dem Schleifenende ist der Wert von x gleich Null.
 Wegen der Invariante $MULT + x \cdot y = X \cdot Y$ folgt
 also die Nachbedingung $MULT = X \cdot Y$}
END {*MULT*};

Man sieht, daß der Algorithmus das Gewünschte leistet, und zwar ganz unabhängig davon, ob intern eine Bitdarstellung verwendet wurde oder nicht. $\Box$

Bemerkung 2.7.4.3. Diese Technik der Algorithmenformulierung sollte für begleitende Übungen verbindlich sein. Jeder Algorithmus muß Vor- und Nachbedingungen, Schleifeninvarianten und Terminierungskriterien für alle Schleifen sowie einen kompletten Beweis für die Nachbedingung aus Vorbedingung und den veschiedenen Schleifeninvarianten bzw. Schleifenbedingungen in Form von Kommentaren enthalten. Algorithmen, die diesen Anforderungen nicht genügen (auch wenn sie auf Maschinen lauffähig sind und für eine Reihe von Beispielen richtige Ergebnisse geliefert haben) sind als inkorrekt spezifiziert anzusehen. $\Box$

2.8 Rekursion

2.8.1 Definition

Beim Aufruf von Prozeduren kann der Fall eintreten, daß eine Prozedur P sich selbst aufruft oder daß P eine Teilprozedur Q hat, die wiederum P aufruft. In beiden Fällen spricht man von **Rekursion**.

Beispiel 2.8.1.1. Zu schreiben sei eine Prozedur

> *PRÜFEZEICHENKETTE (Z : Zeichenkette);*

für eine Kette Z von einzelnen Zeichen, die jeweils durch eine Standardoperation *PRÜFEZEICHEN (A : Zeichen)* einzeln geprüft werden können (die Art der Prüfung ist irrelevant). Die Prüfung der Kette ist dann ausdrückbar durch

```
PROCEDURE PRÜFEZEICHENKETTE (Z : Zeichenkette);
VAR A : Zeichen; Y : Zeichenkette;
BEGIN
   IF Z nicht leer
   THEN
      BEGIN
      nimm erstes Zeichen A der Zeichenkette Z;
      PRÜFEZEICHEN (A);
      Bilde Restkette Y von Zeichenkette Z nach Entfernung
      des ersten Zeichens A;
      PRÜFEZEICHENKETTE (Y)
      END
   ELSE nichts
   FI
END {PRÜFEZEICHENKETTE};
```

Hier ruft die Prozedur *PRÜFEZEICHENKETTE* sich selbst auf, aber natürlich mit einem anderen Objekt, nämlich der Restkette Y anstelle der Kette Z. □

2.8.2   Inkarnationen

Besonders bei rekursiven Prozeduraufrufen ist es wichtig, die jeweiligen Außen- und Innenwelten zu unterscheiden. Wenn beispielsweise die im folgenden als P abgekürzte Prozedur *PRÜFEZEICHENKETTE* für die spezielle Zeichenkette *abc* als Wert von Z interpretiert werden soll, ergibt sich in der Kästchenschreibweise:

```
Prozedur P mit Wert abc von Z
trennt Zeichen a nach Prüfung ab und
ruft P auf mit Wert bc von Y
    Prozedur P mit Wert bc von Z
    trennt Zeichen b nach Prüfung ab und
    ruft P auf mit Wert c von Y
        Prozedur P mit Wert c von Z
        trennt Zeichen c nach Prüfung ab und
        ruft P mit leerer Kette Y auf
            Prozedur P mit leerer Kette Z
            tut nichts
```

Beispiel 2.8.2.1. Ein weiterer Fall einer rekursiven Prozedur ergibt sich als Alternative bei der Berechnung des größten gemeinsamen Teilers:

```
PROCEDURE GGT (A, B : Zahl) : Zahl;
{Vorbedingung : A, B haben positive und ganze Werte.
Nachbedingung : GGT ist der größte gemeinsame
Teiler der Werte von A und B.
Zusicherung : Der Wert der Prozedur GGT ist
bei allen Aufrufen immer gleich dem größten
gemeinsamen Teiler von A und B}
BEGIN
   IF Wert von A gleich Wert von B
   THEN Wert von GGT gleich Wert von A
   ELSE IF Wert von A größer als Wert von B
      THEN Wert von GGT hier innen gleich dem
         Wert des Ergebnisses des Prozeduraufrufs GGT(A–B,B) setzen
      ELSE
         Wert von GGT hier innen gleich dem
         Wert des Ergebnisses des Prozeduraufrufs GGT(B–A,A) setzen
      FI
   FI
   {Die Rekursion terminiert, weil sich die Summe der Werte
   von A und B verkleinert.}
END {GGT};
```

□

2.8.3 Rekursion versus Iteration

Natürlich kann man in obigen Beispielen auch die Rekursion vermeiden und stattdessen Schleifen einbauen (vgl. Beispiel 2.7.4.1). Das ist in vielen Fällen bezüglich Laufzeiteffizienz günstiger. Dagegen sind rekursive Lösungen oft leichter zu durchschauen; iterative Formulierungen (mit Schleifen) sind in der Regel beweistechnisch aufwendiger und fehleranfälliger. Oft ist es optimal, erst eine korrekte Formulierung mit Rekursion zu finden und danach die Rekursion zu eliminieren.

Das Thema "Iteration versus Rekursion" soll hier nicht weiter vertieft werden; es gibt diverse detaillierte Darstellungen in der Literatur (u.a. von **F.L. Bauer**, vgl. [4],[5], [54]).

2.8.4 Beispiel : Zeichenketten–Verarbeitung

Es sei ein Typ *ZEICHEN* durch Aufzählung eines speziellen Zeichenvorrats deklariert. Der Typ *KETTE* soll dann aus Folgen von Zeichen des Typs *ZEICHEN* bestehen (also aus Wörtern über dem durch den Typ *ZEICHEN* definierten Zeichenvorrat). Die leere

Kette soll dabei zugelassen sein und die Standardbezeichnung *EMPTY* haben. Die
Standardoperationen seien

FUNCTION *ISEMPTY (K : KETTE)* : BOOLEAN
{Vorbedingung : keine.
Nachbedingung : $ISEMPTY(K)$ ist wahr, wenn K die
leere Kette *EMPTY* ist, sonst falsch}

FUNCTION *FIRST (K : KETTE) : ZEICHEN*
{Vorbedingung : K nichtleere Kette;
Nachbedingung : $FIRST(K)$ ist das erste Zeichen von K}

FUNCTION *REST (K : KETTE) : KETTE*
{Vorbedingung : K nichtleere Kette;
Nachbedingung : $REST(K)$ ist K ohne das erste Zeichen $FIRST(K)$}

FUNCTION *PREFIX (Z : ZEICHEN, K : KETTE) : KETTE*
{Vorbedingung : keine;
Nachbedingung : $PREFIX(Z, K)$ ist die Kette, deren
erstes Zeichen Z und deren Rest K ist,
d.h. es gilt für alle Zeichen Z und alle Ketten K
$FIRST(PREFIX(Z, K)) = Z$ und $REST(PREFIX(Z, K)) = K$
und für nichtleere Ketten K auch
$PREFIX(FIRST(K), REST(K)) = K.$ }

Jetzt wird je ein Beispiel für Rekursion bzw. Iteration angegeben. Es ist lehrreich, sich
jeweils die Ersetzung der Iteration durch Rekursion und umgekehrt klarzumachen.
Die Funktion

FUNCTION *CONC (S,T : KETTE) : KETTE*
{Vorbedingung : keine;
Nachbedingung : $CONC(S, T)$ ist die Kette, deren
erste Zeichen die von S sind, gefolgt von denen
von T (engl. *concatenation*, Verkettung)}

hat die sehr einfache rekursive Formulierung

FUNCTION *CONC (S,T : KETTE) : KETTE;*
{Vor- und Nachbedingung wie oben}
BEGIN
    IF *ISEMPTY (S)*

```
    THEN CONC := T
    ELSE CONC := PREFIX(FIRST(S),CONC(REST(S),T))
    FI
    {Der Beweis der Nachbedingung folgt unten}
END {CONC};
```

Wenn S leer ist, ist die Nachbedingung von $CONC(S,T)$ erfüllt. Die Rekursion terminiert, weil S durch Bildung des Restes stets verkürzt wird. Also genügt es, die Nachbedingung von $CONC(S,T)$ für den Fall eines nichtleeren S aus dem Erfülltsein der Nachbedingung von $CONC(REST(S),T)$ herzuleiten, denn es kann rekursiv angenommen werden, daß diese gilt. Hat S also die Form $S = sR$ mit $s = FIRST(S)$ und $R = REST(S)$, so gilt

$$
\begin{aligned}
CONC(S,T) &= PREFIX(s, CONC(R,T)) \\
&= PREFIX(s, RT) \\
&= sRT \\
&= ST
\end{aligned}
$$

weil die Nachbedingung für $CONC(REST(S),T)$ in der Form $CONC(R,T) = RT$ benutzt werden kann.

Aufgabe 2.8.4.1.   Man gebe eine iterative Form von $CONC$ an, die nur $ISEMPTY$, $FIRST$, $REST$ und $PREFIX$ benutzt. $\square$

Umgekehrt liegt die Situation bei der Funktion, die Zeichenketten invertiert, d.h. die Reihenfolge der Zeichen umkehrt:

```
FUNCTION INVERS ( K : KETTE) : KETTE;
{Vorbedingung : keine;
Nachbedingung : Die Zeichen von INVERS(K) sind die
von K, aber in umgekehrter Reihenfolge}
```

Hier bleibt die rekursive Form dem Leser überlassen; eine iterative Form ist

```
FUNCTION INVERS ( K : KETTE) : KETTE
{Vor- und Nachbedingung wie oben.}
VAR HILFSKETTE : KETTE;
BEGIN
    HILFSKETTE := EMPTY;
```
{Es sei $K = k_1, k_2, \ldots, k_n$. Mit $m = 1$ ist dann die folgende Invariante erfüllt: Es gilt $K = k_m, \ldots, k_n$ und $HILFSKETTE = k_{m-1}, \ldots, k_2, k_1$ mit einem m zwischen 1 und $n + 1$}
```
    WHILE nicht ISEMPTY(K)
```

```
    DO
      HILFSKETTE := PREFIX(FIRST(K),HILFSKETTE);
      K:=REST(K)
    OD;
    {Invarianz, Terminierung und Nachbedingung werden
    aus Platzgründen erst unten bewiesen}
    INVERS := HILFSKETTE
  END {INVERS};
```

Gilt die Invariante in der obigen Form beim Beginn eines Schleifendurchlaufs, so ist m höchstens gleich n, denn im Falle $m = n + 1$ wäre K leer und die die Schleife würde terminieren. Dann hat man $FIRST(K) = k_m, REST(K) = k_{m+1}, \ldots, k_n$ und $HILFSKETTE$ wird zu $k_m, k_{m-1}, \ldots, k_1$. Deshalb ist die Invariante für den Wert $m+1$ erfüllt. Die Schleife terminiert, weil K sich verkürzt; dann folgt aus der Invariante sofort die Nachbedingung $HILFSKETTE = k_n, \ldots, k_1$.

Aufgabe 2.8.4.2. Man formuliere *INVERS* rekursiv unter Benutzung der Standardoperationen *FIRST, REST, ISEMPTY* und *PREFIX.* □

Aufgabe 2.8.4.3. Man schreibe je eine rekursive und eine iterative Form der Funktionsprozedur

```
    FUNCTION LAST ( K : KETTE) : ZEICHEN;
    { Vorbedingung : K nicht leer;
    Nachbedingung : LAST(K) ist das letzte Zeichen der Kette K.}
```

unter Abstützung auf *FIRST, REST, ISEMPTY* und *PREFIX.* □

Aufgabe 2.8.4.4. Man formuliere die Funktionsprozedur

```
    FUNCTION LEAD (K : KETTE) : KETTE;
    { Vorbedingung : K nicht leer;
    Nachbedingung : LEAD(K) ist K bis auf das letzte Zeichen.}
```

unter Benutzung der Standardoperationen *FIRST, REST, ISEMPTY* und *PREFIX.* □

Aufgabe 2.8.4.5. Man schreibe je eine iterative und rekursive Form der Funktionsprozedur

```
    FUNCTION POSTFIX ( K : KETTE; Z : ZEICHEN) : ZEICHEN;
    { Vorbedingung : keine;
    Nachbedingung : POSTFIX(K,Z) ist K gefolgt von Z.}
```

unter Abstützung auf *FIRST, REST, ISEMPTY* und *PREFIX.* □

2.8.5 Beispiel : Türme von Hanoi

Dieses klassische Problem besteht darin, einen Turm gelochter Scheiben von einem
Pfahl A auf einen Pfahl C zu befördern, wobei aber jeweils immer nur eine Scheibe
bewegt werden darf und stets nur kleinere Scheiben auf größeren liegen dürfen (siehe
Figur 3). Als "Zwischenlager" ist ein weiterer Pfahl B vorhanden. Hier ist eine

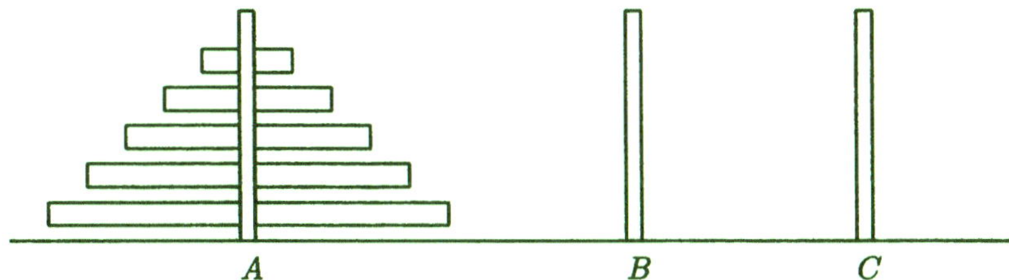

Figur 3: Türme von Hanoi

iterative Problemlösung viel komplizierter als eine rekursive; letztere ergibt sich sofort
aus der Beobachtung, daß man das Problem mit 5 Scheiben auf das für 4 Scheiben
reduzieren kann. Wenn man nämlich die oberen vier Scheiben von A nach B befördern
kann, setzt man danach einfach die unterste Scheibe von A nach C und versetzt
schließlich wieder den vierscheibigen Turm von B nach C. Ganz analog kann man
also das Problem bei N Scheiben auf das mit $N-1$ Scheiben reduzieren. Im Falle
$N=1$ oder $N=0$ ist ohnehin alles klar.

Die Scheibenstapel lassen sich als Zeichenketten auffassen, die im Sinne irgendeiner
Ordnung aufsteigend sortiert sind (z.B. im obigen Falle setze man $A = 12345, B =$
$C = EMPTY$; die Scheibe 1 liegt über der Scheibe 2 usw.). Definiert man die Elemen-
taroperation

```
PROCEDURE SetzeScheibe (VAR U,W : KETTE);
{Vorbedingung : U ist nicht leer und korrekt sortiert.
S ist das erste Zeichen FIRST(U) von U und S ist
kleiner als alle Zeichen von W.
Nachbedingung : U ist um S verkürzt, W ist um S
erhöht; beide Ketten sind dann wegen der
Vorbedingung weiterhin korrekt sortiert}
VAR S : ZEICHEN;
BEGIN
   S := FIRST(U);
   U := REST (U);
   W := PREFIX (S,W);
   {Die Befehle sind eine Umformulierung der Nachbedingung;
```

ein Beweis der Nachbedingung erübrigt sich.}
END{*SetzeScheibe*};

so kann man die Prozedur

```
PROCEDURE Bewege (T : KETTE; VAR U,V,W : KETTE);
{Vorbedingung : T ist Anfangsstück von U.
U, V und W sind korrekt sortiert.
T kann vor V und W gesetzt werden, weil das
letzte Zeichen von T kleiner ist
als die Anfangszeichen von V und W
(sofern überhaupt vorhanden).
Nachbedingung : U wird um T verkürzt, V bleibt
unverändert und W wird durch Vorsetzen von T verlängert}
BEGIN
   IF nicht ISEMPTY(T)
   THEN
      BEGIN
      Bewege (LEAD(T),U,W,V);
      SetzeScheibe (U,W);
      Bewege (LEAD(T),V,U,W)
      END
   ELSE nichts
   FI
   {Der Korrektheitsbeweis folgt unten}
END {Bewege};
```

formulieren und das Programm ist dann einfach

```
PROCEDURE Hanoi;
VAR A,B,C : KETTE;
BEGIN
   B:=EMPTY;
   C:=EMPTY;
   Belege A mit einer Folge kleiner werdender Scheiben;
   Bewege (A,A,B,C);
END {Hanoi}.
```

wobei die algorithmische Ausformulierung der Anfangsbelegung von A offenbleibt. Die
Verifikation dieses Programms ist nur für *Bewege(T,U,V,W)* nötig:

Wenn T leer ist, ist nichts zu beweisen. Andernfalls hat T die Form St mit
einer "Scheibe" t und einer eventuell leeren geordneten Folge S kleinerer

Scheiben. Nach der Vorbedingung gilt $U = StR$ mit einer steigenden Scheibenfolge R und die Folgen StV und StW sind legal. Die Vorbedingungen der Operation *Bewege (LEAD(T), U, W, V)* sind erfüllt, weil $S = LEAD(T)$ der obere Teil von $U = StR$ ist und weil SW und SV legal sind (das Weglassen der Scheibe t in StV und StW stört die Ordnung nicht). Also gilt die Nachbedingung der obigen Teiloperation; man hat $U := tR$ und $V := SV$. Dann ist auch die Vorbedingung von *SetzeScheibe (U, W)* erfüllt und man hat danach $U := R$ und $W := tW$. Die Vorbedingungen von *Bewege (LEAD(T), V, U, W)* sind erfüllt, weil jetzt $S = LEAD(T)$ das obere Stück von V ist und S den Scheibenfolgen $U := R$ und W vorangesetzt werden könnte. Also ergibt sich aus den Nachbedingungen des Aufrufs von *Bewege (LEAD(T), V, U, W)*, daß V wieder im Ausgangszustand ist, U nur noch R enthält und T vor das ursprüngliche W gesetzt wurde. Damit ist die Nachbedingung des Verfahrens bewiesen.

Die Terminierung der Rekursion ergibt sich daraus, daß die Länge der Scheibenfolge im ersten Argument sich stets verkleinert.

2.9 Diagramm–Notationen

2.9.1 Allgemeines

Hier sollen die heute üblichen Diagramm–Schreibtechniken für Algorithmen dargestellt werden. Die algorithmischen Grundkonstruktionen

- Operation

- Block von Operationen (als größere Operation)

- Prozedur

- Entscheidung

- Schleife

nehmen dabei verschiedene graphische Sprachformen an, wobei aber meistens die Formulierung der Objekte zu kurz kommt (was M.A. **Jackson** [27] zu Recht bemängelt). Es scheint sich inzwischen durchgesetzt zu haben, möglichst keine anderen (und insbesondere keine komplizierteren) Grundformen zuzulassen.

Die bisherige Pseudocode–Schreibweise lehnt sich an die Programmiersprachen ALGOL und PASCAL an und verwendet die dort üblichen Bezeichnungen in leicht veränderter Form auch für die Notation von Algorithmen in Pseudocode. Diese Regeln brauchen nicht noch einmal gesondert dargestellt zu werden.

2.9.2 Flußdiagramme

Bei diesen wird der Übergang von einer auszuführenden Operation zur nächsten durch einen Pfeil angedeutet; die einzelnen Operationen haben die unten angegebenen Formen. Bei komplizierteren Algorithmen entsteht dann leicht ein Gewirr von Pfeilen,

das keinesfalls zur Erleichterung des Verständnisses beiträgt; die freie Verwendung von
Pfeilen führt zu "Spaghetti–Programmierung" und ist aus Gründen der Programm-
sicherheit entschieden abzulehnen. Leider sind Flußdiagramme noch so häufig in der
Informatik–Literatur anzutreffen, daß sie hier nicht übergangen werden können.

2.9.3 Nassi–Shneiderman–Diagramme

Bei diesen ist der Übergang von einer Operation zur nächsten nicht beliebig möglich; es
wird Sequentialität erzwungen durch die Forderung, daß jede Operation einen Kasten
bildet und die Kästen strikt sequentiell aneinandergehängt werden. Prozeduren sind
"Unterkästen". So erhält man eine Beschreibungsmethode, die bereits durch ihre
restriktiven Eigenschaften die Programmsicherheit fördert.

2.9.4 Blöcke

Diese sind in beiden Formen nichts anderes als eben Blöcke:

$$\boxed{\text{Block}}$$

Auch einzelne Operationen werden in dieser Form geschrieben. Bei der Flußdiagrammtechnik werden Blöcke durch Pfeile, die den Kontrollfluß andeuten, verbunden.

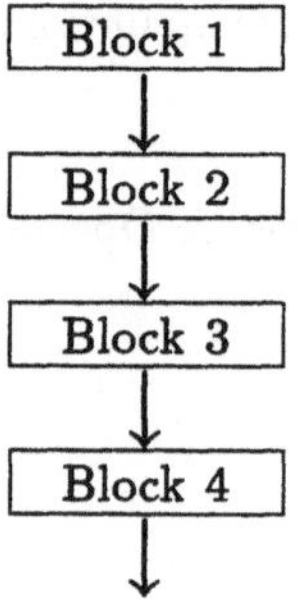

In der Nassi–Shneiderman–Technik stehen die Blöcke in der Regel direkt untereinander.

$$\boxed{\begin{array}{c}\text{Block 1}\\\hline\text{Block 2}\\\hline\text{Block 3}\\\hline\text{Block 4}\end{array}}$$

2.9.5 Entscheidungen

Die Flußdiagrammtechnik kennt hier die Raute als Entscheidungsform (vgl. Figur 4).
In der Nassi–Shneiderman–Technik verwendet man für Entscheidungen einen Block
gemäß Figur 5 mit zwei Unterblöcken.

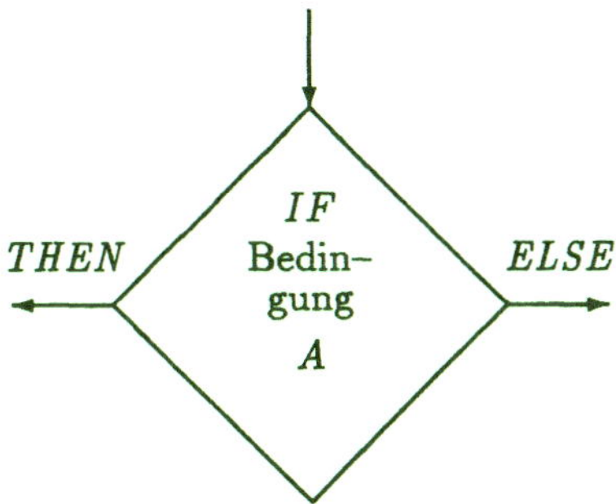

Figur 4: Entscheidung in Flußdiagrammtechnik

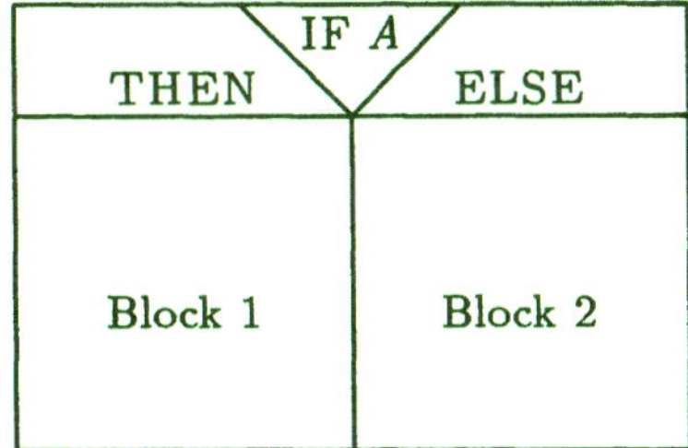

Figur 5: Entscheidung in Nassi–Shneiderman–Technik

2.9.6 Schleifen

Die Schleifen in Nassi–Shneiderman–Technik und in Flußdiagramm–Technik zeigen Figur 6 und 7.

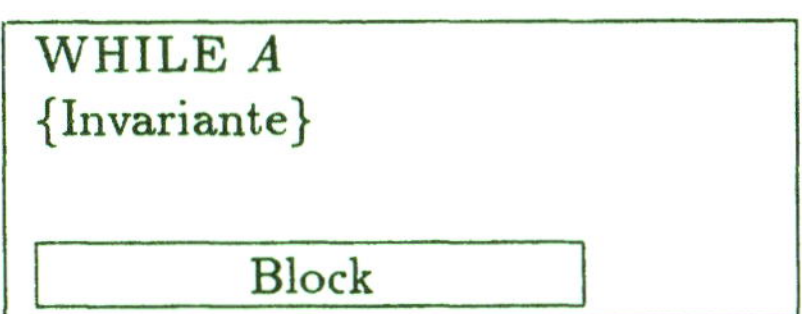

Figur 6: Schleife in Nassi–Shneiderman–Technik

2.9.7 Prozeduren

Dafür gibt es in Flußdiagramm–Technik keine brauchbare Notation. In der Nassi–Shneiderman–Technik werden Prozeduren als Kästen geschrieben, die gemäß der Aufrufstruktur ineinandergeschachtelt werden.

Beispiel 2.9.7.1. **Größter gemeinsamer Teiler.** Das Nassi–Shneiderman–Diagramm aus Figur 8 formuliert die rekursive Version des GGT-Algorithmus. □

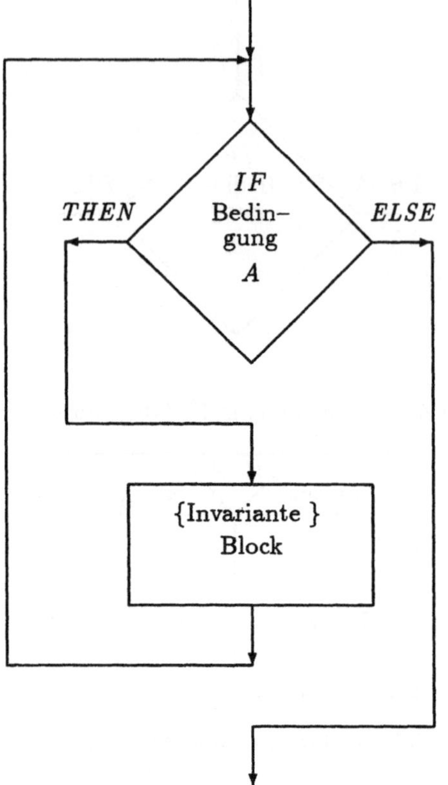

Figur 7: Schleife in Flußdiagrammtechnik

2.9.8   Bewachte Operationen

Nach E.W. **Dijkstra** ist unter

$$Bedingung \rightarrow Operation$$

eine durch eine Bedingung **bewachte** Operation zu verstehen. Die Bedeutung ist

Wenn die *Bedingung* erfüllt ist, führe die *Operation* aus, sonst nicht.

was auf dasselbe wie

```
IF Bedingung
THEN Operation
ELSE nichts tun
FI
```

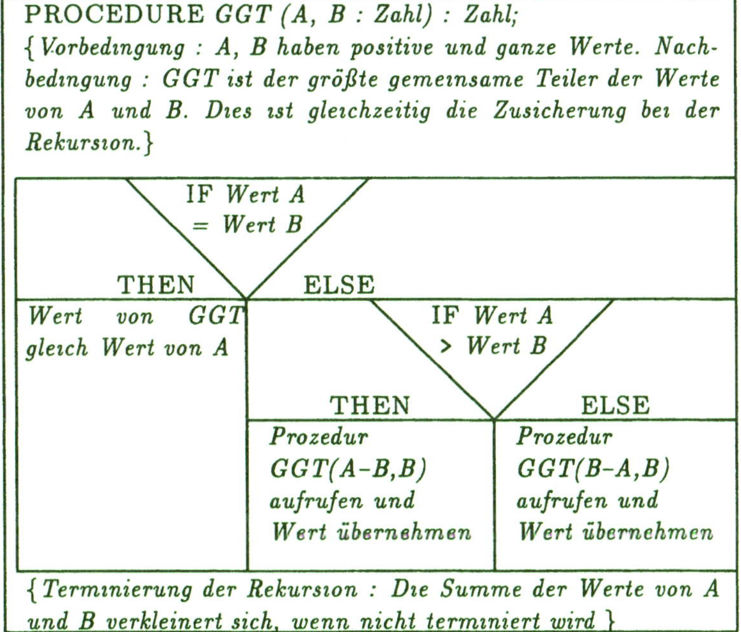

Figur 8: Größter gemeinsamer Teiler

hinausläuft. Bewachte Operationen sind also zunächst nichts Neues; sie werden erst durch zwei typische zusammengesetzte Operationen wichtig.

Eine davon ist die Verallgemeinerung

$$IF$$
$$Bedingung1 \rightarrow Operation1;$$
$$Bedingung2 \rightarrow Operation2;$$
$$\ldots\ldots$$
$$Bedingung \rightarrow Operation$$
$$FI$$

der IF – THEN – ELSE – FI – Operation. Dies bedeutet, daß aus den Bedingungen eine zutreffende ausgewählt wird (das Auswahlprinzip ist nicht festgelegt und kann sogar zufallsabhängig sein) und dann die dadurch bewachte Operation ausgeführt wird. Die anderen Bedingungen und Operationen werden ignoriert. Dabei wird vorausgesetzt, daß stets mindestens eine der Bedingungen zutrifft. Für zwei Bedingungen, die das logische Gegenteil voneinander sind, ergibt sich so gerade die altbekannte IF – THEN – ELSE – FI – Operation. Man kann also mit der obigen Form eine allgemeinere Fallunterscheidungssituation behandeln und ist stets sicher, daß nur bewachte Operationen ausgeführt werden.

In der zweiten zusammengesetzten Operation schließt man eine Folge bewachter Operationen in ein Paar DO – OD ein:

```
DO
   Bedingung1  →  Operation1;
   Bedingung2  →  Operation2;
   .....
   Bedingung  →  Operation
OD
```

Dann ist der Block bewachter Operationen wie oben auszuführen, aber die Ausführung wird wiederholt, bis alle Bedingungen (**Wächter**) falsch sind. Dabei kommt in jedem Zyklus nur eine bewachte Operation zur Anwendung. Wenn man hier nur eine Bedingung hat, liegt die WHILE–Schleife vor. Der Vorteil der obigen Form ist, daß man eine sehr starke Nachbedingung hat, nämlich daß die Bedingungen allesamt falsch sein müssen, wenn die Schleife terminiert. Auch sind Schleifen mit einer inneren Alternative recht häufig; diese lassen sich hier mit einer einzigen Sprachkonstruktion behandeln.

Obwohl Dijkstra's Wächter und die entsprechenden zusammengesetzten Operationen bisher in keiner der weitverbreiteten Programmiersprachen vorkommen, sind sie in den meisten Sprachen durch elementare Konstruktionen aus den dortigen Bausteinen für bedingte Operationen und Schleifen leicht zusammenzusetzen. Ihr Nutzen ergibt sich aus der erhöhten Sicherheit durch die Bewachung von Operationen und aus der leichteren Verifizierbarkeit von Programmen, die ihre Vor- und Nachbedingungen in die Wächterbedingungen geschickt einsetzen. Wenn man durch Aufschreiben von Vor- und Nachbedingung und intermediären "Zwischen"bedingungen einen Algorithmus entwirft, sind Operationen, die viele Bedingungen enthalten, sehr nützlich. Deshalb werden sich diese Sprachbestandteile weiter durchsetzen, sobald auf strukturierte und verifizierte Algorithmen steigender Wert gelegt wird. Das Buch *"The Science of Programming"* von D. **Gries** [21] bietet hierzu eine Menge Beispiele.

2.9.9 Netzplantechnik

Dies ist eine graphische Veranschaulichung von Prozessen, die zeitabhängig sind und deren zeitliche Abfolge sauber geplant und übersichtlich dargestellt werden soll. Man schreibt dazu die einzelnen Prozesse schichtweise übereinander in ihrem Zeitverlauf über einer Zeitskala auf und hat dann einen Plan, wann welcher Prozeß beginnt und wann er endet. Dabei kann man sequentielle Abhängigkeiten berücksichtigen (wenn Prozeß *A* erst beginnen kann, wenn Prozeß *B* fertig ist) und Vorlaufzeiten einplanen (wenn Prozeß *A* Material braucht, das 4 Wochen Lieferzeit hat, so wird der Prozeß "Bestellung" mindestens 4 Wochen vor dem Prozeß *A* begonnen). Den Fluß von Material oder Personal kann man dann zwischen den Projekten durch vertikale oder schräge Linien andeuten, so daß ein Netz entsteht.

Besonders bei technischen Projekten, z.B. Bauten, ist eine solche Planungsform nötig, um Zeitpläne aufzustellen und einzuhalten und das vorhandene Personal auf verschiedene Teilprojekte zu verteilen.

Natürlich gibt es dafür computerunterstützte Methoden, die zum Teil weit über den Rahmen einer statischen Zeitplanung hinausgehen, indem sie auch dynamische Veränderungen, etwa wenn auf externe unvorhersehbare Anforderungen reagiert werden muß, zulassen (*General Purpose Simulation*).

2.10 Exkurs über Menschen und Maschinen

Nicht zuletzt sollte eine Darstellung der Grundlagen der Informatik auch auf die Gefahren, die sich bei inadäquater Anwendung ihrer Ergebnisse einstellen können, eingehen und insbesondere den Unterschied von Menschen und Maschinen nicht verwischen, sondern eher herausarbeiten. Damit soll gefördert werden, daß die angehenden Informatiker ihre Mitmenschen nicht wie Maschinen behandeln, wichtige Gewissensentscheidungen nicht an Maschinen delegieren und letztlich nicht selbst wie Maschinen handeln und damit durch solche ersetzbar werden. Dies wurde schon an verschiedenen Stellen angedeutet; eine zusammenfassende Übersicht soll dieser Exkurs geben.

2.10.1 Historisches

Als man begann, die physikalische Umwelt mit mechanisch–maschinellen Modellen zu erklären, wurde auch der Mensch nach mechanischen Gesichtspunkten betrachtet ("Der Mensch als Maschine", **de la Mettrie** 1748). Als man die Ökonomie als Wissenschaft entdeckte, wurde der Mensch nach ökonomischen Gesichtspunkten betrachtet ("Die Produktionsweise des materiellen Lebens bedingt den sozialen, politischen und geistigen Lebensprozeß überhaupt", **Marx** 1859, Vorwort zur Kritik der politischen Ökonomie).

Eine solche bedenkliche Reduktion findet auch jetzt statt, denn durch die Entwicklung der Informationstechnologie wird zwangsläufig der Mensch in zunehmendem Maße als komplexes Informationsgebilde gesehen. Dies illustrieren zwei willkürlich gewählte Zitate :

- "All humans are information processing systems..."

  (H.A. **Simon**/A. **Newell** 1958)

- "Was wir an geistigen Funktionen beobachten, ist Aufnahme, Verarbeitung, Speicherung und Abgabe von Informationen. Auf keinen Fall scheint es erwiesen oder auch nur wahrscheinlich zu sein, daß zur Erklärung geistiger Funktionen Voraussetzungen gemacht werden müssen, welche über die Physik hinausgehen"

  (K. **Steinbuch** 1961)

2.10.2 Reduktion des Menschenbildes

Die ethischen Konsequenzen solch eines reduzierten Menschenbildes sind augenfällig, wenn man sie drastisch formuliert :

Wenn ein Mensch nichts ist als ein Haufen Materie, eine Position im ökonomischen Gesamtplan oder ein Stück Information, so rückt zwangsläufig ein Mord in die Nähe einer Sachbeschädigung, eines Planungsfehlers oder einer Urkundenfälschung.

2.10.3   Didaktische Konsequenzen

Deshalb ist in einer Vorlesung über Informatik dieser Entwicklung rechtzeitig entgegenzuarbeiten.   Es muß vermieden werden, daß die an Maschinen geschulte Denkstruktur auf Menschen angewendet wird und eine sachlich unbegründete Übertragung technischer Zusammenhänge auf Menschen stattfindet.   So etwas führt dann schnell zu einer Identifikation von Menschen mit ihren Datenblättern, zu einer "logistischen" Organisation des täglichen Lebens und zu einer Formalisierung aller Dinge, die bisher noch "Tiefe" hatten (z.B. die zwischenmenschlichen Beziehungen, das Rechtssystem, die Ethik). Deshalb ist eine klare Grenzziehung zwischen dem Maschinellen und dem Menschlichen nötig, die sich aber aus der Wissenschaft selbst in klarer Weise ergeben sollte. Deshalb ist in diesem Text u.a. versucht worden, auf semantische Reduktion und formalisiertes Handeln gründlicher einzugehen.

Die Entscheidung zwischen einem menschlichen Automaten oder einem automatischen Menschen fällt hier zugunsten des ersteren; die Würde des Menschen bleibt unangetastet.

In dieser Hinsicht steht der Verfasser in krassem Gegensatz zu der von K. **Steinbuch** noch 1971 in [50] geäußerten Meinung. Das Buch [55] von J. **Weizenbaum** enthält eine Menge von Belegen zur weiteren Begründung dieser Haltung.

3 Mathematische Grundbegriffe

3.1 Elementare Logik

3.1.1 Wahrheitswerte

Die Standardobjekte aus derjenigen Teilsprache der Umgangssprache, die bei jeder argumentativen Auseinandersetzung verwendet wird ("Logik"), sind die Standardbezeichnungen *wahr* und *falsch* mit ihren Standardwerten unter der Standardinterpretation; diese Standardwerte werden **Wahrheitswerte** genannt und ab jetzt durch WAHR und FALSCH sprachlich ausgedrückt. Es wird die Großschreibweise verwendet, um die Werte von den Bezeichnungen sauber zu unterscheiden. Die beiden Werte WAHR und FALSCH bilden den **Typ** der Wahrheitswerte. Dieser trat im Kapitel 2 schon auf und wurde dort *BOOLEAN* genannt.

3.1.2 Aussagen

Sprachelemente, deren Standardinterpretation einen Wahrheitswert ergibt, heißen **Aussagen**. Beispiele sind *Sieben ist eine Primzahl* oder *Der Wald stirbt* oder *Fünfzehn ist durch Elf teilbar* oder *Die Sonne scheint*. Es ist klar, daß man eigentlich nicht so einfach die Aussage *Die Sonne scheint* per Interpretation mit einem Wahrheitswert versehen kann, wenn man nicht hinzufügt, wann und wo diese Feststellung getroffen wird. Der Einfachheit halber werden hier nur solche Aussagen zugelassen, die immer eindeutig interpretierbar sind und einen Wahrheitswert ergeben (Vorsicht: Semantische Reduktion !).

3.1.3 Exkurs über Wahrheit

Es muß unbedingt berücksichtigt werden, daß WAHR und FALSCH interpretationsabhängige Ergebnisse sind, die keineswegs Bestandteil einer formalen Nachricht sein können. Sie sind nicht direkt Gegenstand der Sprache oder der (formalen) Logik, sondern erscheinen erst bei Interpretation durch den Menschen.

Bei Aufbau einer Theorie geht man von unbewiesenen **Axiomen** aus, denen **Wahrheit** durch menschliche Interpretation beigemessen wird, was aber für den Fortgang des Theorieaufbaus ganz irrelevant ist, denn man stellt sich auf den Standpunkt: *Angenommen, die Axiome mögen bei Interpretation den Wert* WAHR *haben; dann gilt ....* Die formale Logik deduziert also aus Hypothesen und kann über die Wahrheit der Axiome nichts sagen, sondern nur etwas annehmen. Sie steht nur für die Korrektheit der Deduktionen gerade und kümmert sich um nichts anderes.

Deshalb hat die formale Logik nicht **Wahrheit** als Ziel, sondern bestenfalls **Korrektheit**, **Folgerichtigkeit** oder **formale Zulässigkeit**.

> *Wenn die Mathematik schon nicht wahr ist, dann ist sie wenigstens folgerichtig* (H. **Weyl**, Mathematiker).

Die charakteristische Eigenschaft der formalen Logik, nichts über Wahrheit aussagen zu können, sollte den problembewußten Leser darauf aufmerksam machen, daß man wirkliche Erkenntnis nicht an ein formales System delegieren kann, ohne eine wichtige menschliche Fähigkeit aufzugeben.

Es ist auch noch einmal auf die **Unschärferelation** hinzuweisen, die hier in der folgenden Gestalt auftritt: *Wenn man Klarheit und Exaktheit im logischen Schließen haben will, verliert man die Wahrheit.*

In der Informatik behandelt man, wie schon mit gewissem Bedauern festgestellt wurde, formale Nachrichten mit schematischen Interpretationen, und deshalb wird auch der Wahrheitsbegriff formalisiert durch den simplen Dualismus WAHR–FALSCH für den Informationsgehalt einer gewissen Art von Nachrichten, die Aussagen genannt werden.

Weil Aussagen in den Bedingungen innerhalb der Algorithmen vorkommen, sind die Operationen auf Aussagen für die Informatik von grundlegender Bedeutung; sie werden im folgenden genauer dargestellt.

3.1.4 Negation

Die einfachste Operation auf Aussagen ist die **Verneinung** oder **Negation**: *Es ist nicht wahr, daß die Sonne scheint* oder *Es ist nicht wahr, daß Sieben eine Primzahl ist.* Jede Aussage läßt sich verneinen; dabei vertauschen sich die Wahrheitswerte, denn aus wahren Aussagen werden falsche und umgekehrt.

Allgemein formuliert: Ist A eine Aussage, so ist NICHT A auch eine Aussage, und zwar eine mit entgegengesetzter Interpretation.

Dies kann man durch eine **Wahrheitstabelle** beschreiben, in der für die möglichen Fälle der Wahrheitswerte der Operanden eingetragen ist, welchen Wahrheitswert das Ergebnis der logischen Operation hat (vgl. Tabelle 4).

A	NICHT A
WAHR	FALSCH
FALSCH	WAHR

Tabelle 4: Logische Negation

3.1.5 Metasprachliche Variable

Der Sprachsatz *"A sei ein Ausdruck"* deklariert im Sinne des Abschnitts 1.6 eine **Variable** mit Namen A, deren Werte Sprachelemente vom Typ *Ausdruck* sein können. Die Wertebene der Variablen ist die Ebene der Umgangssprache; die Namensebene ist demnach bezüglich der Umgangssprache eine **Metaebene**. In diesem Sinne liegt eine metasprachliche Variable mit Namen A vom Typ *Ausdruck* vor.

Für eine metasprachliche Variable mit Namen A vom Typ *Ausdruck* kann man der Einfachheit halber die Formulierung der Umgangssprache *"A ist wahr"* verwenden, obwohl eigentlich im Sinne des ersten Kapitels

Interpretiert man die Aussage, die sich als Wert im Wertplatz vom Typ *Ausdruck* der Variablen mit Namen A befindet, so erhält man WAHR

gemeint ist. Jetzt kann man auch schärfer fassen, was NICHT leistet:

FUNCTION NICHT *(A : Aussage): Aussage;*
   {Nachbedingung : NICHT*(A)* ist eine Aussage, deren Interpretation
   gerade denjenigen Wahrheitswert liefert, den die von *A* nicht liefert}

Die Negation als Operation auf Aussagen in der Umgangssprache ist damit als abstrakter Algorithmus in Metasprache (die hier wieder mit der Umgangssprache zusammenfällt) beschrieben. Nachrichten in Metasprache beschreiben also Operationen auf Aussagen in der Sprache.

Diese Formalisierung diente hier nur zur Erläuterung und lieferte ein simples Beispiel für das "Anheben" eines Formalisierungsproblems auf die nächsthöhere Metaebene. Dieser Trick bringt letztlich keinen Fortschritt, weil man in den infiniten Meta–Regreß kommt, wenn man so weitermacht.

3.1.6 Konjunktion

Man kann die Aussagen *Heute ist Montag* und *Die Sonne scheint* verbinden zu *Heute ist Montag und die Sonne scheint.* Diese *und–* Verbindung von Aussagen heißt **Konjunktion** und ist für alle Aussagenpaare möglich. Sie ist genau dann wahr, wenn beide Teilaussagen wahr sind. Man mache sich dies an Beispielen klar. Wenn *A* und *B* Aussagen sind, sei also "*A* UND *B*" auch eine Aussage. Dabei wurden metasprachliche Variable *A* und *B* verwendet; der Leser kann die Prozedurschreibweise nachholen. Die Wahrheitstafel von UND ist dann Tabelle 5.

Konjunktion		Aussage *A*	
		WAHR	FALSCH
Aussage *B*	WAHR	WAHR	FALSCH
	FALSCH	FALSCH	FALSCH

Tabelle 5: Logische Konjunktion

3.1.7 Disjunktion

Man kann zwei Aussagen zu einer neuen verbinden, die dann die nicht–ausschließende Alternative oder **Disjunktion** der beiden bildet, das *und/oder* . Diese hat die abstrakte Form *A* ODER B und ist als Wahrheitstafel durch Tabelle 6 gegeben.

3.1.8 Implikation

Eine weitere Verknüpfung von Aussagen ist die der **Implikation**; wenn aus der Aussage *A* die Aussage *B* folgt, so schreibt man *A* FOLGT B. Klassische Beispiele sind etwa : Aus *x ist Primzahl* folgt *x ist nicht durch 6 teilbar*; aus *Epimenides ist ein*

Disjunktion		Aussage A	
		WAHR	FALSCH
Aussage B	WAHR	WAHR	WAHR
	FALSCH	WAHR	FALSCH

Tabelle 6: Logische Disjunktion

Kreter und *alle Kreter lügen* folgt *Epimenides lügt*. Nebenbei: Was liegt vor, wenn Epimenides, der Kreter, sagt, daß alle Kreter lügen ?

Die Wahrheitstafel für FOLGT ist Tabelle 7. Sie ergibt sich daraus, daß man den

Implikation		Aussage A	
		WAHR	FALSCH
Aussage B	WAHR	WAHR	WAHR
	FALSCH	FALSCH	WAHR

Tabelle 7: Logische Implikation

Begriff des Folgens schärfer faßt: aus A folgt B zwangsläufig, wenn es nicht sein kann, daß A und das Gegenteil von B beide wahr sind. Deshalb ist A FOLGT B nichts anderes als NICHT (A UND NICHT B). Dann kann durch Hinschreiben der vier Möglichkeiten für die Wahrheitswerte für A und B und durch schrittweises Auswerten der Verknüpfungen die Wahrheitstafel aufgestellt werden.

Beginn: W steht für WAHR, F für FALSCH.

$$\text{NICHT } (A \text{ UND NICHT } B)$$

W	W
W	F
F	W
F	F

1.Schritt: NICHT B auswerten

$$\text{NICHT } (A \text{ UND NICHT } B)$$

W	F	W
W	W	F
F	F	W
F	W	F

2.Schritt: UND auswerten (für A und NICHT B)

$$
\begin{array}{lll}
\text{NICHT } (A \text{ UND NICHT } B) \\
\quad W\,F \quad\quad F \quad\quad\quad W \\
\quad W\,W \quad\quad W \quad\quad\quad F \\
\quad F\,F \quad\quad\; F \quad\quad\quad W \\
\quad F\,F \quad\quad\; W \quad\quad\quad F
\end{array}
$$

3.Schritt: NICHT (...) auswerten, auf dem UND–Ergebnis

$$
\begin{array}{llll}
\text{NICHT } (A \text{ UND NICHT } B) \\
W \quad\quad W\,F \quad\; F \quad\quad W \\
F \quad\quad W\,W \quad\; W \quad\quad F \\
W \quad\quad\; F\,F \quad\; F \quad\quad W \\
W \quad\quad\; F\,F \quad\; W \quad\quad F
\end{array}
$$

Jetzt ist die Wahrheitstafel klar: F steht genau dann, wenn A wahr und B falsch ist.

3.1.9 Äquivalenz

Wenn aus einer Aussage A die Aussage B folgt und umgekehrt, so heißen A und B **logisch äquivalent**. Dafür schreibt man A GLEICH B. Hier ist die Gleichheit eine logische Verknüpfung mit Tabelle 8 als Wahrheitstafel.

		Aussage A	
Äquivalenz		WAHR	FALSCH
Aussage B	WAHR	WAHR	FALSCH
	FALSCH	FALSCH	WAHR

Tabelle 8: Logische Äquivalenz

3.1.10 Logische Ausdrücke

Eine aus mehreren Aussagen durch Verknüpfungen zusammengesetzte neue Aussage heißt auch **Ausdruck**. Ein Beispiel ist:

$$(A \text{ FOLGT } B) \text{ GLEICH } (\text{NICHT } (A \text{ UND NICHT } B))$$

Dies ist (in präziser Formulierung) eine Aussage, die für alle denkbaren Kombinationen von Wahrheitswerten, die als Interpretation der Aussagen, die als Werte der metasprachlichen Variablen mit den Namen A und B auftreten können, immer wahr ist. Solche Ausdrücke, heißen **Theoreme**, und man kann sie prüfen, indem man die Wahrheitstafel aufstellt.

3.1.11 Klammerungsregeln

Bei komplizierten Ausdrücken braucht man Klammern, um die Zusammensetzung mehrerer Aussagen eindeutig interpretierbar zu machen. Ein anders geklammerter, aber ähnlicher Ausdruck wie der obige wäre

$$(A \text{ FOLGT } (B \text{ GLEICH NICHT } A)) \text{ UND NICHT } B$$

und dieser ist nicht immer richtig, wie man mit einer Wahrheitstafel schnell feststellt.

Die doppelte Verneinung ändert bekanntlich den Wahrheitswert einer Aussage nicht. Also gilt das Theorem

$$(\text{NICHT}(\text{NICHT } A) \text{ GLEICH } A)$$

für jede Aussage A. Auch dies ist per Wahrheitstafel sofort zu sehen.

Dieses logische Theorem erlaubt es, die Klammerungsregeln klar zu formulieren: jede zweistellige Verknüpfung wie UND, ODER, FOLGT oder GLEICH bekommt Außenklammern und die einstellige Verknüpfung NICHT braucht keine Klammern, wird dafür aber stets vorrangig ausgeführt. Jetzt sind die beiden obigen Ausdrücke als

$$((A \text{ FOLGT } B) \text{ GLEICH NICHT } (A \text{ UND NICHT } B))$$

und

$$\text{NICHT NICHT } (A \text{ GLEICH } A)$$

eindeutig interpretierbar. Die äußersten Klammern sind überflüssig, werden im folgenden aber beibehalten, um Ausnahmen in der Syntax zu vermeiden. Später werden noch kompliziertere Klammerungsprobleme auftreten, für die dann aber auch komfortablere Lösungen angegeben werden.

Aufgabe 3.1.11.1. Für welche Wahrheitswerte von A und B hat die Aussage

$$((A \text{ UND } (\text{NICHT } B \text{ ODER NICHT } A)) \text{ ODER } (\text{NICHT } A \text{ UND } B))$$

den Wahrheitswert WAHR? □

Aufgabe 3.1.11.2. Man stelle durch Einsetzen von Wahrheitswerten fest, für welche Kombination von Wahrheitswerten der metasprachlichen Variablen A, B und C vom Typ *Aussage* der Ausdruck

$$((A \text{ ODER } (B \text{ UND } C) \text{ GLEICH } ((A \text{ ODER } B)$$

die Werte WAHR bzw. FALSCH hat. □

3.1.12   Logische Theoreme

Weitere Theoreme lassen sich mit Hilfe metasprachlicher Variablen A, B und C vom Typ *Aussage* angeben:

- Kommutativität von UND und ODER

  $((A$ UND $B)$ GLEICH $(B$ UND $A))$

  $((A$ ODER $B)$ GLEICH $(B$ ODER $A))$

- Assoziativität von UND und ODER

  $(((A$ UND $(B$ UND $C))$ GLEICH $((A$ UND $B)$ UND $C)))$

  $(((A$ ODER $(B$ ODER $C))$ GLEICH $((A$ ODER $B)$ ODER $C)))$

- Distributivität von UND und ODER

  $(((A$ UND $(B$ ODER $C))$ GLEICH $((A$ UND $B)$ ODER $(A$ UND $C)))$

  $(((A$ ODER $(B$ UND $C))$ GLEICH $((A$ ODER $B)$ UND $(A$ ODER $C)))$

- Absorptionsregeln

  $(((A$ UND $(A$ ODER $B))$ GLEICH $A)$

  $(((A$ ODER $(A$ UND $B))$ GLEICH $A)$

- *Tertium non datur*

  $(A$ ODER NICHT $A)$

- Vereinzelung

  $((A$ UND $B)$ FOLGT $A)$

- Komposition

  $(A$ FOLGT $(A$ ODER $B))$

- Modus ponens

  $((A$ UND $(A$ FOLGT $B))$ FOLGT $B)$

- **de Morgan's** Theoreme

  $((A$ UND $B)$ GLEICH NICHT (NICHT A ODER NICHT $B))$

  $((A$ ODER $B)$ GLEICH NICHT (NICHT A UND NICHT $B))$

Alle Theoreme kann der Leser per Wahrheitstafel prüfen. Sie bilden das Grundgerüst der **Aussagenlogik**; dort treten sie als Axiome auf.

3.1.13 Prädikate

Ein **Prädikat** ist eine Zuordnung, die zu gewissen Sprachelementen (die in der Logik **Subjektvariablen** genannt werden und in der hier verwendeten Terminologie Bezeichner für Werte sind), eine Aussage bildet. Ist A also ein Bezeichner, so ist $P(A)$ die durch das Prädikat P aus A gebildete Aussage. Typische Prädikate sind:

- *A ist grün*

- *A ist eine Zahl*

- *A ist falsch*

Man sieht, daß Prädikate sprachlich durch **Attribute** gebildet werden können:

> Ist *a* ein Attribut und A ein Bezeichner, so ist die Aussage *A hat das Attribut a* ein Prädikat.

Natürlich sind Attribute auch durch Prädikate herstellbar. "Unsinnige" Anwendungen von Prädikaten auf Sprachelemente der Umgangssprache, etwa *7 ist grün*, sollen dabei im Zweifelsfalle den Wahrheitswert FALSCH ergeben. Dies ist eine Folge der starken Vereinfachung der Logik; eigentlich gibt es neben *wahr* und *falsch* auch noch *unentscheidbar* oder *nicht sinnvoll interpretierbar* als Sprachelemente, deren Werte als Werte anderer Sprachsätze auftreten können. Auch müßte man Subjektvariablen und Attribute genauer klassifizieren. Zugunsten einer möglichst simplen Terminologie werden diese Dinge hier vernachlässigt. Genaueres findet man bei H. **Hermes** [23].

3.1.14 Logische Relationen

Es gibt auch Zuordnungen von **Paaren** von Sprachelementen zu Aussagen. Diese heißen **logische Relationen** (man spricht auch von **zweistelligen Prädikaten**). Beispiele sind

- *A ist länger als B*

- *A steht im Lexikon vor B*

wobei wieder metasprachliche Variablen A und B vom Typ Sprachelement auftreten. Wenn die logische Relation den Namen R hat, so ist also $R(A, B)$ die Aussage, die durch die logische Relation R den Werten der Variablen A und B zugeordnet ist. Manchmal schreibt man statt $R(A, B)$ auch ARB. Diese Schreibweise ist entlehnt aus Relationen wie $<$, für die dann $3 < 7$ eine Aussage ist.

Wichtige logische Relationen sind die vom **Gleichheitstyp** oder **Ähnlichkeitstyp**, etwa

- *A und B sind kongruent* (z.B. bei Dreiecken)

- *A und B sind gleich* (z.B. bei Zahlen)

oder vom **Vergleichstyp**, etwa *größer als* oder *dünner als*.

Eine logische Relation R kann eventuell eines der typischen Gesetze

- Transitivität

  $((ARB \text{ UND } BRC) \text{ FOLGT } ARC)$

- Reflexivität

  ARA

- Anti–Reflexivität

  $((ARB \text{ UND } BRA) \text{ FOLGT } A = B)$

  (Gleichheit der Interpretation von A und B ist gemeint!)

- Symmetrie

  $(ARB \text{ FOLGT } BRA)$

erfüllen. Dabei seien A, B und C metasprachliche Variablen, und die Gesetze seien als **Theoreme** im oben definierten Sinne verstanden.

Aufgabe 3.1.14.1. Man prüfe die logischen Relationen

> a *ist grösser als* b (bei Zahlen a und b)
>
> a *ist durch* b *ohne Rest teilbar* (bei positiven Zahlen a, b)
>
> a *steht im Lexikon nicht hinter* b (für alphabetische Texte a und b)
>
> $a - b$ *ist gerade* (bei ganzen Zahlen a und b)
>
> $a - b$ *ist kleiner als* 5 (bei ganzen Zahlen a und b)

auf das Erfülltsein der obigen Gesetze! □

3.2 Mengenlehre

3.2.1 Menge und Element

Nach G. **Cantor** heißt eine *Zusammenfassung von wohlunterschiedenen Dingen zu einem Ganzen* eine **Menge**; die darin enthaltenen Dinge werden **Elemente** dieser Menge genannt.

Ist x ein Element einer Menge A, so schreibt man $x \in A$ und sagt x *liegt in* A oder x *Element* A.

Im Sinne des obigen Abschnitts ist $x \in A$ eine Aussage, die genau dann wahr ist, falls A eine Menge ist und x als Element enthält. Deshalb ist es etwas genauer, "$\in$" als logische Relation und *Menge sein* als Prädikat aufzufassen. Dabei soll $x \in A$ nur dann wahr sein, wenn auch A *ist Menge* wahr ist.

Bei Angabe von Mengen durch **Aufzählung** werden üblicherweise Listen in geschweiften Klammern verwendet:

$$\begin{aligned}
Ziffer \;: \;&= \{0,1,2,3,4,5,6,7,8,9\} \\
Alphabet \;: \;&= \{A,B,C,\ldots,Z\} \\
Natürliche\ Zahlen \;: \;&= \{1,2,3,\ldots\} \\
Ganze\ Zahlen \;: \;&= \{0,1,-1,2,-2,3,-3,\ldots\}
\end{aligned}$$

Hier sieht man auch die Verwendung des Zeichens $: \;=$ als *definiert durch* und die typischen drei Punkte ... zwischen Kommata für unvollständige, dem gesunden Menschenverstand aber durchaus verständliche Aufzählungen. Die Verwendung von $: \;=$ erfolgt im Sinne einer Wertzuweisung an einen Namen als Sprachelement der Umgangssprache.

Oben werden genau diejenigen Bezeichner angegeben, die dann die Elementrelation bilden; so ist $x \in Ziffer$ nur dann wahr, wenn x einer der Bezeichner 0 bis 9 ist.

Mengendefinitionen durch Aufzählung gibt es auch in der Informatik, und zwar innerhalb der Sprache PASCAL beim sogenannten **Aufzählungstyp**. Durch die Typdeklaration

TYPE *Neutypname = (Name1,Name2,...,Name);*

wird ein neuer Typ mit Namen *Neutypname* definiert; jeder Wert des Typs *Neutypname* ist gleich einem der aufgezählten Namen. Hier werden Namens– und Wertebene künstlich zur Deckung gebracht.

Es gibt aber noch eine andere mathematische Mengenbildungstechnik, nämlich durch **Prädikate** :

$$Hunde \;: \;= \{x \mid x \; ist \; Hund\}$$

$$Primzahlen \;: \;= \left\{ x \;\middle|\; \begin{array}{l} x \text{ ist natürliche Zahl} \geq 2, \\ 1 \text{ und } x \text{ sind die einzigen natürlichen} \\ \text{Zahlen, die } x \text{ teilen} \end{array} \right\}$$

Allgemein: Ist $P(x)$ ein Prädikat für eine metasprachliche Variable x, so bildet man Mengen formal durch

$$M(P) : \;= \{x \mid P(x) \; ist \; \text{WAHR}\}$$

und hat dann eine Menge als neues Objekt spezifiziert: der Name des Objektes ist $M(P)$, der Wert besteht aus allen Interpretationsergebnissen von Sprachelementen x, für die $P(x)$ bei Interpretation den Wert WAHR hat.

3.2.2 Exkurs über Antinomien

Die Mengenlehre in ihrer naiven Form ist widersprüchlich, wenn man Mengendefinitionen durch Prädikate zuläßt. Das klassische Beispiel ist die Menge

$$M : \;= \{x \mid \text{NICHT } (x \in x)\}$$

die sich genau dann als Element enthält, wenn sie sich nicht als Element enthält
(**Russell**'sche Antinomie). Die Standard–Reparaturmöglichkeit besteht darin, dem
Prädikat *Menge sein* ein zweites Prädikat *Klasse sein* hinzuzufügen, die Definition
durch Prädikate für Klassen zu erklären, aber die Elementrelation $\in$ auf Mengen
einzugrenzen. Zu einem Prädikat P gilt dann

$$M(P) \; \text{ist} \; \text{Klasse};$$

$$(x \in M(P) \; \text{GLEICH} \; (P(x) \, \text{ist} \, \text{WAHR} \; \text{UND} \; x \; \text{ist} \; \text{Menge}))$$

Das Prädikat *Menge sein* ist dann eingegrenzt auf Dinge, die Element einer Klasse
sein können. Das obige Beispiel zeigt dann nur, daß es Klassen gibt, die keine Mengen
sind; der Widerspruch ist beseitigt. Die in unserem Text auftretenden Mengen sind
so klein, daß sie immer Element einer größeren "Klasse" sein können; deshalb bleibt
die Axiomatik korrekt, auch wenn die simple Mengendefinition genommen wird.

3.2.3   Inklusion und Gleichheit

Die **Inklusion** zwischen Mengen A und B schreibt man als Aussage

$$A \subset B$$

und meint damit, daß alle Elemente von A auch Elemente von B seien. Man sagt
A liegt in B oder *B enthält A* oder *A ist Teilmenge von B*. Das Gleichheitszeichen
zwischen Mengen A und B soll bedeuten, daß $A \subset B$ und $B \subset A$ gelte, d.h. A und B
haben dieselben Elemente, aber eine verschiedene Bezeichnung. Beispiel:

$$\{x \mid x \; \text{ist gerade natürliche Zahl}\} = \{0, 2, 4, 6, 8, \ldots\}$$

3.2.4   Vereinigung und Durchschnitt

Die **Vereinigung** bzw. der **Durchschnitt** zweier Mengen A und B sind definiert als
Mengen, die aus allen Elementen bestehen, die in A oder B bzw. in A und B liegen.
Man schreibt

$$A \cup B := \{x \mid (x \in A \; \text{ODER} \; x \in B)\} \qquad \text{(Vereinigung)}$$

$$A \cap B := \{x \mid (x \in A \; \text{UND} \; x \in B)\} \qquad \text{(Durchschnitt)}$$

und stellt durch Rekurs auf die Logik fest, daß die Regeln

$$\begin{aligned}
A \cap B &= B \cap A & &(\textit{Kommutativität}) \\
A \cup B &= B \cup A & &(\textit{Kommutativität}) \\
A \cap (B \cap C) &= (A \cap B) \cap C & &(\textit{Assoziativität}) \\
A \cup (B \cup C) &= (A \cup B) \cup C & &(\textit{Assoziativität}) \\
A \cap (B \cup C) &= (A \cap B) \cup (A \cap C) & &(\textit{Distributivität}) \\
A \cup (B \cap C) &= (A \cup B) \cap (A \cup C) & &(\textit{Distributivität}) \\
A \cap (A \cup B) &= A & &(\textit{Absorption}) \\
A \cup (A \cap B) &= A & &(\textit{Absorption})
\end{aligned}$$

gelten.

Man sieht aus der Logik ferner, daß die **Inklusion** von Mengen der logischen **Implikation** entspricht.

3.2.5 Leere Menge

Eine spezielle Menge ist diejenige, die kein Element hat, die sogenannte **leere Menge**. Sie ist ein wohldefiniertes mathematisches Objekt und charakterisiert die Unbefangenheit der Mathematiker, auch "aus nichts" etwas zu machen. Sie wird mit $\emptyset$ bezeichnet. Zwei Mengen, deren Durchschnitt die leere Menge ergibt, heißen **disjunkt**.

Eine klassische Methode zur axiomatischen Einführung der Zahlen aus dem "Nichts" ist die, die leere Menge als 0 einzuführen und mit 1 diejenige Menge zu bezeichnen, die die leere Menge als Element enthält. Diese 1 ist nicht leer, denn sie enthält ja etwas, nämlich eine Menge, wobei es mathematisch unerheblich ist, daß letztere leer ist. Also ist 0 von 1 verschieden, und es ergibt sich im Sinne der Mengenbildung durch Aufzählung rekursiv durch Textsubstitution

$$
\begin{aligned}
0 &= \emptyset = \{\} \\
1 &= \{\{\}\} = \{0\} \\
2 &= \{\{\{\}\}\} = \{1\} \\
\ldots &= \ldots
\end{aligned}
$$

woran man erkennt, daß sich Zahlen auf Rekursionen mit Zeichenreihen reduzieren lassen. Hier liegt eine Verbindung der Grundlagen von Mathematik und Informatik vor, denn Zeichenreihen sind Informationen und Rekursionen sind spezielle Verarbeitungsformen.

3.2.6 Potenzmenge und Komplement

Die Menge aller Teilmengen einer Menge A heißt **Potenzmenge**. Man mache sich klar, daß die Potenzmenge einer Menge aus n Elementen gerade 2^n Elemente hat (die leere Menge zählt mit!). Deshalb schreibt man auch 2^A für die Potenzmenge von A.

Ist A eine Teilmenge von B, so ist das **Komplement** von A bezüglich B definiert als

$$
B \setminus A := \{x \in B \mid \text{NICHT} \,(x \in A)\}
$$

Man sieht, daß bei fester Obermenge die **Komplementbildung** der **logischen Negation** entspricht.

Die Potenzmengenbildung ist in der Informatik auch als Bestandteil formaler Sprachen vorhanden. Sie erzeugt eine neue Menge von Werten (also einen neuen Typ), und zwar ist jeder neue Wert aus einer Menge von "alten" Werten "alter" Typen gebildet. Dies geschieht durch die Typdeklaration

```
TYPE Mengentypname = SET OF Elementtypname;
```

Dadurch wird der Typ mit Namen *Mengentypname* definiert; jeder Wert des Typs *Mengentypname* ist eine Menge von Werten des Typs *Elementtypname*. *Mengentypname* ist also die Potenzmenge von *Elementtypname*.

3.2.7 Cartesisches Produkt

Sind A und B Mengen, so kann man die Paarmenge $A \times B$ konstruieren durch

$$A \times B := \{(a,b) \mid (a \in A \text{ UND } b \in B)\}$$

wobei die Paare durch runde Klammern gebildet und die Bestandteile der Paare durch ein Komma getrennt werden. Man nennt $A \times B$ nach R. **Descartes** das **cartesische Produkt** von A und B und verwendet das Kreuz $\times$ gelegentlich auch für Elemente:

$$a \times b := (a,b)$$

Mehrfache cartesische Produkte bildet man als

$$A \times B \times C \times D := \{(a,b,c,d) \mid a \in A, b \in B, c \in C, d \in D\}$$

und nennt dann (a,b,c,d) ein **Quadrupel** oder 4–**Tupel**. Allgemeiner kann man natürlich n–fache cartesische Produkte und n–Tupel definieren. Die einzelnen Bestandteile eines Tupels oder eines cartesischen Produkts nennt man **Komponenten**.

Bezeichnet man mit $I\!R$ die Menge der reellen Zahlen (es wird angenommen, daß der Leser diese kennt), so ist das n–fache cartesische Produkt von $I\!R$ mit sich selbst gerade der übliche n–**dimensionale Raum**. Die Komponenten entsprechen den **Koordinaten**.

Auch diese mathematische Konstruktion hat ihr Gegenstück in der Informatik, und zwar wieder in Form einer Typdeklaration. Man definiert cartesische Produkte von Typen (als Mengen von Werten) als neuen Typ, den sogenannten RECORD–Typ. Das hat dann folgende Sprachform :

```
TYPE Neutypname = RECORD
                  Name1 : Typname1;
                  Name2 : Typname2;
                  ...
                  Name : Typname
                  END
```

Die in diesem Kapitel bisher definierten Methoden zur Erzeugung neuer Typen werden im Kapitel 8 wieder aufgegriffen.

3.2.8 Relationen auf Mengen

Ist A eine Menge und R eine Teilmenge des cartesischen Produkts $A \times A$, so heißt R eine (mengentheoretische) **Relation**. Man sagt, $a,b \in A$ *stehen in der Relation R* (dann schreibt man auch statt $(a,b) \in R$ nur aRb), wenn das Paar (a,b) in R liegt. Mit anderen Worten: für eine Relation R sind aRb und $(a,b) \in R$ Aussagen, die wahr oder falsch sein können.

Es sollte klar sein, daß Relationen auf Mengen Spezialfälle der logischen Relationen sind. Andererseits konnte man oben schon sehen, daß viele logische Relationen nur sinnvoll sind bei Einschränkung auf spezielle Mengen.

Typische Beispiele sind **Ordnungsrelationen** auf Mengen, etwa die Relation x *ist größer als* y für Zahlen oder die **lexikographische Ordnung** x *steht lexikographisch vor* y für Wörter aus Zeichen eines Alphabets. Ordnungsrelationen sind in der Informatik sehr wichtig, weil Such– und Sortierverfahren in geordneten Typen häufig auftreten.

Für mengentheoretische Relationen hat man genau wie im logischen Fall die Gesetze

$$
\begin{array}{rclll}
aRb \text{ UND } bRc & \text{FOLGT} & aRc & \text{(Transitivität)} \\
aRa & & & \text{(Reflexivität)} \\
aRb \text{ UND } bRa & \text{FOLGT} & a = b & \text{(Anti–Reflexivität)} \\
aRb & \text{FOLGT} & bRa & \text{(Symmetrie)}
\end{array}
$$

Ein Relation auf einer Menge A heißt **vollständig**, wenn zu je zwei Elementen $a, b \in A$ entweder aRb oder bRa oder $b = a$ gilt.

Aufgabe 3.2.8.1. Man prüfe für die Relationen

n *und* m *sind durch 7 teilbar*

$n - m$ *ist durch 7 teilbar*

n *ist durch* m *teilbar*

$n \geq m$

$n > m$

wobei n und m ganze Zahlen sein mögen, das Erfülltsein der oben angegebenen Gesetze für Relationen. $\square$

3.2.9 Äquivalenzrelationen

Eine symmetrische, reflexive und transitive Relation R auf einer Menge A heißt **Äquivalenzrelation**. Zu jedem $x \in A$ kann man dann die **Äquivalenzklasse**

$$
A_R(x) := \{ y \in A \mid xRy \}
$$

bilden. Elemente einer Äquivalenzklasse nennt man auch **Vertreter** der Klasse.

Aufgabe 3.2.9.1.   Man beweise: Ist R eine Äquivalenzrelation auf einer Menge A, so zerfällt A in paarweise disjunkte Äquivalenzklassen. Alle Elemente einer Äquivalenzklasse sind zueinander, aber zu keinem Element einer anderen Äquivalenzklasse äquivalent. Jede Äquivalenzklasse ist durch einen beliebigen ihrer Vertreter eindeutig festgelegt. $\square$

3.3 Abbildungen

3.3.1 Definition

Eine **Abbildung** F zwischen zwei Mengen A und B ist eine Teilmenge des cartesischen Produkts $A \times B$. Man schreibt in der Mathematik dafür

$$F : A \longrightarrow B \quad \text{oder} \quad A \xrightarrow{F} B$$

und nennt A die **Urbildmenge** und B den **Wertebereich** bzw. die Wertemenge von F. Man sagt auch : *F ist eine Abbildung aus A in B.*

Der **Definitionsbereich** ist die Menge der $a \in A$, für die es ein $b \in B$ gibt mit $(a, b) \in F$. Man nennt F **partiell definiert**, wenn der Definitionsbereich nicht ganz A ist. Wenn der Definitionsbereich ganz A ist, sagt man, *F bildet A in B ab.*

Die **Bildmenge** $F(A)$ ist die Menge

$$F(A) := \{x \in B \mid (a, x) \in F \ \textit{für ein} \ \ a \in A\}$$

und man schreibt analog

$$F(C) := \{x \in B \mid (c, x) \in F \ \textit{für ein} \ \ c \in C\}$$

für Teilmengen $C \subset A$. Im Falle $C = \{a\}$ mit $a \in A$ benutzt man die Kurzform $F(a)$ statt $F(\{a\})$. Dann nennt man a auch **Argument**.

3.3.2 Eigenschaften von Abbildungen

Es wird im folgenden stillschweigend vorausgesetzt, daß $F(a)$ für alle $a \in A$ nicht leer ist und nur aus einem Element von B besteht (d.h. F ist auf ganz A definiert und **punktwertig**). Etwas unsauber ist der Brauch, dann auch mit $F(a)$ das Element aus B zu bezeichnen, das das einzige Element der Menge $F(\{a\}) = F(a)$ ist; dieses wird **Bild** von a unter F genannt und a heißt **Urbild** von $F(a)$.

Abbildungen auf Räumen über den reellen oder komplexen Zahlen werden auch oft **Funktionen** genannt; für Abbildungen mit eventuell nur partiellem Definitionsbereich hat sich in Teilen der Mathematik und der Informatik der Begriff **Operator** eingebürgert

Sind $F : A \longrightarrow B$ und $G : B \longrightarrow C$ Abbildungen, so kann man F und G "hintereinanderschalten":

$$A \ \overset{F}{\longrightarrow} \ B \ \overset{G}{\longrightarrow} \ C$$

$$A \ \overset{G \circ F}{\longrightarrow} \ C$$

und damit eine neue Abbildung $G \circ F : A \longrightarrow C$ bilden mit

$$G \circ F(a) = G(F(a)) \ \textit{für alle } a \in A$$

Man nennt $\circ$ die **Komposition** von Abbildungen.

Eine Abbildung $F : A \longrightarrow B$ heißt **erschöpfend** oder **surjektiv**, wenn $B = F(A)$ gilt, d.h. wenn der ganze Wertebereich aus Bildern von F besteht.

Sie heißt **eindeutig** oder **injektiv**, wenn jedes Bild $F(a)$ genau ein Urbild a hat, d.h. wenn aus $F(a) = F(b)$ auch $a = b$ folgt.

Sie heißt **bijektiv** oder **eineindeutig** oder **umkehrbar eindeutig**, wenn sie injektiv und surjektiv ist. In diesem Falle existiert die Umkehrabbildung F^{-1} und es gilt

$$F \circ F^{-1} = Id_B, \quad F^{-1} \circ F = Id_A.$$

Dabei wird diejenige Abbildung von A nach A, die nichts verändert, die **Identität** genannt und mit Id_A bezeichnet.

3.3.3 Mehrstellige Abbildungen

Natürlich kann der Definitionsbereich einer Abbildung auch ein k–faches cartesisches Produkt sein. Dann nennt man die Abbildung k–**stellig**. In diesem Falle läßt man die Klammern des cartesischen Produkts des Arguments weg und schreibt beispielsweise $F(x, y)$ statt $F((x, y))$, wenn F als Argument (x, y) hat.

3.3.4 Infixschreibweise

Die obige Schreibweise von Abbildungen nennt man **Präfix–Form**, da die Abbildungsbezeichnung vor dem Argument steht. Bei zweistelligen Abbildungen kann man auch die Abbildungsbezeichnung zwischen die beiden Argumente setzen. Dies nennt man dann **Infix–Form**; sie kam bei Relationen schon vor, als xRy oder $x \leq y$ geschrieben wurde. Ferner kann man die zweistelligen logischen Operationen wie ODER auch als Abbildungen auf der Menge der Paare von Aussagen in die Menge der Aussagen betrachten. Sie wurden in Infixschreibweise verwendet, wobei man durch geeignete Klammerung für die richtige Präzedenz sorgen mußte. Diese Operationen wurden oben unabhängig vom Abbildungsbegriff eingeführt, um einen Zirkelschluß zu vermeiden, denn man reduziert normalerweise Abbildungen auf Mengen, Mengen auf Logik und kann dann nicht Logik auf Abbildungen reduzieren.

Weitere bekannte Beispiele zweistelliger Abbildungen sind die Addition und Multiplikation zweier Zahlen; sie werden durch die Abbildungsnamen $+$ und $\cdot$ bezeichnet und in Infixform als $x + y$ oder $x \cdot y$ geschrieben. In Präfixform könnte man die Namen ADD und $MULT$ verwenden und $ADD(x, y)$ und $MULT(x, y)$ schreiben.

Das Minuszeichen wird im normalen mathematischen Gebrauch sowohl als Präfix als auch als Infix behandelt und bezeichnet als Präfix diejenige einstellige Abbildung, die eine Zahl x in $-x$ abbildet, während sie als zweistellige Abbildung in Infixform die Subtraktion darstellt.

In der Informatik muß man dies genauer unterscheiden, denn es liegt ein nur aus dem Kontext heraus richtig interpretierbarer, im Prinzip aber uneindeutiger Gebrauch des Zeichens "$-$" vor. In Präfixform wird man etwa die einstellige Abbildung $MINUS(x)$ von $SUB(x, y)$ für die Subtraktion unterscheiden; eine vernünftige Semantik befolgt dann das Gesetz

$$SUB(x,y) = ADD(x, MINUS(y)).$$

Beim Kombinieren von Abbildungen in Infixform ergibt sich dasselbe Klammerungsproblem wie bei den logischen Operationen UND, ODER, NICHT usw.; man fordert die Präzedenz der Multiplikation und der Division vor Addition und Subtraktion. Deshalb ist bei Vorliegen einer Präzedenzregel $3 + 5 \cdot 2$ klammerfrei eindeutig interpretierbar.

Aus Sicherheitsgründen sollte man sich angewöhnen, eher mehr als weniger Klammern zu setzen. Deshalb wird im folgenden oft die klammerfreie Schreibweise unterdrückt. In speziellen Fällen (wie bei den Präfixabbildungen NICHT und $-$) werden Abbildungen ausnahmsweise klammerfrei geschrieben; die Ausnahmen werden explizit gekennzeichnet.

3.3.5 Postfixschreibweise

Eine unübliche, in der Informatik aber sehr nützliche Schreibweise ist die klammerfreie **Postfix**-Notation, manchmal nach den Arbeiten des polnischen Logikers **Lukasiewicz** auch die (umgekehrte) "polnische" Notation genannt. Hier gehen die k Argumente einer k-stelligen Funktion stets dem Funktionsnamen voran und die dadurch gebildeten mathematischen Ausdrücke werden in ganz naheliegender Weise ausgewertet:

- Man geht den gegebenen Ausdruck von links nach rechts durch.

- Immer wenn man auf ein Operationszeichen trifft, wendet man die Operation auf die letzten k Operanden an (wenn die Operation k-stellig war) und schreibt das Ergebnis an die Stelle, die von den Operanden und dem Operationszeichen eingenommen wurde.

- Trifft man auf andere Zeichen (für Zahlen oder Variable), so läßt man diese einfach stehen. Sie werden später benötigt.

Beispiel 3.3.5.1. Die Formel

$$(x + 5) \cdot y - (3 \cdot z) \cdot (12 - 8 \cdot y)$$

hat in polnischer Notation die Gestalt $x\,5 + y \cdot 3\,z \cdot 12\,8\,y \cdot\,-\,\cdot\,-$. $\square$

Übungsweise soll später ein Pseudocode–Programm zur Umformung vollständig geklammerter Präfix–Formeln in polnische Notation geschrieben werden. Dies ist hier noch zu schwierig; man kann sich aber schon ein Bild von solchen Umformungen machen.

Aufgabe 3.3.5.2. Man schreibe die Formel

$$((x - 7) \cdot (y - 3 \cdot x + 2 \cdot y) - z \cdot 4 \cdot (3 + x \cdot y - z))$$

in umgekehrter polnischer Notation. $\square$

3.3.6   Typen von Abbildungen

Es sollte klar sein, daß eine Abbildung $F : A \longrightarrow B$ erst dann wohldefiniert ist, wenn man Urbildmenge und Wertebereich zusammen mit dem "funktionalen Zusammenhang" F angibt, denn die obigen Beispiele ADD, $MULT$, SUB und $MINUS$ sind auf diversen Urbildmengen sinnvoll: den ganzen Zahlen $\mathbb{Z}$, den reellen Zahlen $\mathbb{R}$, ... usw.

In der Informatik trägt man dieser Forderung Rechnung, indem man die Mengen A und B, die im allgemeinen Typnamen haben (man erinnere sich: Mengen von Werten heißen Typen und Typen haben einen Namen, den Typnamen) bei der Definition einer Abbildung mit anführt.

Eine der Informatik nähere Schreibweise für eine einstellige Abbildung F in Präfixform, die einen Typ A in einen Typ B abbildet, ist

$$F\,(x : A) : B$$

wobei x eine Variable vom Typ A ist. Bei mehrstelligen Abbildungen, die Typen $A, B, C, \ldots$ in einen Typ Z abbilden, schreibt man sinngemäß

$$F(a : A; b : B; \ldots) : Z$$

Bezeichnet man die reellen Zahlen mit dem Typsymbol $REAL$, so hat man etwa

$MINUS\,(x : REAL) : REAL$

$ADD\,(x : REAL; y : REAL) : REAL$

$MULT\,(x : REAL; y : REAL) : REAL$

Spätestens jetzt sollte klar sein, daß hier die Schreibweise für Parameterlisten in Prozeduren wieder auftritt. Prozeduren sind, von der Mathematik her gesehen, nichts anderes als Abbildungen, die gewisse Elemente eines Definitionsbereichs (d.h. Werte aus den Typen der Eingabeparameter) in Elemente des Bildbereichs (d.h. Werte aus den Typen der Ausgabeparameter) abbilden. Dies ist zentral für die sogenannte "funktionale Programmierung", wie sie insbesondere in der Sprache LISP auftritt. Bei funktionaler Programmierung ist jeder Befehl, jede Prozedur und jedes Programm eine Abbildung im mathematischen Sinne; die Abbildungen werden kunstvoll ineinander geschachtelt und insbesondere rekursiv verflochten.

Prozeduren bzw. Abbildungen können auf Mengen anderer Prozeduren oder Abbildungen definiert sein. Ein typisches Beispiel ist die Pseudocode–Prozedur

Integriere die Funktion f zwischen a und b

mit dem genaueren Prozedurkopf

$INTEGRAL\,(FUNCTION\ F : (X : REAL) : REAL;\ A,\ B : REAL) : REAL$

Deshalb ist die Typdeklaration

TYPE *FUNKTION* = FUNCTION *(X : REAL) : REAL*

eine sinnvolle, aber in PASCAL leider verbotene Methode, einen neuen Typ aus allen reellwertigen Funktionen zu definieren. Dadurch entsteht eine Wertemenge; man hat sich also spezielle Funktionen dieses Typs, etwa die mit den Namen sin oder exp, als Werte im Sinne des Abschnitts über Objekte vorzustellen. Feste Funktionen sind trotz der unbestimmten Parameter, auf die sie wirken, als feste Entitäten zu behandeln; sie sind nicht veränderlich und deshalb als "algorithmische Konstanten" anzusehen.

Dem mathematisch vorgebildeten Leser ist das nichts Neues, da er gelernt haben sollte, sich eine Funktion als Punkt in einem Funktionenraum vorzustellen.

3.4 Zahlen

3.4.1 Natürliche Zahlen

Die natürlichen Zahlen bilden (nach **Peano**) eine Menge $I\!N$ mit den folgenden Eigenschaften:

1. Es gibt ein spezielles Element in $I\!N$, das die Bezeichnung 0 trägt.

2. Es gibt eine Abbildung $SUCC : I\!N \longrightarrow I\!N$ (die Nachfolgerfunktion, engl. *successor*)

3. $SUCC$ ist injektiv

4. $SUCC\,(I\!N\,) = I\!N \setminus \{0\}$

5. Ist A eine Abbildung von $I\!N$ in die Menge der Aussagen, so daß $A(0)$ wahr ist und für beliebiges festes n auch $A(SUCC(n))$ wahr ist, wenn $A(n)$ wahr ist, so ist $A(n)$ für alle $n \in I\!N$ wahr.

Das letztgenannte Axiom erlaubt **Induktionsbeweise**: wenn man eine Aussage $A(n)$ für alle natürlichen Zahlen n beweisen will, genügt es, $A(0)$ zu beweisen und aus der Gültigkeit eines allgemeinen $A(n)$ auf die Gültigkeit von $A(SUCC(n))$ zu schließen.

In $I\!N$ kann man die **Addition** rekursiv definieren durch

$$n + 0 = n \text{ für alle } n \in I\!N$$

$$n + SUCC(m) = SUCC\,(n + m) \text{ für alle } n \text{ und } m \in I\!N.$$

Daß dadurch die Addition für alle Zahlenpaare definiert ist, folgt beispielsweise wieder aus dem Induktionsaxiom; bei festem n betrachtet man einfach als $A(m)$ die Aussage $n + m$ *ist definiert.*

Desgleichen kann man die Ordnungsrelation $<$ durch

$n < m$ gilt für n und $m \in I\!N$ genau dann, wenn ein $k \in I\!N \setminus \{0\}$ existiert mit $n + k = m$

auf die Addition abstützen.

Die **Multiplikation** ist durch

$$n \cdot 0 = 0 \quad \text{und} \quad n \cdot SUCC(m) = n + (n \cdot m)$$

rekursiv auf die Addition abstützbar. Es gelten die typischen Eigenschaften

$$
\begin{aligned}
n + m &= m + n & &(Kommutativgesetz\ der\ Addition) \\
n \cdot m &= m \cdot n & &(Kommutativgesetz\ der\ Multiplikation) \\
n + (m + k) &= (n + m) + k & &(Assoziativgesetz\ der\ Addition) \\
n \cdot (m \cdot k) &= (n \cdot m) \cdot k & &(Assoziativgesetz\ der\ Multiplikation) \\
n \cdot (m + k) &= n \cdot m + n \cdot k & &(Distributivgesetz).
\end{aligned}
$$

für die arithmetischen Operationen und neben Transitivität und Vollständigkeit der Ordnungsrelationen hat man

$$
\begin{aligned}
n &< m \quad &\text{FOLGT} \quad k + n &< k + m \\
n &< m \quad &\text{FOLGT} \quad k \cdot n &< k \cdot m \\
(n < m \ \text{UND}\ r &< s) \quad &\text{FOLGT} \quad r + n &< s + m \\
(n < m \ \text{UND}\ r &< s) \quad &\text{FOLGT} \quad r \cdot n &< s \cdot m
\end{aligned}
$$

sowie entsprechende Gesetze für die anderen Ordungsrelationen $>$, $\leq$ usw. Diese braucht man für das Rechnen mit Ungleichungen.

Aufgabe 3.4.1.1. Man leite die folgenden Eigenschaften der arithmetischen Operationen aus den Axiomen her:

Assoziativgesetz der Addition

Links–Distributivgesetz $a \cdot (b + c) = a \cdot b + a \cdot c$

Assoziativgesetz der Multiplikation

Kommutativgesetz der Addition (schwierig!)

Rechts–Distributivgesetz $(a + b) \cdot c = a \cdot c + b \cdot c$

Kommutativgesetz der Multiplikation.

Dabei sind Induktionsbeweise zu führen. □

Aufgabe 3.4.1.2. Man schreibe Pseudocode–Programme, die alle arithmetischen und Vergleichsoperationen auf natürlichen Zahlen in Form von Funktionsprozeduren darstellen und sich dabei auf $SUCC$ und den Gleichheitstest auf Null abstützen. Hinweis: Man definiere zuerst die Abbildung $PRED$, die zu jeder natürlichen Zahl $x \neq 0$ den "Vorgänger" (*predecessor*) liefert, d.h. $PRED(SUCC(n)) = n$ für alle $n \in I\!N$. □

3.4.2 Ganze Zahlen

Diese kann man als Menge $\mathbb{Z}$ der Äquivalenzklassen der Relation

$$(n, m) \text{ ist äquivalent zu } (r, s) \text{ für } n, m, r, s \in \mathbb{N} \text{ , wenn } n + s = m + r \text{ gilt}$$

auf $\mathbb{N} \times \mathbb{N}$ einführen. Die Addition definiert man dann komponentenweise auf den Vertretern der Äquivalenzklassen. Die "negativen" Zahlen werden vertreten durch $(n, 0)$ und die positiven durch $(0, n)$ mit $n \in \mathbb{N} \setminus \{0\}$. Die einstellige Operation *MINUS* vertauscht die Komponenten und man definiert die Subtraktion durch *MINUS* und die Addition. Die Multiplikation von (n, m) mit (r, s) ist durch $(n \cdot s + m \cdot r, m \cdot s + n \cdot r)$ vertreterweise definiert. Man hat in allen Fällen die Unabhängigkeit der Äquivalenzklasse des Ergebnisses von der Auswahl der Vertreter der Operanden zu zeigen ("Vertreterunabhängigkeit") und kann so die Rechengesetze leicht verifizieren. Die übliche Schreibweise der negativen Zahlen durch das Minus–Präfix ist eine nachträgliche Zutat.

Eine weitere Möglichkeit wäre durch das cartesische Produkt $\mathbb{N} \times \{0, 1\}$ gegeben, wenn man die positiven Zahlen durch $(n, 0)$ und die negativen durch $(n, 1)$ mit $n \in \mathbb{N}$ darstellt. Dann sind die Operationen auf andere Weise zu definieren, und die Beweise leiden an vielen Fallunterscheidungen.

Die Ordnungsrelationen lassen sich auch auf die ganzen Zahlen übertragen, wobei man aber die Rechenregeln für Ungleichungen im Falle des Auftretens von Multiplikationen mit negativen Zahlen modifizieren muß. Speziell gilt

$$(n < m \text{ UND } k < 0) \text{ FOLGT } (k \cdot m < k \cdot n).$$

Aufgabe 3.4.2.1. Man leite die arithmetischen Gesetze für ganze Zahlen aus denen für natürliche Zahlen her und beweise, daß es zu jeder ganzen Zahl x genau eine ganze Zahl y gibt mit $x + y = 0$. $\square$

3.4.3 Rationale Zahlen

Hier greift man wieder zu einer Äquivalenzrelation, diesmal über $\mathbb{Z} \times \mathbb{Z} \setminus \{0\}$, und zwar sind (m, n) und (r, s) in der üblichen Schreibweise äquivalent (die obige Axiomatik wird wieder ignoriert), wenn $m \cdot s = r \cdot n$ gilt. Man definiert die Rechenregeln vertreterweise wie in der Bruchrechnung:

$$(m, n) + (r, s) := (m \cdot s + r \cdot n, n \cdot s)$$

$$(m, n) \cdot (r, s) := (m \cdot r, n \cdot s)$$

für $m, r \in \mathbb{Z}$ und $n, s \in \mathbb{Z} \setminus \{0\}$.

Aufgabe 3.4.3.1. Man definiere sich den Typ *RAT* der rationalen Zahlen über Paare ganzer Zahlen und schreibe dann Pseudocode–Funktionsprozeduren für alle entsprechenden arithmetischen Operationen und Vergleichsoperationen. Dabei können die Operationen auf ganzen Zahlen vorausgesetzt werden. $\square$

3.4.4 Reelle Zahlen

Hier wird die in der Mathematik übliche Definition unterdrückt und die Menge $I\!R$ der reellen Zahlen unsaubererweise (denn der Grenzwertbegriff wird vorausgesetzt) als die Menge der Werte der Dezimalbrüche

$$d_n 10^n + d_{n-1} 10^{n-1} + \ldots = \sum_{j=-\infty}^{n} d_j 10^j$$

mit ganzzahligen Ziffern d_j zwischen 0 und 9 und beliebigem $n \in Z\!\!\!Z$ definiert. Bereits bei dieser Schreibweise haben verschiedene Bezeichner gleiche Werte, denn es ist $1 = 0,9999\ldots$ usw., wobei die übliche Kommaschreibweise verwendet wurde, um die Einerziffer anzuzeigen und von der Zehntelziffer abzugrenzen. Deshalb muß man zusätzlich voraussetzen, daß in der obigen Form verboten ist, daß alle bis auf endlich viele d_j gleich 9 sind. Für andere Basen als 10 sind analoge Definitionen möglich.

In der Informatik kann man ohnehin nicht mit beliebig langen Dezimal– oder Binärbrüchen arbeiten. Deshalb bricht man bei einer festen Stellenzahl ab, läßt aber das Komma frei variieren. Man hat dann die sogenannten **Gleitkommazahlen** der Form $s \cdot 0, b_1 b_2 \ldots b_n \cdot B^e$ mit den Werten

$$s \cdot B^e \sum_{j=1}^{n} b_j B^{-j}.$$

Dabei ist die **Basis** B typischerweise 2, 8, 10 oder 16, die Ziffern b_n der **Mantisse** $0, b_1 b_2 \ldots b_n$ liegen zwischen 0 und $B - 1$ und der **Exponent** e liegt in einem festen **Exponentenbereich**, der ganze Zahlen zwischen E_{min} und E_{max} umfaßt. Das Vorzeichen gibt s an (s ist entweder 1 oder -1); die Mantissenlänge n, die Basis B sowie die Exponentenschranken E_{min} und E_{max} sind normalerweise maschinenabhängig. Im Kapitel 13 werden verschiedene Darstellungen reeller Gleitkommazahlen auf marktüblichen Maschinen angegeben; das Analogon der reellen Zahlen in Programmiersprachen bringt Abschnitt 5.5.

Häufig erlauben die Sprachen der Informatik Zahldarstellungen auf Sprachebene, die bei Standardinterpretation andere Werte ergeben als bei maschineller Interpretation. Dies trifft etwa bei Dezimalzahlen auf Sprachebene und bei maschineninterner Darstellung der Werte zur Basis 2, 8 oder 16 zu, denn es gibt viele im Dezimalsystem auf Sprachebene endlich darstellbare Zahlen, die im Binärsystem eine unendliche Periode haben (vgl. die unten folgende Aufgabe 3.4.4.2). Hier ist eine informationstreue Semantik von vornherein unmöglich. Dieses Dilemma wird erst dann beseitigt, wenn entweder die Maschinen im Dezimalsystem rechnen oder die Menschen ihre Rechenaufgaben im Dualsystem formulieren. Da sich im Zweifelsfalle stets die Maschinen den Menschen unterordnen sollten und nicht umgekehrt, ist die erste Alternative vorzuziehen. Die Rechnerhersteller und Anwender ignorieren dies und nehmen Fehler bewußt in Kauf.

Aufgabe 3.4.4.1. Man zeige, daß es zu jeder reellen Zahl x stets eine eindeutige binäre Zahldarstellung gibt, bei der unendlich viele Nullen auftreten. □

Aufgabe 3.4.4.2. Wenn man Gleitkommazahlen zur Basis $B \geq 2$ auf Sprachebene beschreibt durch $0, b_1 b_2 \ldots b_n$ für beliebige Ziffern b_i zwischen 0 und $B - 1$ mit der Bedeutung $\sum_{i=1}^{n} b_i B^{-i}$, so gibt es einfache Fälle für endliche Dezimalbrüche ($B = 10$), die keine endlichen Binärbrüche ($B = 2$) liefern. Man gebe ein Beispiel an. Warum gilt die Umkehrung nicht? Welche Eigenschaft der Basen 10 und 2 ist dafür verantwortlich? $\square$

3.4.5 Absolutbetrag

Auf den ganzen und den reellen Zahlen benötigt man oft eine Funktion, die das Vorzeichen einer Zahl stets in "+" umwandelt, d.h. den **Absolutbetrag** (oder einfach "Betrag") bildet. In mathematischer Schreibweise hat man

$$|x| := \left\{ \begin{array}{rl} x & wenn \;\; x \geq 0 \\ -x & wenn \;\; x < 0 \end{array} \right\}$$

und in vielen Programmiersprachen

$$FUNCTION \; ABS \; (X : REAL) : REAL$$

mit derselben Wirkung. Der Absolutbetrag wird u.a. im Abschnitt 5.5.3 gebraucht.

3.4.6 Vektoren und Matrizen

3.4.6.1 Vektoren. Faßt man n reelle Zahlen wie im Abschnitt 3.2.7 zu einem n–Tupel zusammen, so spricht man auch von einem n–**Vektor** über den reellen Zahlen. Die einzelnen Zahlen heißen **Komponenten**; sie werden in der Regel durch **Indizes** unterschieden: der n–Vektor z hat die Komponenten $z_1, z_2, \ldots, z_n$. Dabei ist es unerheblich, ob die Indizes unten oder oben oder hinter den Zahlen stehen; es liegt im Prinzip eine Abbildung Z der **Indexmenge** $I\!N_n := \{1, 2, \ldots, n\}$ in $I\!R$ vor, so daß man auch $z_i = Z(i)$ für $i = 1, 2, \ldots, n$ schreiben könnte. Natürlich sind auch allgemeinere Indexmengen als $I\!N_n$ oder andere Wertebereiche als $I\!R$ möglich. Beispielsweise kann man ein Wort aus n Zeichen eines Alphabets A als Vektor der Länge n über A auffassen. Der Abschnitt 8.7 wird das Konzept der Vektoren in dieser Richtung generalisieren.

3.4.6.2 Skalarprodukt. Für zwei Vektoren x und y mit n reellen Komponenten gibt es neben den üblichen Operationen (Addition und Subtraktion sowie komponentenweise Multiplikation mit einer Zahl) eine wichtige Standardoperation: das **Skalarprodukt**

$$x \cdot y := x_1 y_1 + \ldots + x_n y_n := \sum_{i=1}^{n} x_i y_i.$$

Es tritt in vielen numerischen Problemen intern auf und wird in moderneren Rechnerarithmetiken als Grundoperation mit genauestmöglichem Gleitkommaergebnis realisiert. Die **Länge** oder **euklidische Norm** $\|x\|$ eines Vektors x ist die Quadratwurzel aus dem Skalarprodukt des Vektors mit sich selbst:

$$\|x\| := \sqrt{x \cdot x}.$$

Ein Vektor ist Null, wenn alle Komponenten Null sind (genau dann ist auch die Länge Null), und der Cosinus des Winkels $\alpha(x, y)$ zwischen zwei von Null verschiedenen Vektoren x und y ist durch

$$\cos \alpha(x, y) := \frac{x \cdot y}{\|x\|\|y\|}$$

gegeben.

3.4.6.3 Matrizen. So wie man die Komponenten von Vektoren $z = (z_1, z_2, \ldots, z_n)$ sich als in einer Linie aufgereihte Zahlen

$$z_1 \quad z_2 \quad \ldots \quad z_n$$

geschrieben denken kann, sind auch ganze Rechtecke von Elementen denkbar:

$$\begin{pmatrix} z_{1,1} & z_{1,2} & \ldots & z_{1,n} \\ z_{2,1} & z_{2,2} & \ldots & z_{2,n} \\ \ldots & \ldots & \ldots & \ldots \\ z_{m,1} & z_{m,2} & \ldots & z_{m,n} \end{pmatrix}$$

Diese sind als Bilder der Indexmenge $I\!N_m \times I\!N_n$ aufzufassen und heißen (zweidimensionale) **Matrizen** mit m **Zeilen** und n **Spalten**. Beispielsweise bilden die auf einem Bildschirm mit 40 Zeilen und 80 Spalten darstellbaren Schirminhalte je eine 40×80–Matrix über dem Alphabet A. Jeder Schirminhalt ist eine Abbildung $I\!N_{40} \times I\!N_{80} \to A$.

3.5 Boolesche Algebra

3.5.1 Definition

Eine nichtleere Menge M mit einer einstelligen Abbildung $\neg$ von M in M und zwei zweistelligen Abbildungen $\vee$ und $\wedge$ von $M \times M$ in M heißt **Boolesche Algebra**, wenn für alle Elemente A und B von M die Gesetze

$$
\begin{aligned}
A \wedge B &= B \wedge A && (Kommutativgesetz) \\
A \vee B &= B \vee A && (Kommutativgesetz) \\
A \wedge (B \wedge C) &= (A \wedge B) \wedge C && (Assoziativgesetz) \\
A \vee (B \vee C) &= (A \vee B) \vee C && (Assoziativgesetz) \\
A \wedge (B \vee C) &= (A \wedge B) \vee (A \wedge C) && (Distributivgesetz) \\
A \vee (B \wedge C) &= (A \vee B) \wedge (A \vee C) && (Distributivgesetz) \\
A \wedge (A \vee B) &= A && (Absorptionsgesetz) \\
A \vee (A \wedge B) &= A && (Absorptionsgesetz) \\
A \wedge (B \vee \neg B) &= A && \\
A \vee (B \wedge \neg B) &= A &&
\end{aligned}
$$

gelten. Dabei wurde Präfixschreibweise für $\neg$ und geklammerte Infixschreibweise für $\vee$ und $\wedge$ verwendet.

3.5.2 Beispiele

Es ist klar, daß die Potenzmenge $M = 2^C$ einer Menge C eine Boolesche Algebra bildet, wobei $\lor$ und $\land$ für Vereinigung und Durchschnitt stehen und $\neg$ für das Komplement bezüglich C.

Die zweielementige Menge der Wahrheitswerte

$$B = \{\text{WAHR,FALSCH}\}$$

ist eine Boolesche Algebra mit den Abbildungen ODER, UND und NICHT als $\lor$, $\land$ und $\neg$.

Im Vorgriff auf das nächste Kapitel wird diese Algebra *BOOLEAN* genannt.

Nimmt man eine beliebige Anzahl von "Atomen" als metasprachliche Variablen vom Typ *Aussage* und bildet damit alle mit UND, ODER und NICHT herstellbaren komplizierten Ausdrücke, wobei man Gleichheit von zwei Ausdrücken feststellt, wenn beide unter allen denkbaren Wertzuweisungen an die vorkommenden metasprachlichen Variablen gleiche Wahrheitswerte haben, so erhält man ebenfalls eine Boolesche Algebra.

Aufgabe 3.5.2.1. Aus den Axiomen der Booleschen Algebra leite man die folgenden Theoreme ab:

1. Es gibt ein Element 0 mit $A \lor 0 = A$ für alle A und $A \land 0 = 0$ für alle A.

2. Es gibt ein Element 1 mit $A \lor 1 = 1$ für alle A und $A \land 1 = A$ für alle A.

3. Durch diese beiden Eigenschaften sind 0 und 1 eindeutig festgelegt.

4. Für jedes A ist $\neg A$ das eindeutig bestimmte Element mit $A \lor \neg A = 1$ und $A \land \neg A = 0$.

5. Es gilt $\neg\neg A = A$ (*tertium non datur*) und man hat die Formeln von **de Morgan**

6. $\neg A \lor \neg B = \neg(A \land B)$ und $\neg A \land \neg B = \neg(A \lor B)$ für alle A und B.

Beim Beweis geht man zweckmäßig in dieser Reihenfolge vor. $\square$

3.5.3 Boolesche Funktionen

Ist M eine Boolesche Algebra, so untersucht man in der Informatik die k–stelligen Funktionen von M in M, die man auch **Boolesche Funktionen** nennt. Ist M endlich, so gibt es nur endlich viele, aber viele Möglichkeiten für solche Funktionen. Man fragt nun danach, ob sich alle Booleschen Funktionen durch die Abbildungen $\neg, \land$ und $\lor$ ausdrücken lassen. Als Spezialfall kann man sich vorstellen, daß man FOLGT durch UND, ODER und NICHT darstellen will (wegen der oben gewählten Definition von FOLGT ist klar, daß das geht und wie man das macht). Kritischer ist die Frage, wie man etwa die folgende dreistellige Funktion auf der Booleschen (Logik–)Algebra *BOOLEAN* durch UND, ODER und NICHT darstellt:

$$Q \ (x : BOOLEAN;\ y : BOOLEAN;\ z : BOOLEAN\ ) : BOOLEAN$$

x	y	z	$Q(x,y,z)$
W	W	W	F
W	W	F	F
W	F	W	W
W	F	F	W
F	W	W	W
F	W	F	W
F	F	W	F
F	F	F	F

3.5.4   Disjunktive Normalform

Die Lösung dieses **Normalformproblems** geschieht durch Angabe der **disjunktiven Form**; man schreibt Q als Ausdruck, der aus lauter ODER–verbundenen Einzelausdrücken besteht, wobei die Einzelausdrücke nur UND und NICHT enthalten.

Allgemein gilt:

Satz 3.5.4.1 *In der Booleschen Algebra BOOLEAN ist jede Boolesche Funktion in disjunktiver Normalform darstellbar.*

Zum Beweis werden (der besseren Lesbarkeit wegen) die Interpretationen NICHT, UND und ODER verwendet.

Man betrachte eine k–stellige Funktion Q und wähle ein Argument x mit k Komponenten $x_1, x_2, \ldots, x_k$, an dem Q den Wert W, d.h. WAHR hat. Wenn es kein solches gibt, ist Q immer falsch; man kann die Normalform

$$Q(x_1, x_2, \ldots) = (x_1 \text{ UND NICHT } x_1)$$

nehmen und der Beweis ist erbracht. Andernfalls konstruiert man zu x diejenige Boolesche Funktion G, die in x den Wert W hat und sonst den Wert F =FALSCH. Diese läßt sich angeben als Funktion von $y_1, \ldots, y_k$ durch den Ausdruck

$$((\ldots(y_1 \text{ GLEICH } x_1) \text{ UND } (y_2 \text{ GLEICH } x_2))$$

$$\text{UND} \ldots \text{UND } (y_k \text{ GLEICH } x_k))$$

Dabei wurde die GLEICH–Abbildung in Infixform verwendet, und diese hat die Normalform

$$A \text{ GLEICH } B = ((A \text{ FOLGT } B) \text{ UND } (B \text{ FOLGT } A))$$

$$= (\text{NICHT}(B \text{ UND NICHT } A) \text{ UND NICHT } (A \text{ UND NICHT } B))$$

wie aus dem Abschnitt über Logik folgt. Somit hat G die gewünschte Normalform, und es ist klar, daß sich Q als Disjunktion mehrerer solcher G schreiben läßt. QED.

Das Ganze ist leicht zu vereinfachen, da x_1 bis x_k die festen Werte W oder F haben und man

(A GLEICH W) durch A und (A GLEICH F) durch NICHT A

ersetzen kann. Dann folgt im obigen Beispiel, wenn man etliche Klammern wegläßt,

$$
\begin{aligned}
Q(x,y,z) =(\quad & x \text{ UND NICHT } y \text{ UND } && z)\text{ODER}\\
(\quad & x \text{ UND NICHT } y \text{ UND NICHT } z)\text{ODER}\\
(\text{NICHT } x \text{ UND } & y \text{ UND } && z)\text{ODER}\\
(\text{NICHT } x \text{ UND } & y \text{ UND NICHT } z)
\end{aligned}
$$

und man sieht, daß die disjunktive Normalform im Prinzip aus der Wahrheitstabelle heraus sofort aufgestellt werden kann. Legt man fest, daß UND Priorität über ODER hat und NICHT Priorität über UND, so lassen sich Ausdrücke in Boolescher Normalform klammerfrei schreiben.

Aufgabe 3.5.4.2. Man gebe die disjunktive Normalform der Funktion $Q(x_1, x_2, x_3)$ an, die durch die Wertetafel

x_1	x_2	x_3	Q
W	W	W	W
W	W	F	F
W	F	W	W
W	F	F	W
F	W	W	F
F	W	F	W
F	F	W	F
F	F	F	W

beschrieben ist. □

Aufgabe 3.5.4.3. Man schreibe ein Programm im Pseudocode, das zu einer standardisierten Form einer Booleschen Funktion (etwa einer Tabelle wie oben) die disjunktive Normalform herstellt. □

Aufgabe 3.5.4.4. Sind X, Y und Z Variablen vom Typ *BOOLEAN*, so gebe man die disjunktive Normalform derjenigen Booleschen Funktion an, die genau dann WAHR liefert, wenn der Ausdruck

$(((X$ ODER $(Y$ UND NICHT $Z))$ FOLGT $(X$ GLEICH Y $))$

den Wert WAHR hat. □

4 Formale Sprachen

4.1 Definitionen

Dieses Kapitel behandelt die Standardtechniken der Informatik, mit Kunstsprachen umzugehen: sie zu konstruieren und ihre Sprachelemente zu analysieren. Es ist klar, daß diese Methoden wegen der Sprachform von Algorithmen für die Informatik von zentraler Bedeutung sind.

4.1.1 Exkurs über Sprache

Es ist im Abschnitt 1.4.2 schon in aller Deutlichkeit gesagt worden, daß das formale Vorgehen bei der Behandlung von Sprachen eine drastische Reduktion des Sprachschatzes zur Folge hat. Wenn dies auf die menschliche Umgangssprache durchschlägt, sind Schäden zu befürchten, die durch sprachliche Bereicherungen infolge neuer Technologien nicht aufgewogen werden. Die Rückwirkung von Spracheinschränkungen auf das menschliche Zusammenleben ist eindrucksvoll in G. **Orwell's** Buch *1984* beschrieben, wo die Einführung von *Newspeak* zur Gleichschaltung des Denkens aller Menschen benutzt wird. Basierend auf der entgegengesetzten, aber ebenso besorgniserregenden Utopie *Brave New World* von A. **Huxley** beschreibt N. **Postman** in *Das Verschwinden der Kindheit* und *Wir amüsieren uns zu Tode* die spracheinschränkenden Wirkungen der Informationstechnologie und insbesondere auch der modernen Medien. Hier liegt eine weitere Gefahr des Informationszeitalters, die es zu erkennen und rechtzeitig zu entschärfen gilt.

4.1.2 Zeichen, Alphabet, Worte und Sprache

Gegeben sei eine endliche, geordnete, nicht leere Menge A von nicht näher spezifizierten Dingen, die **Zeichen** genannt werden. Die Menge A heißt dann **Alphabet**.

Man bildet nun **Worte** über dem Alphabet. Dazu definiert man bei festgehaltenem Alphabet A die Mengen

$$A^1 = A$$

$$A^2 = A \times A \text{ usw.}$$

und allgemein das n–fache cartesische Produkt

$$A^n = A^{n-1} \times A = \underbrace{A \times A \times \ldots \times A}_{n-\text{fach}}.$$

Dann heißt A^n die Menge der Worte der Länge n über A. Zur Vereinheitlichung definiert man noch A^0 als die Menge, die aus dem leeren Wort ϵ besteht, wobei man manchmal auch das leere Wort mit der leeren Menge $\emptyset$ identifiziert.

Die Menge A^* aller Worte über A ist dann definiert als die Vereinigung aller dieser Mengen $A^0, A^1, A^2, \ldots$ etc., und wird die über A erzeugte **freie Sprache** genannt. Jedes Wort w über A liegt dann in genau einer der obigen Mengen, etwa in $A^{L(w)}$, und $L(w)$ heißt dann die **Länge** von w.

Zur Verdeutlichung soll ein simples Beispiel dienen (frei nach D. **Hofstadter** [25]):

Beispiel 4.1.2.1. Das Alphabet sei die Menge $A = \{I, U\}$ von 2 Zeichen. Dann enthält A^* beispielsweise die Worte I und (I, U, U) und (I, U, I, I, U, I). Es ist klar, daß man dieses auch kompakter schreiben kann als I, IUU und IUIIUI. $\square$

Die Hintereinandersetzung von Zeichen (**Concatenation, Verkettung**) ist somit nichts anderes als eine Kurzschreibweise für das cartesische Produkt. Deswegen werden in diesem Text die Worte formaler Sprachen in Schreibmaschinenschrift ohne Klammern und Kommata geschrieben. Der Text in Schreibmaschinenschrift ist dann eigentlich zeichenweise und durch Kommata getrennt zwischen zwei runde Klammern zu setzen, um ein cartesisches Produkt zu bilden.

Worte erhalten im folgenden manchmal Namen (eigentlich erhalten Variablen vom Typ *Wort* einen Namen), etwa wenn man sagt "w sei ein Wort aus A^*" oder wenn man w durch $w := $ IUIIUI einen Wert, nämlich das Wort IUIIUI, zuweist. Diese Namen werden kursiv geschrieben.

Zu zwei Worten u und v aus A^* kann man dann auch einfach das Wort uv bilden, indem man entweder in präziser Schreibweise das cartesische Produkt $u \times v$ bildet oder einfach die Zeichen von u und die von v hintereinanderschreibt.

Beispiel 4.1.2.2. $u = $ HA $= (H, A)$ und $v = $ ND $= (N, D)$ ergeben $uv = $ HAND $= (H, A, N, D)$. $\square$

Entsprechend ist klar, wann ein Wort u ein **Teilwort** von v ist, nämlich dann, wenn es (eventuell leere) Worte a und b gibt mit $v = aub$.

4.1.3 Regelgrammatik und Regelsprache

Die freie Sprache A^* über A enthält alle durch beliebiges endliches Anordnen von Zeichen konstruierbaren Worte. Da diese Sprache offensichtlich allzu frei und anarchisch konstruiert ist, wird eine Regelsprache $R(A)$ aus A^* ausgesondert, die alle "legalen" (und bei einer von der Syntax im Prinzip unabhängigen, später hinzugefügten Semantik auch interpretierbaren) Sprachanteile per definitionem aus der freien Sprache herausgliedert. Dazu sind Syntaxregeln nötig, die in Metasprache gegeben sein müssen; sie werden konstruktiv angewendet, um aus gewissen metasprachlichen "Startworten" durch Regelanwendung die Sprachmenge $R(A)$ zu bilden (**generative Syntax**). Die Menge der Syntaxregeln wird **Grammatik** genannt. Später werden Verfahren angegeben, die das **Wortproblem** für geeignete Grammatiken lösen, d.h. zu jedem Wort der freien Sprache per Analyse (**Parsing**) zu entscheiden gestatten, ob es zur Regelsprache $R(A)$ gehört. Der wichtigste Anwendungsfall ist dann die maschinelle Prüfung von Programmen auf syntaktische Korrektheit.

4.2 Grammatiken

4.2.1 Syntaktische Produktionsregeln

Will man eine Regelsprache $R(A)$ über einem Alphabet A definieren, so erweitert man das Alphabet künstlich um eine Menge $\mathcal{A}$ von metasprachlichen Zeichen oder Namen, die, wie später klar werden wird, die Rolle von Namen von metasprachlichen Variablen vom Typ *Sprachelement* haben und **Nichtterminalzeichen** genannt werden. Die Zeichen aus A heißen **Terminalzeichen** und A wird das **terminale** Alphabet genannt.

Dann nennt man die Vereinigung von A und $\mathcal{A}$ das **Gesamtalphabet** $\mathcal{B}$. Dadurch bekommt die Sprache A^* eine "Obersprache" $\mathcal{B}^*$, die A^* enthält und zusätzlich gewisse bezüglich A^* metasprachliche Sprachelemente. Die Syntaxregeln für A^*, die ja immer metasprachlich sein müssen, formuliert man dann unter Heranziehung von Sprachelementen aus $\mathcal{B}^*$.

Ferner zeichnet man ein **Startwort** S aus $\mathcal{A}$ aus und schreibt die Syntaxregeln (**Produktionsregeln**) formal als

$$u \overset{r}{\rightarrow} v$$

mit u und v aus $\mathcal{B}^*$. Wie das zu interpretieren ist, muß umgangssprachlich erklärt werden:

> Die Regel r erlaubt es, aus jedem Wort von $\mathcal{B}^*$, das u als Teilwort enthält, das Wort u durch v zu ersetzen.

Die Anwendung so einer Regel nennt man einen **Ableitungsschritt**, die Hintereinanderanwendung mehrerer Ableitungsschritte eine **Ableitung**. Ist durch mehrere Regelanwendungen ein Wort u in ein Wort v transformierbar (man sagt auch, v sei aus u **ableitbar**), so schreibt man

$$u \overset{*}{\rightarrow} v.$$

Die **Regelsprache** $R(A)$ besteht dann definitionsgemäß aus allen Worten aus A^*, die aus dem Startwort ableitbar sind:

$$R(A) := \{w \in A^* \mid S \overset{*}{\rightarrow} w\}.$$

Sie ist nur dann nicht leer, wenn es **terminale Regeln**

$$u \rightarrow v \text{ mit } v \in A^*$$

gibt, denn Worte der Regelsprache dürfen keine Nichtterminalzeichen mehr enthalten, sie müssen "**terminal**" sein.

Man mache sich klar, daß die Ableitung von Worten der Regelsprache ein Algorithmus in der Metasprache ist, der auf Objekten aus $\mathcal{B}^*$ abläuft, sie in Objekte aus A^* transformiert und "generativ" vorgeht. Die hier verwendete Spezialform einer Regelgrammatik heißt **Semi–Thue–Grammatik**. Später werden noch wesentlich eingeschränktere Grammatiken betrachtet; zuerst sollen einige Beispiele angegeben werden.

Beispiel 4.2.1.1. Man nehme $A = \{x\}$, $\mathcal{A} = \{S\}$ und die Regeln $S \overset{r}{\to} x$ und $S \overset{s}{\to} SSS$. Man kann etwa das Wort $xxxxx \in R(A)$ so ableiten:

$$
\begin{aligned}
S &\overset{s}{\to} SSS \\
SSS &\overset{s}{\to} SSSSS \\
SSSSS &\overset{r}{\to} SSSSx \\
SSSSx &\overset{r}{\to} SSSxx \\
SSSxx &\overset{r}{\to} SSxxx \\
SSxxx &\overset{r}{\to} Sxxxx \\
Sxxxx &\overset{r}{\to} xxxxx.
\end{aligned}
$$

$R(A)$ ist gleich der Menge der Worte aus A^*, die aus einer ungeraden Anzahl von x–Zeichen bestehen. Der Beweisgang für diese Behauptung entspricht einer Verifikation eines Programms in der Metasprache und benutzt deshalb zweckmäßigerweise **Invarianten**; hier ist beispielsweise die Aussage *Jedes ableitbare Wort besteht aus einer ungeraden Anzahl aufeinanderfolgender Zeichen S oder x* sowohl zu Beginn (für das Startwort S) richtig als auch nach jeder Regelanwendung, wenn sie vorher richtig war. Da die Regelsprache $R(A)$ genau aus den ableitbaren Terminalworten besteht, liefert die Invariante sofort die Form der Worte der Regelsprache, weil die Nichtterminalzeichen S in Worten der Regelsprache nicht mehr vorkommen können. $\square$

Beispiel 4.2.1.2. Man nehme $A = \{u, v\}$, $\mathcal{A} = \{S\}$ und die Regeln $S \overset{r}{\to} uSv$ sowie $S \overset{s}{\to} \epsilon$. Dann besteht $R(A)$ aus Worten der Form

$$
\underbrace{uuu\ldots u}_{n-\text{mal}}\underbrace{vvv\ldots v}_{n-\text{mal}}, \quad n \geq 0.
$$

$\square$

Aufgabe 4.2.1.3. Man stelle für Beispiel 4.2.1.2 eine Invariante auf. $\square$

Beispiel 4.2.1.4. Für $A = \{I, U\}$ und $\mathcal{A} = \{S\}$ im Beispiel 4.1.2.1 nehme man die Grammatik

$$
\begin{aligned}
S &\overset{a}{\to} I \\
I &\overset{b}{\to} UI \\
I &\overset{c}{\to} IU \\
UU &\overset{d}{\to} \epsilon \\
III &\overset{e}{\to} U \\
U &\overset{f}{\to} IUII.
\end{aligned}
$$

Diese Liste besagt im Klartext:

S	ist Startwort und wird durch I ersetzt
I	kann durch UI und IU ersetzt werden
UU	kann gestrichen werden
III	kann durch U ersetzt werden
U	kann durch IUII ersetzt werden.

Eine Ableitung $S \xrightarrow{*} \mathtt{UIIUIUI}$ ist etwa

$$S \xrightarrow{a} \mathtt{I}$$
$$\mathtt{I} \xrightarrow{b} \mathtt{UI}$$
$$\mathtt{UI} \xrightarrow{c} \mathtt{UIU}$$
$$\mathtt{UIU} \xrightarrow{f} \mathtt{UIIUII}$$
$$\mathtt{UIIUII} \xrightarrow{b} \mathtt{UIIUIUI}.$$

□

Aufgabe 4.2.1.5. Man beantworte für die obige Regelsprache die Frage, ob sie die Worte $\mathtt{U}$ und $\mathtt{II}$ enthält. Tip : Man codiere $\mathtt{I}$ und $\mathtt{U}$ durch Zahlen und suche eine arithmetische Invariante. □

Beispiel 4.2.1.6.   Alle sehr formelhaften Nachrichten, zum Beispiel die des Rundfunk–Wetterberichts, eignen sich zur Veranschaulichung formaler Grammatiken. Ein denkbares Regelsystem ist

$$
\begin{array}{rcl}
S & \to & \textbf{Satz} \\
\textbf{Satz} & \to & \texttt{Ein } \textbf{Subjekt}\ \texttt{über}\ \ \textbf{Ort1}\ \textbf{Verb}\ \texttt{das}\ \textbf{Objekt}\ \texttt{in }\textbf{Ort2.} \\
\textbf{Subjekt} & \to & \texttt{Hochdruckgebiet} \\
\textbf{Subjekt} & \to & \texttt{Tiefdruckgebiet} \\
\textbf{Subjekt} & \to & \texttt{atlantischer Tiefausläufer} \\
\textbf{Subjekt} & \to & \texttt{Zwischenhoch} \\
\textbf{Ort1} & \to & \texttt{England} \\
\textbf{Ort1} & \to & \texttt{den britischen Inseln} \\
\textbf{Ort1} & \to & \texttt{Grönland} \\
\textbf{Ort1} & \to & \texttt{der Biskaya} \\
\textbf{Ort1} & \to & \texttt{den Azoren} \\
\textbf{Verb} & \to & \texttt{verändert} \\
\textbf{Verb} & \to & \texttt{bestimmt} \\
\textbf{Objekt} & \to & \texttt{Wetter} \\
\textbf{Objekt} & \to & \texttt{Urlaubswetter} \\
\textbf{Objekt} & \to & \texttt{Wettergeschehen} \\
\textbf{Ort2} & \to & \texttt{Norddeutschland} \\
\textbf{Ort2} & \to & \texttt{unserem Sendegebiet} \\
\textbf{Ort2} & \to & \texttt{weiten Teilen Westdeutschlands}
\end{array}
$$

Dabei wurden die Terminalzeichen (außer S) in `Schreibmaschinenschrift` und die Nichtterminalzeichen als Worte in **Fettdruck** dargestellt. Die Regelsprache enthält u.a. die Standardfloskel `Ein atlantischer Tiefausläufer über den britischen Inseln bestimmt das Wetter in unserem Sendegebiet`, und es sollte jetzt klar sein, wieso solche Regelsysteme Grammatiken genannt werden. □

Aufgabe 4.2.1.7.   Man definiere eine formale Sprache für gewisse Phrasen des Verkehrsrundfunks. □

4.2.2 Spezielle Regelgrammatiken

Man unterscheidet Grammatiken nach den Anforderungen an ihre Regeln $u \xrightarrow{r} v$. Die wichtigsten Spezialfälle werden im folgenden kurz dargestellt; Details sind Spezialveranstaltungen über theoretische Informatik vorbehalten.

4.2.2.1 Chomsky–0–Grammatik. Eine Grammatik ist vom **Chomsky–0–Typ**, wenn für alle Regeln $u \xrightarrow{r} v$ das Wort u in $\mathcal{A}^* \setminus \epsilon$ liegt, d.h. nur reine Ersetzungen von Nichtterminalzeichen vorkommen. So etwas kann man in der Regel durch einen reichen Vorrat an Nichtterminalzeichen erzielen.

Beispiel 4.2.2.2. Wie in den Beispielen 4.1.2.1 und 4.2.1.4 wird das Alphabet $A = \{\mathrm{I}, \mathrm{U}\}$ betrachtet, wobei zwecks Herstellung einer Chomsky–0–Grammatik $\mathcal{T}$ und $\mathcal{V}$ als neue Nichtterminalzeichen eingeführt werden, um I und U zu ersetzen. Dann ergibt sich das neue Regelsystem

$$
\begin{aligned}
\mathcal{S} &\xrightarrow{a} \mathcal{T} \\
\mathcal{T} &\xrightarrow{b} \mathcal{V}\mathcal{T} \\
\mathcal{T} &\xrightarrow{c} \mathcal{T}\mathcal{V} \\
\mathcal{V}\mathcal{V} &\xrightarrow{d} \epsilon \\
\mathcal{T}\mathcal{T}\mathcal{T} &\xrightarrow{e} \mathcal{V} \\
\mathcal{V} &\xrightarrow{f} \mathcal{T}\mathcal{V}\mathcal{T}\mathcal{T} \\
\mathcal{V} &\xrightarrow{g} \mathrm{U} \\
\mathcal{T} &\xrightarrow{h} \mathrm{I}
\end{aligned}
$$

mit zwei terminalen Regeln. $\square$

Dieser Trick ist allgemein anwendbar; man ordnet jedem Terminalzeichen, das auf der linken Seite einer Regel auftritt, ein neues Nichtterminalzeichen zu und beschreibt dann die bisherigen Regeln rein durch die Nichtterminalzeichen. Dann fügt man die entsprechenden terminalen "Wertzuweisungen" hinzu, die die neuen nichtterminalen Zeichen in die zugehörigen terminalen Zeichen überführen.

Spätestens hier sollte klar sein, daß die Nichtterminalzeichen als Namen von Variablen vom Typ *Wort aus* $\mathcal{B}^*$ im Sinne des Abschnitts 1.6 verwendet werden. Die terminalen Regeln führen dann eine Wertzuweisung aus.

Beispiel 4.2.2.3. Zur Erzeugung der vorzeichenbehafteten ganzen Dezimalzahlen nehme man das Alphabet $A = \{0, 1, 2, 3, 4, 5, 6, 7, 8, 9, +, -\}$ und Nichtterminalzeichen $\mathcal{A} = \{\mathcal{S}, \mathcal{Z}\mathcal{I}, \mathcal{Z}\mathcal{A}, \mathcal{V}\mathcal{O}\}$ mit dem (metasprachlichen) Sinn von "ganze Zahl", "Ziffer", "vorzeichenlose Zahl" und "Vorzeichen". Eine Chomsky-0-Grammatik ist dann

$$
\begin{array}{llll}
S & \to & ZA & \qquad ZI & \to & 2 \\
S & \to & VOZA & \qquad ZI & \to & 3 \\
ZA & \to & ZI & \qquad ZI & \to & 4 \\
ZA & \to & ZIZA & \qquad ZI & \to & 5 \\
VO & \to & + & \qquad ZI & \to & 6 \\
VO & \to & - & \qquad ZI & \to & 7 \\
ZI & \to & 0 & \qquad ZI & \to & 8 \\
ZI & \to & 1 & \qquad ZI & \to & 9.
\end{array}
$$

□

4.2.2.4 Kontext–sensitive Grammatiken. Hier sind die Regeln von der Form

$$uCv \to ucv$$

mit u,v und c aus B^* sowie einem Einzelzeichen C aus B. Die Ersetzung ist also stets eine von einzelnen Zeichen in einem (möglicherweise leeren) Kontext. Die Bezeichnung "kontextsensitiv" ist historisch bedingt und zweifach unzutreffend: erstens kann der Kontext leer sein und zweitens kommt es auf die Ersetzung von **Einzelzeichen** an. Man sollte besser sagen "nicht–kontextfreie Grammatik mit Einzelzeichensubstitution".

4.2.2.5 Chomsky–1–Grammatik. Eine kontext–sensitive Grammatik mit der Zusatzeinschränkung C aus A und u,v aus A^* (d.h. mit Einzelzeichensubstitution aus rein nichtterminalen Worten) heißt **Chomsky–1–Grammatik**.

4.2.2.6 Kontextfreie Grammatiken. Wenn die Regeln $u \overset{r}{\to} v$ mit Einzelzeichen u aus B arbeiten, heißt die Grammatik **kontextfrei**.

4.2.2.7 Chomsky–2–Grammatik. Wenn alle Produktionsregeln reine Ersetzungen von einzelnen Nichtterminalzeichen sind (vgl. Beispiel 4.2.2.3), so spricht man von einer **Chomsky–2–Grammatik**. Sie ist eine kontextfreie Chomsky–1–Grammatik.

4.2.3 Ableitungsbäume

Die hier verwendete Definition einer formalen Sprache ist "generativ", da von einem Startwort ausgehend die "legalen" Worte durch Regelanwendung erzeugt werden. Dies kann man graphisch veranschaulichen, indem man die von einem Ausgangswort erzeugbaren Worte über das Ausgangswort schreibt und mit diesem durch Pfeile verbindet. Man erhält dadurch eine baumartige Struktur, den sogenannten **Ableitungsbaum**. Dieser enthält zunächst auch Worte aus $B^* \setminus A^*$; die eigentlichen Worte der Regelsprache sind bei einer Chomsky-0-Grammatik nicht mehr veränderlich und bilden somit die "Zweigspitzen" des Baumes.

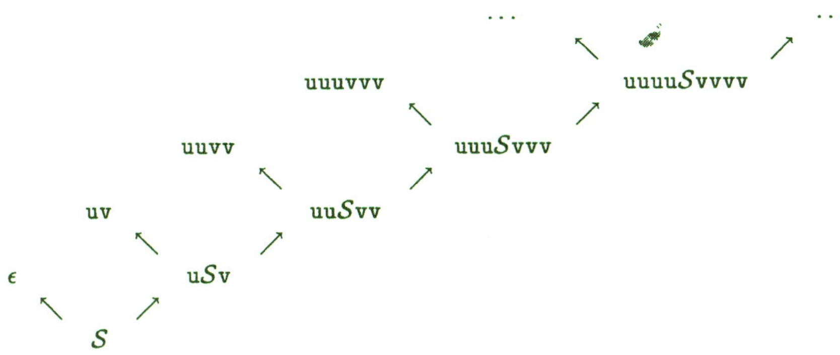

Figur 9: Ableitungsbaum für die Sprache aus Beispiel 4.2.1.2.

Aufgabe 4.2.3.1. Man gebe im Kontext des Beispiels 4.2.2.2 einen Ableitungsbaum an, der UIUII enthält. □

Aufgabe 4.2.3.2. Man zähle alle terminalen Worte auf, die sich im Beispiel 4.2.1.4 aus dem Startwort durch Anwendung von 4 Ableitungsschritten ergeben. □

4.2.4 Wortproblem

Es ist bei einer generativen Grammatik nicht klar, wie man einfach entscheiden kann, ob ein vorgegebenes Wort aus A^* in $R(A)$ liegt oder nicht, d.h. ob Worte der freien Sprache "legal" sind. Dies nennt man das **Wortproblem**, und diejenigen Leser, die Aufgabe 4.2.1.5 bearbeitet haben, wissen, daß es nicht trivial ist, daß U oder II oder UIIUI nicht zur Sprache aus Beispiel 4.1.2.1 gehören. Der Ableitungsbaum zählt zwar die erlaubten Worte auf, man kann ihn aber nicht komplett absuchen, um festzustellen, daß ein bestimmtes Wort **nicht** vorkommt. Die Lösung des Wortproblems und die Angabe einer konkreten Ableitung für ein spezielles Wort wird auch **Parsing** genannt.

Aus diesen Gründen versucht man, Grammatiken so zu konstruieren, daß man mit endlich vielen Regelanwendungen, die aus einem vorgegebenen Wort ablesbar sind, das Wort ableiten kann oder nicht. Dies geht so vor sich, daß man den Ableitungsbaum rückwärts verfolgt oder vorwärts aufbaut.

Beim **top–down–Parsing** geht man (umgekehrt wie der Ableitungsbaum suggeriert) davon aus, daß das gegebene Wort aus dem Startwort erzeugbar ist und verfolgt den Ableitungsbaum von der Wurzel her. Dabei wird das Wort nicht direkt in Teile zerlegt, sondern als Ganzes weiterbehandelt (daher *top–down*).

Beim **bottom–up–Parsing** reduziert man das gegebene Wort zeichenweise von links oder von rechts und versucht, den Weg durch den Ableitungsbaum vom gegebenen Wort ausgehend bis zum Startwort zurückzuverfolgen.

4.2.5   Chomsky–3–Grammatik

Eine Regel $\mathcal{U} \xrightarrow{r} V$ heißt **linkslinear**, wenn $\mathcal{U}$ aus $\mathcal{A}$ ist und V die Form $V = \mathcal{Y}c$ hat mit einem reinen Nichtterminalzeichen $\mathcal{Y}$ und einem nichtleeren terminalen Wort c aus A^*.

Eine Chomsky–2–Grammatik heißt **Chomsky–3–Grammatik**, wenn alle Regeln linkslinear oder terminal sind. Man erhält den

Satz 4.2.5.1 *Für eine Regelsprache mit einer Chomsky-3-Grammatik ist das Wortproblem durch bottom–up–Parsing (mit backtracking und Sackgassen) lösbar.*

Beweis : In einer solchen Sprache haben alle ableitbaren Worte aus $\mathcal{B}^* \setminus R(A)$ genau ein Nichtterminalzeichen, und zwar links außen. Eine weitere terminale Regel bringt diese Worte nach $R(A)$. Das Wortproblem ist daher folgendermaßen durch *bottom–up–Parsing* zu lösen :

Ist ein terminales Wort $w = za$ mit einem Terminalzeichen z und einem terminalen Wort a aus A^* gegeben, so ist es durch Anwendung einer terminalen Regel vom Typ $\mathcal{U} \xrightarrow{r} z$ oder $\mathcal{U} \xrightarrow{s} \epsilon$ entstanden und $\mathcal{U}$ ist ein Nichtterminalzeichen. Gibt es keine solche Regel, so kann w nicht zu $R(A)$ gehören, und das Wortproblem ist negativ gelöst.

Wenn es eine solche Regel gibt, so gibt es höchstens endlich viele davon und es müssen alle Alternativen nacheinander durchprobiert werden (*backtracking*). Die Analyse verzweigt also hier in endlich viele Fälle, und bei Mißerfolg eines der Fälle (Sackgasse des *Parsing*) muß der nächste Fall abgehandelt werden.

Es sei eine der obigen Regeln r oder s angewendet worden. Dann könnte w aus den Worten $x = \mathcal{U}a$ oder $y = \mathcal{U}w$ entstanden sein. Da sich diese Worte in ihrer Struktur nicht unterscheiden, kann der erste Fall angenommen werden.

Jetzt wird nach allen Regeln der Form $V \xrightarrow{s} \mathcal{U}c$ gefragt, wobei $\mathcal{U}c$ ein Anfangs-Teilwort von $x = \mathcal{U}a$ sein muß, beispielsweise in der Form $x = \mathcal{U}cy$ mit einem terminalen Wort y. Gibt es keine solche Regel, so ist das Wortproblem negativ gelöst.

Wenn es eine solche Regel gibt, so gibt es höchstens endlich viele davon und man muß wieder alle Alternativen zulassen. Die Regel s habe also die oben verlangte Form. Dann könnte x aus dem Wort Vy entstanden sein. Dieses ist jetzt aber kürzer als x, denn es gilt $x = \mathcal{U}cy$ und c ist nicht leer. Jetzt ist das Problem auf eines für ein kürzeres Wort reduziert und man kann das Wortproblem als gelöst betrachten, denn man braucht nur die endlich vielen Alternativen pro Schritt auszuprobieren und rekursiv fortzufahren. QED.

Dieses Grundprinzip der Syntaxanalyse durch Alternativen und Verkürzungen wird auch bei der später folgenden Darstellung des *top–down–Parsings* befolgt. Dabei wird dann allerdings auf Sackgassenfreiheit geachtet und *backtracking* vermieden.

Wie jeder Leser gemerkt haben wird, beruhte dieser Beweis auf einer Rekursion und war selbst ein Algorithmus in Metasprache. Dies zeigt wieder einmal, daß Beweise im wesentlichen metasprachliche Algorithmen sind, deren Elementaroperationen die üblichen Schlußregeln der Logik sind.

Aufgabe 4.2.5.2. Gegeben sei eine linkslineare Chomsky–3–Grammatik mit den Zusatzbedingungen

1. Zu zwei linkslinearen nichtterminalen Regeln der Form $\mathcal{U} \to \mathcal{Y}u$ bzw. $\mathcal{V} \to \mathcal{Y}w$ mit gleichem Nichtterminalzeichen $\mathcal{Y}$ haben die beiden Terminalworte u und w verschiedene Anfangszeichen.

2. Terminale Regeln produzieren stets nichtleere Terminalworte, und jede Regel produziert ein Wort mit einem anderen Anfangszeichen.

Man beweise, daß dann alle Worte eindeutige Ableitungen haben und das *bottom-up-Parsing backtracking-* und sackgassenfrei ist. □

Aufgabe 4.2.5.3. Man formuliere einen Algorithmus in Pseudocode, der für eine gemäß Aufgabe 4.2.5.2 eingeschränkte linkslineare Chomsky–3–Grammatik das Wortproblem löst. □

Aufgabe 4.2.5.4. Für eine Grammatik nach Aufgabe 4.2.5.2 braucht man beim *bottom-up-Parsing* immer nur das links außen stehende Terminalzeichen zu inspizieren, weil dieses Zeichen durch die zuletzt angewandte Regel produziert worden ist. Beim *top-down-Parsing* einer solchen Grammatik kann man aber nicht ohne weiteres zeichenweise von rechts nach links vorgehen. Man gebe dazu eine Beispielgrammatik an. □

Beispiel 4.2.5.5. Man kann die Regelsprache des Beispiels 4.2.1.1 auch durch eine Chomsky–3–Grammatik mit den Regeln $S \xrightarrow{r} S\mathrm{xx}$ und $S \xrightarrow{s} \mathrm{x}$ erzeugen. □

Aufgabe 4.2.5.6. Man definiere ganze Dezimalzahlen mit oder ohne Vorzeichen über eine Chomsky–3–Grammatik. □

Aufgabe 4.2.5.7. Man definiere eine Regelsprache mit Chomsky–3–Grammatik über dem binären Alphabet, die aus allen Binärworten mit gerader Anzahl von Nullen und Einsen besteht. □

4.2.6 Top–down Parsing in Chomsky–2–Grammatiken

Für Programmiersprachen brauchbare Grammatiken sind mindestens vom Chomsky–2–Typ, wie sich im Abschnitt 4.4.2 herausstellen wird. Ferner sollte für solche Grammatiken eine *backtracking-* und sackgassenfreie *Parsing*-Strategie möglich sein. Dies ist nur unter Zusatzeinschränkungen machbar, die jetzt formuliert werden sollen.

Dazu werden zuerst einige Fakten über Ableitungen in Chomsky–2–Grammatiken und das *top-down-Parsing* zusammengestellt. Ausgangspunkt ist, daß eine Ableitung der Form $S \xrightarrow{*} W \xrightarrow{*} u$ für ein gegebenes terminales Wort u mit einem "Zwischenergebnis" W gesucht sei; dabei kann die Ableitung $S \xrightarrow{*} W$ als bekannt vorausgesetzt werden, denn man beginnt beim *top-down-Parsing* mit $W = S$. Es gilt:

1. Terminalzeichen von W bleiben bei weiterer Ableitung bestehen. Dies gilt erst recht für den eventuell schon vorhandenen terminalen Wortanfang w von W. Hat W einen terminalen Wortanfang w, so beginnen also alle aus W weiter ableitbaren Worte auch mit w. Ist w kein Anfangs-Teilwort von u, so ist also das

top–down–Parsing in einer Sackgasse. Man kann sich deshalb beim *top–down–
Parsing* auf Zwischenergebnisse W beschränken, deren terminaler Anfangsteil w
auch Anfang des zu parsenden terminalen Wortes u ist (man sagt auch, w sei
bereits "erklärt").

2. Dann gilt, sofern das *Parsing* nicht wegen $u = w = W$ beendet ist, daß W
   die Form $W = wTV$ mit einem Nichtterminalzeichen T und einem eventuell
   nicht rein terminalen Wort $V \in B^*$ hat (diese Situation tritt mit $T = S$ und
   $V = w = \epsilon$ auch beim Beginn des *Parsing* auf). Das *Parsing* versucht dann, durch
   Anwenden einer Regel der Form $T - \cdots$ weiterzukommen. Es wird also immer
   das erste ("anstehende") Nichtterminalzeichen bearbeitet und stillschweigend
   davon ausgegangen, daß sich die Bearbeitung eventueller noch rechts stehender
   Nichtterminalzeichen ohne weiteres aufschieben läßt (*left–to–right–Parsing*).

3. Es kann also die obige Situation vorausgesetzt werden. Hat dann u noch ein
   terminales Folgezeichen a hinter dem Wortanfang w, so wird man versuchen,
   die Auswahl einer Regel der Form $T \rightarrow \cdots$ so zu treffen, daß sich a als,
   nächstes terminales Folgezeichen im Laufe weiterer Ableitungsschritte ergibt.
   Man wählt die Regel also in Abhängigkeit von dem noch nicht als Wortanfang
   von W festgelegten (dem "anstehenden") Terminalzeichen. Dies ist eine weitere willkürliche, aber praktische Einschränkung der *Parsing*-Strategie. Es ist
   im folgenden nur noch zu untersuchen, unter welchen Umständen eine solche
   Regelauswahl möglich und eindeutig ist; dann hat man ein *backtracking*- und
   sackgassenfreies *top–down–Parsing*.

4. Ein Sonderfall ergibt sich, wenn kein weiteres Terminalzeichen mehr ansteht,
   also $u = w$ gilt und dennoch $W = wTV$ mit einem Nichtterminalzeichen T und
   einem eventuell nicht rein terminalen Wort $V \in B^*$ gilt. Dann muß nach 1)
   das Wort V rein nichtterminal sein, wenn u ableitbar sein soll, und aus jedem
   Zeichen von TV muß ϵ ableitbar sein.

   Man fügt deshalb zur Vereinfachung des Folgenden der gegebenen Chomsky-2-
   Grammatik noch Regeln $T - \epsilon$ hinzu, wenn $T \overset{*}{\rightarrow} \epsilon$ gilt. Dann kann man in der
   hier vorliegenden Situation, obwohl die Ableitung von ϵ uneindeutig sein mag,
   das *top–down–Parsing backtracking*- und sackgassenfrei weiterführen, indem
   man ohne Umschweife $T \rightarrow \epsilon$ anwendet.

Es ist also durch geeignete Zusatzbedingungen sicherzustellen, daß das *top–down–
Parsing* eines Worts $u = a_0 a_1 \dots a_n$ über Zwischenergebnisse der Form $w = a_0 a_1 \dots a_\imath$
für $\imath < n$ und $W = wTV$ mit einem Nichtterminalzeichen T und einem nicht notwendig terminalen oder nichtleeren Wort $V \in B^*$ sackgassen- und *backtracking*frei
abläuft. Zur Vermeidung des *backtracking* versucht man, W durch **genau eine** Regel
der Form $T \rightarrow \cdots$ weiter zu bearbeiten, und die Auswahl dieser Regel sollte durch
das nächste zu erklärende Terminalzeichen a $= a_{\imath+1}$ festgelegt sein, und zwar so, daß
bei Ableitbarkeit von u ein Zwischenergebnis der Form $a_0 a_1 \dots a_{\imath+1} Z$ mit einem Wort
$Z \in B^*$ entsteht.

Als ersten Fall betrachte man nur solche Regeln, die Terminalzeichen links außen produzieren, also die Form $T \to sV$ mit $s \in A$ und $V \in B^*$ haben. Wenn das anstehende Terminalzeichen a zu erklären ist, darf höchstens eine dieser Regeln mit a beginnen, denn sonst wird die Auswahl uneindeutig. Da man von vornherein nicht weiß, welches Terminalzeichen a vorliegt, braucht man also folgende Einschränkung an die Grammatik:

> Unter allen Regeln der Form $T \to sV$ mit **gleichem** Nichtterminalzeichen T, beliebigen terminalen Zeichen s und beliebigen Worten V müssen alle terminalen Zeichen s **verschieden** sein. Die Menge dieser terminalen Zeichen sei $Term(T)$.

Die zweite Art von Regeln, die zugelassen sind, ist von der Form $T \to \epsilon$. Hier ist das nächste Terminalzeichen, das sich bei Anwendung der Regel ergeben kann, aus der Menge

$$follow(T) := \{ a \in A \mid S \xrightarrow{*} bT ac \text{ mit } b \in A^*, c \in B^* \}$$

und man muß verlangen:

> Zu jeder Regel der Form $T \to \epsilon$ mit einem Nichtterminalzeichen T müssen die Mengen $follow(T)$ und $Term(T)$ disjunkt sein.

Nun kann es aber darüber hinaus auch Regeln der Form $T \to UV$ mit Nichtterminalzeichen U und irgendwelchen Worten $V \in B^*$ geben. Die dann möglichen terminalen Folgezeichen hängen davon ab, ob ϵ aus U ableitbar ist oder nicht. Falls die gesuchte Ableitung über $U \xrightarrow{*} \epsilon$ verläuft, entstehen Folgezeichen aus $follow(U)$. Falls nicht, entstehen Folgezeichen aus

$$first(U) := \{ a \in A \mid U \xrightarrow{*} aY, Y \in B^* \}$$

und man hat zu verlangen:

> Unter allen Regeln der Form $T \to UV$ mit gleichem Nichtterminalzeichen T, beliebigen nichtterminalen Zeichen U und beliebigen Worten V müssen alle Mengen $first(U)$ disjunkt zueinander und disjunkt zur Menge $Term(T)$ sein. Für Regeln mit $U \xrightarrow{*} \epsilon$ müssen auch die Mengen $follow(U)$ noch zu den genannten Mengen disjunkt sein.

Jetzt ist die Auswahl einer Regel bei vorliegendem Terminalzeichen eindeutig, auch wenn Regeln aller drei Arten zusammen auftreten. Deshalb ist mit obigen Zusatzregeln das *top–down–Parsing* in der Chomsky–2–Grammatik durch "*Scanning*" von links nach rechts möglich und *backtracking–* sowie sackgassenfrei. Wenn nämlich mit den obigen Bezeichnungen das terminale Zeichen $a = a_{i+1}$ zu erklären ist durch eine Produktionsregel der Form $T \to \cdots$, so liegt entweder a in keiner der Mengen

1. $Term(T)$ oder

2. $follow(T)$ im Falle $T \xrightarrow{*} \epsilon$ oder

3. $first(U)$ im Falle $T \to UV$ oder

4. $follow(\mathcal{U})$ im Falle $\mathcal{T} \to \mathcal{U}\mathcal{V}$ und $\mathcal{U} \xrightarrow{*} \epsilon$

und das *Parsing* scheitert oder a liegt in genau einer dieser Mengen und die Regelauswahl ist eindeutig und führt (eventuell nach diversen Zwischenschritten) zu a. Der
Fall, daß kein Zeichen a mehr vorliegt, wurde oben schon behandelt.

Beispiel 4.2.6.1.   Im Beispiel 4.2.1.2 liegt eine Chomsky–2–Grammatik vor mit
$Term(S) = \{u\} = first(S)$ und $follow(S) = \{v\}$. Weil $Term(S)$ und $follow(S)$
disjunkt sind, ist das *top–down–Parsing* sackgassenfrei.   Man entscheidet sich für
$S \xrightarrow{r} uSv$ bzw. $S \xrightarrow{s} \epsilon$, wenn das anstehende Terminalzeichen u bzw. v ist. Das
top–down–Parsing folgt dann exakt dem Ableitungsbaum. $\square$

Beispiel 4.2.6.2. Als Vorbereitung auf Grammatiken für Programmiersprachen wird
jetzt eine Grammatik für Formeln in geklammerter Präfix–Notation mit einstelligen und zweistelligen Abbildungen bzw. Operationen auf gewissen Objekten angegeben. Die Objekte seien O0,O1,O2,... und es gebe einstellige (unäre) Operationen
U0,U1,U2,... sowie zweistellige (binäre) Operationen B0,B1,B2,... in beliebiger Kombination. Das ansonsten übliche Komma bei zweistelligen Operationen wird hier durch
ein Semikolon ersetzt, um bei der Aufzählung der terminalen Zeichen keine Probleme
mit der Unterscheidung zwischen metasprachlichem und terminalem Komma zu haben. Das ergibt die Terminalzeichen

$$A := \{ \mathrm{O}, \mathrm{U}, \mathrm{B}, 0, 1, 2, 3, 4, 5, 6, 7, 8, 9, (,), , ; \}.$$

Mit den Nichtterminalzeichen

$$\mathcal{A} := \{ \mathcal{S}, \mathcal{Z}, \mathcal{X} \},$$

die hier die "Bedeutungen" *Formel, Zahl, Ziffer oder* ϵ haben sollen und den Regeln

$$
\begin{array}{lll}
\mathcal{S} \to \mathrm{B}\mathcal{Z}(\mathcal{S};\mathcal{S}) & \mathcal{Z} \to 0\mathcal{X} & \mathcal{Z} \to 5\mathcal{X} \\
\mathcal{S} \to \mathrm{U}\mathcal{Z}(\mathcal{S}) & \mathcal{Z} \to 1\mathcal{X} & \mathcal{Z} \to 6\mathcal{X} \\
\mathcal{S} \to \mathrm{O}\mathcal{Z} & \mathcal{Z} \to 2\mathcal{X} & \mathcal{Z} \to 7\mathcal{X} \\
\mathcal{X} \to \mathcal{Z} & \mathcal{Z} \to 3\mathcal{X} & \mathcal{Z} \to 8\mathcal{X} \\
\mathcal{X} \to \epsilon & \mathcal{Z} \to 4\mathcal{X} & \mathcal{Z} \to 9\mathcal{X}
\end{array}
$$

erhält man eine Chomsky–2–Grammatik mit *backtracking–* und sackgassenfreiem *top–
down–Parsing*, denn es gilt

1. $Term(S) = \{\mathrm{B}, \mathrm{U}, \mathrm{O}\}$,

2. $Term(\mathcal{Z}) = first(\mathcal{Z}) = \{0, 1, 2, 3, 4, 5, 6, 7, 8, 9\}$,

3. $follow(\mathcal{X}) = follow(\mathcal{Z}) = \{(, ;,)\}$ ist disjunkt zu $first(\mathcal{Z})$

und die Regelauswahl ist durch die anstehenden Terminalzeichen eindeutig festgelegt.
$\square$

Aufgabe 4.2.6.3.   Man beschreibe, wie das *Parsing* des Wortes

$$\mathrm{B12(O3; U2(O5))}$$

in obiger Grammatik abläuft. $\square$

Aufgabe 4.2.6.4.   Man gebe eine Chomsky-2-Grammatik für Formeln an, in denen alle Verknüpfungen nichtnegativer ganzer Zahlen mit den binären Operationen $+,-,/,*$ in Infix–Schreibweise erlaubt sind, und die im Sinne der Schulmathematik sinnvoll sind (mit Außenklammern um Teilausdrücke). Es ist dafür zu sorgen, daß die obigen Zusatzregeln erfüllt sind. $\square$

Aufgabe 4.2.6.5.   Man gebe eine Chomsky-2-Grammatik für binäre und unäre Operationen in klammerfreier umgekehrter polnischer Notation an. Dabei gehe man aus von der im Beispiel 4.2.6.2 definierten formalen Sprache für die geklammerte Präfix–Notation. $\square$

4.3   Formale Aussagenlogik

4.3.1   Definition

Über dem Alphabet

$$A = \{P, Q, R, *, U, O, N, (,)\}$$

kann man mit den Nichtterminalzeichen S, Z und T durch die Produktionsregeln

$$
\begin{array}{llll}
S &\to& T & \qquad S \to NS \\
S &\to& (SUS) & \qquad S \to (SOS) \\
T &\to& PZ & \qquad T \to QZ \\
T &\to& RZ \\
Z &\to& *Z & \qquad Z \to \epsilon
\end{array}
$$

eine Regelsprache definieren. Die aus T ableitbaren Worte heißen **Atome** und die Worte der Regelsprache sollen **formale Aussagen** genannt werden.

Aufgabe 4.3.1.1.   Man beweise, daß eine im Sinne des Abschnitts 4.2.6 eingeschränkte Chomsky-2-Grammatik vorliegt. $\square$

4.3.2   Standardinterpretation

Wenn man die obigen Terminalzeichen U, O und N als Kürzel für UND, ODER und NICHT versteht, so ist eine Sprache entstanden, die alle aus Atomen zu bildenden **logischen** Aussagen enthält. Die Atome spielen die Rolle von Namen von metasprachlichen Variablen vom Typ "Aussage".

Der Vorrat an Atomen besteht aus P, Q und R mit beliebig vielen "Sternen". Dabei kann man jedem Ausdruck per Interpretation einen Wert zulegen, wenn die Atome einen Wert haben.

Die Werte WAHR und FALSCH gehören nicht zur Sprache, sondern sind Interpretationsergebnisse. Die Sprache hat ferner keine Standardbezeichnungen "wahr" und "falsch", die obige Werte unter der Standardinterpretation haben. Dies macht nichts, da man ja die Worte (PONP) und (PUNP) in der Sprache bilden kann, und diese Sprachelemente haben unter der Standardinterpretation immer die Werte WAHR bzw. FALSCH.

Bei Vorliegen der Standardinterpretation gelten die Gesetze der Booleschen Algebra in dem Sinne, daß beispielsweise die Interpretationsergebnisse von (PUQ) und (QUP) stets dieselben sind. Auf Sprachebene sind diese Worte verschieden; die Kommutativität von UND ist eine **semantische**, keine syntaktische Eigenschaft.

4.3.3 Interpretation durch Mengenlehre

Wenn man die Atome als nicht näher spezifizierte Teilmengen einer gemeinsamen Obermenge X und die Terminalzeichen N,O und U als Komplement, Vereinigung und Durchschnitt interpretiert, so beschreibt die Sprache genau die mengentheoretischen Ausdrücke, die sich für Teilmengen von X bilden lassen.

Es gelten auch bei dieser Interpretation die Gesetze einer Booleschen Algebra.

Man sieht hier deutlich, daß eine formale Sprache zwei gründlich verschiedene Interpretationen haben kann. Die Standardbezeichnungen der Werte sind in beiden Fällen nicht Bestandteil der Sprache.

4.3.4 Interpretation durch Arithmetik

Man kann die Atome auch als Namen von Variablen vom Typ "Zahl" auffassen und die Abbildungen N, O und U als arithmetische interpretieren, etwa durch

$$
\begin{array}{lll}
\text{NP} & \text{als} & \text{-P} \\
\text{PUQ} & \text{als} & \text{P} \cdot \text{Q} \\
\text{POQ} & \text{als} & \text{P+Q.}
\end{array}
$$

Auch dann erhält man eine brauchbare Interpretation, wobei die Werte der Atome beliebige ganze Zahlen sein können. Man mache sich klar, daß die Gesetze der Booleschen Algebra bei dieser Interpretation nicht gelten.

4.3.5 Transformationsregeln

In allen drei Beispielinterpretationen ist U eine kommutative zweistellige Abbildung. Es liegt also nahe, diese eigentlich semantische Eigenschaft in die Syntax herüberzunehmen, indem man die Zeichenketten (PUQ) und (QUP) als syntaktisch äquivalent ansieht. Dies kann aber nur durch neue Produktionsregeln geschehen, denn diese sind die einzigen Mittel zur Sprachdefinition bei festem Alphabet. Eine solche wäre die (nicht kontextfreie) Regel

$$(uUv) \overset{KU}{=} (vUu)$$

für Worte u und v der Sprache (KU bedeute "Kommutativität von U"). Ganz analog kann man eine Regel KO für die Kommutativität von O einführen oder

$$(uO(vOw)) \overset{AO}{=} ((uOv)Ow)$$

für die Assoziativität von O.

Man mache sich klar, daß diese Zusatzregeln einen semantischen Hintergrund haben. Im folgenden werden die Zusatzregeln **Transformationsregeln** genannt und von den eigentlichen Regeln zur Sprachdefinition unterschieden.

Neben den Regeln KU, KO, AU, AO für Kommutativität und Assoziativität von U und O kann man auch Distributivitäts– und Absorptionsregeln

$$u\mathrm{O}(v\mathrm{U}w) \overset{DO}{\longrightarrow} (u\mathrm{O}v)\mathrm{U}(u\mathrm{O}w)$$

$$u\mathrm{O}(u\mathrm{U}v) \overset{BO}{\longrightarrow} u$$

und ihre Analoga DU und BU einführen. Zur Operation N nimmt man noch die Regeln

$$u\mathrm{O}(v\mathrm{U}\mathrm{N}v) \overset{ON}{\longrightarrow} u$$

$$u\mathrm{U}(v\mathrm{O}\mathrm{N}v) \overset{UN}{\longrightarrow} u,$$

womit dann die Axiome einer Booleschen Algebra als Transformationsregeln in die Sprache eingebaut sind. Bei Hinzunahme der Transformationsregeln wird die obige Interpretation durch Arithmetik unzulässig.

4.3.6 Theoreme und Beweise

Bei der aussagenlogischen Interpretation sind diejenigen Aussagen besonders ausgezeichnet, die bei jeder denkbaren Kombination von Wahrheitswerten der Atome stets den Wert WAHR haben. Solche **Theoreme** sind schon in der umgangssprachlichen Logik im Abschnitt 3.1 aufgetreten.

Wenn man nun Transformationsregeln benutzt, die stets Theoreme in Theoreme überführen (das tun z.B. die obigen Transformationsregeln), so kann man die Menge der Theoreme als "Teilsprache" der eigentlichen Sprache definieren. Es bleibt dabei unklar, ob die Transformationsregeln vollständig sind, d.h. ob alle unter der Standardinterpretation gültigen Theoreme durch Anwendung der Transformationsregeln aus dem Theorem (PONP) erzeugbar, d.h. beweisbar sind.

Die Anwendung von mehreren Transformationsregeln ist genau wie im Abschnitt über Syntax formaler Sprachen als eine "Ableitung" aufzufassen und man sieht hier wieder, daß "Beweis" und "Ableitung" dasselbe sind.

4.3.7 Exkurs über automatisches Beweisen

Es ist klar, daß man das obige Vorgehen eines formalen Beweises durch Angabe einer Ableitung so weit formalisieren kann, daß es maschinell durchführbar ist. Dies geschieht in der Tat und bildet die Unterdisziplin "Automatisches Beweisen" (ATP = *Automated Theorem Proving*) der "Künstlichen Intelligenz" (*Artificial Intelligence*).

4.3.8   Exkurs über Entscheidbarkeit

Das Wortproblem für vorgegebene Ausdrücke innerhalb der Untersprache der Theoreme entspricht dem Problem, zu jedem Satz der Sprache entscheiden zu können, ob er ein Theorem ist oder nicht. Das mathematische Entscheidbarkeitsproblem ist also ein informatisches Wortproblem.

Dessen Lösbarkeit ist stark von der Komplexität der Sprache abhängig. Für hinreichend komplexe Sprachen (sie müssen u.a. eine Formulierung der Eigenschaften der Menge der natürlichen Zahlen zulassen), hat K. **Gödel** bewiesen, daß das Wortproblem unlösbar ist. Dies bedeutet für die Mathematik, daß es in ihren wesentlichen Teilen stets unentscheidbare Behauptungen gibt.

Der Beweistrick von Gödel ist etwa der folgende: Man codiert alle möglichen Ableitungen so geschickt, daß man sie auf formal zulässige Sätze der Sprache abbilden kann. Man bettet also den Ableitungskalkül in die Sprache ein. Dann bildet man einen zulässigen Sprachsatz, der seine eigene Unableitbarkeit behauptet. Dies läßt der Sprachreichtum noch zu, da die Sprache hinreichend komplex ist. Die Gültigkeit oder Ungültigkeit dieses Satzes kann nicht durch eine Ableitung beweisbar sein, weil der Satz seine eigene Unableitbarkeit behauptet.

Eine allgemeinverständliche und unterhaltsame Darstellung dieser Dinge nebst etlichen Querverbindungen zu bildender und sprachlicher Kunst und zur Musik enthält das Buch *Gödel, Escher, Bach* [25] von D. **Hofstadter**.

4.4   Automaten

4.4.1   Deterministische Rabin–Scott–Automaten

4.4.1.1   Definition.   Ein abstrakter Automat ist ein mathematisches Objekt, das "realen" Automaten nachempfunden ist. Es läßt sich rein mathematisch ohne jeden Bezug zur Informatik definieren und untersuchen. Man kann es sich als Gebilde vorstellen, das endlich viele "innere" **Zustände** hat und in aufeinanderfolgenden Schritten von einem Zustand zum anderen übergeht (**Zustandsübergänge**). Die Beschreibung der Zustandsübergänge definiert dann das Verhalten des Automaten. Eine solche Arbeitsweise entspricht nicht der bisherigen Terminologie, denn die Automaten führen keine Algorithmen aus, die Zustandsänderungen an gewissen Objekten bewirken; vielmehr werden alle Objekte als als "innere" Bestandteile der Automaten aufgefaßt und die Zustandsänderungen der Automaten umfassen dann die Zustandsänderungen aller Objekte, die von den Automaten algorithmisch manipuliert werden.

Ein primitiver Automat könnte also durch eine endliche Menge Z von Zuständen, einen Anfangszustand $z_0 \in Z$ und eine Übergangsfunktion

$$Z \xrightarrow{f} Z$$

beschrieben werden; die Tätigkeit des Automaten bestünde dann darin, vom Anfangszustand z_0 aus schrittweise die Zustände

$$z_i := f(z_{i-1}) \quad (i \geq 1)$$

zu durchlaufen. Weil nur endlich viele Zustände möglich sind, würde es dann aber ein minimales n geben, sodaß der Zustand z_n zum zweiten Mal auftritt, also $z_m = z_n$ für ein m mit $0 \leq m < n$ gilt. Dann wird das Verhalten des Automaten periodisch mit der Periode $n - m$, denn es folgt $z_m = z_n = z_{2n-m} = z_{3n-2m}$ usw. Da solche Automaten weder Ein- noch Ausgabe haben und ihr allzu primitives periodisches Verhalten uninteressant ist, betrachtet man allgemeinere Automaten, die Nachrichten in Form von Worten über Alphabeten als Ein- oder Ausgabe zulassen und deren Zustandsübergänge von der Eingabe abhängen.

Der einfachste Fall ergibt sich, wenn man nur eine Eingabe vorsieht. Das führt zum (deterministischen) **Rabin–Scott**-Automaten, der aus folgenden Bestandteilen aufgebaut ist:

Z ist eine endliche Zustandsmenge.

z_0 ist ein Anfangszustand aus Z.

$\hat{Z}$ ist eine Menge von "Endzuständen" aus Z.

A ist ein (Eingabe-)Alphabet.

f ist eine Übergangsfunktion $Z \times A \xrightarrow{f} Z$.

4.4.1.2 Akzeptierte Sprache. Man läßt nun den Automaten auf einem Eingabewort $w := a_0 a_1 \ldots a_n \in A^*$ schrittweise arbeiten, indem der Automat mit dem Zeichen a_0 beginnt und in Schritt i das Zeichen a_i auf dem Eingabeband "liest", mit $z_{i+1} := f(z_i, a_i)$ vom Zustand z_i in den Zustand z_{i+1} übergeht und einen Schritt auf dem Eingabeband (d.h. zum Zeichen a_{i+1}) weitergeht. Er stoppt, wenn keine Eingabezeichen mehr vorliegen. Dies kann man so veranschaulichen:

$$
\begin{array}{ccccccccccc}
a_0 & & a_1 & & a_2 & & \cdots & & a_{n-1} & & a_n \\
& \searrow & & \searrow & & \searrow & & \searrow & & \searrow & & \searrow \\
z_0 & \to & z_1 & \to & z_2 & \to & \cdots & - & z_{n-1} & \to & z_n & \to & z_{n+1}
\end{array}
$$

Dabei stehen Eingabezeichen und Zustände übereinander; sie werden sequentiell von links nach rechts durchlaufen unter Anwendung der Zustandsübergangsfunktion f.

Man bezeichnet das obige Wort w als **akzeptiert**, wenn der Zustand z_{n+1} ein "Endzustand" ist, d.h. in $\hat{Z}$ liegt. Die Menge der von einem Rabin–Scott-Automaten RS akzeptierten Worte

$$RS(A) := \{w \in A \mid RS \text{ akzeptiert } w\}$$

bildet eine Untermenge der freien Sprache A^*, die nicht über eine Grammatik, sondern über einen Automaten definiert ist.

Deshalb entsteht die Frage, ob die Sprachdefinitionen durch Angabe einer Grammatik und durch Angabe eines akzeptierenden Automaten äquivalent sind. Die Theorie der Automaten beantwortet diese Frage im wesentlichen positiv: in vielen Fällen gibt es Äquivalenzbeziehungen zwischen Typen von Regelgrammatiken und Typen von Automaten.

Ferner wird man natürlich besonderes Interesse daran haben, das Wortproblem in einer gegebenen Regelsprache durch Angabe eines Automaten zu lösen, der genau die Regelsprache akzeptiert. Dies ist ein Modellfall für die Sprachanalyse durch Computer und erweist sich ebenfalls in vielen Fällen als möglich.

Beide Probleme sollen im folgenden für Chomsky–3– und eingeschränkte Chomsky–2–Sprachen behandelt werden.

4.4.1.3 Zustandsdiagramme. Ein wichtiges Hilfsmittel zur Veranschaulichung von Automaten sind die **Zustandsdiagramme**. Man gibt für jeden Zustand einen Kreis und für Endzustände einen Doppelkreis an und verbindet die Kreise durch je einen Pfeil für jeden Zustandsübergang. Ist $f(z, a) = w$ ein Zustandsübergang, so zeichnet man einen Pfeil $z \xrightarrow{a} w$ zwischen den Kreisen, die zu den Zuständen z und w gehören. Ein unbezeichneter Pfeil führt in den Anfangszustand. Man kann dann durch Verfolgen der Pfeile das Verhalten des Automaten beim Abarbeiten eines Eingabewortes ablesen.

Beispiel 4.4.1.4.   Gegeben sei ein Automat mit Zuständen $Z := \{z_0, z_1, z_2, z_3\}$, dem Eingabealphabet $A := \{0, 1\}$ und dem Start– und Endzustand z_0. Die Übergangsfunktion sei definiert durch Tabelle 9. Das Zustandsdiagramm zeigt dann Figur 10.

Zustände Eingabezeichen	z_0	z_1	z_2	z_3
Folgezustand bei Eingabe 0	z_2	z_3	z_0	z_1
Folgezustand bei Eingabe 1	z_1	z_0	z_3	z_2

Tabelle 9: Zustandsübergänge eines Rabin–Scott–Automaten

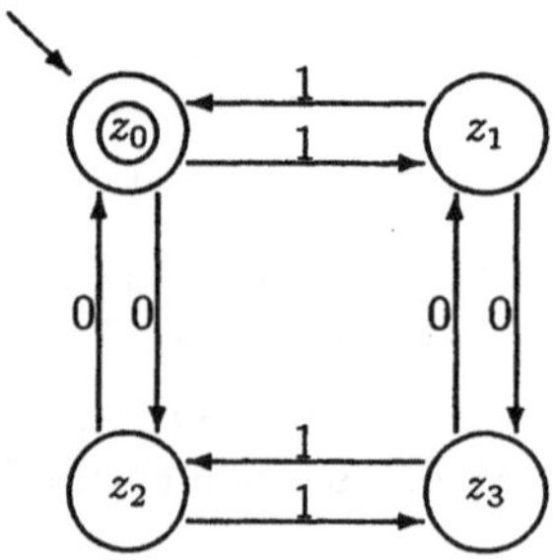

Figur 10: Zustandsdiagramm eines Rabin–Scott–Automaten

Der Automat ist in den Zuständen z_0 oder z_1, wenn er eine gerade Zahl von Nullen gelesen hat; entsprechendes gilt für Einsen und die Zustände z_0 und z_2. Ist der Automat im Endzustand z_0, so hat er eine gerade Zahl von Nullen **und** Einsen gelesen. Er akzeptiert als genau diejenigen Binärworte, die eine gerade Zahl von Nullen und Einsen aufweisen (vgl. Aufgabe 4.2.5.7). □

4.4.1.5 Konstruktion einer Grammatik. Zu einem deterministischen Rabin–Scott–Automaten kann man auf einfache Weise eine rechtslineare Chomsky-3-Grammatik angeben, die genau die vom Automaten akzeptierte Sprache als Regelsprache definiert.

Dazu setzt man $\mathcal{A} = Z$, $\mathcal{S} = z_0$ und definiert eine nichtterminale Regel $z \rightharpoonup aw$ zu jedem Paar $(z, a) \in Z \times A$, für das $w = f(z, a)$ gilt. Terminale Regeln der Form $z \rightharpoonup a$ werden gebildet für alle $z \in Z$ und $a \in A$, für die $f(z, a) \in \hat{Z}$ gilt.

Es folgt dann, daß ein Automat bei Vorliegen eines Wortes $w = a_0 a_1 \ldots a_n \in A^*$ ein *Parsing* gemäß

$$z_0 \rightharpoonup a_0 z_1 \overset{*}{\rightharpoonup} a_0 a_1 z_2 \overset{*}{\rightharpoonup} \cdots \overset{*}{\rightharpoonup} a_0 a_1 \ldots a_{n-1} z_n$$

durchführt, das genau dann zur Akzeptanz des Wortes führt, wenn $z_{n+1} = f(z_n, a_n)$ in $\hat{Z}$ liegt, der letzte Ableitungsschritt $z_n \rightharpoonup a_n$ also terminal ist.

Auch die Umkehrung dieses Sachverhalts trifft zu: Man kann zu jeder Regelsprache mit einer Chomsky-3-Grammatik einen deterministischen Rabin-Scott-Automaten angeben, der genau diese Regelsprache akzeptiert. Der Beweis ist allerdings schwieriger und wird hier übergangen. Für eingeschränkte (*backtracking–* und sackgassenfreie) Chomsky-3-Grammatiken ist er allerdings nur eine einfache Umkehrung der obigen Konstruktion:

Aufgabe 4.4.1.6. Man konstruiere zu einer Regelsprache mit einer rechtslinearen Chomsky-3-Grammatik, deren Regeln alle von der Form $\mathcal{U} \rightharpoonup a\mathcal{V}$ bzw. $\mathcal{U} \rightharpoonup a$ mit $a \in A$ und $\mathcal{U}, \mathcal{V} \in \mathcal{A}$ sind und wobei zu jedem Paar $(\mathcal{U}, a)$ höchstens eine Regel existiert, einen deterministischen Rabin-Scott-Automaten, der genau die Regelsprache akzeptiert. $\square$

Aufgabe 4.4.1.7. Man gebe einen deterministischen Rabin-Scott-Automaten an, der ganze Binärzahlen mit oder ohne Vorzeichen akzeptiert. $\square$

Aufgabe 4.4.1.8. Man gebe einen deterministischen Rabin-Scott-Automaten an, der einen Essenmarkenautomaten simuliert. Eine Essenmarke kostet 1,50 DM; als Eingabe sind 1 DM- und 0,50 DM-Münzen möglich. Der Automat soll genau dann im Endzustand sein, wenn 1,50 DM eingezahlt wurden. Über- und Unterzahlung sind unzulässige Endzustände. $\square$

Aufgabe 4.4.1.9. Man gebe zur vorigen Aufgabe eine geeignete formale Sprache an. $\square$

4.4.2 Kellerautomaten

4.4.2.1 Definition. Da Chomsky-3-Grammatiken nur sehr eingeschränkte Sprachen definieren, braucht man zum *Parsing* höherer Sprachen auch kompliziertere Automaten. Das folgende Beispiel zeigt, daß deterministische Rabin-Scott-Automaten zum *Parsing* von Formeln und damit von Programmen unzureichend sind:

Beispiel 4.4.2.2. Es sei die Grammatik aus Beispiel 4.2.1.2 gegeben. Würde ein Rabin–Scott–Automat existieren, der diese Sprache akzeptiert, so setze man ihn (formal) auf ein infinites Wort der Form $uuu\ldots$ an und nehme das kleinste n, bei dem sich einer der endlich vielen Zustände wiederholt, also $z_m = z_n$ mit $0 \leq m < n$ gilt. Solange wie u auf dem Eingabeband steht, hat dann der Automat von z_m an die Periode $n - m$. Nach der Verarbeitung von u^m schluckt der Automat also beliebige Mengen von Stücken der Form u^{n-m}, ohne in einen anderen Endzustand als z_n zu geraten.

Der Automat akzeptiert dann aber das nicht ableitbare Wort $u^m u^{n-m} u^{n-m} v^n$, weil er nach der Verarbeitung von $u^m u^{n-m} u^{n-m}$ im selben Zustand (nämlich z_n) wie nach der Verarbeitung von $u^n = u^m u^{n-m}$ ist und das Wort $u^n v^n$ akzeptiert wird. Wegen dieses Widerspruchs kann kein Rabin–Scott–Automat existieren, der die obige Sprache akzeptiert; ferner ist damit bewiesen, daß sich die Sprache nicht durch eine Chomsky–3–Grammatik beschreiben läßt. $\square$

Wenn man in obigem Beispiel statt u und v die beiden Klammern "(" und ")" verwendet, so sieht man, daß ein deterministischer Rabin–Scott–Automat nicht beliebig viele Klammern "mitzählen" kann, um festzustellen, ob die Zahl der offenen Klammern gleich der der geschlossenen ist. Er kann also geklammerte Ausdrücke beliebiger Größe nicht auf Korrektheit prüfen. Dies liegt an der Endlichkeit der Zustandsmenge; der Automat kann sich nur endlich viele Klammern "merken". Daraus folgt, daß Programmiersprachen nicht mit Chomsky–3–Grammatiken formulierbar sind. Man braucht also mindestens Chomsky–2–Grammatiken , um Formeln zu beschreiben; deren korrekte Syntaxanalyse erfordert dann Automaten mit unbegrenzter Zustandsmenge oder mit unbegrenztem Speichervermögen.

Dies realisiert man der Einfachheit halber dadurch, daß man zwar die Zustandsmenge endlich läßt, dem Automaten aber einen unbegrenzten **Kellerspeicher** gibt, den er nach dem Prinzip der Prozeduren *FIRST* , *REST* und *PREFIX* manipulieren kann (vgl. Abschnitt 2.8.4). Der Kellerspeicher enthält stets nur ein Wort aus der freien Sprache A_K^* über einem **Kelleralphabet** A_K und der Automat kann immer nur dessen erstes Zeichen (das aktuelle Kellerzeichen) lesen, durch ein Wort ersetzen oder löschen; der Zugriff auf andere Kellerzeichen erfordert mehrere Schritte und den Abbau der zuletzt geschriebenen Kellerzeichen.

Ein (deterministischer) **Kellerautomat** besteht also insgesamt aus folgenden Bestandteilen:

Z ist eine endliche Zustandsmenge.

z_0 ist ein Anfangszustand aus Z.

$\hat{Z}$ ist eine Menge von "Endzuständen" aus Z.

A_E ist ein (Eingabe–) Alphabet.

A_K ist ein (Keller–) Alphabet.

σ ist ein (Keller–Start–) Symbol aus A_K.

f ist eine **nur partiell definierte** Übergangsfunktion

$$Z \times (A_E \cup \{\epsilon\}) \times A_K \xrightarrow{\ f\ } Z \times A_K^*.$$

4.4.2.3 Arbeitsweise des Kellerautomaten.

Der Kellerautomat hat eine gegenüber dem Rabin–Scott–Automaten wesentlich komplizertere Struktur. Er führt intern den folgenden Algorithmus aus:

1) Der Kellerautomat sei im Zustand $z \in Z$ und es mögen Eingabezeichen $a \in A_E$ und ein aktuelles Kellerzeichen $s \in A_K$ vorliegen.

   Dann wird zuerst geprüft, of $f(z, \epsilon, s)$ definiert ist. Wenn ja, verfahre man nach 2), wenn nein, nach 3). Mit anderen Worten: a wird zuerst ignoriert.

2) $f(z, \epsilon, s) = (u, t)$ ist definiert. Man spricht dann von einem **Kellerzug** und räumt diesem Vorrang ein, denn es geschieht folgendes:

2a) Der Automat geht in den Zustand u.

2b) Man ersetzt das Kellerzeichen s durch das (eventuell leere) Kellerwort $t \in A_K^*$. Ist t leer, so wird das Kellerzeichen s gelöscht und das nächste anstehende Kellerzeichen wird als neues aktuelles Kellerzeichen genommen. Ist der Keller leer (d.h. war s das einzige Kellerzeichen), so stoppt der Automat. Ist t nicht leer, so wird das erste Zeichen von t das aktuelle Kellerzeichen.

2c) Der Automat geht in den Zustand u und wiederholt 1), **ohne** ein neues Eingabezeichen a zu lesen. Dies kann sich möglicherweise unendlich oft wiederholen; der Automat führt bei unveränderter Eingabe immer erst alle möglichen Kellerzüge aus und verfährt erst dann nach 3), wenn kein Kellerzug möglich ist.

3) $f(z, \epsilon, s)$ ist undefiniert, es ist also kein Kellerzug möglich. Dann ist zu prüfen, ob $f(z, a, s)$ definiert ist. Falls nein, verfahre man nach 3a), falls ja, nach 3b).

3a) $f(z, a, s)$ ist undefiniert. Der Automat kann nicht weiterarbeiten und stoppt.

3b) $f(z, a, s) = (u, t)$ ist definiert. Dann geht der Automat in den Zustand u wie in 2a), behandelt den Keller wie in 2b) und liest das nächste Eingabezeichen. Ist die Eingabe leer, so stoppt er. Wenn nein, wiederholt er 1).

Das läßt sich kürzer, aber ungenauer formulieren durch

- Der Automat beginnt mit dem Anfangszustand z_0 und dem aktuellen Kellersymbol σ. Der Keller enthält zuerst nur σ.

- Der Automat führt Kellerzüge (mit ϵ statt des Eingabezeichens) mit Priorität aus und nimmt dabei kein neues Eingabezeichen.

- Der Automat stoppt, falls Keller oder Eingabe leer sind oder kein Zustandsübergang definiert ist.

4.4.2.4 Akzeptierte Sprache. Man läßt nun den Automaten auf einem Eingabewort $w := a_0 a_1 \ldots a_n \in A^*$ wie oben schrittweise arbeiten, hat aber dazu noch die Manipulation des Kellers und die Priorität von Kellerzügen zu beachten. Um w akzeptieren zu können, muß der Automat natürlich ohne vorzeitigen Stopp die Zeichen $a_0, a_1, \ldots a_n$ nacheinander durch Züge der Art 3b) lesen. Die verschiedenen in der Literatur anzutreffenden Akzeptanzdefinitionen unterscheiden sich aber darin, welche Situation nach dem letzten Schritt vom Typ 3b) (mit dem Eingabezeichen a_n) vorliegt:

- **Akzeptanz durch Endzustand:** Der Zustand u des Automaten ist ein Endzustand (d.h. liegt in $\hat{Z}$).

- **Akzeptanz durch leeren Keller:** Der Keller ist leer.

- **Akzeptanz durch Kellersymbol:** Der Keller besteht wie zu Anfang nur aus dem Keller–Startsymbol σ.

Natürlich kann man auch Mischformen der Akzeptanz definieren. Die Automatentheorie zeigt jedoch, daß die verschiedenen Akzeptanzdefinitionen äquivalent sind in folgendem Sinne: Wenn eine Sprache S durch einen Kellerautomaten K mit Akzeptanzdefinition α akzeptiert wird und β eine andere Akzeptanzdefinition ist, so gibt es einen Kellerautomaten L, der S mit Akzeptanzdefinition β akzeptiert.

Beispiel 4.4.2.5. Für die Regelsprache aus 4.2.1.2 bzw. 4.4.2.2 wird nun ein Kellerautomat konstruiert, der diese Sprache akzeptiert. Dazu wird

$$A_E := \{u,v\}, \; Z := \{U,V\}, \; z_0 := U, \; A_K := \{u,\sigma\}$$

definiert und Akzeptanz durch Kellersymbol σ verlangt. Die Zustände U bzw. V bedeuten "Das Symbol u bzw. v wird in der Eingabe erwartet". Die Zustandsübergangsfunktion f wird partiell für die folgenden Situationen definiert :

- $f(U,u,\sigma) = (U,u\sigma)$. Wenn der Automat als Eingabe u erwartet, u auch liest und im Keller σ steht, fügt er ein u dem Kellerinhalt hinzu und liest das nächste Eingabezeichen.

- $f(U,u,u) = (U,uu)$. Wenn der Automat als Eingabe u erwartet, u auch liest und im Keller auch u steht, fügt er ein u dem Kellerinhalt hinzu und liest das nächste Eingabezeichen.

- $f(U,v,u) = (V,\epsilon)$. Wenn der Automat als Eingabe u erwartet, aber v liest und im Keller u steht, schaltet er auf die Erwartung von v um, streicht ein u aus dem Keller und liest das nächste Eingabezeichen.

- $f(V,v,u) = (V,\epsilon)$. Wenn der Automat als Eingabe v erwartet, v auch liest und im Keller noch ein u steht, streicht er ein u aus dem Keller und liest das nächste Eingabezeichen.

Dieser Automat hat keine Kellerzüge. Er akzeptiert genau die Regelsprache, denn er akzeptiert offensichtlich

1. das leere Wort,

2. nichts, was mit v beginnt,

3. nichts, was mit $u^n v^m u^k$ mit positiven n, m, k beginnt, weil er nach dem Lesen von v's nicht wieder u's lesen kann, und

4. unter den Worten der Form $u^n v^m$ nur diejenigen mit $n = m$, denn er füllt beim Lesen von u^n den Keller mit u^n und streicht dann für jedes gelesene v ein u aus dem Keller heraus. Im Falle $n > m$ bleibt nach dem Lesen von $u^n v^m$ noch $u^{n-m}\sigma$ im Keller stehen und im Falle $n < m$ stoppt der Automat nach dem Lesen von $u^n v^n$, weil $f(V, v, \sigma)$ undefiniert ist.

$\square$

4.4.2.6 Parsing eingeschränkter Chomsky–2–Sprachen.

Die Automatentheorie lehrt, daß die von sogenannten "**nicht**deterministischen" Kellerautomaten akzeptierten Sprachen zu Regelsprachen mit kontextfreier Grammatik äquivalent sind. Wenn man sich auf eingeschränkte Chomsky–2–Sprachen im Sinne des Abschnitts 4.2.6 konzentriert, so kann man für diese das *Parsing*-Problem durch deterministische Kellerautomaten lösen, wie sich im folgenden zeigen wird.

Es sei also eine solche eingeschränkte Chomsky–2–Sprache S gegeben. Man fügt zunächst zum Alphabet A noch ein Endsymbol ω hinzu und betrachtet zwecks Vereinfachung des Folgenden statt S die aus S durch Anhängen von ω an alle ableitbaren Worte entstehende Sprache (diese ist auch vom Chomsky–2–Typ und läßt sich durch ein neues Startsymbol $\hat{S}$ und eine neue Regel $\hat{S} \rightarrow S\omega$ erzeugen). Dann setzt man $A_E := A \cup \{\omega\}$ und $A_K := \mathcal{B}$.

Die Zustände bestehen aus A und einem speziellen "Lesezustand" L, der auch als Anfangszustand $z_0 := L \in Z := A \cup \{L\}$ fungiert. Der Automat wird so konstruiert, daß er nur im Lesezustand ein neues Eingabezeichen liest und zwischen Lesezuständen nur Kellerzüge macht. Im Lesezustand liest er ein Zeichen von der Eingabe und macht es zum neuen Zustand. Er versucht in den nachfolgenden Kellerzügen, durch Anwendung von Ableitungsregeln auf das Kellerzeichen zu erreichen, daß das Kellerzeichen gleich dem Zustandszeichen ist. Das Folgezeichen in der Eingabe dient dann während der folgenden Kellerzüge als (irrelevantes) Eingabezeichen. Dies ist der tiefere Grund für die Notwendigkeit von ω.

Als Startsymbol σ des Kellers verwendet man S, weil ein *top–down–Parsing* angestrebt wird und das im Keller stehende Wort während der Kellerzüge des *Parsing* folgender Invariante genügen soll:

> Die schon gelesenen Eingabezeichen mit Ausnahme des Zeichens, das dem laufenden Zustand entspricht, gefolgt vom Kellerwort ergeben das bisher abgeleitete Wort aus $\mathcal{B}^*$.

Das *Parsing* nimmt während der Kellerzüge die schon gelesenen Eingabezeichen als "erklärt" an, läßt das den Zustand beschreibende Terminalzeichen t unverändert und versucht, durch Anwenden von Ableitungsregeln das Kellerwort so zu verändern, das es mit t beginnt. Dann ist t "erklärt" und es kann ein neues Zeichen gelesen und analysiert werden.

Die Akzeptanz wird hier durch das Eintreten folgender Situation definiert :

1. Das Eingabezeichen ist ω, d.h. das eigentliche Wort aus S ist abgearbeitet.

2. Der Automat befindet sich im Lesezustand.

3. Der Keller ist leer.

Jetzt ist noch die Übergangsfunktion f partiell zu definieren:

$f(L, t, s) := (t, s)$ für alle $t \in A$ und $s \in A_K$. Im Lesezustand L wird das Eingabezeichen t als neuer Zustand übernommen und der Keller bleibt, wie er war.

Alle anderen Zustandsübergänge sind Kellerzüge.

$f(t, \epsilon, t) := (L, \epsilon)$. Liegen im Keller und im Zustand dieselben Terminalzeichen vor, so wird in den Lesezustand gegangen und das Zeichen im Keller gelöscht. Dieser Kellerzug bewirkt, daß ein korrekt geparstes Terminalzeichen aus dem Keller entfernt wird und die Eingabe nach dem folgenden Lesezug weitergerückt wird. Sind Kellerzeichen und Zustand verschieden, so kann das Eingabewort nicht ableitbar sein, denn das *Parsing* verläuft strikt von links nach rechts und kann kein anderes Terminalzeichen als das aktuelle Kellerzeichen produzieren.

Alle anderen definierten Zustandsübergänge haben also Nichtterminalzeichen T als Kellerzeichen. Der Automat versucht dann, eine auf T anwendbare Regel zu finden, die als erstes Terminalzeichen das Zeichen t des aktuellen Zustandes produziert. Wegen der Spracheinschränkungen in Abschnitt 4.2.6 kann es jeweils höchstens eine anwendbare Regel geben, und deshalb können die folgenden Definitionen sich nicht überschneiden:

$f(t, \epsilon, T) := (t, tQ)$, falls eine Regel $T \rightarrow tQ$ mit $Q \in \mathcal{B}$ existiert.

$f(t, \epsilon, T) := (t, UW)$, falls eine Regel $T \rightarrow UW$ mit $U \in \mathcal{A}$ und $W \in \mathcal{B}$ mit $t \in first(U)$ existiert.

$f(t, \epsilon, T) := (t, \epsilon)$, falls eine Regel $T \rightarrow \epsilon$ mit $t \in follow(T)$ existiert.

Die Kommentare zu der obigen Konstruktion zeigen, daß der Automat genau den gestellten Anforderungen genügt: er akzeptiert die Regelsprache und führt gleichzeitig ein *top–down–Parsing* durch.

Aufgabe 4.4.2.7.   Man gebe nach obiger Standardkonstruktion einen Kellerautomaten an, der die Regelsprache aus Beispiel 4.2.1.2 bzw. 4.4.2.2 (nach Erweiterung um ω) akzeptiert. Man demonstriere das Vorgehen des Automaten beim *Parsing* von $uuvv\omega$. $\square$

Aufgabe 4.4.2.8. Man gebe nach obiger Standardkonstruktion einen Kellerautomaten an, der die Regelsprache aus Beispiel 4.2.6.2 (nach Erweiterung um ω) akzeptiert. Man demonstriere das Vorgehen des Automaten beim *Parsing* der Formel

$$U17(U2(O3))\omega$$

$\square$

Aufgabe 4.4.2.9. Man formuliere ein Pseudocode–Programm, das den Kellerautomaten zu obiger Aufgabe beschreibt. $\square$

4.5 Backus–Naur–Form

4.5.1 Definition

Eine für praktische Zwecke besonders brauchbare Schreibweise für Grammatiken ist die **Backus–Naur–Form** Es gibt sie in zwei verschiedenen Versionen, die sich unter anderem in der Trennung der Terminal– von den Nichtterminalzeichen unterscheiden. In der älteren Version werden Nichtterminalsymbole in spitze Klammern eingeschlossen, in der neueren werden Terminalzeichenketten zwischen Doppelapostrophe gesetzt. Hier wird nur die neuere "**extended** Backus–Naur form" **EBNF** dargestellt, wobei der Übersichtlichkeit halber verschiedene Schrifttypen für die Nichtterminalworte und die *" Termmalworte"* gewählt werden.

4.5.1.1 Zeichenvorrat. Als zusätzliche Nichtterminalzeichen treten die folgenden Symbole auf:

$=$	als Ersatz für das Ableitungssymbol $\rightarrow$
$\blacksquare$	als Markierung des Endes einer Produktionsregel
$\mid$	als Zeichen für Alternativen ("oder"–Symbol)
$[\ ]$	als Klammern für optionale (höchstens einmal oder gar nicht auftretende) Ausdrücke
$\{\ \}$	als Klammern für optionale, aber auch beliebig oft wiederholbare Ausdrücke
$(\ )$	als präzedenzregulierende Klammern.

Beispiel 4.5.1.2. Eine Grammatik für eventuell vorzeichenbehaftete ganze Dezimalzahlen kann man in EBNF durch

$$\begin{aligned}
\text{Ziffer} \quad &= \quad \text{``}0\text{''} \mid \text{``}1\text{''} \mid \text{``}2\text{''} \mid \text{``}3\text{''} \mid \text{``}4\text{''} \mid \\
&\qquad \text{``}5\text{''} \mid \text{``}6\text{''} \mid \text{``}7\text{''} \mid \text{``}8\text{''} \mid \text{``}9\text{''} \mid \text{``}0\text{''} \ \blacksquare \\
\text{Vorzeichen} \quad &= \quad \text{``}+\text{''} \mid \text{``}-\text{''} \ \blacksquare \\
\text{Zahl} \quad &= \quad \text{Ziffer} \mid \text{Ziffer Zahl} \ \blacksquare \\
\text{GanzeZahl} \quad &= \quad \text{Zahl} \mid \text{Vorzeichen Zahl} \ \blacksquare
\end{aligned}$$

formulieren, wobei GanzeZahl als Startwort auftritt. Man sieht, daß vier Regeln genügen und eine davon durch Rekursion die Bildung beliebig langer Zahlen erlaubt. Bei Verwendung von EBNF–Klammern kann man die Syntax noch kürzer schreiben:

$$\begin{aligned}
\text{GanzeZahl} &= [\ "+"\ |\ "-"\ ]\ \text{Ziffer}\ \{\text{Ziffer}\}\ \textbf{.}\\
\text{Ziffer} &= "0"\ |\ "1"\ |\ "2"\ |\ "3"\ |\ "4"\ |\\
&\quad\ "5"\ |\ "6"\ |\ "7"\ |\ "8"\ |\ "9"\ \textbf{.}
\end{aligned}$$

und hat nur noch zwei Syntaxregeln. $\square$

Beispiel 4.5.1.3. Das Beispiel 4.2.6.2 erhält in EBNF–Form die Gestalt

$$\begin{aligned}
\text{Formel} &= \text{Objekt}\ |\ \text{UnärOp}\ "\ ("\ \text{Formel}\ "\ )"\ |\\
&\quad\ \text{BinärOp}\ "\ ("\ \text{Formel}\ "\ ;"\ \text{Formel}\ "\ )"\ \textbf{.}\\
\text{UnärOp} &= "\ U"\ \text{Zahl}\ \textbf{.}\\
\text{BinärOp} &= "\ B"\ \text{Zahl}\ \textbf{.}\\
\text{Objekt} &= "\ O"\ \text{Zahl}\ \textbf{.}\\
\text{Zahl} &= \text{Ziffer}\ \{\text{Ziffer}\}\ \textbf{.}\\
\text{Ziffer} &= "0"\ |\ "1"\ |\ "2"\ |\ "3"\ |\ "4"\ |\\
&\quad\ "5"\ |\ "6"\ |\ "7"\ |\ "8"\ |\ "9"\ \textbf{.}
\end{aligned}$$

$\square$

4.5.1.4 Syntax der Produktionsregeln. Die EBNF kann man als formale Sprache mit den bisherigen Mitteln beschreiben, indem man drei Sprachebenen verwendet:

- die Metaebene für EBNF mit den Nichtterminalzeichen

   S als Startsymbol mit der Bedeutung "EBNF–Syntax"

   P als Symbol mit der Bedeutung "EBNF–Produktionsregel"

   A als Symbol mit der Bedeutung "EBNF–Ausdruck"

   T als Symbol mit der Bedeutung "EBNF–Term"

   F als Symbol mit der Bedeutung "EBNF–Faktor"

   N als Symbol mit der Bedeutung "EBNF–Nichtterminalwort"

   W als Symbol mit der Bedeutung "EBNF–Terminalwort"

- die Ebene der EBNF mit

   1. den oben angegebenen speziellen EBNF–Nichtterminalzeichen,

   2. den Nichtterminalworten bezüglich der unteren Sprachebene, die als Ablei-
      tungen von N auftreten, und

   3. den in Doppelapostrophe eingeschlossenen terminalen Worten;

- die Ebene der Zielsprache. Deren Worte treten als Ableitungen von W auf.

Die EBNF–Syntax ist dann

$$
\begin{aligned}
\mathcal{S} &\to \mathcal{PS} & \mathcal{S} &\to \epsilon \\
\mathcal{P} &\to \mathcal{N} = \mathcal{A}\ . \\
\mathcal{A} &\to \mathcal{T} & \mathcal{A} &\to \mathcal{T} \mid \mathcal{A} \\
\mathcal{T} &\to \mathcal{F} & \mathcal{T} &\to \mathcal{FT} \\
\mathcal{F} &\to \mathcal{N} & \mathcal{F} &\to \text{``}\mathcal{W}\text{''} \\
\mathcal{F} &\to [\mathcal{A}] & \mathcal{F} &\to \{\mathcal{A}\} \\
\mathcal{F} &\to (\mathcal{A})
\end{aligned}
$$

wobei noch bezüglich der obersten Sprachebene "terminale" Regeln hinzuzufügen sind, mit denen man $\mathcal{N}$ bzw. $\mathcal{W}$ in Worte der zweiten bzw. dritten Sprachebene transformieren kann.

Beispiel 4.5.1.5. Eine sehr knappe Darstellung von EBNF in EBNF ist

$$
\begin{aligned}
\text{Syntax} &= \left\{ \text{Produktionsregel} \right\}\ . \\
\text{Produktionsregel} &= \text{Nichtterminalsymbol " = "Ausdruck"}\ .\ "\ . \\
\text{Ausdruck} &= \text{Term} \left\{ \text{" | "Term} \right\}\ . \\
\text{Term} &= \text{Faktor} \left\{ \text{Faktor} \right\}\ . \\
\text{Faktor} &= \text{Nichtterminalsymbol | Terminalsymbol} \\
&\quad | \text{"}\{\text{"Ausdruck"}\}\text{" | "}[\text{"Ausdruck"}]\text{"} \\
&\quad | \text{"}(\text{"Ausdruck"})\text{"}\ .
\end{aligned}
$$

wobei die Doppelapostrophe benutzt wurden, um die obere EBNF-Ebene von der unteren (terminalen) zu trennen. $\square$

In beiden Versionen ist die EBNF-Syntax so formuliert worden, daß drei Prioritätsebenen entstehen: Klammern haben Vorrang vor der Hintereinandersetzung und diese rangiert vor der "oder"-Verknüpfung. Dies wird durch die drei Nichtterminalsymbole Ausdruck, Term und Faktor erreicht.

4.6 Syntaxdiagramme

4.6.1 Elemente

Die EBNF-Form kennt Verknüpfungen von terminalen und nichtterminalen Zeichen durch Hintereinandersetzen oder durch Alternativen. Dies kann man auch graphisch veranschaulichen. Dabei werden terminale Zeichen in Kreise, nichtterminale in Kästen gesetzt. Kreise und Kästen werden durch Pfeile verbunden.

Das Ganze ist eine metasprachliche Konstruktion, deren Interpretation die Ableitungsmöglichkeiten für legale Sprachsätze beschreibt. Man beginnt ein top-down-*Parsing* eines gegebenen terminalen Wortes u bei dem Startsymbol und verfolgt dann einen durch Pfeile beschriebenen Weg (bei Programmiersprachen in der Regel bis zu einem ausgezeichneten Endsymbol). Dabei wählt man den Weg gemäß dem "anstehenden" Terminalzeichen im Sinne des top-down-*Parsing* in eingeschränkten Chomsky-2-Grammatiken. Wenn man an einem Terminalzeichen ankommt, das mit dem anstehenden Terminalzeichen übereinstimmt, so gilt dieses als "erklärt" und man kann zum nächsten Terminalzeichen übergehen und den Syntaxgraphen weiter verfolgen.

Stimmen die Terminalzeichen nicht überein, so ist das *Parsing* gescheitert. Wenn man an einem Nichtterminalsymbol ankommt, hat man dessen eigenen Syntaxgraphen weiter zu verfolgen und nach dessen Ende wieder zurückzukehren. Die so geparsten Sprachsätze sind syntaktisch korrekt.

4.6.2   Alternativen

Eine EBNF–Alternative

$$\text{Wort} \;=\; \text{``}v\text{''} \mid \text{Zahl} \mid \text{``}x\text{''}\;.$$

wird durch verzweigende Pfeile gemäß Figur 11 angedeutet.

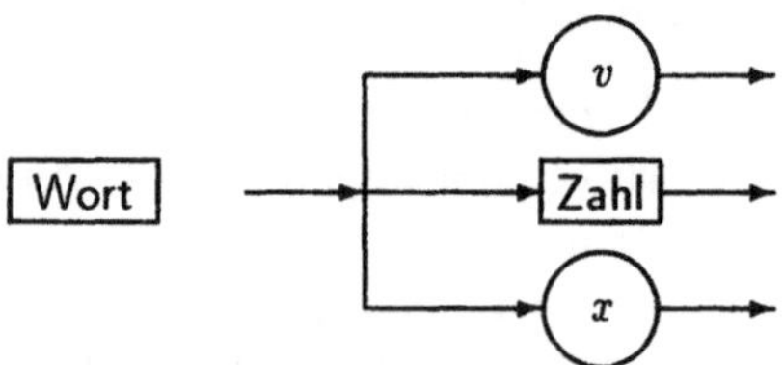

Figur 11: Syntaxdiagramm für eine Alternative

4.6.3   Verkettung

Die Hintereinandersetzung von EBNF–Zeichen wird durch Ketten von Pfeilen veranschaulicht. Die EBNF–Produktion

$$\text{Wort} \;=\; \text{``}v\text{''}\,\text{Zahl}\,\text{``}x\text{''}\;.$$

wird beispielsweise durch Figur 12 dargestellt.

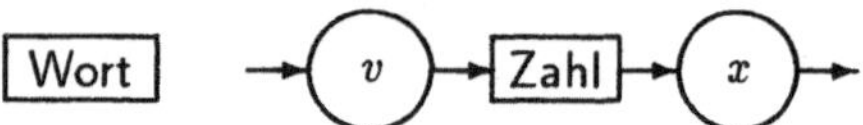

Figur 12: Syntaxdiagramm für eine Verkettung

4.6.4   Rekursion

In Syntaxdiagrammen ist wie bei der EBNF–Notation die Wiederverwendung von nichtterminalen Symbolen auf der "rechten Seite" erlaubt; dadurch ergibt sich die Möglichkeit zur rekursiven Syntaxbeschreibung.

Beispiel 4.6.4.1.   Die EBNF–Schreibweise der Formeln in Präfixnotation gemäß Beispiel 4.2.6.2 liefert die Syntaxgraphen aus Figur 13, wenn man die Zahlen der Einfachheit halber binär annimmt. □

Aufgabe 4.6.4.2.   Man gebe die Syntaxgraphen zur Grammatik der formalen Aussagen aus Abschnitt 4.3 an. □

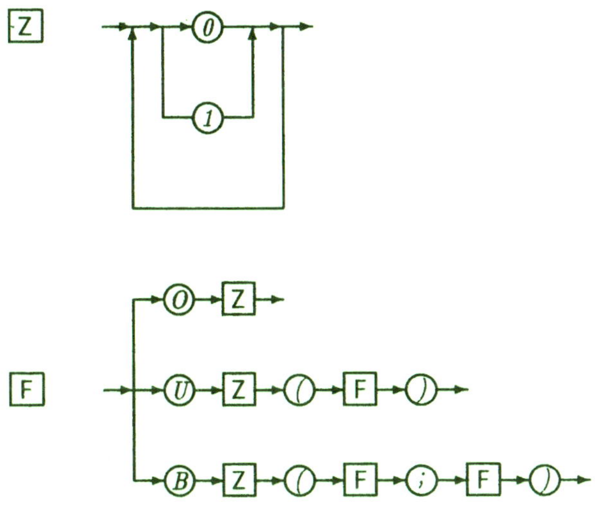

Figur 13: Formel–Syntaxdiagramm

4.6.5 Universelles Parsing

Man kann die Syntaxdiagramme noch weiter umwandeln in geeignete Datenstrukturen, die ein automatisches *Parsing* erlauben, und zwar gemäß dem oben beschriebenen, von der speziellen Syntax unabhängigen Vorgehen. Man benötigt lediglich für jede Sprache die den Syntaxdiagrammen entsprechende Datenstruktur als Eingabe, um dann ein *Parsing* von Sätzen der Zielsprache durchzuführen. Ferner läßt sich die EBNF–Form einer Grammatik durch ein Programm parsen, das dabei eine solche Datenstruktur aufbaut; nachfolgende Eingabesätze der Zielsprache sind dann durch die obige Prozedur analysierbar. Mit diesen Werkzeugen hat man die Möglichkeit, universelle *Parsing*probleme zu lösen.

5 Standardobjekte und Standardoperationen

5.1 Die Programmiersprache PASCAL

5.1.1 Auswahlkriterien

In diesem Kapitel geht es um die syntaktische und semantische Festlegung einer formalen Sprache, die es erlaubt, allgemeine Algorithmen exakter als im Pseudocode zu formulieren und auf Maschinen (nach einer Sprachübersetzung) auszuführen. Die schwierige Entscheidung zwischen den vorhandenen Programmiersprachen fällt hier zugunsten von **PASCAL** von N. **Wirth**, da diese Sprache einerseits eng genug ist, um diszipliniertes Formulieren von Algorithmen gemäß den Regeln des Abschnitts 2.5 zu erzwingen und andererseits weit genug ist, um hinreichend komplexe Datenstrukturen und Operationen zuzulassen. Ihre Nachteile sind durch diverse Weiterentwicklungen, etwa **CONCURRENT PASCAL**, **PASCAL SC** oder **MODULA–2** zu kompensieren versucht worden; auch hier wird an einigen Stellen über den PASCAL-Sprachumfang hinausgegangen.

5.1.2 Methodik

Dieses Kapitel geht nicht den ansonsten vorzuziehenden *top–down*-Weg, weil es hier günstiger ist, die komplizierteren Operationen und Werte aus einfacheren aufzubauen. Im Sinne des Abstiegs vom Pseudocode hinunter zu einer maschinenorientierten Sprache wird der *top–down*-Weg beibehalten.

Die PASCAL–Syntax wird in EBNF–Form nach dem revidierten PASCAL–Report [28] von K. **Jensen** und N. **Wirth** gemäß dem ISO–Standard vollständig dargestellt; alle EBNF–Nichtterminalzeichen sind im Stichwortverzeichnis zu finden. Dabei sollen Mehrfachdefinitionen vermieden werden, was allerdings dann zu Vorgriffen auf vorläufig unerklärte, aber syntaktisch schon definierte Sprachanteile führt. Dies entspricht aber durchaus der rekursiven Struktur der EBNF–Beschreibungsmethode; noch nicht "aufgelöste" Sprachbestandteile bleiben offen bis zu einer späteren Konkretisierung.

Die Semantik von PASCAL wird durch Rückgriff auf die Umgangssprache festgelegt. Dabei wird an einigen Stellen von den mathematischen Grundlagen aus Kapitel 3 Gebrauch gemacht und im nächsten Kapitel tritt die **Formularmaschine** als Beschreibungshilfsmittel auf. Dadurch kann der Leser mit Papier und Bleistift den Interpretationsprozeß minutiös nachverfolgen. Wichtig ist es dabei, sich den Interpretationsprozeß dynamisch vorzustellen (darauf wurde schon im ersten Kapitel hingewiesen). Insbesondere sind die Menge der interpretierbaren Bezeichner und deren Interpretationsergebnisse während des Interpretationsprozesses stark veränderlich.

Es gibt Methoden, auch die Semantik exakter auszuformulieren, und zwar durch Rückgriff auf mathematische Axiome (**axiomatische Semantik**). Da man aber die Mathematik als Erweiterung der Metasprache verstehen kann, geht das über den hier gewählten Weg nicht hinaus.

5.1.3 Zeichenvorrat

PASCAL–Programme bestehen aus einer Zeichenkette, deren Aufteilung in Zeilen oder Seiten irrelevant ist; das Zeilen– oder Seitenende wird wie ein Leerzeichen interpretiert. Der zulässige Zeichenvorrat ist eine Obermenge der in der folgenden EBNF–Syntax auftretenden Zeichen; dabei wird zwischen Klein– und Großschreibung alphabetischer Zeichen **nicht** unterschieden.

In PASCAL–Programmen treten **reservierte Worte** auf, die sich als festes Einzelsymbol auffassen lassen (engl. *token*) und in ihrer Bedeutung festliegen. Ferner gibt es "vordefinierte" Bezeichner, die nicht reserviert sind (und vom Benutzer umdefiniert werden können) und natürlich die vom Anwender neu deklarierten Bezeichner. In diesem Text werden die drei Gruppen durch verschiedene Schriftarten unterschieden:

RESERVIERTE WORTE

VORDEFINIERTE BEZEICHNER

vom Benutzer definierte Bezeichner.

Dies dient nur zur besseren optischen Unterscheidung der jeweiligen Gruppen von Bezeichnern; die schrifttechnischen Unterschiede sind syntaktisch nicht relevant.

Der Zeichenvorrat baut auf folgenden EBNF–Produktionen auf:

$$
\begin{aligned}
\text{Digit} \;=\; & \text{``}0\text{''} \mid \text{``}1\text{''} \mid \text{``}2\text{''} \mid \text{``}3\text{''} \mid \text{``}4\text{''} \mid \\
& \text{``}5\text{''} \mid \text{``}6\text{''} \mid \text{``}7\text{''} \mid \text{``}8\text{''} \mid \text{``}9\text{''}\,. \\
\text{DigitSequence} \;=\; & \text{Digit}\,\{\text{Digit}\}\,. \\
\text{Letter} \;=\; & \text{``}a\text{''} \mid \text{``}b\text{''} \mid \text{``}c\text{''} \mid \text{``}d\text{''} \mid \text{``}e\text{''} \mid \text{``}f\text{''} \mid \\
& \text{``}g\text{''} \mid \text{``}h\text{''} \mid \text{``}i\text{''} \mid \text{``}j\text{''} \mid \text{``}k\text{''} \mid \text{``}l\text{''} \mid \\
& \text{``}m\text{''} \mid \text{``}n\text{''} \mid \text{``}o\text{''} \mid \text{``}p\text{''} \mid \text{``}q\text{''} \mid \text{``}r\text{''} \mid \\
& \text{``}s\text{''} \mid \text{``}t\text{''} \mid \text{``}u\text{''} \mid \text{``}v\text{''} \mid \text{``}w\text{''} \mid \text{``}x\text{''} \mid \\
& \text{``}y\text{''} \mid \text{``}z\text{''}\,. \\
\text{StringElement} \;=\; & \text{``}\,{''}\,\text{''} \mid \text{AnyCharacterExceptApostrophe}\,. \\
\text{CharacterString} \;=\; & \text{``}\,{'}\,\text{''}\,\text{StringElement}\,\{\text{StringElement}\}\,\text{``}\,{'}\,\text{''}\,.
\end{aligned}
$$

Hinzu kommt eine Reihe terminaler Sonderzeichen, die in anderen EBNF–Produktionsregeln zu finden sind. Das Nichtterminalsymbol AnyCharacterExceptApostrophe wird hier nicht weiter expandiert; es sind in der Regel die meisten auf einem Computerterminal eingebbaren Zeichen bis auf das Apostroph möglich. Kommentare innerhalb von PASCAL–Programmen werden in geschweifte Klammern gesetzt oder in (* und *) eingeschlossen. Die Schachtelung von Kommentaren ist verboten.

Als gleichberechtigte Trennzeichen zwischen Namen dienen Leerzeichen, Kommentare oder das Ende einer Zeile; zwischen Namen und Sonderzeichen braucht man keine Trennzeichen.

5.1.4 Bezeichner

Der Benutzer kann in PASCAL neue Namen oder Bezeichner mit der Syntax

$$\begin{aligned}
\text{Identifier} \quad &= \quad \text{Letter} \left\{ \text{Letter} \mid \text{Digit} \right\} . \\
\text{IdentifierList} \quad &= \quad \text{Identifier} \left\{ \text{``,''} \text{Identifier} \right\} .
\end{aligned}$$

deklarieren. Ist ein Bezeichner deklariert worden, so wird seine neue Bedeutung abgespeichert bis zum Ende des Gültigkeitsbereichs der Deklaration. An solchen Stellen, wo PASCAL einen bereits deklarierten Bezeichner mit einer bestimmten Bedeutung (z.B. Prozedurnamen, Konstantennnamen, Typnamen) erwartet, verläuft der Parsingprozeß nicht direkt über das Nichtterminalsymbol Identifier, sondern über ein "vorgeschaltetes" Nichtterminalsymbol, das der erwarteten Bedeutung entspricht (z.B. ProcedureIdentifier, ConstantIdentifier, TypeIdentifier). Dabei wird geprüft, ob der Bezeichner die erwartete Bedeutung hat. Ferner wird beim Parsing von Operationen und Operanden stets geprüft, ob die Operanden korrekte Typen haben. Eine Vielzahl solcher Kontrollen begleitet den Parsingprozeß, ohne in der Syntax explizit in Erscheinung zu treten.

5.1.5 Typen in PASCAL

Die Sprache PASCAL erlaubt eine Reihe von Typkonstruktionen, die in den folgenden Kapiteln genauer dargestellt werden. Grob kann man die PASCAL–Typen gemäß den EBNF–Produktionsregeln

$$\begin{aligned}
\text{Type} \quad &= \quad \text{SimpleType} \mid \text{StructuredType} \mid \text{PointerType} . \\
\text{SimpleType} \quad &= \quad \text{OrdinalType} \mid \text{RealTypeIdentifier} . \\
\text{OrdinalType} \quad &= \quad \text{OrdinalTypeIdentifier} \mid \\
& \qquad \text{EnumeratedType} \mid \text{SubrangeType} . \\
\text{OrdinalTypeIdentifier} \quad &= \quad \text{TypeIdentifier} . \\
\text{RealTypeIdentifier} \quad &= \quad \text{TypeIdentifier} . \\
\text{TypeIdentifier} \quad &= \quad \text{Identifier} .
\end{aligned}$$

aufteilen:

- **Einfache** Typen enthalten eine endliche geordnete Menge von Werten; auf ihnen sind (u.a.) die Vergleichsoperationen $=, <, >, <=, >=$ und $<>$ ("ungleich") definiert. Sie zerfallen in den Typ *REAL* (als RealTypeIdentifier vordefiniert) und **ordinale** Typen, auf denen zusätzlich noch die vordefinierten Funktionen *ORD*, *PRED* und *SUCC* erlaubt sind. Die vordefinierten ordinalen Typen *BOOLEAN*, *INTEGER* und *CHAR* werden zusammen mit *REAL* in den nächsten Abschnitten behandelt.

- **Strukturierte** Typen sind aus einfachen Typen durch die im Kapitel 8 angegebenen Konstruktionsmethoden zusammengesetzt.

- **Zeigertypen** enthalten Werte, die auf Wertplätze anderer Typen (Bezugstypen) verweisen (siehe Abschnitt 5.7).

5.1.6 Konstanten

Die Werte der einfachen Typen haben Standardbezeichner, die in PASCAL (zusammen mit explizit angegebenen Zeichenketten) **Konstanten** genannt werden und syntaktisch nach den Regeln

$$
\begin{aligned}
\text{Constant} \;=\;& \text{CharacterString} \\
 & |\; [\,\text{Sign}\,]\;(\,\text{UnsignedNumber}\;|\;\text{ConstantIdentifier}\,)\;. \\
\text{UnsignedConstant} \;=\;& \text{CharacterString}\;|\;\text{UnsignedNumber} \\
 & |\;\text{ConstantIdentifier}\;|\;``\,\text{NIL}\,"\;. \\
\text{ConstantIdentifier} \;=\;& \text{Identifier}\;.
\end{aligned}
$$

konstruiert werden können. Die explizite Form der einzelnen Standardbezeichner wird in den folgenden Abschnitten angegeben; als Zusatzregel ist vereinbart, daß Sign nur vor Konstanten vom Typ *REAL* oder *INTEGER* stehen darf.

5.2 Typ *BOOLEAN*

5.2.1 Standardobjekte

Der vordefinierte ordinale Typ *BOOLEAN* umfaßt die beiden Standardwerte mit den syntaktisch über ConstantIdentifier vordefinierten Bezeichnern *TRUE* und *FALSE* und entspricht dem oben schon mehrfach dargestellten Aussagenkalkül (vgl. Abschnitte 3.1 und 4.3). Deshalb ist die Semantik klar: *TRUE* wird wie das umgangssprachliche Wort *wahr*, also mit dem Interpretationsergebnis WAHR, und *FALSE* wie das Wort *falsch*, d.h. mit dem Ergebnis FALSCH interpretiert. Diese Interpretation ist die menschliche; was eine Maschine daraus macht, ist zunächst irrelevant.

Man bedenke, daß *TRUE* und *FALSE* Sprachelemente, also formale Nachrichten sind. Sie haben Interpretationen, von denen die menschlich–umgangssprachliche klar ist. Andere Interpretationen, etwa die durch Maschinen, sehen ganz anders aus, denn es können z.B. gewisse Signale in gewissen Elektronikschaltungen als Wert unter einer maschinellen Interpretation auftreten. Es ist daher nötig, die Semantik auch für andere Interpretationen schärfer zu formulieren. Dies geschieht durch eine "axiomatische" Semantik, indem man verlangt, daß die Gesetze der Booleschen Algebra für den Typ *BOOLEAN* und die unten dargestellten Standardoperationen auf Werten dieses Typs gelten.

5.2.2 Standardoperationen

Auf der Wertmenge *BOOLEAN* gibt es die üblichen logischen Grundoperationen, die schon im Abschnitt 3.5 als NICHT, UND und ODER vorkamen. In PASCAL spielen NOT, AND und OR die entsprechenden Rollen. Die Semantik ist dieselbe. Deshalb kann hier auf die exakte Definition durch Wahrheitstafeln verzichtet werden; sie findet sich im Abschnitt 3.1. Syntaktisch werden die logischen Operationen in den später folgenden allgemeinen Produktionsregeln angeführt. Dabei wird die Präzedenzreihenfolge von NOT vor AND und OR berücksichtigt, wodurch man Ausdrücke in Boolescher Normalform (siehe Abschnitt 3.5) klammerfrei schreiben kann.

Die Ordnungsrelation auf dem Typ *BOOLEAN* wird durch

$$FALSE < TRUE$$

festgelegt. Dadurch hat man also eine zweistellige Operation "<" in Infixschreibweise, die genau dann WAHR liefert, wenn das erste Argument den Wert FALSCH hat und das zweite den Wert WAHR. Ferner ist die Relation *Gleichheit der Werte* wie GLEICH definiert und in PASCAL durch "=" bezeichnet, während man die Ungleichheit (NICHT GLEICH) mit "<>" ausdrückt.

Entsprechend werden die Relationen <=, >= und > definiert. Die Vergleichsoperationen werden syntaktisch durch

$$\text{RelationalOperator} \quad = \quad \text{``=''} \mid \text{``<>''} \mid \text{``<''} \mid$$
$$\text{``<=''} \mid \text{``>''} \mid \text{``>=''} \mid \text{``IN''} \mid \; .$$

definiert und später in Formeln eingesetzt.

5.3 Typ *INTEGER*

5.3.1 Standardobjekte

Dieser vordefinierte ordinale Typ stellt die ganzen Zahlen mit ihren Grundrechenarten dar. Leider kann man aber auf Maschinen nicht mit beliebig großen Zahlen rechnen. Deshalb muß man Kompromisse eingehen, für die mehrere Möglichkeiten bestehen:

1. Man ignoriert dieses Faktum und nimmt formal auch beliebig große Zahlen in die Sprache auf. Dann ist die Interpretation aber maschinenabhängig, und das Ergebnis von Operationen ist manchmal undefiniert, was auf Sprachebene gar nicht vorkommen kann. Dadurch stimmen Sprachebene und Wertebene nicht mehr überein.

2. Man markiert die Grenzen des definierten Zahlbereichs, indem man einen vordefinierten Wert mit Namen *MAXINT* einführt, für den Zahlen zwischen $-MAXINT$ und $+MAXINT$ in der üblichen Weise definiert sind. Dann muß man aber noch festlegen, was passiert, wenn (etwa bei der Addition *MAXINT+MAXINT*) der definierte Bereich überschritten wird. Eine solche Panne darf nicht übersehen werden, denn wenn man etwa das Ergebnis "überlaufender" Rechnungen immer auf *MAXINT* setzt, kann bei nachfolgenden Subtraktionen Beliebiges resultieren. Deshalb ist es im Interesse der Programmsicherheit nötig, Alarm zu schlagen und beispielsweise auch einen als "undefiniert" zu interpretierenden Wert mitzuführen, auf den man überlaufende Rechenergebnisse setzt.

3. Man verwendet *MAXINT* und ignoriert "undefiniert", wobei man die semantische Zusatzregel einführt, daß bei Überschreitung des Wertebereichs der gesamte Interpretationsprozeß abgebrochen wird. Dieser Zugang ist korrekt und einfach; er kommt in PASCAL zum Tragen. Dabei ist *MAXINT* eine syntaktisch über ConstantIdentifier vordefinierte Konstantenbezeichnung.

Die Syntax der ganzen Dezimalzahlen als *INTEGER*-Standardbezeichnungen ist beschrieben durch:

$$
\begin{array}{rcl}
\text{UnsignedInteger} & = & \text{DigitSequence .} \\
\text{Sign} & = & \text{`` +'' } | \text{`` -'' .} \\
\text{UnsignedNumber} & = & \text{UnsignedInteger} | \text{UnsignedReal .} \\
\text{IntegerConstant} & = & [\text{ Sign }] \text{ UnsignedInteger .}
\end{array}
$$

zusammen mit der oben schon angegebenen EBNF–Produktionsregel für Constant, die IntegerConstant enthält.

Man verwendet das Typsymbol *INTEGER* auf Sprachebene für die Menge der Standardwerte zu den Standardbezeichnungen aus IntegerConstant. Die Semantik ist damit klar. Beliebig große Zahlen sind syntaktisch erlaubt, werden aber semantisch verboten, denn Zahlen kleiner als $-MAXINT$ und größer als $MAXINT$ führen zum Abbruch des Interpretationsvorgangs.

5.3.2 Standardoperationen

Es gibt die zweistelligen Infixoperationen

$$
\begin{array}{ll}
+ & \text{interpretiert als Addition} \\
- & \text{interpretiert als Subtraktion} \\
* & \text{interpretiert als Multiplikation} \\
\text{DIV} & \text{interpretiert als Division ohne Rest} \\
\text{MOD} & \text{interpretiert als Rest bei Division}
\end{array}
$$

und die Voranstellung eines Vorzeichens als einstellige Präfixoperation. Ferner hat man die üblichen, oben schon mit dem Nichtterminalsymbol RelationalOperator zusammengefaßten Vergleichsoperationen mit Werten vom Typ *BOOLEAN*. Alle Operationen sind einzeln klammerfrei. Die zweistelligen Operationen werden syntaktisch in zwei Gruppen

$$
\begin{array}{rcl}
\text{MultiplyingOperator} & = & \text{`` *'' } | \text{`` /'' } | \text{`` DIV'' } | \text{`` MOD'' } | \text{`` AND'' .} \\
\text{AddingOperator} & = & \text{`` +'' } | \text{`` -'' } | \text{`` OR'' } | \text{ .}
\end{array}
$$

zusammengefaßt, um die Präzedenzregeln in Formeln später einfach formulieren zu können.

Für die Interpretation der arithmetischen Operationen gelten die üblichen Gesetze der Arithmetik, sofern der Bereich zwischen $-MAXINT$ und $MAXINT$ nicht überschritten wird. Wenn dies eintritt, spricht man von **Überlauf** (*integer overflow*), und es liegt ein asynchrones Ereignis (eine "Ausnahme") im Sinne des Kapitels 10 vor. Ein weiteres ist die Division durch Null (*zerodivide*). In beiden Fällen wird der Interpretationsvorgang auf unterer Stufe abgebrochen. Auf Sprachebene sind solche Fehler nicht erkennbar: legale Ausdrücke der Art $X * Y$ oder X DIV Y mit Variablen X und Y führen nur dann zum Überlauf oder zur Nulldivision, wenn die **Werte** der Variablen beim Lauf des Programms bestimmte Eigenschaften haben. Man spricht deshalb von **Laufzeitfehlern** (*runtime errors*). Die Standardumgebung eines PASCAL– Programms hat für die Entdeckung und Meldung von Laufzeitfehlern zu sorgen. Der Wert von x MOD y ist nur für $y > 0$ definiert und dann gleich dem Absolutbetrag von $x - y * (x$ DIV $y)$.

5.4 Typ *CHAR*

5.4.1 Standardobjekte

Dieser vordefinierte ordinale Typ enthält alphanumerische Zeichen in der üblichen lexikographischen Reihenfolge; der genaue Zeichenumfang (insbesondere bezüglich der erlaubten Sonderzeichen) ist implementationsabhängig. Jedes Einzelzeichen ist in Apostrophe einzuschließen, um eine Verwechslung mit Zeichen, die Bezeichnern angehören, auszuschließen.

$$\text{Character} \quad = \quad \text{“ ’ ”StringElement“ ’ ”} \blacksquare$$

Die Semantik ist klar: die Zeichen werden direkt auf das umgangssprachliche Alphabet abgebildet und haben sonst keine Bedeutung.

5.4.2 Standardoperationen

Hier sind zunächst nur die üblichen **Vergleichsoperationen** mit Werten vom Typ *BOOLEAN* als Infixoperationen in der bisher schon definierten Schreibweise erklärt, wobei die implementationsabhängige Ordnung der Zeichen zugrunde liegt. Vorausgesetzt wird in PASCAL nur, daß die Ziffern 0 bis 9 vorkommen und korrekt geordnet sind; wenn große oder kleine alphabetische Buchstaben erlaubt sind, sollen sie lexikographisch sortiert sein.

5.5 Typ *REAL*

5.5.1 Standardobjekte

Dieser einfache, aber nicht ordinale vordefinierte Typ enthält das Analogon der reellen Zahlen in Gleitkommaschreibweise (vgl. Abschnitt 3.4.4). Aus Kompatibilitätsgründen zum angelsächsischen Sprachgebrauch verwendet man einen Dezimalpunkt statt eines Kommas, und man kennzeichnet durch ein vorangestelltes “ E” den Zehnerexponenten:

$$\begin{aligned}
\text{ScaleFactor} \quad &= \quad [\,\text{Sign}\,]\,\text{UnsignedInteger} \blacksquare \\
\text{UnsignedReal} \quad &= \quad \text{UnsignedInteger“ .” DigitSequence } [\text{ “ } E\text{” ScaleFactor}] \mid \\
&\qquad \text{UnsignedInteger“ } E\text{” ScaleFactor} \blacksquare
\end{aligned}$$

Die erste Alternative hat stets einen Dezimalpunkt, aber das E ist optional; im zweiten Fall fehlt der Punkt, aber es muß ein E folgen. Dadurch sind die Standardbezeichner dieses Typs von denen des Typs *INTEGER* verschieden. Die Darstellung der Werte ist nicht eindeutig; im Typ *REAL* kann man die ganze Zahl 284 beispielsweise durch 284.0 oder $0.284E + 03$ auf Sprachebene beschreiben.

Wie beim Typ *INTEGER* ist der interpretierbare Zahlenbereich im Typ *REAL* auf eine nicht genau spezifizierte Teilmenge der Zahlen eingeschränkt. Leider kennt PASCAL keine Möglichkeit, über vordefinierte Konstanten gewisse Informationen über die interne Zahldarstellung bereitzustellen.

Manche PASCAL–Implementationen haben auch *DOUBLE* als vordefinierten einfachen, aber nicht ordinalen Typ; dieser enthält dann Gleitkommazahlen von "doppelter" Genauigkeit.

5.5.2 Standardoperationen

Für den Typ *REAL* sind die folgenden zweistelligen Infix–Standardoperationen definiert:

$$+ \quad \text{als Addition}$$
$$- \quad \text{als Subtraktion}$$
$$* \quad \text{als Multiplikation}$$
$$/ \quad \text{als Division}$$

und die einstelligen Präfixoperationen + und − entsprechen denen des Typs *INTEGER*. Die Division / im *REAL*-Typ wird von DIV im *INTEGER*-Typ unterschieden. Ferner hat man die üblichen Vergleichsoperationen mit Werten im Typ *BOOLEAN*. Alle Operationen sind einzeln klammerfrei.

Die Semantik dieser Operationen sollte die übliche sein; der naive Leser wird vermuten, daß die bekannten Gesetze der Arithmetik gelten, sofern man im interpretierbaren Bereich bleibt. Dies ist leider in der Praxis falsch, wie der folgende Abschnitt zeigen wird.

5.5.3 Rundung

Die bei umgangssprachlicher Interpretation der Standardbezeichner auftretende Wertemenge ist die der Werte von endlichen Dezimalbrüchen. Die in Maschinen verwendeten Wertemengen sind dazu in der Regel inkompatibel: sie verwenden eine Menge G von Gleitkommazahlen zu einer Basis B, die in der Regel 2 oder 16 ist und wobei die Mantissenlänge n festliegt (vgl. Abschnitt 3.4.4). Wie die Aufgabe 3.4.4.2 zeigte, fallen dann die Standardwerte der Sprachbezeichner und deren Werte unter der maschinellen Interpretation nicht mehr zusammen. Eine weitere Komplikation ist der in der Regel beschränkte Exponentenbereich, der hier aber zunächst ignoriert wird.

Zu jeder auf Sprachebene gegebenen reellen Zahl x bildet der PASCAL–Übersetzer intern eine "gerundete" Gleitkommazahl $rd(x) \in G$. Die Art des Rundungsprozesses ist in PASCAL nicht festgelegt. Insbesondere ist nicht gesichert, ob der Rundungsprozeß mit der **optimalen** Rundung

$$Rd : \mathbb{R} \longrightarrow G$$

übereinstimmt, die zu jeder reellen Zahl die **nächstgelegene** Gleitkommazahl aus G bildet. In der Regel erfüllt der Rundungsprozeß für jedes x, das keinen Exponentenüberlauf auslöst, das **Rundungsgesetz**

$$|rd(x) - x| \leq |x|\epsilon$$

mit einer festen positiven Zahl ϵ. Der relative Fehler der Rundung ist also höchstens ϵ. Allgemein wird der **relative** Fehler einer Näherung x einer Zahl $X \neq 0$ als $|X - x|/|X|$ definiert, während der Betrag $|X - x|$ als **absoluter** Fehler bezeichnet wird.

Bei der üblichen Rundungsstrategie schreibt man eine zu rundende positive Zahl x in ihrer Darstellung zur Basis B hin und rundet die n-te Mantissenstelle um eine Einheit auf, wenn in der $(n + 1)$-ten Stelle noch mindestens $B/2$ steht. Dabei sei die Basis als gerade Zahl angenommen. Bei negativen Zahlen ignoriert man das Vorzeichen bei der Rundung.

Es ist klar, daß diese Strategie die optimale Rundung realisiert; der relative Fehler dieser Rundung läßt sich durch B und n leicht ausdrücken:

Satz 5.5.3.1 *Bei einer Gleitkommadarstellung mit n Mantissenstellen zu einer geraden Basis B erfüllt die optimale Rundungsstrategie das Rundungsgesetz mit*

$$|\epsilon| \leq \frac{B^{1-n}}{2}.$$

Beweis : Man schreibe eine (ohne Einschränkung als positiv vorausgesetzte) infinite Gleitkommazahl x als

$$x = 0.b_1 b_2 \ldots b_{n-1} b_n b_{n+1} \ldots \cdot B^K$$

und die gerundete Zahl $Rd(x)$ als

$$Rd(x) = 0.c_1 c_2 \ldots c_{n-1} c_n \cdot B^L$$

mit den Rundungsregeln

1. $c_i = b_i$, $\quad 1 \leq i \leq n$ und $K = L$, wenn $0 \leq b_{n+1} < \frac{B}{2}$

2. $0.c_1 c_2 \ldots c_{n-1} c_n \cdot B^L = 0.b_1 b_2 \ldots b_{n-1} b_n \cdot B^K + B^{K-n}$ und $K = L$,

   wenn $b_{n+1} \geq \frac{B}{2}$ und nicht alle $b_i = B - 1$

3. $c_1 = 1$, $c_j = 0$, $2 \leq j \leq n$, und $L = K + 1$,

   wenn alle $b_i = B - 1$, $1 \leq i \leq n$ und $b_{n+1} \geq \frac{B}{2}$.

Die Differenz $|x - Rd(x)|$ ist dann höchstens $\frac{B^{K-n}}{2}$ und wegen $b_1 \geq 1$ gilt

$$x \geq B^{K-1}.$$

Damit folgt die Behauptung des Rundungsgesetzes. QED.

Aufgabe 5.5.3.2. In diversen Maschinen wird durch "Abhacken" gerundet, d.h. man hat eine Abbildung

$$trunc : I\!R \longrightarrow G$$

mit

$$trunc(0.b_1 b_2 \ldots b_n b_{n+1} \ldots \cdot B^K) = 0.b_1 b_2 \ldots b_n \cdot B^K.$$

Man zeige: Diese Strategie erfüllt dasselbe Rundungsgesetz, aber mit einer doppelt so großen Schranke für ϵ. $\square$

In beiden Fällen ist das Rundungsgesetz mit einer festen Schranke ϵ gültig. Dadurch hat man die Möglichkeit, bei Kenntnis der Schranke den Rundungsfehler bei Konversion der Eingabedaten in interne Werte abzuschätzen.

5.5.4 Rechengesetze für *REAL*

Im Typ *REAL* sind nicht nur die Interpretationsergebnisse der Standardbezeichner, sondern auch alle Rechenergebnisse potentiell fehlerbehaftet.

Beispiel 5.5.4.1. Berechnet man

$$10000.0 + 1.0 - 10000.0$$

mit einer vierstelligen Dezimalarithmetik, so ist die interne Darstellung $0.1000E6$ von 10000.0 exakt möglich, aber die Addition einer Eins verändert diesen Wert nicht; die nächstgelegene größere Gleitkommazahl ist $0.1001E6 = 10010.0$. Bei nachfolgender Subtraktion von 10000.0 ergibt sich Null statt Eins als Resultat der Rechnung. $\square$

Dieses Beispiel läßt sich leicht für andere Stellenzahlen und Basen variieren; es zeigt ferner, daß das Gesetz $(a + b) - c = (a - c) + b$ verletzt ist.

Aufgabe 5.5.4.2. Man gebe je ein Beispiel für die Verletzung des Distributivgesetzes $(a+b)*c = a*c+b*c$ und des Assoziativgesetzes $(a+b)+c = a+(b+c)$ bei vierstelliger Dezimalarithmetik an. $\square$

Es sei im folgenden $\circ$ eine der arithmetischen Operationen der Mathematik, nämlich $+$, $-$, $\cdot$ oder $/$. Mit $\diamond$ werde die entsprechende Operation bei Interpretation von PASCAL bezeichnet. Diese wirkt dann stets auf Gleitkommazahlen aus der Menge G und ergibt wieder Gleitkommazahlen aus G. Deshalb kann sie auch auf $G \times G$ nicht mit $\circ$ exakt übereinstimmen, denn die exakten Ergebnisse von $\circ$ auf der eingeschränkten Menge $G \times G$ können leicht eine zu große Stellenzahl haben (siehe obiges Beispiel).

Von guten Realisierungen $\diamond$ der Operation $\circ$ wird man erwarten, daß sie bei Anwendung auf $G \times G$ zunächst ein exaktes Zwischenergebnis bilden und dann runden, d.h. es sollte

$$a \diamond b = rd(a \circ b)$$

gelten. Das Rundungsgesetz ergibt dann die Fehlerabschätzung

$$|a \diamond b - a \circ b| \leq |a \circ b|\epsilon$$

mit der oben schon aufgetretenen festen Schranke ϵ. Noch besser wäre es, wenn das exakte Zwischenergebnis **optimal** gerundet würde. Leider aber ist keineswegs klar, ob die arithmetischen Operationen im *REAL*-Typ überhaupt einer Abschätzung der obigen Form genügen. Sehr wünschenswert wäre es, wenn von allen PASCAL-Implementierungen verlangt würde, daß die Ergebnisse von Rundungen und arithmetischen Operationen stets die obigen Abschätzungen mit einer vordefinierten und abfragbaren Konstanten *MINREAL*, die als ϵ fungiert, erfüllen würde. Dadurch hätte man auf Sprachebene die Möglichkeit, die Genauigkeit einer Rechnung im Typ *REAL* zu beurteilen. Die numerische Mathematik gibt Verfahren an, aus der Kenntnis von ϵ Fehlerabschätzungen für die Ergebnisse von Algorithmen im *REAL*-Typ herzuleiten. Solche Verfahren könnte man dann in die Algorithmen einbauen. Leider gibt es namhafte Maschinenhersteller, deren Produkte nicht das Rundungsgesetz im *REAL*-Bereich erfüllen und leider wurde bei der Definition von PASCAL auf solche Hersteller Rücksicht genommen.

5.5.5 Ausnahmebedingungen im Typ *REAL*

Wenn man die Endlichkeit des Exponentenbereichs ignoriert, sind alle Rechnungen (bis auf die Nulldivision) im Typ *REAL* ohne weiteres ausführbar, wenn auch mit dem oben angegebenen maximalen relativen Fehler. Leider muß der Exponentenbereich aber in der Praxis nach oben und nach unten beschränkt werden. Dadurch ergeben sich zwei weitere Ausnahmen: der **Unter–** bzw. **Überlauf** der **Exponenten** von Gleitkommazahlen (*floating–point over/underflow*). Häufig wird der Exponenten-Unterlauf durch Nullsetzen des Ergebnisses "repariert" (ohne Abbruch der Rechnung), während der Überlauf als Fehler gemeldet wird. Aber wenn nachfolgende Multiplikationen mit großen Gleitkommazahlen das Ergebnis bei exakter Rechnung wieder in "normale" Bereiche bringen, entsteht durch Nullsetzen bei Exponenten–Unterlauf ein irreparabler Schaden.

Ein weiteres Problem liegt in der von Anfängern oft vorgenommenen Prüfung von Gleitkommazahlen auf "Gleichheit". Da Rechenergebnisse im Typ *REAL* stets fehlerbehaftet sind und von der internen Gleitkommaarithmetik stark abhängen, ist eine solche Prüfung ein reines Glücksspiel.

5.5.6 Andere Rechnerarithmetiken

In der **Intervallarithmetik** werden die arithmetischen Operationen nicht nur mit einzelnen Gleitkommazahlen, sondern mit je einer oberen und unteren Schranke für die eigentlich interessierende Zahl durchgeführt. Deren Behandlung erfolgt durch spezielle Rundungsregeln so, daß man stets sicher sein kann, daß das wahre Ergebnis bei exakter Rechnung in dem angegebenen Intervall liegen muß.

Bei komplizierteren Rechenvorgängen, die aus sehr vielen Einzeloperationen bestehen, tritt aber leider häufig eine allzu große "Aufblähung" der Intervalle auf, die dadurch als Schranken für das Ergebnis wertlos werden. Deshalb ist man dazu übergegangen, auch für größere Operationen (wie z.B. das Bilden des Skalarproduktes zweier Vektoren) alle Zwischenergebnisse exakt zu bilden und erst das Ergebnis zu runden. Dann gilt das obige Rundungsgesetz auch für die allgemeineren Operationen und man kann viele in der Praxis wichtige Rechenprozesse innerhalb der durch das Rundungsgesetz angegebenen Ungenauigkeit halten. Besonders wichtig ist die Kombination dieser Technik der exakten Zwischenrechnungen mit der Intervallarithmetik. Dabei ergeben sich praktisch brauchbare und sichere Schranken für die Ergebnisse von Rechnungen im *REAL*–Typ. Dabei wird allerdings (intern) der Typ *REAL* verlassen und erst nach Beendigung der größeren Elementaroperationen wieder durch Rundung auf den Typ *REAL* abgebildet. Zur Vermeidung der Diskrepanz zwischen den Werten auf Maschinen– und Sprachebene ist die interne Gleitkommaarithmetik dann auch zur Basis 10 zu nehmen. In dieser Weise ist das Programmpaket PASCAL–SC inklusive einer Spracherweiterung von PASCAL konsequent konstruiert; für größere Rechner gibt es ähnliche Programmsysteme, allerdings nicht auf dem Niveau einer höheren Programmiersprache, sondern nur als Prozedurenpakete. Grundlegendes über moderne Arithmetiken für Gleitkommarechnungen findet sich beispielsweise in dem Buch [33] von U. **Kulisch** und W.L. **Miranker**.

Aufgabe 5.5.6.1. Man prüfe (ohne Vertauschung der Reihenfolge der Operanden) mit Hilfe eines beliebigen Rechners folgende Identitäten:

$$10^{50} + 812 - 10^{50} + 10^{35} + 511 - 10^{35} = 1323,$$

$$a_1 \cdot b_1 + a_2 \cdot b_2 + a_3 \cdot b_3 + a_4 \cdot b_4 + a_5 \cdot b_5 = -1.00657107 \cdot 10^{-11}$$

mit

$$
\begin{aligned}
a_1 &= 2.718281828 & b_1 &= 1486.2497 \\
a_2 &= -3.1415926534 & b_2 &= 878366.9879 \\
a_3 &= 1.414213562 & b_3 &= -22.37492 \\
a_4 &= 0.5772156649 & b_4 &= 4773714.647 \\
a_5 &= 0.3010299957 & a_5 &= 0.000185049
\end{aligned}
$$

□

Aufgabe 5.5.6.2. Man löse mit Hilfe eines Digitalrechners das folgende lineare Gleichungssystem mit der exakten Lösung $x = 205117922$ und $y = 83739041$:

$$
\begin{aligned}
64919121 \;\; \cdot x - 159018721 \cdot y &= 1 \\
41869520.5 \cdot x - 102558961 \cdot y &= 0
\end{aligned}
$$

□

5.6 Standardfunktionen

5.6.1 Funktionen auf ordinalen Typen

Auf ordinalen Typen T sind drei einstellige Funktionen in geklammerter Präfixform vordefiniert:

$ORD\,(x : T) : INTEGER;$

liefert einen implementationsabhängigen Wert vom Typ $INTEGER$, der die "Position" des Arguments x in der Ordnung des ordinalen Typs T angibt. Es gilt $ORD(FALSE) = 0$ im Typ $BOOLEAN$ und $ORD(i) = i$ im Typ $INTEGER$.

$SUCC\,(x : T) : T;$

liefert den Nachfolger und

$PRED\,(x : T) : T;$

den Vorgänger des Arguments x in der Ordnung des ordinalen Typs T. Es erfolgt ein Abbruch des Programms, wenn $SUCC$ auf den größten oder $PRED$ auf den kleinsten Wert des ordinalen Typs angewendet wird.

Soweit $SUCC$ und $PRED$ definiert sind, gilt

$$
\begin{aligned}
ORD(SUCC(x)) &= ORD(x) + 1 \\
ORD(PRED(x)) &= ORD(x) - 1.
\end{aligned}
$$

5.6.2 Typübergänge

Es gibt in PASCAL einige weitere Standardoperationen, die es erlauben, zwischen
verschiedenen Typen zu wechseln (genaugenommen fallen schon die Vergleichsoperationen unter diese Kategorie, denn sie wirken beispielsweise auf den Typ *INTEGER*
und haben *BOOLEAN*–Werte). Sie werden als prädefinierte Funktionen in Präfixform
mit Klammern geschrieben:

> *TRUNC* (x : *REAL*) : *INTEGER*

ist die Abhackrundung von x auf die zu x nächstgelegene ganze Zahl zwischen
Null und x.

> *ROUND* (x : *REAL*) : *INTEGER*

ist die optimale Rundung auf die nächstgelegene ganze Zahl

> *CHR* (n : *INTEGER*) : *CHAR*

ist definiert durch *CHR(ORD(c))* = c für alle Zeichen c des Typs *CHAR*.

> *ODD* (x : *INTEGER*) : *BOOLEAN*

ist *TRUE*, wenn der Wert von x ungerade ist und *FALSE* sonst.

5.6.3 Arithmetische Standardfunktionen

Auf den Typen *REAL* und *INTEGER* gibt es eine Reihe vordefinierter Standardfunktionen:

ABS (X) berechnet den Absolutbetrag $|X|$ (vgl. Abschnitt 3.4.5). Der Ergeb-
nistyp ist *INTEGER*, wenn das Argument den Typ *INTEGER* hatte.

ARCTAN (X) berechnet den Hauptwert des Arcus Tangens des Winkels X im
Bogenmaß. Das Ergebnis liegt zwischen $-\pi/2$ und $\pi/2$. Wer sich die Konstante
π nicht merken kann, sollte sich wenigstens die Gleichung $\pi = 4.0*ARCTAN(1.0)$
merken, um sich π im Programm beschaffen zu können.

COS (X) berechnet den Cosinus des Winkels X. Dabei wird X im Bogenmaß
angenommen, d.h. die Periode ist 2π.

EXP (X) berechnet die Exponentialfunktion von X. Man hat zu beachten, daß
große positive Argumente leicht zum Exponentenüberlauf führen.

LN (X) berechnet den natürlichen Logarithmus von X. Dazu muß $X > 0$ vorausgesetzt werden. Im Idealfall hat man $EXP(LN(X)) = X$ und $LN(EXP(X)) = X$.

SIN (X) berechnet den Sinus des Winkels X. Dabei wird X im Bogenmaß
angenommen, d.h. die Periode ist 2π.

SQR (X) berechnet das Quadrat $X * X$. Der Ergebnistyp ist *INTEGER*, wenn
das Argument den Typ *INTEGER* hatte.

$SQRT\,(X)$ berechnet die Quadratwurzel aus X, wobei selbstverständlich $X \geq 0$ vorausgesetzt werden muß.

Die Argumente der obigen Standardfunktionen können sowohl den Typ *REAL* als auch den Typ *INTEGER* haben ("**generische**" Funktionen).

5.7 Standard–Zeigertypen

5.7.1 Allgemeines über Zeiger

Ein **Zeiger** ist in PASCAL ein Wert, der entweder auf nichts oder auf einen Wertplatz gewissen Typs hinweist. Da Zeiger Werte sind, bilden Mengen von Zeigern Typen, die sogenannten **Zeigertypen**. Diese unterscheiden sich nach den Typen (den **Bezugstypen**) der Wertplätze, auf die die jeweiligen Zeiger verweisen. Ein Zeigertyp wird auf Sprachebene aus dem Bezugstyp durch Voranstellen des Zeichens ↑ gebildet. Somit ist beispielsweise ↑*CHAR* die Menge der Zeiger, die auf nichts oder auf Wertplätze vom Typ *CHAR* zeigen. Auf diese Weise erhält man aus den bisherigen Standardtypen neue **Standard–Zeigertypen**. Dies ist ein Vorgriff auf die später zu behandelnden allgemeinen Zeigertypen (vgl. Abschnitt 8.2). Im Sinne von 1.6.5.5 sind Zeiger nichts anderes als **Referenzen**.

5.7.2 Standardobjekte

Der einzige **Standardzeiger** hat die Bezeichnung NIL auf Sprachebene und zeigt auf nichts. Er wurde in der EBNF–Produktion UnsignedConstant schon syntaktisch definiert. Definitionsgemäß liegt NIL in allen Zeigertypen; es gibt keine anderen Zeiger, die auf Sprachebene Bezeichner haben.

5.7.3 Standardoperationen

Zunächst kann man Zeiger gleichen Typs nur vergleichen: zwei Zeiger sind gleich, wenn sie entweder beide gleich NIL sind oder auf denselben Wertplatz des Bezugstyps zeigen. Deshalb sind die Standardoperationen = und <> auf Zeigertypen im obigen Sinne definiert. Zeiger verschiedenen Typs sind in orthodoxem PASCAL unvergleichbar. Weitere Operationen auf Zeigern werden nicht direkt auf den Werten, sondern auf Variablen vom Zeigertyp definiert; sie müssen deshalb hier noch zurückgestellt werden.

5.8 Standard–Deklarationen

5.8.1 Konstanten–Deklarationen

Im Abschnitt 1.6.3 wurde schon die Möglichkeit von Sprachen erörtert, gewissen Werten neue Bezeichner zuzuordnen. Diese **Konstantendeklarationen** haben in PASCAL die Syntax

$$\begin{aligned}
\text{ConstantDefinitionPart} \;=\;& [\; \text{``CONST''} \; \text{ConstantDefinition} \; \text{``;''} \\
& \{\, \text{ConstantDefinition} \; \text{``;''} \,\} \;]\; . \\
\text{ConstantDefinition} \;=\;& \text{Identifier} \; \text{``=''} \; \text{Constant} \; .
\end{aligned}$$

Durch eine Konstantendeklaration erhält der bislang uninterpretierbare Bezeichner Identifier bei Interpretation denselben Typ und Wert wie der Bezeichner Constant. Er wird syntaktisch zum ConstantIdentifier und kann dann auf der rechten Seite der Produktionen von Constant und UnsignedConstant auftreten. Dabei wird vorausgesetzt, daß die Constant schon interpretierbar ist.

5.8.2 Variablen–Deklarationen

Die EBNF–Notation einer Variablendeklaration ist

$$\begin{aligned}
\text{VariableDeclarationPart} \;=\;& [\; \text{``VAR''} \; \text{VariableDeclaration} \; \text{``;''} \\
& \{\, \text{VariableDeclaration} \; \text{``;''} \,\} \;]\; . \\
\text{VariableDeclaration} \;=\;& \text{IdentifierList} \; \text{``:''} \; \text{Type} \; .
\end{aligned}$$

Die Bezeichner der IdentifierList müssen neu sein und erhalten den Typ aus Type. Danach sind sie über VariableIdentifier erreichbar.

Die Semantik einer Variablendeklaration erlaubt, jeden Bezeichner der IdentifierList als **Referenz** auf einen **Wertplatz** vom Typ Type zu interpretieren. Bei maschineller Interpretation wird ein Wertplatz angelegt (vergleichbar einem Kästchen oder Formular, das einen Wert des betreffenden Typs aufnehmen kann). Es wird aber kein Wert an dem Wertplatz abgelegt; der Wert der Variablen ist nicht definiert.

Leider prüft PASCAL nicht nach, ob aus dem Programmtext hervorgeht, daß eine Variable, die noch keinen Wert besitzt, referenziert wird (etwa auf der rechten Seite einer Wertzuweisung). Deshalb können durch versehentlich nicht mit Werten versehene Variable unangenehme und schwer zu entdeckende Fehler resultieren. Man gewöhne sich daher an, bei allen deklarierten Variablen nachzuprüfen, ob sie mit Werten versehen werden, bevor auf ihre Werte zugegriffen wird.

Die durch Interpretation eines Variablennamens gebildete Referenz ist in PASCAL nicht zugänglich, obwohl es Zeigertypen gibt. Denkbar wäre etwa eine Funktion REF, die zu einer Variablen V vom Typ T durch $REF(V)$ einen Wert des Zeigertyps $\uparrow T$ erzeugt, der auf den Wertplatz von V zeigt.

5.8.3 Exkurs über PASCAL–Programmstrukturen

Normalerweise sollten die meisten Leser bereits einige Erfahrung mit PASCAL–Programmen haben. Um aber das Üben der PASCAL–Programmierung für unvorbereitete Leser frühzeitig möglich zu machen, soll in diesem Exkurs das Nötigste dargestellt werden, was man für elementare lauffähige PASCAL–Programme braucht. Ein simples PASCAL–Programm hat die Form

```
PROGRAM Programmname (INPUT,OUTPUT);
    { Vorbedingungen,
      Nachbedingung}

    [ ConstantDefinitionPart ]
    [ VariableDeclarationPart ]
    {Kommentar zu den Variablen}

    BEGIN
          { Operationen
          {Kommentare zu Operationen,
          insbesondere Invarianten zu Schleifen;
          Korrektheitsbeweis} }
    END {Programmname}.
```

Die Operationen werden insbesondere aus Wertzuweisungen der schon im ersten Kapitel dargestellten Form und Prozeduraufrufen bestehen. Alle Operationen sind durch Semikola zu trennen. Wichtige Prozeduraufrufe zur **Ein– und Ausgabe** sind

WRITELN

rückt das Standardausgabemedium um eine Zeile vor.

READLN

rückt das Lesen auf dem Standardeingabemedium auf den Beginn der nächsten Zeile vor.

WRITE (CharacterString)

gibt den CharacterString, der stets in Apostrophe eingeschlossen ist, auf der Standardausgabe aus.

WRITE (IdentifierList)

gibt die Werte der durch die Bezeichner der IdentifierList beschriebenen Variablen oder Konstanten in einem Standardformat auf der Standardausgabe aus. Als Typen sind vorerst *INTEGER*, *CHAR*, *REAL* und *BOOLEAN* erlaubt.

READ (IdentifierList)

liest die Werte der Variablen mit Bezeichnern aus der IdentifierList in freiem Format von der Standardeingabe ein. Als Typen sind *INTEGER*, *CHAR* und *REAL* erlaubt.

Wenn man *WRITELN* bzw. *READLN* mit einer Parameterliste verwendet, so wirkt das wie *WRITE* bzw. *READ* mit derselben Parameterliste gefolgt von *WRITELN* bzw. *READLN* ohne Parameterliste. Man braucht *INPUT* nicht zu spezifizieren, wenn keine Daten gelesen werden. Dies sollte für den Anfang genügen; Genaueres findet man im Abschnitt 8.11.4 und im PASCAL–Report [28].

Beispiel 5.8.3.1. Nach den bisher bekannten Sprachelementen ist das Beispielprogramm

```
PROGRAM Test (INPUT, OUTPUT);
      { Vorbedingung : keine;
      Nachbedingung :
      Das Programm beginnt eine neue Zeile,
      druckt die Nachricht 'Erster Versuch!'
      und auf der nächsten Zeile den Wert von π².}
      CONST Pi = 3.141529;
      VAR X : REAL;
      BEGIN
         WRITELN;
         WRITELN ('Erster Versuch!');
         X := Pi * Pi;
         WRITELN (X)
      END {Test}.
```

ausführbar. □

Wenn der Leser eine PASCAL–fähige Maschine zur Verfügung hat und sich in deren Bedienung auskennt, kann ab hier mit konkreten Übungen im Programmieren fortgefahren werden. Dabei kann man auf die im Abschnitt 2.5 schon angegebenen Schreibweisen für bedingte Operationen, Schleifen und Blocks zurückgreifen. Wichtig ist dabei nur, daß OD und FI in PASCAL leider fehlen. Die exakte Syntax in EBNF–Form wird in Kapitel 7 angegeben. Die Schreibweisen für Prozeduren sind im Kapitel 2 schon PASCAL–korrekt formuliert.

Aufgabe 5.8.3.2. Man prüfe an Hand eines PASCAL–Programms die Wirkung der vordefinierten Funktionen *TRUNC* und *ROUND* auf einigen positiven und negativen *REAL*–Zahlen. □

Aufgabe 5.8.3.3.   Man drucke die *ORD*–Werte der über die Terminaltastatur eingebbaren Zeichen des Typs *CHAR* aus, und vergleiche sie mit der Tabelle der ASCII–Zeichen. □

Aufgabe 5.8.3.4. Man schreibe ein PASCAL–Programm zur Demonstration, daß die Assoziativgesetze und das Distributivgesetz im *REAL*–Typ nicht gelten. □

Aufgabe 5.8.3.5.   Man versuche festzustellen, ob der verwendete Computer das Rundungsgesetz erfüllt und schätze durch einige Probeläufe die Konstante ϵ ab. □

6 Ausdrücke

Dieses Kapitel behandelt Syntax und Semantik der PASCAL–Ausdrücke.

6.1 Syntax

Die im Abschnitt 3.3 dargestellte Problematik der Operationspräzedenzen bei klammerfreier Infix–Schreibweise wird durch Angabe einer mehrstufigen EBNF gelöst, deren Stufenordnung den Operatorpräzedenzen entspricht.

6.1.1 Präzedenzen der Operationen

Die PASCAL–Syntaxregeln setzen vier verschiedene Ebenen für die Präzedenzen zwischen Operationen voraus (vgl. Tabelle 10), die sich in EBNF–Form durch unterschied-

Priorität	EBNF–Symbol	Operationen und Operanden
höchste	Factor	NOT und Funktionen, geklammerte Ausdrücke, Variablen und Konstanten
zweite	Term	Punktoperationen, AND
dritte	SimpleExpression	Strichoperationen, OR
niedrigste	Expression	Relationsoperationen, IN

Tabelle 10: Präzedenzen der PASCAL–Operationen

liche Nichtterminalsymbole ausdrücken lassen. Die logischen Operationen werden auf die Niveaus geschickt verteilt.

6.1.2 EBNF–Form

Mit einigen noch unerklärten Bestandteilen hat man für PASCAL–Ausdrücke die EBNF

$$
\begin{aligned}
\text{Factor} \;=\; & \text{Variable} \mid \text{UnsignedConstant} \mid \text{FunctionDesignator} \mid \\
& \text{SetConstructor} \mid \text{BoundIdentifier} \mid \text{``NOT''Factor} \mid \\
& \text{``(''Expression``)''} \,. \\
\text{Term} \;=\; & \text{Factor} \left\{ \text{MultiplyingOperator Factor} \right\} . \\
\text{SimpleExpression} \;=\; & \left[\, \text{Sign} \,\right] \text{Term} \left\{ \text{AddingOperator Term} \right\} . \\
\text{Expression} \;=\; & \text{SimpleExpression} \\
& \left[\, \text{RelationalOperator SimpleExpression} \,\right] .
\end{aligned}
$$

Beim Parsen von Ausdrücken über das Nichtterminalzeichen Expression ist bei allen auftretenden Operationen und Operanden eine Typenprüfung vorzunehmen. Man beachte, daß jede ungeklammerte Expression höchstens einen RelationalOperator haben darf und hinter NOT keine Expression, sondern nur ein Factor erlaubt ist. Deshalb wird der Ausdruck NOT $x = y$ wie (NOT x) $= y$ verstanden und ist syntaktisch inkorrekt, wenn x und y nicht den Typ *BOOLEAN* haben.

Die Syntax der Variablen soll erst später in voller Allgemeinheit angegeben werden; es genügt vorläufig, wenn unter Variable ein beliebiger, bereits mit korrektem Typ deklarierter Variablenname der Form Identifier zu verstehen ist.

Aufgabe 6.1.2.1.   Man gebe mit Hilfe der EBNF–Grammatik Ableitungen für folgende Ausdrücke an:

$$(X-2*Y > Z*(X-Y)+4) \text{ OR } L \text{ AND } M$$
$$((X-2*Y > Z*(X-Y)+4) \text{ OR } L) \text{ AND } M$$
$$(X-2*Y > Z*X-Y+4) \text{ OR } L \text{ AND } M$$

Dabei sei die Deklaration

$$\text{VAR } X,Y,Z : INTEGER; \; L, \; M : BOOLEAN$$

unterstellt. $\square$

Aufgabe 6.1.2.2.   Was ist an den folgenden Ausdrücken zu bemängeln?

$$X-2*Y > Z*(X-Y)+4 \text{ OR } L \text{ AND } M$$
$$X-2*Y > Z*(X-Y)+4) \text{ OR } L \text{ AND } M$$
$$((X-2*Y > Z*(X-Y)+4) \text{ OR } L) \text{ DIV } M$$
$$(X-2*Y > Z*X-Y+4.) \text{ OR } L \text{ AND } M$$

Dabei sei dieselbe Deklaration wie oben angenommen. Man unterscheide Verstöße gegen die EBNF von anderen Fehlern. $\square$

Aufgabe 6.1.2.3.   Man gebe Syntaxdiagramme für die EBNF der PASCAL–Formeln an. $\square$

6.2   Formulare

6.2.1   Parsing

Die Analyse von Ausdrücken durch **Parsing** ist mit Hilfe der Methoden des Kapitels 4 nicht schwierig. Es treten auf Sprachebene nur Namen von ein– und zweistelligen Standardoperationen und Namen von Konstanten, Funktionen oder Variablen auf. Um die Abarbeitung von Ausdrücken an einem simplen Beispiel erläutern zu können, werden in diesem Abschnitt Ausdrücke mit der stark vereinfachten und auf die Anfangsbuchstaben abgekürzten EBNF

```
F  =  V | U | " (" E ") " .
T  =  F [ M F ] .
S  =  T [ A T ] .
E  =  S [ R S ] .
```

betrachtet. Unter Auslassung einiger Zwischenschritte kann dann die Formel

$$(x + 5) * y - (3 * z) * (12 - 8 * y)$$

über E, *(E)*MFA*(E)*M*(E)* und *(VAU)*MVA*(UMV)*M*(UAUMV)* abgeleitet werden. Eine zweidimensionale Veranschaulichung in Form eines "Baumes" ergibt sich, wenn man einen gegebenen Ausdruck von links nach rechts gemäß Abschnitt 4.2.6 parst und mit einem Bleistift auf einem Blatt Papier folgendes ausführt:

1. Man starte mit dem Schreiben unten links auf der Seite, wenn man das Parsing bei E beginnt.

2. Beim Beginn der Abarbeitung eines neuen Nichtterminalsymbols schreibe man dieses hin und gehe dann eine Zeile höher, und zwar dabei so weit nach rechts, daß über der neuen Schreibposition keine früheren Zeichen mehr stehen.

3. Beim Ende der Abarbeitung eines Nichtterminalsymbols gehe man zum zuletzt bearbeiteten Nichtterminalsymbol der nächstniedrigeren Zeile zurück. Wenn es kein solches gibt, ist man fertig; man sollte beim Parsing eines korrekten Ausdrucks dann wieder in der untersten Zeile bei E sein.

4. Terminalausdrücke für Variablen, Konstanten und Operationen ersetzen die zugehörigen Nichtterminalsymbole.

Dann erhält man für den Ausdruck $(x + 5) * y - (3 * z) * (12 - 8 * y)$ das Schema

```
  x       5             3     z     12      8     y
  F       F             F  *  F     F       F  *  F
  T   +   T             T           T    -  T
  S                     S           S
 (E)              y    (E)         (E)
  F          *    F     F       *   F
  T          -    T
  S
  E
```

Wenn man sich durch jedes Operationszeichen eine horizontale Linie als Verbindung zwischen den Operanden hinzudenkt, erkennt man die baumartige Struktur mit Verzweigungen vor den Operationen, während die Operanden (Variablen und Konstanten) an den "Blättern" oder "Zweigspitzen" liegen. Das Ganze heißt **Kantorowitsch–Baum** und läßt sich etwas schöner schreiben, wenn man die Nichtterminalsymbole wegläßt und die Operationssymbole exakt an die Verzweigungspunkte setzt. Fügt man ferner an jeder Verzweigung einen Wertplatz für das Zwischenergebnis ein, so erhält man Figur 14 und nennt das Ganze ein **Formular**.

Der Interpretationsvorgang wird hier so aufgefaßt, daß bei Anwendung auf eine **Formel** zunächst ein Formular erstellt wird. Wenn alle beteiligten Variablen einen Wert besitzen, kann die Interpretation einer Formel über die Aufstellung eines Formulars hinaus auch einen Wert liefern. Dies soll folgenden behandelt werden.

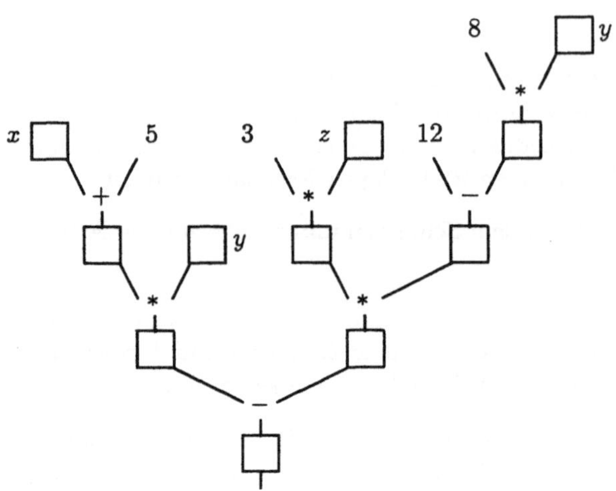

Figur 14: Formular zu der Formel $(x + 5) \cdot y - (3 \cdot z) \cdot (12 - 8 \cdot y)$

6.2.2 Parallelisierte Semantik

Die operative Semantik eines Ausdrucks arbeitet auf dem zugehörigen Formular und
stellt zu jeder Belegung der Wertplätze der Variablen mit Werten einen Wert des
Gesamtausdrucks fest. Das kann auf verschiedene Weisen durchgeführt werden. Die
parallelisierte Interpretation erfolgt von oben nach unten auf dem Formular, wobei
jeweils alle Ecken einer Ebene **parallel** oder (**kollateral**) interpretiert werden. Wenn
der Baum k Ebenen hat, sind k Interpretationsschritte (mit Parallelität) nötig.

Aufgabe 6.2.2.1.   Man formuliere die kollaterale Formelauswertung auf einem
Formular als Prozedur in Pseudocode. □

Die Semantik der einzelnen Formularkomponenten folgt jetzt, wobei die Funktionen
zunächst noch ignoriert werden. Die mit einem Konstantennamen versehenen Zweigspitzen des Kantorowitsch–Baumes werden durch Auswertung interpretiert: das Interpretationsergebnis ist der Wert der Konstanten und dessen Typ. Die mit einem
Variablennamen versehenen Zweigspitzen des Kantorowitsch–Baumes werden durch
Auswertung des im zugehörigen Wertplatz stehenden Wertes interpretiert. Das Interpretationsergebnis ist dieser Wert und dessen Typ.

Jetzt kann man rekursiv fortschreiten und annehmen, daß die bisherige Interpretation
auf den nach innen weisenden Kanten jeweils einen Wert bestimmten Typs ergeben hat.
An jeder Ecke, die jetzt zu interpretieren ist (es werden alle Ecken mit gleicher fester
Wurzeldistanz **kollateral** interpretiert), stehen ein oder zwei solche Werte an, und es
ist eine bestimmte Standardoperation (deren Name an der Ecke notiert ist) auf den
Werten auszuführen. Dies soll gerade die Interpretation leisten, wobei auf Einhaltung
der Typen geachtet werden muß (bei Nichteinhaltung der Typeinschränkungen für

Operationen erfolgt ein Abbruch des Interpretationsvorgangs). Der Wert des Resultats
der ausgeführten Operation wird für den nächsten Interpretationsschritt zusammen
mit dem Typ weitergegeben.

Beispiel 6.2.2.2. Setzt man in den Baum des Formulars in Figur 14 Werte ein, so
erhält man in 5 kollateralen Schritten (die Schrittzahl steht neben den Operations-
symbolen) das Formular in Figur 15. $\square$

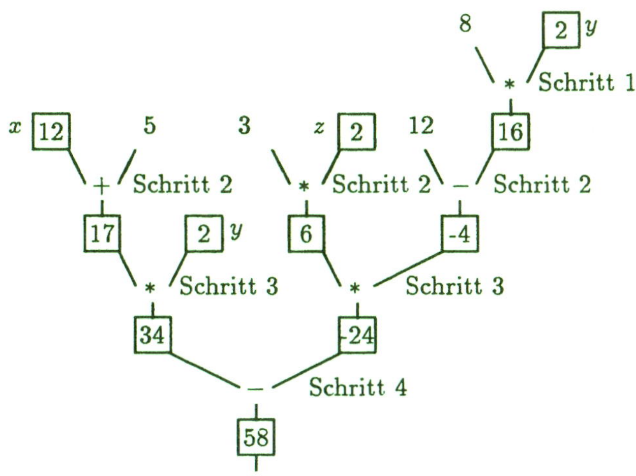

Figur 15: Formular mit kollateraler Bearbeitung

6.2.3 Sequentialisierungen

Natürlich ist man keineswegs gezwungen, die Interpretation parallel für die "Schichten" des Baumes von außen nach innen auszuführen. Wenn man immer nur eine
Operation oder nur eine Zweigspitze bearbeiten will, hat man diverse Möglichkeiten,
sich durch so einen Baum hindurchzuarbeiten. In PASCAL ist keine Reihenfolge der
Abarbeitung festgelegt.

Eine denkbare Variante ist, die Interpretationen einer Schicht nacheinander auszuführen (dies tut ein menschlicher Interpretierender oder eine rein sequentiell arbeitende Maschine).

Andere Varianten gehen nicht von den Schichten aus, sondern spazieren durch den
Baum, indem sie alle Kanten nach gewissen Regeln verfolgen (**Traversieren** eines
Baumes). Dabei sind zuerst alle Kanten "unbearbeitet"; sie haben nach der Bearbeitung einen Wert und einen Typ, den sie "nach unten" weitergeben. Das Verfahren
kann man so rekursiv beschreiben:

Die Bearbeitung eines Baumes beginnt bei der Kante, die in die Wurzel einläuft und wird als rekursiver Algorithmus auf Kanten dargestellt.

Ist also eine Kante K gegeben, so geht der Algorithmus nach oben zu der Ecke (auch Zweigspitzen sind Ecken), aus der die Kante kommt. Ist die Ecke eine Verzweigung, an der noch nicht alle von oben einlaufenden Kanten bearbeitet sind, so rekurriert der Algorithmus auf die am weitesten links stehende, noch unbearbeitete Kante. Ist die Ecke eine Zweigspitze, so wird sie bearbeitet und die Kante K wird als "bearbeitet" markiert; ist die Ecke eine Verzweigung, an der alle von oben einlaufenden Kanten bearbeitet sind, so wird ebenfalls K als bearbeitet markiert und in den beiden letztgenannten Fällen ist der Algorithmus auf K beendet.

Dieses rekursive Vorgehen "links vor rechts" sollte man sich an Beispielen klarmachen.

Beispiel 6.2.3.1. Für das Formular aus Figur 14 und 15 erhält man bei "links vor rechts" die Schrittreihenfolge wie in Figur 16. □

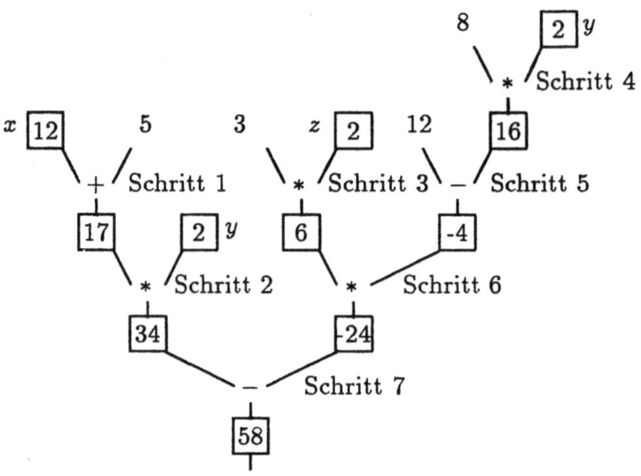

Figur 16: Formular mit sequentieller Bearbeitung

6.3 Wertzuweisung

Das Interpretationsergebnis eines Ausdrucks ist zunächst der Kantorowitsch–Baum und dann (bei Berücksichtigung der Werte in den Wertplätzen) die Auswertung durch Anwendung der Operationen auf die Werte. Das Ergebnis ist ein Wert. Dieser kann durch die **Wertzuweisung** einer Variablen zugewiesen werden, wobei man genauer sagen muß, daß der Wert in denjenigen Wertplatz eingetragen wird, auf den die per Interpretation aus dem Namen der Variablen gewonnene Referenz verweist. Die

Syntax der Wertzuweisung ist

AssignmentStatement $=$ (Variable | FunctionIdentifier) " $:=$ " Expression .

und vorläufig bleibt die Einschränkung von Variable auf Variablennamen der Form Identifier bestehen. Die Semantik ist die oben schon beschriebene.

Es muß hier noch einmal darauf hingewiesen werden, daß bei der Auswertung der Expression nicht geprüft wird, ob alle vorkommenden Variablen auch mit definierten Werten versehen wurden.

Mit der bisher beschriebenen Untermenge von PASCAL kann man nun simple arithmetische Programme formulieren:

```
PROGRAM Test2 (OUTPUT);
      { Vorbedingung : keine;
      Nachbedingung : Drucke den Wert
      der unten einprogrammierten Formel}
      VAR X : INTEGER;
      BEGIN
            X:=2 + 7 * ( 42 - 28 );
            WRITELN(X)
      END {Test2}.
```

6.4   Operationen auf Formeln

6.4.1   Aufbrechen von Formeln

Nun soll aus einer komplizierten Formel eine Reihe von elementaren Operationen gemacht werden, deren zusammengefaßte Interpretation dasselbe Ergebnis liefert wie die der ursprünglichen Formel. Diesen Prozeß nennt man **Aufbrechen** von Formeln. Er spielt bei der maschinellen Sprachübersetzung eine große Rolle.

Dazu braucht man nur die Wertplätze des Kantorowitsch-Baumes mit Namen zu versehen, die für Hilfsvariablen stehen und dann die einzelnen, bei der sequentiellen Auswertung des Baumes auftretenden Operationen hintereinander aufzuschreiben.

Beispiel 6.4.1.1. Den Kantorowitsch-Baum mit eingeschobenen Hilfsvariablen $H1$ bis $H6$ für die Formel $H := (x+5) \cdot y - (3 \cdot z) \cdot (12 - 8 \cdot y)$ zeigt Figur 17. Bei sequentieller Abarbeitung nach der links-vor-rechts-Regel ergibt dies den Block

```
BEGIN
      H1 := x + 5;   H2 := H1 * y;
      H3 := z * 3;   H4 := 8 * y;
      H5 := 12 - H3; H6 := H3 * H5;
      H := H2 - H6
END
```

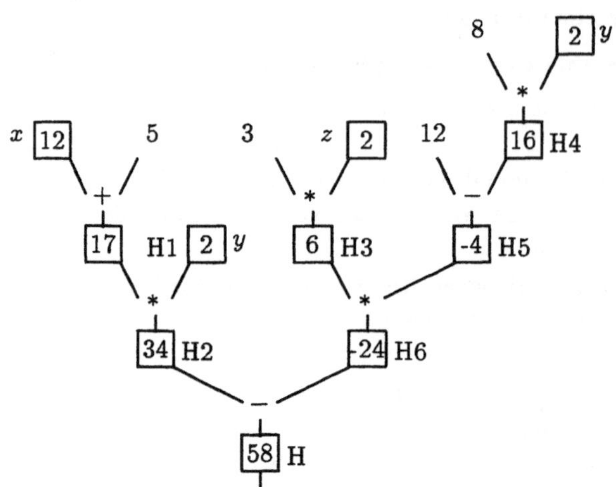

Figur 17: Aufgebrochenes Formular

und bei Parallelverarbeitung folgt

```
BEGIN
    H4:=8 * y;
    COBEGIN H1:=x + 5;
        H3:=3 * z; H5:=12 * H4;
    COEND;
    COBEGIN
        H2:=H1 * y; H6:=H3 * H5;
    COEND;
    H:=H2 - H6
END
```

wobei die durch COBEGIN und COEND begrenzten Blöcke aus parallel zu bearbeitenden Befehlen bestehen (hier wird der PASCAL–Sprachumfang überschritten). Es
wird durch dieses Beispiel klar, daß der Prozeß des Aufbrechens automatisierbar ist;
außerdem läßt sich die Zahl der Hilfsvariablen reduzieren. □

Aufgabe 6.4.1.2. Man schreibe ein Programm in Pseudocode zum Aufbrechen von
Formeln, die der Grammatik aus Abschnitt 6.2 genügen und nur aus Einzelziffern,
runden Klammern und den zweistelligen Infixoperationen $+, -, *$ bestehen. □

6.4.2 Verbinden von Formeln

Natürlich ist auch der umgekehrte Prozeß einer Formelmanipulation möglich, nämlich
das Einsetzen von Formeln in andere, wobei die einzusetzende Formel durch eine Wertzuweisung an eine Variable gegeben sein muß, die in der anderen Formel vorkommt.

Beispiel 6.4.2.1.   In der oben verwendeten Formel kann man natürlich die Wertzuweisung $x := (y + 4) \cdot z$ mit dem Kantorowitsch–Baum von Figur 18 einsetzen und

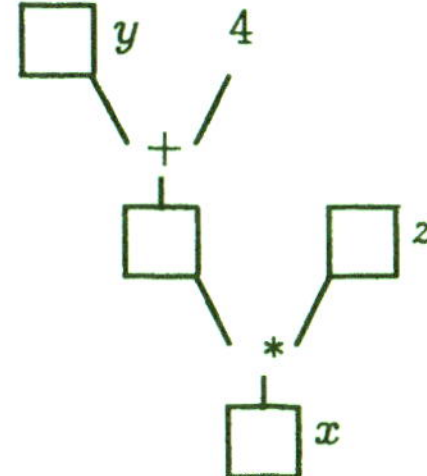

Figur 18: Formular zu der Formel $x := (y + 4) \cdot z$

erhält die Formel

$$H := ((y + 4) \cdot z + 5) \cdot y - (3 \cdot z) \cdot (12 - 8 \cdot y)$$

durch einfache Textsubstitution. Der Kantorowitschbaum wird auf den von Figur 14
aufgesetzt: es ergibt sich der Baum von Figur 19. □

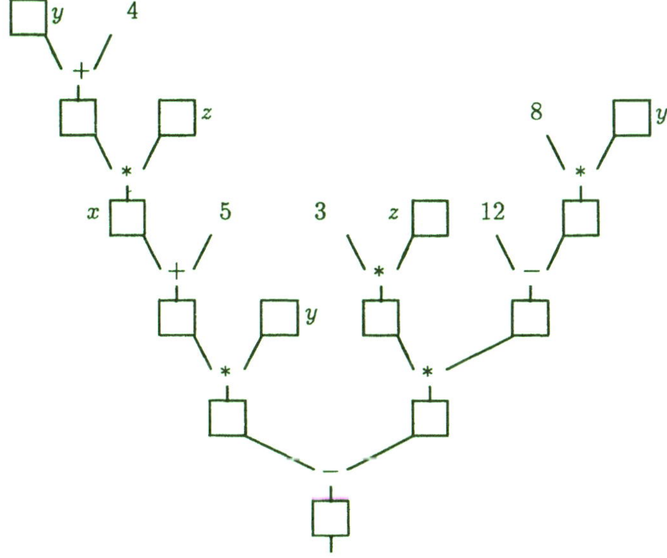

Figur 19: Aufgesetztes Formular

Aufgabe 6.4.2.2.   Man formuliere einen Pseudocode–Algorithmus zum sukzessiven
Einsetzen von Folgen von Formeln mit genau einem zweistelligen Infixoperator in eine
einzige Ergebnisformel. □

6.4.3 Parallelisierung von Formelfolgen

Wenn man eine sequentiell formulierte Reihe von elementaren Formeln hat (siehe das obige Beispiel der sequentiell aufgebrochenen Formel), so kann man die Formeln durch sukzessives Einsetzen zu einer einzigen Formel verbinden und dann durch Aufstellen des Kantorowitschbaums und dessen paralleler Auswertung eine Parallelisierung der Formelfolgen–Abarbeitung erhalten. Man mache sich das an Beispielen klar.

Natürlich ist dieser Prozeß algorithmisch formulierbar und durch Verbindung der obigen Übungen auch realisierbar. Nach diesem Prinzip ist es möglich, für moderne Maschinen mit interner Parallelverarbeitung (vgl. Abschnitt 12.2.3) eine nennenswerte Beschleunigung durch automatisierte Parallelisierung der Operationen komplizierter Formeln zu erreichen.

6.5 Funktionsprozeduren

6.5.1 Abschließung von Formeln

Als **Abschließung** bezeichnet man den Prozeß, aus einer Formel eine Funktionsprozedur zu machen. Dazu muß man ihr einen Namen zuweisen und die an den Zweigspitzen des Formulars befindlichen Variablennamen als Parameternamen in den Prozedurkopf aufnehmen. Der Typ des Ergebnisses der Funktionsprozedur ist dann derselbe wie der des Ergebnisses der Formel; dieser wird wie im Pseudocode der Parameterliste nachgestellt. Dann erhält man in zunächst noch etwas informeller Schreibweise für eine Formel mit Variablennamen $V1, \ldots, Vn$ vom Typ $T1, \ldots, Tn$ und dem Resultattyp T eine Funktionsprozedur

```
FUNCTION Formelname (V1 : T1;...;Vn : Tn) : T;
    BEGIN
        Formelname:= Expression mit Variablen V1,..., Vn
    END {Formelname}
```

Die Abschließung trennt den Kontext der Formel ab, indem sie ihn zur "Außenwelt" der Funktionsprozedur macht; die "Innenwelt" besteht nur aus der Formel allein. Die Wertzuweisung im Innern der Funktionsprozedur genügt der oben angegebenen Syntax; statt eines Variablennamens steht hier der Formelname als FunctionIdentifier. Diese Form macht nur dann einen Sinn, wenn sie innerhalb einer Funktionsprozedur auftritt, und zwar mit dem jeweiligen Funktionsnamen auf der linken Seite.

Davon zu unterscheiden ist der **Aufruf** der wie oben deklarierten Funktionsprozedur; ein solcher Aufruf benutzt ebenfalls den Bezeichner Formelname, fügt ihm aber eine Liste von Aktualparametern an.

Beispiel 6.5.1.1.   Die Quadratsumme aus zwei Zahlen x, y vom Typ *REAL* berechnet die Funktionsprozedur

```
FUNCTION Qsum (x, y : REAL) : REAL;
    { Vorbedingung : keine
      Nachbedingung : Qsum = x*x + y*y}
    BEGIN
        Qsum := x*x + y*y
    END {Qsum}
```

die sich innerhalb von Formeln dann durch

$$z := 1.707 + Qsum\ (3.14,\ y)$$

aufrufen läßt, wenn y und z Variablen vom Typ *REAL* sind. □

Natürlich gibt es auch Funktionsprozeduren, die nicht durch Abschließung einer Formel entstehen. Solche sind bei der folgenden allgemeinen Behandlung der Funktionsprozeduren stets zugelassen.

6.5.2 Funktionsaufruf

Genauer hat man in EBNF-Form für den Funktionsaufruf innerhalb einer Formel die Syntax

```
FunctionDesignator    =   FunctionIdentifier [ActualParameterList] .
FunctionIdentifier    =   Identifier .
ActualParameterList   =   " (" ActualParameter { " ," ActualParameter } " )" .
ActualParameter       =   Expression | Variable |
                          FunctionIdentifier | ProcedureIdentifier .
```

wobei der FunctionDesignator in der EBNF-Produktionsregel für Factor im Abschnitt 6.1.2 vorkommt. Die Funktionsdeklaration wird im Abschnitt 7.2 in voller Allgemeinheit behandelt.

Die operative Semantik des Aufrufs einer Funktionsprozedur ist durch Rekurs auf Formulare definiert. Zunächst kann jede deklarierte Funktionsprozedur als ein Formular mit einer Reihe oberer Eingänge und einem unteren Ausgang interpretiert werden. Dies gilt auch für Funktionsprozeduren, die nicht durch Abschließung einer einzelnen Formel entstanden sind. Alle Ein- und Ausgänge sind durch Namen auf Sprachebene beschrieben, die für Variablen stehen und deshalb auf dem Formular einen Wertplatz haben. Deshalb läßt sich bei Aufruf der Funktionsprozedur das Formular an jeder Zweigspitze eines anderen Formulars einbauen; die Wurzel des Formulars der Funktionsprozedur wird einfach dort angesetzt, wo im Falle einer Variablen eine Zweigspitze angesetzt würde. Jeder Aufruf erzwingt die Anlage eines neuen Formulars; dies ist insbesondere bei rekursiven Aufrufen zu beachten.

Aufgabe 6.5.2.1. Zu der rekursiven Definition der Fakultät einer Zahl $n \in I\!N$

$$n! = \begin{cases} n \cdot (n-1)! & falls\ n > 0 \\ 1 & falls\ n = 0 \end{cases}$$

schreibe man eine rekursive Funktionsprozedur

FUNCTION *FAC (N: INTEGER) : INTEGER*

und gebe durch Hinschreiben von Formularen (analog zur Nassi–Shneiderman–Schreibweise) den Aufruf *FAC(4)* wieder. $\square$

Aufgabe 6.5.2.2. Man gebe einen PASCAL–Ausdruck an, der (ohne IF–Abfrage) zu einer *INTEGER*–Variablen x mit positiven Werten die Funktion

$$f(x) = \left\{ \begin{array}{ll} x\ \mathrm{DIV}\ 2 & wenn\ x\ gerade \\ 3x + 1 & wenn\ x\ ungerade \end{array} \right\}$$

liefert. Hinweis: Man benutze MOD.

Mit einem kleinen PASCAL–Programm probiere man aus, was die wiederholte Anwendung der Funktion f auf positive Zahlen ergibt. $\square$

Aufgabe 6.5.2.3.   Durch die Nachbedingungen $Shift(x) = x$ DIV 2 und $SQR(x) = x * x$ seien auf dem Typ *INTEGER* zwei Funktionen *Shift* und *SQR* mit *INTEGER*–Werten definiert. Man gebe eine PASCAL–Formel an, die zu zwei *INTEGER*–Variablen x und y das Produkt $x * y$ berechnet und dabei nur $+$, $-$, *SQR* und *Shift* verwendet. Hinweis: Bei der Lösung sind die binomischen Formeln aus der Schulmathematik hilfreich.

Die Aufgabe zeigt, daß man durch Speichern der Quadratzahlen und eine binäre Verschiebungsoperation ein sehr effizientes Multiplikationsverfahren realisieren kann. Die Funktion *SQR* ist in PASCAL vordefiniert. $\square$

7 Operationen

7.1 Programm

Ein PASCAL–Programm hat die EBNF–Syntax

$$
\begin{aligned}
\text{Program} \;=\; & \text{ProgramHeading "} ; \text{" Block " . "} \;\blacksquare \\
\text{ProgramHeading} \;=\; & \text{" PROGRAM " Identifier} \\
& [\,\text{ProgramParameterList}\,] \;\blacksquare \\
\text{ProgramParameterList} \;=\; & \text{" (" IdentifierList ") "} \;\blacksquare \\
\text{Block} \;=\; & \text{DeclarationPart StatementPart} \;\blacksquare \\
\text{DeclarationPart} \;=\; & \text{LabelDeclarationPart ConstantDefinitionPart} \\
& \text{TypeDefinitionPart VariableDeclarationPart} \\
& \text{ProcedureAndFunctionDeclarationPart} \;\blacksquare \\
\text{StatementPart} \;=\; & \text{CompoundStatement} \;\blacksquare
\end{aligned}
$$

$$
\begin{aligned}
\text{ProcedureAndFunctionDeclarationPart} \;=\; & \big\{\,(\,\text{ProcedureDeclaration} \\
|\,\text{FunctionDeclaration}\,)\; \text{" ; "}\,\big\} \;\blacksquare
\end{aligned}
$$

wobei **Program** als Startwort für das *Parsing* dient. Die Behandlung der Details des TypeDefinitionPart wird auf den Abschnitt 8.1 verschoben; die anderen Nichtterminalsymbole werden in diesem Kapitel expandiert.

Der hinter PROGRAM stehende Programmname macht das Programm in der Außenwelt identifizierbar. Die ProgramParameterList hinter PROGRAM und dem Programmnamen enthält Bezeichner, die auf spezielle Dinge aus der Außenwelt des Programms hinweisen (z.B. auf die standardmäßigen Ein– und Ausgabewege *INPUT* und *OUTPUT*). Sie beschreiben die Schnittstelle zwischen dem Programm und der Außenwelt. Falls die Bezeichner aus der ProgramParameterList nicht vordefiniert sind, muß ihre Deklaration im VariableDeclarationPart nachgeholt werden.

Die nachfolgenden **Deklarationen** erweitern (vgl. Abschnitt 1.6.2) die Interpretationsfähigkeiten des Übersetzungsprogramms. Es werden diverse neue Namen kreiert, denen neue Bedeutungen zugewiesen werden. Dabei gilt (bis auf einige wenige Ausnahmen, die weiter unten behandelt werden), daß alle in einer Deklaration eines neuen Namens vorkommenden Namen selbst schon vorher deklariert sein müssen, d.h. ein Vorgriff auf spätere Deklarationen ist nicht erlaubt.

Sind alle Deklarationen interpretiert, so beginnt die Interpretation des eigentlichen Operationsteils des Programms, des CompoundStatement. In diesem dürfen dann nur noch deklarierte Namen vorkommen.

Zunächst sollen hier die "größeren" zusammengesetzten Operationen, nämlich die im Deklarationsteil (DeclarationPart) eines Blocks deklarierten Prozeduren und Funktionsprozeduren dargestellt werden; diese haben analog gebildete Operationsteile, und deshalb kann die Behandlung des Befehlsteils (StatementPart, CompoundStatement) später gemeinsam für Programme und Prozeduren erfolgen.

7.2   Deklaration von Prozeduren

7.2.1   Deklaration von Funktionsprozeduren

Die Funktionsprozedurdeklaration in PASCAL ist

```
FunctionDeclaration     =   FunctionHeading " ;" Block |
                            FunctionHeading " ;" Directive |
                            FunctionIdentification " ;" Block .
    FunctionHeading     =   " FUNCTION " Identifier
                            [ FormalParameterList ] " :" ResultType .
FunctionIdentification  =   " FUNCTION " FunctionIdentifier .
    FunctionIdentifier  =   Identifier .
         ResultType     =   OrdinalTypeIdentifier | RealTypeIdentifier |
                            PointerTypeIdentifier .
```

Die Syntax verwendet leider gegenüber der Pseudocode–Schreibweise des Kapitels 2 das Spezialwort FUNCTION, was N. **Wirth** in MODULA–2 aber wieder fallengelassen hat. Man beachte, daß nur einfache Typen und Zeigertypen als Ergebnistypen möglich sind. Die Syntax der Parameterliste wird unten angegeben.

Der Bezeichner des des ResultType muß natürlich schon vorher deklariert sein; der Identifier in der FunctionHeading ist neu zu definieren und wird dann ein bekannter FunctionIdentifier. Die zweite und dritte Alternative in der FunctionDeclaration beziehen sich auf die im Abschnitt 7.4.5 zu besprechende **Vorwärtsdeklaration** von Funktionen oder Prozeduren mit Hilfe sogenannter **Direktiven**.

Eine Deklaration einer Funktionsprozedur wirkt wie die eines Programms. Es handelt sich um ein "Programm im Programm". Der Name ist der neue Identifier hinter FUNCTION und der durch Interpretation diesem Namen zugewiesene Wert besteht aus dem Algorithmus, der auf den Formalparametern abläuft und das Resultat liefert. Die FunctionHeading beschreibt die **Funktionalität** der Funktionsprozedur, d.h. den Definitions– und Wertebereich im Sinne mathematischer Abbildungen.

7.2.2   Deklaration von Prozeduren

Die Prozedurdeklaration in PASCAL ist

```
ProcedureDeclaration     =   ProcedureHeading " ;" Block |
                             ProcedureHeading " ;" Directive |
                             ProcedureIdentification " ;" Block .
    ProcedureHeading     =   " PROCEDURE " Identifier
                             [ FormalParameterList ] .
ProcedureIdentification  =   " PROCEDURE " ProcedureIdentifier .
    ProcedureIdentifier  =   Identifier .
```

analog zur Deklaration der Funktionsprozedur. Die Resultate werden entweder durch den Mechanismus des Referenzaufrufs an das umfassende Programm weitergegeben oder es ist ein Seiteneffekt beabsichtigt. Beides wird jetzt für Funktionsprozeduren und Prozeduren gemeinsam genauer dargestellt.

7.3 Parameter und Übergabearten

Die Parameterliste für Prozeduren und Funktionsprozeduren hat die Syntax

$$
\begin{aligned}
\text{FormalParameterList} \;=\;& \text{`` (''\, FormalParameterSection} \\
& \{\text{`` ; ''\, FormalParameterSection}\}\ \text{``) ''}\ . \\
\text{FormalParameterSection} \;=\;& \text{ValueParameterSpecification}\ | \\
& \text{VariableParameterSpecification}\ | \\
& \text{ProceduralParameterSpecification}\ | \\
& \text{FunctionalParameterSpecification}\ .
\end{aligned}
$$

Sie bildet den sichtbaren Teil der Schnittstelle zur Außenwelt.

7.3.1 Call–by–value

Die Übergabeart (vgl. Abschnitt 2.6.12) ist die des **"call–by–value"** (**Wertaufruf**),
wenn die Formalparameterliste nur Bezeichner von Variablen und zugehörige Typnamen enthält und nicht mit dem reservierten Wort VAR beginnt:

$$
\begin{aligned}
\text{ValueParameterSpecification} \;=\;& \text{IdentifierList `` : ''} \\
& \text{(TypeIdentifier}\ |\ \text{ConformantArraySchema)}\ .
\end{aligned}
$$

Dann werden zu Beginn der Prozedur die Werte der Aktualparameter aus der
"Außenwelt" in **neu angelegte** Wertplätze der Formalparameter in der "Innenwelt"
einkopiert und es erfolgt keine Modifikation der Werte der Außenwelt. Diese Methode
schützt die "Außenwelt" vor unerwünschten Rückwirkungen von Prozeduren. Die
Rückgabe von Resultaten kann bei auschließlicher Verwendung des Wertaufrufs nur
durch Werte von Funktionsprozeduren oder durch Seiteneffekte erfolgen. Alle Identifier aus der IdentifierList werden als Variablen verstanden; beim Aufruf ist für jede
Variable ein Ausdruck entsprechenden Typs zu spezifizieren, der vor dem Aufruf in
der Außenwelt ausgewertet wird.

7.3.2 Call–by–reference

Der **"call–by–reference"** (**Referenzaufruf**) legt keinen lokalen Wertplatz an, sondern interpretiert einen Formalparameter so, daß das Interpretationsergebnis des For-
malparameternamens die (externe) Referenz auf den (externen) Wertplatz des entsprechenden Aktualparameters ist. Der Formalparameter wird also durch die Interpretation mit dem Aktualparameter vollständig identifiziert. Es wird kein lokaler neuer
Wertplatz angelegt. Deshalb wirkt jede Veränderung der Werte des Formalparame-
ters direkt auf den Aktualparameter aus der Außenwelt. Die Syntax ist analog bis auf
ein vorangestelltes VAR:

$$
\begin{aligned}
\text{VariableParameterSpecification} \;=\;& \text{`` VAR ''\, IdentifierList `` : ''} \\
& \text{(TypeIdentifier}\ |\ \text{ConformantArraySchema)}\ .
\end{aligned}
$$

Auch hier werden alle Identifier der IdentifierList als Variablen verstanden; anders als
beim Wertaufruf hat man als Aktualparameter stets Variablen (korrekten Typs) zu
verwenden. Ausdrücke sind als Aktualparameter beim Referenzaufruf verboten, weil
sie keine Referenz haben, die man übergeben könnte.

7.3.3   Übergabe von Prozeduren und Funktionen

Will man beispielsweise eine allgemeine Funktionsprozedur *Integral* schreiben, die eine Funktion $f : I\!R \to I\!R$ zwischen beliebigen Schranken a und b näherungsweise integriert, also

$$\int_a^b f(x)dx$$

berechnet, so muß man dieser Prozedur eine Funktionsprozedur mit der FunctionHeading

    FUNCTION f (x : REAL) : REAL

als Formalparameter übergeben. Dies erlaubt die Syntax

    FunctionalParameterSpecification   =   FunctionHeading ▪
    ProceduralParameterSpecification   =   ProcedureHeading ▪

und man erhält in obigem Beispiel

    FUNCTION *Integral (a, b : REAL;*
       FUNCTION f (x : REAL) : REAL);

als FunctionHeading von *Integral*. Der zugehörige Aktualparameter muß ein FunctionIdentifier oder ein Procedureldentifier mit korrekter Funktionalität sein. Da die Exponentialfunktion als

    FUNCTION *EXP (x : REAL) : REAL*

vordefiniert ist, kann man beispielsweise den Aufruf

    Integral (0.0, 1.0, EXP)

durchführen.

Weil die Semantik von Prozeduren und Funktionsprozeduren über Formulare definiert ist, ergibt sich die Semantik der Übergabe von Prozeduren und Funktionen als Parameter so, daß der prozedurale Formalparameter wie ein Leerformular mit bekannter Funktionalität zu verstehen ist, der zum Aufrufzeitpunkt durch das aktuelle Prozedur– oder Funktionsprozedurformular zu ersetzen ist.

Aufgabe 7.3.3.1. Das Integral einer Funktion $f(x)$ zwischen a und b ist näherungsweise durch die Simpsonsche Regel

$$\frac{b-a}{6} \cdot \left(f(b) + 4 \cdot f(\frac{a+b}{2}) + f(a) \right)$$

berechenbar. Man schreibe damit eine Funktionsprozedur *Integral* gemäß der obigen Spezifikation und wende sie auf die vordefinierten Funktionen *EXP*, *SIN* sowie eine selbstdeklarierte Funktion, z.B. $f(x) = 1/(1 + x^2)$, an. $\square$

7.4 Bindungs– und Gültigkeitsbereich

7.4.1 Bindungsbereich einer Deklaration

Eine Deklaration oder eine Parameterbezeichnung innerhalb eines Blocks gilt innerhalb dieses Blocks und damit automatisch auch in allen darin enthaltenen Blocks, und zwar auch in allen dort lokal deklarierten weiteren Prozeduren oder Funktionsprozeduren. Sie bindet einen Bezeichner an eine Bedeutung. Deshalb wird dieser Block der **Bindungsbereich** (*extent*) des Bezeichners oder der Deklaration genannt. Die Bindung ist außerhalb des Blocks aufgehoben; der Bezeichner ist dort unbekannt.

Wenn das Programm ausgeführt wird (es ist unerheblich, ob die Ausführung direkt durch Interpretation des PASCAL–Programms oder eines daraus übersetzten Maschinenprogramms erfolgt), so bewegt sich ein Zeiger (**Kontrollzeiger**) durch das Programm, der immer auf den nächsten auszuführenden Befehl zeigt. Wenn dieser in einen Block eintritt (der Block wird "**aktiviert**"), so werden Wertplätze für alle dort neu deklarierten Variablen angelegt (dasselbe gilt für die Formalparameter mit *call–by–value*–Übergabe beim Eintritt in den Block einer Prozedur). Beim Verlassen des Blocks werden diese Wertplätze wieder zerstört. Deshalb sind nach Verlassen des Blocks Wertplatz und Wert für solche Variablen bzw. Formalparameter verloren. Bei nochmaligem Aufruf desselben Blocks kann auf die Werte der früheren "Inkarnation" nicht mehr zurückgegriffen werden, weil die Wertplätze beim Eintritt in den Block neu angelegt werden. Wertplätze und Werte von Variablen sind also nur innerhalb des Bindungsbereiches ihrer Deklaration benutzbar, und dort auch nur für je eine "Inkarnation", denn bei jedem Durchlaufen des Blocks wird ein neues "Formular" angelegt.

Eine wichtige Ausnahme bilden die Wertplätze, auf die Zeigervariablen zeigen (siehe Abschnitt 8.2).

Die Standardbezeichnungen gelten als deklariert in der Außenwelt des PROGRAM. Deshalb wird ihre Bindung normalerweise nicht aufgehoben.

7.4.2 Verschattung

Nun entstehen aber eventuelle Komplikationen durch die weitverbreitete Unsitte, einem in einer äußeren Prozedur vereinbarten Bezeichner in inneren Prozeduren oder Funktionsprozeduren eine neue Bedeutung zuzuweisen, indem eine neue Deklaration die alte "**überlagert**" oder "**verschattet**".

Beispiel 7.4.2.1. Die Prozeduren P, Q und R seien wie im Abschnitt 2.6.6 definiert; dann zeigt Figur 20 den Normalfall einer einmaligen Deklaration eines Bezeichners B in der äußersten Prozedur R. Der Bindungsbereich von B ist die gesamte Innenwelt von R,

Prozedur R. Beginn des Deklarationsteils.
R deklariert den Bezeichner B und die Prozedur Q.

Prozedur Q. Beginn des Deklarationsteils.
Hier sei B nicht deklariert. Die Deklaration von B aus R gilt auch hier. Es wird eine neue Prozedur P deklariert.

Prozedur P. Beginn des Deklarationsteils.
Hier sei B nicht deklariert. Die Deklaration von B aus R gilt auch hier. Ende des Deklarationsteils, Beginn des Befehlsteils von P. Modifikationen von B betreffen das B aus R.

Ende des Deklarationsteils, Beginn des Befehlsteils von Q. Modifikationen von B betreffen das B aus R. Es erfolge ein Aufruf von P aus Q.

Ende des Deklarationsteils, Beginn des Befehlsteils von R. Es erfolge ein Aufruf von Q aus R. Danach können P oder Q eventuell die Werte von B verändert haben.

Figur 20: Dreistufig verschachtelte Prozeduren ohne Neudeklaration

inklusive der inneren Prozeduren P und Q. Es existiert nur ein gemeinsamer Wertplatz für B. Falls aber in einer der inneren Prozeduren der Bezeichner B neu deklariert wird, "verschattet" die neue Deklaration die alte. Dies veranschaulicht Figur 21. Die Lage sieht anders aus, wenn auch P in R deklariert wird: Hierzu betrachte man Figur 22. Entscheidend ist also die Schachtelung der Prozedur**deklarationen**, nicht die der **Aufrufe**; deshalb wurden die Umrahmungen in den Figuren so gewählt, daß sie die Schachtelung der Deklarationen anzeigen. □

7.4.3   Gültigkeitsbereich

Wenn man aus dem Bindungsbereich einer Deklaration die "überlagerten" oder "verschatteten" Bereiche herausnimmt, entsteht der **Gültigkeitsbereich** (*scope*) einer Deklaration. Wertplatz und Wert einer Variablen bestehen also innerhalb einer Inkarnation des Gültigkeitsbereichs.

7.4.4   Seiteneffekte

Ein in einem umfassenden Block deklarierter Bezeichner hat also für alle darin enthaltenen anderen Blocks eine Bedeutung, die nur durch Verschattung lokal außer Kraft gesetzt werden kann. Das ist sowohl nützlich als auch schädlich.

> Prozedur R. Beginn des Deklarationsteils von R. R deklariert den Bezeichner B und die Prozedur Q.
>
>> Prozedur Q. Beginn des Deklarationsteils von Q.
>> Hier sei B **neu** deklariert. Es wird eine Prozedur P deklariert.
>>
>>> Prozedur P. Beginn des Deklarationsteils von P.
>>> Hier sei B nicht deklariert. Weil P in Q deklariert ist, gilt die (neue) Deklaration von B aus Q, nicht die (alte) aus R.
>>> Ende des Deklarationsteils, Beginn des Befehlsteils von P. Wenn hier B verändert wird, ist das B aus Q betroffen.
>>
>> Ende des Deklarationsteils, Beginn des Befehlsteils von Q.
>> Es erfolgt ein Aufruf von P aus Q. Auch nach dem Ende der Prozedur P in Q gilt in Q natürlich die Neudeklaration von B in Q. Der Wert von B kann eventuell von P modifiziert worden sein.
>
> Ende des Deklarationsteils, Beginn des Befehlsteils von R.
> Es erfolgt ein Aufruf von Q aus R. Auch nach dem Ende der Prozedur Q in R gilt in R natürlich die Deklaration von B in R. Der alte Wert (vor Aufruf von Q) ist noch vorhanden. Er wurde von Q und P wegen der Verschattung nicht modifiziert.

Figur 21: Dreistufig verschachtelte Prozeduren mit Neudeklaration

Nützlich ist es, gewisse für ein größeres Programmsystem global wichtige Objekte nicht immer in allen Parameterlisten mitschleppen zu müssen, sondern ohne weiteres allen inneren Prozeduren zu erlauben, mit diesen globalen Objekten zu arbeiten. Dies wird in jeder Programmiersprache zugelassen. Dann machen Prozeduraufrufe ohne Parameter einen Sinn; sie arbeiten eventuell auf global deklarierten Variablen oder Objekten und haben keine aus Parametern ersichtliche Rückwirkung auf die Außenwelt. Man nennt die Wirkung einer lokalen Prozedur auf eine global deklarierte und nicht innerhalb der Prozedur verschattete Variable einen **Seiteneffekt**.

Im Sinne der Programmsicherheit sollten Seiteneffekte möglichst vermieden werden. Die radikale Elimination von Seiteneffekten erfolgt dadurch, in der EBNF-Produktionsregel für den DeclarationPart niemals einen nichtleeren VariableDeclarationPart vor einen nichtleeren ProcedureAndFunctionDeclarationPart zu setzen. Dann befinden sich alle Prozeduren außerhalb der Bindungsbereiche von Variablen anderer Prozeduren, und Seiteneffekte kann es nur für die hinter dem Programmnamen definierten globalen Bezeichner (z.B. *INPUT* und *OUTPUT*) geben. Alle Prozeduren haben dann außer ihren Formalparametern nur noch interne Variablen. Weil in dieser Situation das Hauptprogramm keine eigenen Variablen benutzen kann, verlegt man dessen Arbeit in eine Prozedur und läßt das Hauptprogramm nur noch aus einem

Prozedur R. Beginn des Deklarationsteils von R.
R deklariert den Bezeichner B und die Prozeduren P und Q.

> Prozedur P. Beginn des Deklarationsteils von P. Hier sei B nicht deklariert.
> Ende des Deklarationsteils, Beginn des Befehlsteils von P.
> Die Deklaration von B aus R gilt noch. P modifiziert deshalb immer das B
> aus R, nie das B aus der folgenden Prozedur Q.

> Prozedur Q. Beginn des Deklarationsteils von Q.
> Hier sei B neu deklariert.
> Ende des Deklarationsteils, Beginn des Befehlsteils von Q.
> Es erfolge ein Aufruf von P aus Q. Dies ist möglich, weil die Deklaration von
> P vor der von Q liegt. Dabei kann P den in Q verwendeten Wert von B nicht
> verändern, denn der Deklarationsteil von P befindet sich im Block von R,
> und nicht im Block von Q.

Ende des Deklarationsteils, Beginn des Befehlsteils von R.
Es erfolgt ein Aufruf von Q aus R. Der Wert von B in R kann durch Q wegen der
Verschattung nicht verändert werden, wohl aber durch die von Q aus aufgerufene
Prozedur P. Es ist unerheblich, ob P aus R oder aus Q aufgerufen wird.

Figur 22: Zweistufig verschachtelte Prozeduren mit Neudeklaration

Prozeduraufruf bestehen.

Bei großen Programmsystemen ist dieses Vorgehen zu restriktiv; dann kann man im
VariableDeclarationPart des Programms eine genau beschriebene Menge globaler Bezeichner deklarieren, deren Namen möglichst charakteristisch gewählt und zur Vermeidung von Schreibfehlern (die zu unbeabsichtigten Verschattungen führen) weder
allzu kurz formuliert noch allzu benachbart zu eventuellen lokalen Bezeichnern sind.
Dann sollten aber in Form von Kommentaren innerhalb der nachfolgenden Prozeduren
die Verwendung dieser globalen Variablen und die eventuellen Seiteneffekte dargestellt
werden.

Noch sicherer ist die in der Sprache MODULA–2 realisierte Möglichkeit der expliziten
Kennzeichnung globaler Objekte auf Sprachebene. Damit werden Prozedurschnittstel-
len sauber beschreibbar und die Beschreibung wird bei Übersetzung des Programms
überprüfbar. Dies wird im Abschnitt 7.9 etwas genauer dargestellt.

Aufgabe 7.4.4.1.   Man schreibe drei PASCAL–Programme als Beispiele für die
Verschachtelungen der Unterprogramme in den drei Figuren dieses Abschnitts. Durch
Wertzuweisungen und *WRITELN*–Befehle demonstriere man die Gültigkeitsbereiche
und die Verschattung. □

7.4.5   Vorwärtsdeklaration

Wenn zwei Prozeduren P und Q sich gegenseitig aufrufen, muß in der Deklaration von P der Prozedurname Q schon bekannt sein und umgekehrt. Deshalb kann strenggenommen keine der beiden Prozeduren vor der anderen deklariert werden. Dieses Dilemma wird in PASCAL durch die **Vorwärts**deklaration einer der beiden Prozeduren beseitigt. Dafür sind die Formen

> ProcedureHeading " ;" Directive

> FunctionHeading " ;" Directive

der Procedure– bzw. FunctionDeclaration mit der gemäß

$$\text{Directive} \quad = \quad \text{Identifier} \enspace \blacksquare$$

vordefinierten **Direktive** *FORWARD* gedacht. Der Block fehlt und wird später nachgeholt, wenn die eigentliche Deklaration mit den Syntaxvarianten

> ProcedureIdentification " ;" Block

> FunctionIdentification " ;" Block

der Funktions– bzw. Prozedurdeklaration erfolgt. Der in der Identification verwendete Bezeichner für eine Prozedur oder Funktionsprozedur muß aus einer vorangegangenen Vorwärtsdeklaration stammen. Dann ist die Parameterliste wegzulassen, denn sie ist ja schon aus der Vorwärtsdeklaration bekannt.

Ein sehr akademisches Beispiel für eine Vorwärtsdeklaration bildet das folgende Paar von Funktionsprozeduren, das unter alleiniger Verwendung des Tests auf Null und der Funktion *PRED* feststellt, ob eine nichtnegative ganze Zahl gerade ist oder nicht:

```
FUNCTION IstGerade (N : INTEGER) : BOOLEAN; FORWARD;

FUNCTION IstUngerade (N : INTEGER) : BOOLEAN;
    { Vorbedingung : N ist nichtnegativ.
      Nachbedingung : IstUngerade(N) = TRUE, wenn N ungerade,
      = FALSE, wenn N gerade.
      Invariante : IstUngerade(N) = IstGerade (PRED(N)).
      Terminierung : N verkleinert sich. }

    BEGIN
        IF N = 0 THEN IstUngerade := FALSE
        ELSE IstUngerade := IstGerade (PRED(N))
    END{IstUngerade};
```

```
FUNCTION IstGerade;
  { Vorbedingung : N ist nichtnegativ.
    Nachbedingung : IstGerade(N) = TRUE, wenn N gerade,
    = FALSE, wenn N ungerade.
    Invariante : IstGerade(N) = IstUngerade (PRED(N)) }

  BEGIN
     IF N = 0 THEN IstGerade := TRUE
     ELSE IstGerade := IstUngerade (PRED(N))
  END {IstGerade};
```

7.5 Zusammengesetzte Operationen

Der Befehlsteil eines Programms ist syntaktisch beschrieben durch

$$
\begin{aligned}
\text{CompoundStatement} \;=\; & \text{``BEGIN''}\\
& \text{StatementSequence ``END''}\;.\\
\text{StatementSequence} \;=\; & \text{Statement } \{\text{ ``;'' Statement}\}\;.
\end{aligned}
$$

und die Operationen zerfallen in

$$
\begin{aligned}
\text{Statement} \;=\; & [\,\text{Label ``:''}\,]\\
& (\,\text{SimpleStatement}\,|\,\text{StructuredStatement}\,)\;.\\
\text{SimpleStatement} \;=\; & \text{Assignment Statement}\,|\,\text{EmptyStatement}\,|\\
& \text{ProcedureStatement}\,|\,\text{GotoStatement}\;.\\
\text{StructuredStatement} \;=\; & \text{CompoundStatement}\,|\,\text{ConditionalStatement}\,|\\
& \text{RepetitiveStatement}\,|\,\text{WithStatement}\;.
\end{aligned}
$$

Die einzelnen Operationen werden in den folgenden Abschnitten behandelt.

Praktische Schwierigkeiten treten bei Anfängern immer wieder bei der Handhabung
des Semikolons auf. Man mache sich klar, daß das Semikolon ein **Trenn**zeichen ist
und allgemein **zwischen** abzutrennenden Operationen (also z. B. nicht hinter BEGIN
und nicht vor dem END eines CompoundStatement) steht. Hat man eine Folge von
CompoundStatements, so sind diese natürlich durch Semikola nach dem END und vor
dem nächsten BEGIN abzutrennen.

Die einzelnen Operationen können (z.B. durch Schachtelung von IF–THEN–ELSE
oder von DO–WHILE etc.) sehr groß und unübersichtlich werden; man muß sich
stets über ihre Abgrenzung voneinander klar sein und dementsprechend die Semikola
setzen.

Eine Folge von Operationen, die durch Semikola getrennt sind, wird **sequentiell**
durch Ausführung interpretiert. Dies gilt für alle Arten von Operationen. Eine
Parallelverarbeitung gibt es in PASCAL nicht.

7.6 Prozeduraufruf

Die wichtigste Operation, die Wertzuweisung, wurde oben schon behandelt, weil sie
bei der Manipulation von Formeln unentbehrlich ist. Die leere Operation

$$\text{EmptyStatement} \quad = \quad .$$

deren Interpretation nichts bewirken soll und die deshalb auf Sprachebene durch
"nichts" sinnvoll beschrieben ist, ist nützlich zur Legitimierung überschüssiger Semikola. Neben der möglichst zu vermeidenden Sprungoperation GotoStatement gibt
es dann nur noch den **Prozeduraufruf** als Grundoperation. Dessen EBNF–Syntax
ist

```
ProcedureStatement   =   ProcedureIdentifier
                         [ ActualParameterList | WriteParameterList ] .
ActualParameterList  =   " ( " ActualParameter
                         { " , " ActualParameter } " ) " .
ActualParameter      =   Expression | Variable |
                         ProcedureIdentifier | FunctionIdentifier .
```

Die Semantik des Prozeduraufrufs ist wie bei den Funktionsprozeduren (vgl. Abschnitt 6.5) definiert durch die Anlage eines neuen Formulars, dessen Name der Prozedurname ProcedureIdentifier ist und dessen Aktualparameter durch die oben syntaktisch definierte Liste angegeben werden. Die Art der Parameterübergabe ist Bestandteil der Prozedur**deklaration** und nicht des Aufrufs. Der Interpretationsvorgang für
einen Prozeduraufruf setzt sich dann in dem neuen Formular fort, wobei erst die Parameterübergabe und danach die eigentlichen Operationen der Prozedur durchgeführt
werden. Nach Beendigung der Interpretation der Prozedur auf dem neuen Formular
wird der Interpretationsvorgang der Prozedur insgesamt als beendet angesehen und es
kann zur nächsten Operation übergegangen werden. Das Formular wird "weggewor-
fen".

Dabei ist in der Regel mindestens einer der Aktualparameter durch Referenzaufruf
weitergegeben und durch die Prozedur modifiziert worden. Deshalb hat sich in der
Regel nach Beendigung der Interpretation des Prozeduraufrufs auf der Wertebene in
der Außenwelt etwas verändert.

Als zusätzliche, hier noch nicht voll verständliche Einschränkungen bei der Parameterübergabe sind TagFields von varianten Records und Komponenten von gepackten
Arrays als Aktualparameter bei Referenzübergabe verboten. Der Grund liegt darin,
daß solche Parameter eventuell keine eigenen Referenzen haben.

7.7 Bedingte Operationen

7.7.1 Überblick

In PASCAL gibt es zwei Arten bedingter Operationen: das IF-Statement (in ähnlicher
Form wie im Pseudocode) und das CASE-Statement, das wie ein stark einge-
schränkter **Dijkstra'scher Wächter** (vgl. Abschnitt 2.9.8) arbeitet. Dabei sind die

möglichen Wächterbedingungen begrenzt auf eine Fallunterscheidung für die Werte
eines Ausdrucks, dessen Typ ordinal sein muß.

In EBNF–Form haben bedingte Operationen die Gestalt

$$
\begin{aligned}
\text{ConditionalStatement} \;&=\; \text{IfStatement} \mid \text{CaseStatement} \;\blacksquare \\
\text{IfStatement} \;&=\; \text{``IF''\,BooleanExpression} \\
&\quad \text{``THEN''\,Statement} \\
&\quad [\,\text{``ELSE''\,Statement}\,] \;\blacksquare \\
\text{BooleanExpression} \;&=\; \text{OrdinalExpression} \;\blacksquare \\
\text{OrdinalExpression} \;&=\; \text{Expression} \;\blacksquare \\
\text{CaseStatement} \;&=\; \text{``CASE''\,CaseIndex\,``OF''} \\
&\quad \text{Case}\,\{\,\text{``;''\,Case}\,\}\,[\,\text{``;''}\,]\;\text{``END''}\;\blacksquare \\
\text{CaseIndex} \;&=\; \text{OrdinalExpression} \;\blacksquare \\
\text{Case} \;&=\; \text{Constant}\,\{\,\text{``,''\,Constant}\,\}\;\text{``:''\,Statement}\;\blacksquare
\end{aligned}
$$

Die intermediären Nichtterminalsymbole BooleanExpression usw. für Ausdrücke dienen
wie bei den Produktionsregeln für Bezeichner dazu, eine Typenprüfung in die Syntax
zu verlegen. In PASCAL fehlt leider das FI und das ELSE kann weggelassen werden,
wenn die Alternative leer ist.

Beim CASE–Statement müssen die Constants der Cases denselben ordinalen Typ wie
der CaseIndex haben.

Es sollte noch darauf hingewiesen werden, daß das Wort CASE auch noch bei einer
anderen Sprachkonstruktion, nämlich bei der Deklaration von Record–Typen mit
varianten Records im Abschnitt 8.8.3 vorkommt.

Die Semantik des IF ist im wesentlichen im Abschnitt 2.7.1 schon dargestellt worden.
Deshalb werden hier nur noch einige PASCAL–Besonderheiten behandelt.

Die korrekte Interpretation verschiedener geschachtelter IF's, die teilweise ohne ELSE
geschrieben sind, erfolgt durch eine Nebenabrede, die sich am folgenden Beispiel
veranschaulichen läßt:

```
IF B1
THEN
    IF B2
    THEN O1
ELSE O2
```

Hier ist zunächst unklar, ob das ELSE zum ersten oder zum zweiten IF gehört.
Wenn ein FI oder ein ELSE syntaktisch nötig wäre, könnte diese Uneindeutigkeit
nicht auftreten. In MODULA–2 ist deshalb ein END als Abschluß jedes IF vor-
gesehen. Eine einfache Elimination dieser Uneindeutigkeit, die jeder Programmierer
leicht durchführen kann, ist das konsequente Setzen von ELSE, notfalls mit der leeren
Operation. Dann würde vor oder nach ELSE O2 ein weiteres ELSE stehen und die
Zuordnung der ELSE–Terme zu den IF's wäre klar. Außerdem ist es bei größeren zusammengesetzten Operationen nach THEN und ELSE empfehlenswert, durch einen

Kommentar hinter dem ELSE noch einmal die für den folgenden Block zutreffende
Bedingung anzugeben:


```
IF x > 0
THEN
   IF a * b − c <= 0
   THEN O1
   ELSE {x > 0, a * b > c} O2
ELSE {x <= 0}
```


Die zur Klärung der Lage in PASCAL verwendete Nebenabrede besagt, daß ein ELSE
stets zu dem **zuletzt davor stehenden** IF gehört. Das obige Beispiel entspricht also
dem Programm


```
IF B1
THEN
   IF B2
   THEN O1
   ELSE O2
ELSE
```


oder in Pseudocode–Form


```
IF B1
THEN
   IF B2 THEN O1
   ELSE O2
   FI
ELSE
FI
```


Die Semantik des CASE–Statements ist analog zum **Dijkstra**'schen Wächter. Man
wertet zuerst den CaseIndex aus und stellt fest, ob der Wert des CaseIndex mit einer der
Konstanten aus der Liste der Cases übereinstimmt. Ist das nicht der Fall, so erfolgt bei
den meisten Implementierungen eine Fehlermeldung. Dies zwingt leider zum Auflisten
aller möglichen Werte. Manche PASCAL-Dialekte erlauben deshalb eine ELSE- oder
OTHERWISE-Klausel. Ansonsten wird dasjenige Statement ausgeführt, das nach
dem Doppelpunkt folgt, vor dem die "passende" Konstante steht.

Beispiel 7.7.1.1. Das Programmstück

```
CASE B OF
      TRUE : S;
      FALSE : T
   END
```

für einen Ausdruck B vom Typ *BOOLEAN* und zwei Statements S und T entspricht der Zeile IF B THEN S ELSE T. □

Beispiel 7.7.1.2. Ist C eine Variable vom Typ *CHAR*, so kann man durch

```
CASE C OF
  'A','E','I','O','U' : WRITE ('Vokal');
  '(',')','[',']' : WRITE ('Klammer');
  ... (weitere Fälle)
  END
```

Zeichen klassifizieren; hier sieht man auch den Sinn einer Spracherweiterung durch eine OTHERWISE–Klausel. □

7.8   Schleifen

7.8.1   Syntax

Die Syntax von Schleifen ist allgemein

$$\text{RepetitiveStatement} \;=\; \text{WhileStatement} \,|\, \\ \text{RepeatStatement} \,|\, \text{ForStatement} \,\blacksquare$$

und die drei Alternativen sind

$$
\begin{aligned}
\text{WhileStatement} \;&=\; \text{``WHILE''} \text{ BooleanExpression} \\
&\quad \text{``DO''} \text{ Statement} \,\blacksquare \\
\text{RepeatStatement} \;&=\; \text{``REPEAT''} \text{ StatementSequence} \\
&\quad \text{``UNTIL''} \text{ BooleanExpression} \,\blacksquare \\
\text{ForStatement} \;&=\; \text{``FOR''} \text{ ControlVariable ``:=''} \text{ InitialValue} \\
&\quad (\text{``TO''} \,|\, \text{``DOWNTO''}) \text{ FinalValue} \\
&\quad \text{``DO''} \text{ Statement} \,\blacksquare \\
\text{ControlVariable} \;&=\; \text{VariableIdentifier} \,\blacksquare \\
\text{InitialValue} \;&=\; \text{OrdinalExpression} \,\blacksquare \\
\text{FinalValue} \;&=\; \text{OrdinalExpression} \,\blacksquare
\end{aligned}
$$

Die Syntax des WhileStatement erlaubt wegen des fehlenden OD oder END als Abschluß der Schleife nur eine einzelne Operation innerhalb der Schleife. Mehrfache Operationen in Schleifen erfordern also stets ein CompoundStatement nach dem DO. Auch dieses Manko hat N. **Wirth** in MODULA–2 durch die Forderung nach einem END im Sinne eines OD beseitigt.

Im RepeatStatement ist dagegen durch die Symbole REPEAT und UNTIL eine natürliche Klammerung gegeben, die es erlaubt, Folgen von Operationen ohne weiteres in die Schleife zu setzen.

Die Semantik des WhileStatement und des RepeatStatement ist wie im Abschnitt über strukturierte Algorithmen definiert.

Aufgabe 7.8.1.1. Beginnt man das Iterationsverfahren

$$x_{i+1} := \frac{1}{2}\left(x_i + \frac{Z}{x_i}\right), \quad i = 0, 1, \ldots$$

mit einem positiven Wert $x_0 := Z$, so streben die Zahlen x_i für wachsendes i gegen $\sqrt{Z}$. Auf dieser Basis schreibe man eine Funktionsprozedur

FUNCTION *Wurzel (Z : REAL) : REAL;*

zur Berechnung der Wurzel aus Z. Man vergleiche die Ergebnisse mit denen der vordefinierten Funktion *SQRT* und probiere aus, wieviel Iterationsschritte man für eine gute Genauigkeit braucht bzw. nach welcher Strategie man die Iteration abbrechen sollte. Dazu kann es vernünftig sein, auch die vordefinierte Funktion *ABS* für den Absolutbetrag einer Zahl vom Typ *REAL* zu verwenden. □

Aufgabe 7.8.1.2. Bekanntlich wird die Exponentialfunktion $\exp(x)$ dargestellt durch die unendliche Reihe

$$\sum_{n=0}^{\infty} \frac{x^n}{n!} = 1 + \frac{x}{1} + \frac{x \cdot x}{1 \cdot 2} + \frac{x \cdot x \cdot x}{1 \cdot 2 \cdot 3} + \frac{x \cdot x \cdot x \cdot x}{1 \cdot 2 \cdot 3 \cdot 4} + \cdots,$$

und die Summation hinreichend vieler Glieder dieser Reihe ergibt eine beliebig gute Näherung für $\exp(x)$. Man schreibe eine Funktionsprozedur

FUNCTION *Exponentialreihe (X : REAL) : REAL;*

die 20 Glieder der Reihe summiert und vergleiche die Ergebnisse mit denen der vordefinierten Funktion *EXP*, und zwar besonders für "größere" positive oder negative x. Man mache sich Gedanken über die (vermutlich unerwarteten) Ergebnisse. □

Aufgabe 7.8.1.3. Wieviele Tripel (x, y, z) ganzer Zahlen $0 < x < y < z < 100$ gibt es, die "pythagoräisch" sind, d.h. mit $x^2 + y^2 = z^2$? Man schreibe ein Programm, das alle Tripel systematisch erzeugt, aber man versuche, möglichst wenig Rechenaufwand zu treiben. □

7.8.2   Sprungbefehle

Innerhalb einer Schleife tritt in der Praxis oft die Situation auf, daß man schon vor
dem Erreichen des letzten Befehls der Schleife entweder die ganze Schleife vorzeitig
abbrechen oder zu einem neuen Schleifendurchlauf übergehen möchte. Es wäre schön,
wenn das standardisierte PASCAL zwei einfache Befehle, etwa BREAK und CYCLE,
für diese Zwecke bereitstellen würde. Stattdessen sieht PASCAL einen allgemeinen
Sprungbefehl mit der Syntax

$$\text{GotoStatement} \;=\; \text{“ GOTO ” Label } \blacksquare$$
$$\text{Label} \;=\; \text{DigitSequence } \blacksquare$$

vor, aber dessen uneingeschränkte Verwendung führt leicht zu undurchschaubaren
Programmstrukturen. Er gestattet, den sequentiellen Kontrollfluß zu unterbrechen
und mit dem auf das Label folgenden Befehl fortzufahren. Dabei ist das "Hineinsprin-
gen" in andere Blöcke und Schleifen sowie in das Statement eines ConditionalStatement
verboten; das "Herausspringen" aus Schleifen, Blöcken und ConditionalStatements ist
erlaubt, sofern man im Gültigkeitsbereich der Labeldeklaration bleibt.

Diese erfolgt im LabelDeclarationPart mit der Syntax

$$\text{LabelDeclarationPart} \;=\; \text{[“ LABEL ” DigitSequence}$$
$$\{ \text{“ , ” DigitSequence} \} \text{“ ; ”] } \blacksquare$$

und bewirkt, daß die neu deklarierte DigitSequence als Label interpretierbar gemacht
wird.

Man sollte sich bemühen, den GOTO–Befehl so weit wie möglich zu vermeiden, um
die Programmstruktur übersichtlich zu halten. Für Programmieranfänger sollte er
verboten werden, denn man kann sich seine mißbräuchliche Benutzung nur schwer
wieder abgewöhnen.

In einigen Ausnahmefällen kann die Programmstruktur aber auch von einem GOTO
profitieren:

- wenn ein Programmfluß an einer Stelle **unwiderruflich** abgebrochen werden
  muß und nur noch an das Blockende gesprungen wird (um Programm oder Prozedur zu beenden oder gegebenenfalls noch eine letzte Fehlermeldung auszuge-
  ben),

- wenn eine Schleife vorzeitig abgebrochen werden muß (BREAK–Situation),

- wenn der Übergang zum nächsten Schleifendurchlauf nötig wird, bevor der aktuelle Durchlauf beendet ist (CYCLE–Situation).

Besonders die "Rückwärtssprünge" sind strikt zu vermeiden; es ist sehr schwierig,
die Korrektheit eines Programms zu garantieren, bei dem gewisse Befehlsfolgen durch
"Rückwärtssprünge" mehrfach und unter sehr verschiedenartigen Umständen durchlaufen werden.

7.9 Moduln

Die Sprache MODULA–2 bietet als Weiterentwicklung von PASCAL diverse Möglichkeiten zur Strukturierung des Kontrollflusses in größeren Programmsystemen. Hier
soll nur eine kleine Übersicht gegeben werden.

7.9.1 Schnittstellen

Die Interpretation eines isolierten Programmstücks (einer Prozedur oder einer Funktionsprozedur) ist in PASCAL unmöglich. Es liegt stets eine syntaktisch strikt vor-
geschriebene Einbettung in ein Programm vor. Um übersichtlich strukturierte Programmsysteme erstellen zu können, ist aber die weitgehende Unabhängigkeit einzelner
Prozeduren und die präzise Beschreibung ihrer Schnittstellen eine unabdingbare Forderung. Da vollständig isolierte Prozeduren sinnlos sind (denn ihre Resultate sind ja
nicht von außen bemerkbar), muß man also von vornherein die Existenz einer nichttrivialen Schnittstelle jeder Einzelprozedur voraussetzen. Diese enthält zwangsläufig eine
Reihe globaler Bezeichner, deren Semantik auf beiden Seiten der Schnittstelle identisch sein muß. Deshalb sollte der Interpretationsprozeß einer Prozedur zurückgreifen
auf externe Deklarationen globaler Bezeichner. Die Art der Verarbeitung der Werte,
die in anderen Prozeduren diesen Bezeichnern zugeordnet werden, ist irrelevant. Es
kommt nur auf die Deklaration an.

7.9.2 Import und Export

Deshalb ist es vernünftig, die Interpretation des **declaration part** von der des com-
pound statement abtrennbar zu machen und zu erlauben, deklarierte Bezeichner aus
externen Prozeduren zu "importieren" oder aus der deklarierenden Prozedur zu "ex-
portieren". Durch Spezifikation des "Exports" werden alle nicht explizit exportierten
Bezeichner für die Außenwelt unsichtbar; sie bleiben lokal und geschützt. Durch Spezifikation des "Imports" wird beschrieben, welche Bezeichner global sind und woher ihre
Deklarationen stammen. Dadurch ist es möglich, wichtige globale Bezeichner für ein
größeres Programmsystem nur ein einziges Mal an zentraler Stelle zu deklarieren, für
den Export explizit zuzulassen und dann in allen anderen Prozeduren durch Import
zu beziehen.

7.9.3 Moduln

Zur Trennung von Deklarationsteil und Befehlsteil von Prozeduren führt MODULA
den Begriff MODULE für ein Programmstück ein, das entweder Deklarationen oder
Operationen enthält (DEFINITION MODULE und IMPLEMENTATION MO-
DULE). Diese beiden Modularten bekommen gleiche externe Namen, um ihre Zusam-
mengehörigkeit zu dokumentieren.

7.9.4 Verdeckte Operationen

Dabei kann man auch Prozedurköpfe aus einem DEFINITION MODULE exportie-
ren und somit die exportierten Prozeduren aus anderen Prozeduren heraus aufrufbar

machen. Dies hält den im IMPLEMENTATION MODULE aufgelisteten Operationsteil der exportierten Prozedur unsichtbar, weil nur der Prozedurkopf (d. h. die
Beschreibung der Funktionalität) für den Export wichtig ist. Verändert man den
Operationsteil unter Beibehaltung des Prozedurkopfes, so ist der Export nicht betroffen. Allgemeiner ausgedrückt: Wenn man ein System in Ebenen entwirft, so kann
man innerhalb der Ebenen die Deklarationen von den Operationen trennen und die
Operationen lokal verändern, ohne daß sich am Deklarationsteil etwas verändert.

7.9.5 Strategie der modularen Programmentwicklung

Dieser Mechanismus erlaubt die Entwicklung komplizierter Programmsysteme nach
den Regeln der strukturierten Programmierung. Man kann dabei zuerst alle DEFI-
NITION MODULEs ohne explizite Spezifikation der IMPLEMENTATION MO-
DULEs angeben. Dieses Deklarationsgerüst ist für sich interpretierbar, ohne daß
irgendwelche Operationen ausgeführt werden. Die Deklarationen umfassen auch Prozedurköpfe, aber nicht die Operationsteile der Prozeduren. Man kann in Form von
Kommentaren (oder in Pseudocode) die Wirkungsweise der noch im Detail zu entwer-
fenden Prozedur beschreiben, die eigentliche Programmierung aber aufschieben, bis
das Gesamtsystem überschaubar konzipiert ist. Nur auf hohem Abstraktionsniveau
sind große Systeme einigermaßen überblickbar; es ist daher wichtig, mit einer kleinen
hochqualifizierten Gruppe erst ein abstraktes, aber in sich konsistentes Gesamtkon-
zept zu erstellen, das auf Details der Implementierung keinerlei Rücksicht nimmt.
Dann können andere Mitarbeiter die eigentliche Programmierung der IMPLEMEN-
TATION MODULEs übernehmen, wenn die Planungsphase abgeschlossen ist.

7.9.6 Programmbibliotheken

Eine weitere wichtige Möglichkeit ist die Bereitstellung allgemein verwendbarer Programme (einer Programmbibliothek), etwa einer, die Bedienungsprogramme für externe Geräte enthält oder einer Bibliothek mathematischer Funktionen oder Prozeduren. Deren Deklarationen werden exportierbar gehalten, so daß alle anderen Prozeduren diese bei Bedarf importieren können. Die eigentlichen IMPLEMENTATION
MODULEs können verdeckt gehalten werden. Wenn etwa ein neues Zeichengerät
installiert wird oder ein besseres Verfahren zur Berechnung der Werte einer mathematischen Funktion zur Verfügung steht, kann man den IMPLEMENTATION MO-
DULE verändern, ohne alle importierenden Prozeduren zu ändern.

8 Datenstrukturen in PASCAL

In diesem Kapitel werden die PASCAL–Konstruktionsmethoden für Datentypen behandelt. Diese bilden aus den Standardtypen *BOOLEAN*, *INTEGER*, *CHAR* und *REAL* des Kapitels 5 kompliziertere neue Typen mit einer inneren Struktur. Deshalb spricht man auch von Daten**strukturen**.

8.1 Typdeklarationen

Da Typen Mengen von Werten sind, kann man die Unterschiede der Standard–Typkonstruktionen am Beispiel von Mengen leicht verdeutlichen (siehe Tabelle 11).

Mengenkonstruktion durch	Typkonstruktion
Elementaufzählung	Aufzählungs–Typ
Teilmengenbildung	Ausschnitts–Typ
Potenzmengenbildung	Mengen–Typ
cartesisches Produkt einer festen Anzahl verschiedenartiger Mengen; Zugriff auf Sprachebene über geeignet strukturierte Namen.	Record–Typ
cartesisches Produkt einer festen Anzahl gleichartiger Mengen; wahlfreier Zugriff über eine Indexmenge.	Array–Typ
cartesisches Produkt einer nicht von vornherein fixierten Anzahl gleichartiger Mengen; Zugriff nur sequentiell über einen Zeiger, der schrittweise von Komponente zu Komponente bewegt wird.	File–Typ

Tabelle 11: Typkonstruktionen in PASCAL

8.1.1 Zugriffsmethoden

Tabelle 11 zeigt, daß der **Zugriff** eine wichtige Rolle spielt; unter "wahlfreiem" Zugriff (engl. *random access*) ist gemeint, daß der Zugriff auf ein spezielles Teilelement einer kompliziert strukturierten Menge nicht von der Vorgeschichte anderer Zugriffe auf Elemente dieser Menge abhängt. Der **sequentielle** Zugriff beim File–Typ erzwingt eine strikte Reihenfolge des Zugriffs auf die Komponenten: eine Komponente ist erst dann greifbar, wenn der "Vorgänger" bereits behandelt worden ist. Insofern ist der Zugriff von der Vorgeschichte anderer Zugriffe abhängig.

Bei allen strukturierten Typen erfolgt der Zugriff auf Komponenten durch spezielle Sprachkonstruktionen. Deshalb wird neben der Syntax der Typdeklarationen auch noch die Syntax der entsprechenden Variablen zu behandeln sein.

8.1.2   Syntax und Semantik der Typdeklaration

Eine Typdeklaration bewirkt die Interpretierbarkeit eines neues Bezeichners als Name
für einen Typ. Die PASCAL–Typdeklaration hat, wenn man vorläufig noch die im
Abschnitt 8.5 zu behandelnden **strukturierten** Typen wegläßt, die Form

$$
\begin{aligned}
\text{TypeDefinitionPart} \;&=\; \texttt{["TYPE" TypeDefinition ";"} \\
&\qquad \texttt{\{ TypeDefinition ";" \}]} \;\blacksquare \\
\text{TypeDefinition} \;&=\; \texttt{Identifier " = " Type} \;\blacksquare \\
\text{Type} \;&=\; \texttt{SimpleType | StructuredType | PointerType} \;\blacksquare \\
\text{SimpleType} \;&=\; \texttt{OrdinalType | RealTypeIdentifier} \;\blacksquare \\
\text{OrdinalType} \;&=\; \texttt{OrdinalTypeIdentifier |} \\
&\qquad \texttt{EnumeratedType | SubrangeType} \;\blacksquare \\
\text{PointerType} \;&=\; \texttt{" $\uparrow$ " DomainType | PointerTypeIdentifier} \;\blacksquare \\
\text{DomainType} \;&=\; \texttt{TypeIdentifier} \;\blacksquare \\
\text{PointerTypeIdentifier} \;&=\; \texttt{TypeIdentifier} \;\blacksquare
\end{aligned}
$$

Über das Nichtterminalsymbol OrdinalTypeIdentifier sind *BOOLEAN*, *INTEGER* und
CHAR vordefiniert. Die **Aufzählungstypen** (EnumeratedType) und die **Ausschnitt-**
stypen (SubrangeType) werden in den Abschnitten 8.3 und 8.4 behandelt.

Der im Abschnitt 5.7 schon eingeführte **Zeigertyp** (PointerType) besteht aus der
Menge von Referenzen (Verweisen oder Zeigern) auf Wertplätze des durch den Do-
mainType angegebenen "Bezugstyps". Dieser kann wiederum durch eine komplizierte
Konstruktion zusammengesetzt sein; er ist nicht auf Standardtypen eingeschränkt.
Details folgen unten im Abschnitt 8.2.

Bei allen EBNF–Produktionsregeln für Typen müssen die auf der rechten Seite auftretenden Bezeichner bereits deklariert sein; einzige Ausnahme (analog zur Vorwärtsdeklaration von Prozeduren oder Funktionsprozeduren mit der Direktive *FORWARD*)
ist die Deklaration eines Zeigertyps PointerType als ↑DomainType mit einem Bezugstyp
DomainType, der erst später als Typ deklariert wird.

8.1.3   Syntax und Semantik von Variablen

An dieser Stelle kann die Syntax der Variablen durch Expansion des EBNF–
Nichtterminalzeichens Variable angegeben werden:

$$
\begin{aligned}
\text{Variable} \;&=\; \texttt{EntireVariable | ComponentVariable |} \\
&\qquad \texttt{IdentifiedVariable | BufferVariable} \;\blacksquare \\
\text{EntireVariable} \;&=\; \texttt{VariableIdentifier} \;\blacksquare \\
\text{VariableIdentifier} \;&=\; \texttt{Identifier} \;\blacksquare \\
\text{ComponentVariable} \;&=\; \texttt{IndexedVariable | FieldDesignator} \;\blacksquare \\
\text{IdentifiedVariable} \;&=\; \texttt{PointerVariable " $\uparrow$ "} \;\blacksquare \\
\text{PointerVariable} \;&=\; \texttt{Variable} \;\blacksquare
\end{aligned}
$$

Dabei sind die zu den strukturierten Typen gehörigen Nichtterminalsymbole Indexed-
Variable, FieldDesignator und BufferVariable noch offen.

Die EntireVariable ist die einfachste und auf VariableIdentifier reduzierbare Form eines
Variablennamens. Sie betrifft alle Namen von Variablen aus einfachen Typen.

8.2 Zeigervariablen

8.2.1 Semantik

Die IdentifiedVariable entsteht durch Nachsetzen des "**Referenzsymbols**" (des senkrechten Pfeiles ↑ oder des Zeichens ^) hinter den Variablennamen eines Zeigertyps. Dadurch wird bei Interpretation der Wertplatz angesprochen, auf den der Wert der Zeigervariablen zeigt. Die IdentifiedVariable ist also eine Variable des Bezugstyps, wenn der Wert der zugehörigen Zeigervariablen definiert und nicht NIL ist.

Genauer: Ist Z eine Zeigervariable vom Zeigertyp T, der als

$$\text{TYPE } T = {\uparrow}B$$

mit Bezugstyp B deklariert sei, so beschreibt Z eine Referenz auf einen Wertplatz Y vom Zeigertyp $T={\uparrow}B$, auf dem ein Zeigerwert W stehen kann (dieser ist NIL oder in PASCAL nicht genauer beschreibbar). Der Zeigerwert W wiederum wird in der Regel (nämlich wenn er definiert und nicht NIL ist) auf einen Wertplatz S des Bezugstyps B zeigen; er ist selbst eine Referenz. Die Variable mit der Bezeichnung $Z{\uparrow}$ liefert dann nach Interpretation die Referenz W auf den Wertplatz S vom Typ B; sie kann wie jede andere Variable vom Typ B verwendet werden.

Der Bezugstyp einer Zeigervariablen kann dabei ein ganz beliebiger, und insbesondere ein sehr kompliziert zusammengesetzter Typ sein. Dies ist sehr nützlich für die Konstruktion komplexer Datenstrukturen; diverse Beispiele folgen später.

8.2.2 Operationen auf Zeigervariablen

Außer der allgemeinen Wertzuweisung, die im Abschnitt 6.3 besprochen wurde und nicht für Zeiger spezifisch ist, gibt es nur zwei Standardoperationen auf Zeigern in Form vordefinierter Prozeduren auf Zeigervariablen Z vom Zeigertyp $T={\uparrow}B$:

NEW (VAR Z : T);

Diese Prozedur erzeugt einen neuen Wertplatz vom Bezugstyp B und setzt den Zeigerwert von Z so, daß über die IdentifiedVariable $Z{\uparrow}$ auf den neuen Wertplatz zugegriffen werden kann. Dadurch wird ein neuer Zeigerwert des Zeigertyps erzeugt. Der neue Wertplatz ist allerdings zunächst noch leer. Wenn der alte Zeigerwert von Z definiert und nicht NIL war, besteht der früher über $Z{\uparrow}$ erreichbare alte Wertplatz weiter. Wenn man versäumt hat, den alten Zeigerwert woanders zu speichern, ist der alte Wertplatz zwar vorhanden, aber nie mehr erreichbar.

DISPOSE (VAR Z : T);

Diese Prozedur ist nur anwendbar auf Zeigervariablen Z, deren Zeigerwert definiert und nicht NIL ist. Dann ist über die IdentifiedVariable $Z{\uparrow}$ ein Wertplatz vom Typ B erreichbar und die Prozedur *DISPOSE* vernichtet diesen. Der neue Zeigerwert von Z ist NIL.

Alle Neuschöpfungen von Wertplätzen durch die Prozedur *NEW* erzeugen je einen neuen Zeigerwert und einen neuen Wertplatz, auf den der Zeigerwert zeigt. Jeder dieser Wertplätze bleibt so lange erhalten, bis ein *DISPOSE* mit dem Zeigerwert erfolgt, der bei der Erzeugung des Wertplatzes durch *NEW* zurückgegeben wurde. Dies ist ganz unabhängig von Prozedurgrenzen, Blocks und Schachtelungen von Deklarationen. Man mache sich das so klar, daß alle Zeigerwerte als Ergebnisse von *NEW* auf Wertplätze in der **Außenwelt** des Programms zeigen, und zwar unabhängig von dem lokalen Kontext der Operationen auf den Zeigern. Nur die Interpretierbarkeit der Namen der Zeigervariablen ist den Blockgrenzen unterworfen. Die Wertplätze, die durch Zeiger angesprochen werden, sind globale Objekte, die Namen der Zeigervariablen jedoch lokale. Nur die Namen der Zeigervariablen genügen den Regeln aus Abschnitt 7.4 über die Gültigkeit von Bezeichnern; die durch Zeigerwerte identifizierten Wertplätze werden nicht vernichtet, wenn die Werte und Wertplätze von Zeigervariablen nach Erreichen der Blockgrenzen vernichtet werden. Der Programmierer hat deshalb peinlichst darauf zu achten, daß durch *NEW* erzeugte Wertplätze irgendwann auch durch ein *DISPOSE* vernichtet werden, weil sonst ein "Müllproblem" entsteht. Diverse Beispiele für Zeigertypen und Zeigervariablen folgen später.

8.3 Aufzählungstypen

8.3.1 Syntax und Semantik

Dieser Typ erlaubt es, gewisse frei gewählte Namen auf Sprachebene als Werte aufzufassen und die Menge dieser Werte als Typ zu deklarieren. Die Semantik bleibt also hier rein auf der Sprachebene. Der "Sinn" der Werte ist völlig undefiniert; es ist nur klar, daß verschiedene Namen auf Sprachebene verschiedene Werte darstellen und daß die Reihenfolge der Aufzählung der Werte eine Anordnung definiert. Man hat im Sinne der praktischen Statistik also eine Nominal– bzw. eine Ordinalskala. Im Sinne der Philosophie liegt "Nominalismus" in Reinkultur vor.

Die Syntax des Aufzählungstyps ist

$$\mathsf{EnumeratedType} \quad = \quad ``\,(\,\textrm{''}\,\mathsf{IdentifierList}\,``\,)\,\textrm{''} \;\blacksquare$$

Beispiel 8.3.1.1. Standardbeispiele von Aufzählungstypen sind

```
TYPE Spielfarbe = (Karo, Herz, Pik, Kreuz);
     Spielwert = (Sieben, Acht, Neun, Bube, Dame, Koenig, Zehn, As);
 GeschlechtsTyp = (maennlich, weiblich);
```

wobei klar sein sollte, daß eine Maschine nicht interpretieren kann, was *Pik* oder *weiblich* bedeutet. □

Die Deklaration setzt die Namen auf Sprachebene fest und definiert gleichzeitig eine Ordnung. Diese ist im Sinne einer Durchnumerierung von Null an zu verstehen. Deshalb sind die Aussagen *Kreuz* > *Pik* und *maennlich* < *weiblich* wahr.

8.3.2 Operationen

Die Ordnung erlaubt es, auf einem Aufzählungstyp T die Funktionen *SUCC*, *PRED*
und *ORD* analog zu deren Definition auf den Typen *INTEGER* oder *CHAR* zu verwenden. Dabei sind natürlich *SUCC* auf dem letzten und *PRED* auf dem ersten
Listenelement undefiniert. Die Funktion *ORD* liefert bei Aufzählungstypen die Position auf der Liste, wobei von Null an gezählt wird. Weitere nützliche Operationen
sind die üblichen Vergleichsoperationen mit Werten vom Typ *BOOLEAN*, etwa "="
oder ">" usw.

Der Wert von Aufzählungstypen liegt vornehmlich in der besseren Lesbarkeit von
Programmen. Man braucht keine komplizierte und in Kommentaren festzuhaltende
Codierung und kann mit direkt verständlichen Namen arbeiten. Dies ist besonders
wichtig bei der Programmierung von Fallunterscheidungen.

Beispiel 8.3.2.1.

```
   ...
   TYPE GeschlechtsTyp = (weiblich,maennlich);
   VAR Geschlecht : GeschlechtsTyp;
      BEGIN
      IF Geschlecht = weiblich
      THEN WRITE ('Frau')
      ELSE WRITE ('Herr');
      ...
```

□

Beispiel 8.3.2.2.   Einen weiteren Anwendungsfall hat man bei der FOR–Schleife.
Weil ein Aufzählungstyp ordinal ist, kann die ControlVariable einen Aufzählungstyp
haben und man kann schreiben

```
   ...
   TYPE Spielfarbe = (Karo, Herz, Pik, Kreuz);
   VAR Trumpf : Spielfarbe;
      BEGIN
      FOR Trumpf := Karo TO Kreuz DO
         ...
```

□

8.4   Ausschnittstypen

Weil Mengen von Werten Typen sind, sind auch Teilmengen von Werten, die einen
Typ bilden, wieder Typen. Durch Einschränkung von Typen kann man also neue
Typen bilden, die **Ausschnitts**typen. Dabei vererben sich die auf dem Ausgangs-
typ definierten Ordnungen und Operationen auf den Ausschnittstyp; es wird aber
stets darauf geachtet, daß die Werte einer Variablen vom Ausschnittstyp in der eingeschränkten Wertemenge bleiben. Man hat also durch Ausschnittstypen eine Methode
zur Erhöhung der Programmsicherheit; neuartige Werte oder Wertkombinationen werden dadurch nicht erzeugt.

8.4.1   Syntax und Semantik

Die Syntax eines Ausschnittstyps ist

$$\text{SubrangeType} \quad = \quad \text{Constant} \text{ “ .. ” } \text{Constant} \; \blacksquare$$

wobei die Konstanten denselben ordinalen Typ haben müssen und die zweite Konstante im Sinne der Ordnung größer sein muß als die erste.

Die Semantik dieses Typs ist klar: man hat alle Werte zwischen den Konstanten
(inklusive der Konstanten selbst) aus dem Grundtyp herausgenommen und zu einem
selbständigen Typ gemacht.

Beispiel 8.4.1.1.

```
TYPE MonatsTyp = (Januar, Februar, Maerz, April, Mai, Juni, Juli,
        August, September, Oktober, November, Dezember);
    ErstesQuartal = Januar..Maerz;
    TageszahlTyp = 1..31;
    JahreszahlTyp = 1980..2000;
VAR LetzterTag : TageszahlTyp;
    Monat : MonatsTyp; Jahr : JahreszahlTyp;
BEGIN
...
CASE Monat OF
    Januar : LetzterTag := 31;
    Februar: IF Jahr MOD 4 = 0
        THEN LetzterTag := 29
        ELSE LetzterTag := 28;
    ...
```

□

8.5 Strukturierte Typen

Obwohl natürlich die obigen Typen auch schon Strukturen aufwiesen, nämlich zumindestens eine Ordnungsstruktur, die eine Nachfolgerfunktion zuließ, werden in PASCAL und anderen Sprachen sogenannte **strukturierte** Typen zugelassen, die es erlauben, komplizierte Objekte aus einfachen zu konstruieren. Darunter fallen die oben schon kurz erwähnten Typkonstruktionen durch Potenzmengenbildung und durch cartesische Produkte.

8.5.1 Gepackte strukturierte Typen

In PASCAL kann man strukturierte Typen mit dem Attribut PACKED versehen, um auf der Maschinenebene eine Darstellung zu erzwingen, die möglichst wenig Speicherplatz verbraucht, aber eventuell im internen Zugriffsmechanismus etwas komplizierter ist. Insbesondere ist deswegen die Verwendung von Komponenten gepackter Typen als Aktualparameter beim Referenzaufruf unzulässig. Im Normalfall wird davon ausgegangen, daß der Speicherplatz nicht restriktiv auf das Programm wirkt und deshalb die effizienteste Zugriffsmethode gewählt werden kann. Das Pascal–Manual [28] beschreibt zwei vordefinierte Prozeduren *PACK* und *UNPACK* zur Konversion zwischen der gepackten und der ungepackten internen Darstellung.

8.5.2 Syntax

Die Typdeklaration eines strukturierten Typs ist

$$
\begin{aligned}
\text{StructuredType} \;&=\; [\text{``PACKED''}]\,\text{UnpackedStructuredType}\,|\\
&\quad\;\text{StructuredTypeIdentifier}\;.\\
\text{UnpackedStructuredType} \;&=\; \text{ArrayType}\,|\,\text{SetType}\,|\\
&\quad\;\text{RecordType}\,|\,\text{FileType}\;.\\
\text{StructuredTypeIdentifier} \;&=\; \text{Identifier}\;.
\end{aligned}
$$

und die dadurch erfaßten Typen werden im folgenden genauer dargestellt.

8.6 Mengentypen

Dieser Typ besteht aus der **Potenzmenge** eines Basistyps. Dabei sind die üblichen Operationen auf Mengen definiert; es besteht aber die Einschränkung, daß der Basistyp endlich und ordinal sein muß.

8.6.1 Syntax und Semantik

Die Deklaration des Mengentyps hat die Form

$$
\begin{aligned}
\text{SetType} \;&=\; \text{``SET ''}\,\text{``OF''}\,\text{BaseType}\;.\\
\text{BaseType} \;&=\; \text{OrdinalType}\;.
\end{aligned}
$$

Einzelne Elemente einer Menge werden nicht durch Indizierung angesprochen, weil (wie in der Mathematik) die Reihenfolge der Elemente nicht determiniert sein soll.

Deshalb ist die Syntax der Variablen vom Mengentyp nur Identifier; die Werte einer solchen Variablen sind Teilmengen des Basistyps.

Dagegen gibt es eine Möglichkeit, Mengen als "Listen" auf Sprachebene zu definieren und in Ausdrücken vom Mengentyp zu verwenden. Dies hat die Syntax

$$\begin{aligned}
\text{SetConstructor} \;=\; & \text{“ [” [ElementDescription} \\
& \text{\{ “ , ” ElementDescription \}] “] ” .} \\
\text{ElementDescription} \;=\; & \text{OrdinalExpression [“ .. ” OrdinalExpression] .}
\end{aligned}$$

und SetConstructor findet sich in der EBNF–Syntax der Ausdrücke in Abschnitt 6.1.2 innerhalb der Definition von Factor. Beim Auftreten zweier OrdinalExpressions muß die zweite einen größeren Wert (im Sinne der Ordnung des Basistyps) haben.

Die Listen (SetConstructor) sind wie bei den Ausschnittstypen zu verstehen: da der Basistyp als endlicher einfacher Typ stets geordnet ist, besteht die Liste, wenn sie die Form $x..y$ mit Werten x und y aus dem Basistyp hat, aus der Menge aus Werten des Basistyps, die zwischen x und y liegen (inklusive x und y selbst).

8.6.2 Operationen

Die arithmetischen Operationssymbole $+$, $*$ und $-$ werden bei Operanden vom Mengentyp interpretiert als Vereinigung, Durchschnitt und mengentheoretische Differenz ($(A - B) = A \setminus B$). Es gelten dieselben Klammerungsregeln wie bei der arithmetischen Interpretation (Punktrechnung geht vor Strichrechnung).

Ferner werden $<=$ und $>=$ als Operationen auf Mengen mit Werten vom Typ *BOOLEAN* definiert, nämlich als Inklusion $\subset$ und deren Umkehrung. Man beachte, daß damit nicht die Elementzahlen verglichen werden.

Gleichheit und Ungleichheit sind analog definiert ($=,<>$). Ferner gibt es die Relation $\in$ als Infixoperation IN; der Ausdruck x IN Y bedeutet $x \in Y$ und ist vom Typ *BOOLEAN*. Dabei muß x vom Basistyp und Y vom zugehörigen Mengentyp sein. Die Syntax von IN findet sich im Nichtterminalsymbol RelationalOperator innerhalb des Abschnitts 6.1.2; deshalb hat IN keine Präzedenz über andere Operatoren, und man hat IN–Ausdrücke innerhalb von größeren Formeln stets in Klammern einzuschließen.

Leider ist in der Regel die von speziellen Implementierungen zugelassene Mächtigkeit des Basistyps recht klein (etwa 16 oder 32, nämlich die "Wortlänge" der Maschine, vgl. Kapitel 13). Eine weitere Einschränkung ist die Einheitlichkeit der Elemente der Basismenge (man kann keine Typen "mischen"). Deshalb ist der Mengentyp nur begrenzt einsetzbar.

Beispiel 8.6.2.1.

```
TYPE Sport = (Fussball, Handball, Volleyball, Basketball,
              Tennis, Tischtennis, Reiten, Skilanglauf, Schach,
              Go, Golf, Polo);
      Sportart = SET OF Sport;
         . . .
```

```
VAR Ballsport, Massensport,
    Denksport, Freiluftsport : Sportart;

    ...

    Ballsport:=[Fussball..Tischtennis];
    Denksport:=[Schach,Go];
    Freiluftsport:=[Fussball,Reiten,Skilanglauf,Golf,Polo];

    ...

    Massensport:=Ballsport*Freiluftsport;

    ...

    IF NOT (Fussball IN Massensport)
    THEN WRITELN ('Fehler !');

    ...
```

□

8.7 Array–Typen

8.7.1 Definition

Ein cartesisches Produkt (vgl. Abschnitt 3.2.7) einer festen Anzahl von Werten gleichen Typs (des **Komponenten**typs) bildet einen neuen Wert vom sogenannten **Array**–Typ. Ist der Komponententyp gleich T (als Menge von Werten), so ist der zugehörige Array–Typ der Länge n gerade das n–fache **cartesische Produkt** von T mit sich selbst. Man hat also im Sinne der Mathematik Vektoren der Länge n mit Komponenten aus einer Menge T.

Jeden solchen Vektor kann man auch als Abbildung von der Menge $I\!N_n := \{1, 2, \ldots, n\}$ in T auffassen; die Elemente von $I\!N_n$ "indizieren" die Komponenten der Vektoren (siehe Abschnitt 3.4.6).

Allgemeiner kann man natürlich beliebige endliche geordnete Mengen M als Indexmengen nehmen. Deshalb setzt PASCAL eine Indizierung durch einen "Indextyp" voraus, der endlich und ordinal sein muß (etwa ein Aufzählungstyp oder ein Ausschnittstyp des Typs $INTEGER$). Die Indizierung verwendet eckige Klammern sowohl bei der Deklaration von Array–Typen als auch bei der Syntax von Array–Variablen.

Der Zugriff ist wahlfrei (random) in dem Sinne, daß auf Sprachebene keine Rückwirkung eines Zugriffs auf einen anderen vorliegt. In bezug auf die Wartezeit ist eine Unabhängigkeit der Zugriffe nicht zu erwarten, weil die Zugriffsmethoden heutiger Maschinen sehr komplex sind und dem Benutzer auf Sprachebene in der Regel verborgen bleiben. Normalerweise werden bei großen Arrays und komplexen Maschinenarchitekturen die Zugriffe auf benachbarte Elemente auf Maschinenebene erheblich schneller ausgeführt als die auf weit voneinander entfernte. Die Begründung kann erst später bei der Darstellung der Speicherorganisationsformen und der Zugriffsarten auf Maschinenebene erfolgen (vgl. Abschnitt 12.3.5).

8.7.2 Syntax und Semantik

Die Typdeklaration eines Arraytyps ist

$$
\begin{aligned}
\text{ArrayType} \ &= \ \text{“ARRAY”“[”IndexType}\left\{\text{“,”IndexType}\right\}\text{“]”} \\
&\quad \text{“OF”ComponentType .} \\
\text{IndexType} \ &= \ \text{OrdinalType .} \\
\text{ComponentType} \ &= \ \text{Type .}
\end{aligned}
$$

Die Zugriffsart erfordert auf Sprachebene eine Indizierung mit der Syntax

$$
\begin{aligned}
\text{IndexedVariable} \ &= \ \text{ArrayVariable“[”Index}\left\{\text{“,”Index}\right\}\text{“]” .} \\
\text{ArrayVariable} \ &= \ \text{Variable .} \\
\text{Index} \ &= \ \text{OrdinalExpression .}
\end{aligned}
$$

Die Semantik der Array–Typdeklaration ist nach den obigen Präliminarien klar; der IndexType beschreibt eine geordnete endliche Indexmenge, die alle Elemente des ComponentType indiziert und somit ein endliches cartesisches Produkt von Exemplaren des ComponentType bildet.

Der Zugriff erfolgt durch Auswertung der OrdinalExpression, die als Index fungiert und in eckigen Klammern dem Variablennamen nachgestellt ist. Sie muß vom Typ des IndexType sein und indiziert das entsprechende Element des cartesischen Produktes. Es entsteht eine Variable des ComponentType. Der Fall des Auftretens eines Kommas in der Deklaration betrifft geschachtelte Arrays und wird weiter unten behandelt.

Die Nebenabreden zur Erzielung einer einwandfreien Semantik betreffen die Endlichkeit und die Anordnung des IndexType sowie die Typgleichheit des Index mit dem IndexType. Deshalb ist z.B. *REAL* als IndexType ausgeschlossen. Außerdem müssen die Zahl der Kommata in den eckigen Klammern der IndexedVariable und in der Typdeklaration übereinstimmen.

Beispiel 8.7.2.1.

```
TYPE Vektor10int = ARRAY [1..10] OF INTEGER;
     Text87 = PACKED ARRAY [0..86] OF CHAR;
```

□

8.7.3 Schachtelung

Es ist erlaubt, als ComponentType wieder einen ArrayType zu verwenden, so daß Arrays von Arrays von Arrays etc. entstehen.

Beispiel 8.7.3.1. Ein zweidimensionales Feld von 25 mal 17 ganzen Zahlen (eine 25×17-Matrix über $\mathbb{Z}$ im Sinne der Mathematik) ist deklarierbar durch

```
TYPE Index25 = 1..25;
     Index17 = 1..17;
     Vektor17 = ARRAY [Index17] OF INTEGER;
     Matrix25x17 = ARRAY [Index25] OF Vektor17;
```

und man kann hier auf die Zeilen einzeln zugreifen, indem man deklariert

```
VAR Zeile : Vektor17;
    Feld : Matrix25x17;
```

Dann kann man an späterer Stelle im Programm beispielsweise auf *Feld*[12] zugreifen, etwa in der Wertzuweisung *Zeile* := *Feld*[*12*]; ein einzelnes Matrixelement der zwölften Zeile ist dann durch den Namen *Zeile*[*7*] greifbar.

Bei solchen Schachtelungen von Arrays kann man durch Kommata in der Deklaration eine textliche Vereinfachung vornehmen:

```
TYPE Matrix25x17 = ARRAY [1..25,1..17] OF INTEGER;
```

Der Zugriff auf das 7. Element der 12. Zeile ist dann für

```
VAR Feld : Matrix25x17;
```

möglich durch den Namen *Feld*[*12*,*7*]. □

8.7.4 String–Typen

Im standardisierten ISO–PASCAL werden gepackte ARRAY–Typen mit Bezugstyp *CHAR* und einem Indextyp der Form $1..n$ mit einer positiven *INTEGER*-Konstanten n auch **String–Typen** genannt. Konstanten mit der EBNF–Syntax

$$CharacterString \; = \; "\,'\,"\,StringElement\,\{StringElement\}\,"\,'\,"\,.$$

können in Ausdrücken vom Stringtyp, insbesondere aber in Wertzuweisungen an Variablen vom Stringtyp vorkommen. Die Zahl der Zeichen muß dabei exakt übereinstimmen.

8.7.5 Conformant array schemas

Es ist für viele Anwendungen hinderlich, für Arrays als Formalparameter nur feste Indexgrenzen vereinbaren zu können. Abhilfe schaffen in begrenztem Umfang die im ISO–PASCAL zwar erwähnten, aber nicht verbindlich vorgeschriebenen *conformant array schemas*. Für Details muß auf das PASCAL–Manual [28] verwiesen werden.

8.8 Record–Typen

8.8.1 Überblick

Dieser Typ ist für die Anwendungen sehr wichtig. Er gestattet die Zusammenfassung mehrerer **verschiedenartiger** Komponenten zu einem cartesischen Produkt (einem **Record, Satz** oder **Datenblatt**). Zum Beispiel enthält eine Kundendatei eines Lieferanten zweckmäßigerweise zu jedem Kunden einen Record; auf diesem Record existieren Komponenten ("Felder") unterschiedlichen Typs, etwa Name, Postleitzahl, Wohnort, Straße, Hausnummer, Kontostand, Datum und Aktenzeichen der letzten Bestellung usw.

Die Bearbeitung eines Records kann sowohl das gesamte Record betreffen (z.B. Löschen oder Kopieren) oder einzelne Komponenten (z.B. Verändern des Kontostands). Ferner können Komponenten von Records wieder Records sein oder Zeiger auf andere Records enthalten. Man kann so durch den Record–Typ auf einfache Weise komplexe, aber in Ebenen übersichtlich strukturierte Daten aufbauen.

8.8.2 Qualifizierte Namen, Selektoren

Die einzelnen Komponenten einer Variablen vom Record–Typ werden dabei nicht durch eine Indexvariable (wie bei ARRAYs), sondern durch **qualifier** oder **Selektoren** auf Sprachebene unterschieden. Darunter versteht man Namenszusätze, die durch Punkte vom eigentlichen Namen des Records abgesetzt werden. Der Zugriff auf die Komponente *Adresse* eines Records *Kunde* geschieht beispielsweise durch den Namen *Kunde.Adresse*. Der Name *Kunde* wird durch den "Selektor" *Adresse* zu dem Namen *Kunde.Adresse* "qualifiziert". Man bezeichnet *Kunde.Adresse* dann auch als **selektierte Variable** oder **field designator**.

Diese Technik der *qualifier* ist auch in vielen anderen Anwendungen nützlich (siehe z.B. Abschnitt 11.3.11). Sie zeigt deutlich die Wirksamkeit verschiedener Ebenen innerhalb der Namensgebung. Wenn es auf die Komponenten nicht ankommt, kann man direkt mit den Namen auf oberster Abstraktionsstufe arbeiten; bei mehreren Schachtelungen cartesischer Produkte innerhalb der obersten Abstraktionsstufe kann man durch immer länger werdende Namen allmählich immer mehr Einzelheiten zutage treten lassen.

8.8.3 Variante Records

Die Zusammensetzung eines Records aus Komponenten kann auch variabel gehalten werden. In Abhängigkeit von einer speziellen Komponente (dem *"tag field"*) kann die Deklaration weiterer Komponenten wie eine bedingte Operation verzweigen. Die hierzu nötige bedingte Operation innerhalb der Deklaration wird durch eine Klausel der Form CASE ... OF beschrieben.

Dadurch ist man nicht gezwungen, allen Kunden oder allen Ersatzteilen identische Record–Strukturen zu geben. Man kann an ein Standard–Record ein *"tag field"* anhängen, das Sonderfälle anzeigt und die Struktur der Records steuert.

8.8.4 Syntax

Die Deklaration eines Record–Typs hat die Syntax

$$
\begin{aligned}
\text{RecordType} \;\;=\;\;& \text{`` RECORD '' FieldList `` END ''}\, \blacksquare \\
\text{FieldList} \;\;=\;\;& [\,(\,\text{FixedPart}\,[\,\text{`` ; '' VariantPart}\,]\; | \\
& \text{VariantPart}\,)\,[\,\text{`` ; ''}\,]\,]\, \blacksquare \\
\text{FixedPart} \;\;=\;\;& \text{RecordSection}\,\{\,\text{`` ; '' RecordSection}\,\}\, \blacksquare \\
\text{RecordSection} \;\;=\;\;& \text{IdentifierList `` : '' Type}\, \blacksquare \\
\text{VariantPart} \;\;=\;\;& \text{`` CASE '' VariantSelector `` OF '' Variant} \\
& \{\,\text{`` ; '' Variant}\,\}\, \blacksquare \\
\text{VariantSelector} \;\;=\;\;& [\,\text{TagField `` : ''}\,]\;\text{TagType}\, \blacksquare \\
\text{TagField} \;\;=\;\;& \text{Identifier}\, \blacksquare \\
\text{TagType} \;\;=\;\;& \text{OrdinalTypeIdentifier}\, \blacksquare \\
\text{Variant} \;\;=\;\;& \text{Constant}\,\{\,\text{`` , '' Constant}\,\}\;\text{`` : '' `` ( '' FieldList ``) ''}\, \blacksquare
\end{aligned}
$$

wobei natürlich die auftretenden Typen schon vorher deklariert sein müssen. Die
Syntax des Zugriffs auf eine Variable vom Record–Typ ist

$$
\begin{aligned}
\text{FieldDesignator} \;\;=\;\;& [\,\text{RecordVariable `` . ''}\,]\;\text{FieldIdentifier}\, \blacksquare \\
\text{RecordVariable} \;\;=\;\;& \text{Variable}\, \blacksquare \\
\text{FieldIdentifier} \;\;=\;\;& \text{Identifier}\, \blacksquare
\end{aligned}
$$

wobei der FieldIdentifier aus der IdentifierList einer RecordSection der RecordVariablen
stammen muß.

Die Gültigkeit von Bezeichnern als FieldIdentifier ist anders als die der Bezeichner
von Variablen oder Typen. Nur innerhalb der Deklaration eines RECORD–Typs
und als FieldIdentifier eines FieldDesignators ist ein solcher Bezeichner interpretierbar.
Insbesondere kann man deshalb gleiche FieldIdentifier in verschiedenen RECORD–
Typdeklarationen verwenden. Eine Ausnahme von dieser Regelung bildet der Opera-
tionsteil des im Abschnitt 8.9 beschriebenen WITH–Statements. Dort können Field-
Identifier auch ohne Voranstellung von RecordVariable `` . '' verwendet werden, wenn die
RecordVariable in der RecordVariableList des WITH–Statements vorkommt.

8.8.5 Semantik

Jede FieldList beschreibt ein cartesisches Produkt. Im Falle des FixedPart bestehen die
Komponentendeklarationen aus RecordSections, die eine Anzahl Identifier als Selektoren für Felder eines Type bereitstellen. Bei mehreren Typen sind mehrere RecordSections zu verwenden.

Im Falle des VariantPart hat man eine CASE–Fallunterscheidung. Diese führt zu
alternativen FieldLists, die von Werten des TagType abhängen. Der TagType muß daher
ein endlicher ordinaler Typ sein. Die einzelnen Alternativen der FieldLists hängen von
den Werten in der Konstantenliste der Variant ab; jede Variant hat eine FieldList, die
durch die Konstanten der Liste, die vom TagType sein müssen, gekennzeichnet ist.

Liegt ein TagField vor, so ist der dort auftretende Identifier als Variable vom TagType
zu verstehen, die im Record selbst vorkommt. Die Werte dieser Variablen steuern

dann die Alternativen für die FieldLists. Liegt kein TagField vor, so wird die Auswahl
der Alternativen nicht durch die Werte einer Variablen gesteuert; man greift dann
einfach auf Komponenten zu. Für Zugriffe auf das Record als Ganzes gilt dann stets
diejenige Variante, die zuletzt benutzt wurde.

Leider ist das Wechseln der Varianten in PASCAL nur wenig eingeschränkt; ferner
verlieren die Werte "alter" Varianten nicht automatisch ihe Gültigkeit. Deshalb ist
ein sehr vorsichtiger Umgang mit wechselnden Varianten anzuraten.

8.8.6 Operationen

Da Records sehr verschiedenartig gebaut sein können, gibt es keine nichttrivialen
vorgefertigten Operationen auf Records. Die einzige Verarbeitung von Records auf
der Standard–Sprachebene ist die der Wertzuweisung von einer Record–Variablen auf
eine andere gleichen Typs. Der Benutzer kann sich aber leicht selbst Prozeduren auf
seinen selbstdefinierten Record–Typen herstellen.

Im Sinne der obigen Ausführungen über Rechenstrukturen sollte man seine Datenstrukturen zusammen mit den sie manipulierenden Operationen konzipieren und dabei
komplizierte Operationen wieder auf einfache abstützen.

Beispiel 8.8.6.1.   Die folgende skizzenhafte Programmierung einer Skatrunde
illustriert mehrere der obigen Typkonstruktionen:

```
TYPE Spielfarbe = (Karo, Herz, Pik, Kreuz);
    Spielwert = (Sieben, Acht, Neun, Bube,
       Dame, Koenig, Zehn, As);
    Karte = RECORD
       Farbe : Spielfarbe;
       Wert : Spielwert
       END;
    Skatblatt = ARRAY [1..32] OF Karte;
    Zeiger = ↑Spieler;
    Spieler = RECORD
       Blatt : ARRAY [1..10] OF Karte;
       Naechster : Zeiger
       END;
  VAR A, B, C : Zeiger;
    Trumpf : Spielfarbe;
    Punkte : INTEGER;
BEGIN
    NEW(A); NEW(B); NEW(C);
    A↑.Naechster:=B;
    B↑.Naechster:=C;
    C↑.Naechster:=A;
    Trumpf := Herz;

       . . .
```

```
IF C↑.Blatt[5].Farbe = Trumpf THEN WRITE('Kontra') ELSE;
IF A↑.Blatt[2].Wert = As THEN Punkte:=Punkte+11 ELSE ;
    ...
```

Hier werden die drei Spieler durch Zeiger miteinander zyklisch verbunden. Man
beachte die "Vorausdeklaration" des Zeigertyps *Zeiger* als ↑*Spieler* **vor** dem Bezugstyp
Spieler. Man kann wegen der Vermischung von Records, Arrays und Zeigern ganz
absonderliche und beim normalen Kartenspiel verbotene Zugriffe machen, etwa auf
A↑.Naechster↑.Naechster↑.Naechster↑.Blatt[1].Farbe. So schaut *A* sich selbst über
drei Stationen in die Karten. □

Beispiel 8.8.6.2. Ein rudimentärer Typdeklarationsteil eines Steuerberechnungs-
programms könnte so aussehen:

```
TYPE
    String = PACKED ARRAY [1..32] OF CHAR;
    GeschlechtsTyp = (weiblich,maennlich);
    VeranlagungsTyp = (einzeln,zusammen, getrennt);
    NamensTyp = RECORD
        Vorname : String;
        Nachname : String
        END;
    AdressenTyp = RECORD
        Strasse : String;
        Hausnummer, Postleitzahl : INTEGER;
        Wohnort : String
        END;
    Steuerzeiger = ↑SteuerbuergerTyp;
    SteuerbuergerTyp = RECORD
        Name : NamensTyp;
        Adresse : AdressenTyp;
        Steuernummer : INTEGER;
        Geschlecht : GeschlechtsTyp;
        CASE Veranlagung : VeranlagungsTyp OF
            einzeln : ();
            zusammen : ( Gattenname : NamensTyp;
                Gattenadresse : AdressenTyp);
            getrennt : ( Gatte : Steuerzeiger )
        END;
```

Die Zugriffsmechanismen dieses Beispiels werden im Zusammenhang mit dem WITH-
Statement erläutert. □

8.9   Das WITH–Statement

Bei stark strukturierten Recordtypen mit vielen Ebenen können die qualifizierten
Namen sehr lang werden (z.B. *Steuerbuerger.Adresse.Postleitzahl* in obigem Beispiel,
wenn eine Variable *Steuerbuerger* vom *SteuerbuergerTyp* deklariert ist). Deshalb gibt
es die Möglichkeit, für eine bestimmte Folge von Operationen die Schreibweise der
qualifizierten Namen zu einer festen Variablen vom Recordtyp abzukürzen, indem man
den ersten oder mehrere der führenden Selektoren unterdrückt und damit eine oder
mehrere Stufen der Qualifikation von Namen "herabsteigt". Man vereinbart also für
einen Abschnitt beispielsweise, daß man den Namensanteil *Steuerbuerger.Adresse* als
fest voraussetzen möchte; dann kann man allein mit den Namen *Wohnort, Postleitzahl*
etc. arbeiten, die für sich genommen gar nicht interpretierbar wären.

8.9.1   Syntax und Semantik

Dies leistet das Statement

$$WithStatement \; = \; \text{``WITH''} \, RecordVariableList \, \text{``DO''} \, Statement \; .$$
$$RecordVariableList \; = \; RecordVariable \, \{ \, \text{``,''} \, RecordVariable \} \; .$$

wobei das Statement in der Regel ein CompoundStatement ist.

Das WITH–Statement ist trotz des vielleicht irreführenden Worts DO keine Schleife.
Es führt das Statement genau einmal aus. Es verändert lediglich während des Statements die Interpretierbarkeit von Namen. Seine Wirkung ist in dieser Hinsicht auf
das Statement begrenzt. Innerhalb des Statement gelten im Falle einer **einzelnen**
RecordVariablen folgende Regeln:

- Bei jedem Identifier wird zuerst geprüft, ob er aus der IdentifierList einer Record-
  Section der RecordVariable des WITH–Statements ist.

- Wenn ja, wird der Identifier als FieldIdentifier verstanden und der komplette
  FieldDesignator gebildet.

- Wenn nein, muß der Identifier wie üblich deklariert sein.

Dadurch erhält bei Mehrdeutigkeiten die Interpretation als FieldIdentifier Vorrang.

Die Aufzählung mehrerer RecordVariablen wirkt wie eine Schachtelung mehrerer
WITH–Statements, wobei die entsprechenden RecordVariablen bei der Deklaration
des Records ebenfalls ineinandergeschachtelt sein sollten.

Ferner ist davon auszugehen, daß beim Beginn des WITH–Statements eine Referenz
zu der RecordVariablen gebildet wird, die im zugehörigen Statement unverändert bleibt.
Falls etwa die RecordVariable zusätzlich noch indiziert ist, bleibt eine Indexveränderung
innerhalb des Statement unwirksam für den Zugriff auf die RecordVariable.

Beispiel 8.9.1.1.   Ist *Steuerbuerger* eine Variable vom Typ *SteuerbuergerTyp* in
obigem Beispiel, so kann man schreiben

```
WITH Steuerbuerger DO
   {ab hier kann Steuerbuerger. unterdrückt werden}
   BEGIN
      WITH Name DO
      {ab hier kann Steuerbuerger.Name. unterdrückt werden}
      BEGIN
         WRITE (Vorname);
         {dies betraf automatisch die Variable
         Steuerbuerger.Name.Vorname}
         WRITE (' ');
         WRITE (Nachname);
         WRITELN
      END;
      {ab hier muß Name. wieder ausgeschrieben werden,
      Steuerbuerger. kann weiter eingespart werden}
      WITH Adresse DO
      {ab hier kann Steuerbuerger.Adresse. unterdrückt werden}
      BEGIN
         WRITE (Strasse);
         {dies betraf automatisch die Variable
         Steuerbuerger.Adresse.Strasse}
         WRITE (' ');
         WRITE (Hausnummer);
         WRITELN;
         WRITE (Postleitzahl);
         WRITE (Wohnort);
         WRITELN
      END;
      {Der Name Adresse. ist wieder vogelfrei,
      die Vordefinition von Steuerbuerger. bleibt bestehen}
   END
   {Ab hier muß auch Steuerbuerger. wieder ausgeschrieben werden}
   ....
```

□

8.10 Verkettete Listen

Eine wichtige Anwendung von Record– und Zeigertypen bilden die **verketteten Listen**. Sie bestehen aus Folgen von Records, die durch Zeiger miteinander verbunden sind. Der Zugriff erfolgt über die Zeiger; Erzeugung und Vernichtung von Listenelementen geschieht durch *NEW* und *DISPOSE*.

8.10.1   Einfach verkettete Listen

Bildet man zu einem *Bezugstyp* die Typen

```
TYPE
     Liste = ↑Listenelement;
     Listenelement = RECORD
        Daten : Bezugstyp;
        Zeiger : Liste
     END;
```

und verbindet man Listenelemente gemäß Figur 23 zu einer Kette, die durch den ersten

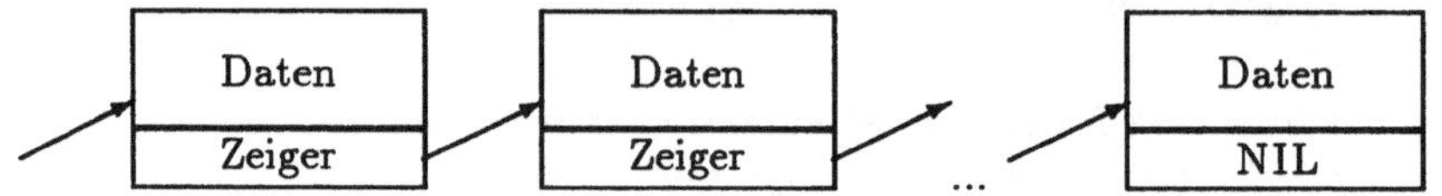

Figur 23: Einfach verkettete Liste

Zeiger vom Zeigertyp *Liste* angesprochen werden kann, so erhält man eine **einfach verkettete** oder **lineare Liste**. Der Zeiger NIL vom Typ *Liste* repräsentiert die leere Liste.

Aufgabe 8.10.1.1.   Man schreibe folgende Prozeduren auf einfach verketteten Listen:

   PUTListe (B : Bezugstyp; VAR *L : Liste)*;

fügt vorn ein neues Listenelement in die Liste *L* ein, in dessen Datenfeld der Wert von *B* übernommen wird.

   GETListe (VAR *B : Bezugstyp;* VAR *L : Liste)*;

entfernt aus einer nichtleeren Liste *L* das erste Listenelement, nachdem der Wert aus dessen Datenfeld nach *B* übernommen wurde.

Es sollte klar sein, daß hier eine Verallgemeinerung der im Abschnitt 2.8.4 schon behandelten Operationen auf Zeichenketten vorliegt. □

Aufgabe 8.10.1.2.   Man schreibe eine Funktion zur Berechnung der Länge einer Liste. □

Aufgabe 8.10.1.3.   Man schreibe eine rekursive und eine nicht–rekursive Version einer Prozedur *APPEND*, die ein Element *B* vom Bezugstyp an das **Ende** einer Liste hängt. □

Aufgabe 8.10.1.4.   Man schreibe eine rekursive und eine nicht–rekursive Version einer Prozedur *COMBINE*, die zwei Listen ohne Veränderung der internen Reihenfolge der Listenelemente und ohne Verwendung von *NEW* und *DISPOSE* aneinanderhängt. □

Aufgabe 8.10.1.5. Man wähle einen Bezugstyp, auf dem die üblichen Ordnungsrelationen definiert sind und schreibe eine rekursive und eine nicht–rekursive Version
einer Prozedur, die in eine aufsteigend sortierte Liste (d.h. eine Liste mit aufsteigend sortierten Werten in den Datenfeldern) einen gegebenen neuen Wert B korrekt
einsortiert. □

Aufgabe 8.10.1.6. Man realisiere Zeichenketten als einfach verkettete Listen
vom Bezugstyp *CHAR* und schreibe PASCAL–Prozeduren für die im Abschnitt 2.8.4
schon dargestellten Operationen *ISEMPTY, FIRST, REST* und *PREFIX*. Zusätzlich
implementiere man die dort angegebenen Funktionen *CONC, LAST, LEAD, INVERS*
und *POSTFIX*. □

Aufgabe 8.10.1.7. Man bereichere das obige Funktionenpaket durch Prozeduren
READString und *WRITEString* zur Ein- und Ausgabe von Zeichenketten. □

Bei den Aufgaben ist darauf zu achten, daß das Müllproblem durch korrekte Anwendung von *NEW* und *DISPOSE* gelöst wird, ohne "hängende" Wertplätze oder unterbrochene Ketten zu erhalten. Beispielsweise vernichtet ein *DISPOSE*, angewendet
auf eine Variable vom Typ ↑*Liste*, nur das erste Listenelement; der Verlust des dort
gespeicherten Zeigers macht aber dann den Zugriff auf den Rest der Liste unmöglich.
Bei allen Aufgaben überlege man sich die minimal nötige Zahl von Hilfszeigern zur
Vermeidung solcher Pannen.

8.10.2 Zweifach verkettete Listen

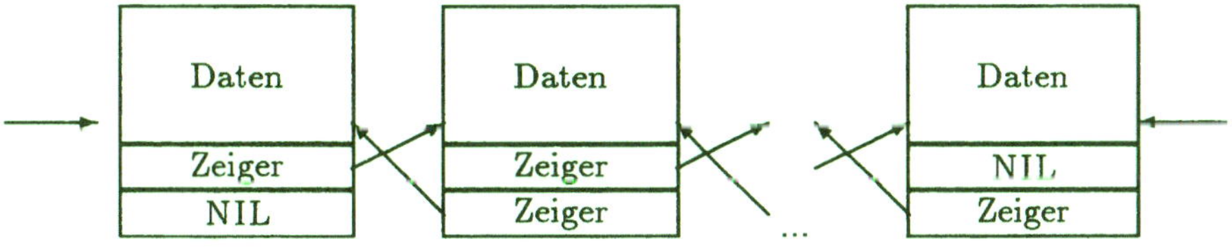

Figur 24: Zweifach verkettete Liste

Die einfach verketteten Listen haben den Nachteil, daß sie stets nur von einer Seite
zugänglich und nur in einer Richtung durchlaufbar sind. Bei einer **zweifachen** Verkettung nach Figur 24 und mit der Typdeklaration

```
TYPE
    ZListenzeiger = ↑ZListenelement;
    ZListenelement = RECORD
        Datenfeld : Bezugstyp;
        Vorwaerts : ZListenzeiger;
        Rueckwaerts : Zlistenzeiger
    END;
    ZListe = RECORD
        Anfang : ZListenzeiger;
        Ende : Zlistenzeiger
    END
```

ist dieser Nachteil aufgehoben.

Aufgabe 8.10.2.1.   Man schreibe eine Prozedur zur Umwandlung einer einfach verketteten Liste in eine zweifach verkettete Liste, wobei die Eingabeliste vernichtet wird. □

Aufgabe 8.10.2.2.   Man schreibe für beide Arten von Listen je eine Prozedur, die durch reine Zeigermanipulation die Reihenfolge der Elemente der Liste umkehrt. □

8.11   File–Typen

8.11.1   Überblick

Der File–Typ erlaubt ein cartesisches Produkt aus beliebig vielen Komponenten desselben Bezugstyps. Die Komponentenzahl ist im Gegensatz zum Record– und Arraytyp nicht von vornherein fixiert. Der Zugriff ist aber eingeschränkt durch Annahme einer rein sequentiellen Struktur wie bei einem Buch: man kann die Seite 200 erst lesen, wenn man sie aufgeschlagen hat und dies wiederum ist nur dadurch möglich, daß man die ersten 199 Seiten durchblättert. Man kann also bei einer Variablen vom File–Typ

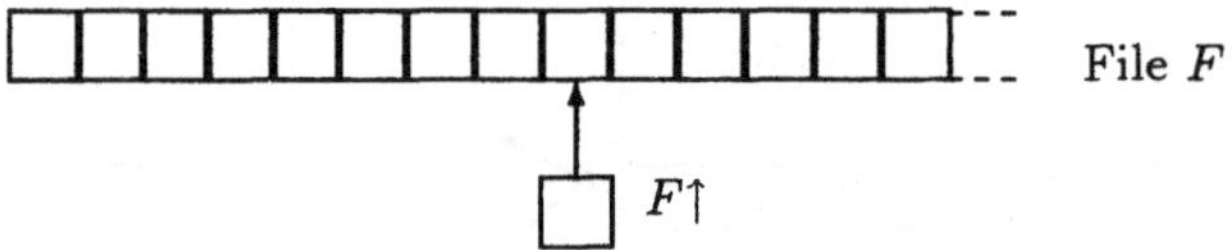

Figur 25: Zugriff auf File–Komponenten mittels eines Fensters

(einem "File" oder einer FileVariable im Sinne der EBNF–Syntax) mit Namen F immer nur auf eine Komponente vom Bezugstyp B zugreifen; diese wird dann mit F↑ auf Sprachebene bezeichnet (BufferVariable) und wirkt wie ein bewegliches Fenster, durch das man immer nur eine File–Komponente "sehen" kann (siehe Figur 25). Man hat deshalb stets auf die richtige Positionierung dieses Fensters zu achten; dazu gibt es eine Reihe von Operationen auf Files.

8.11.2 Syntax und Semantik

Die Deklaration eines File–Typs ist

$$
\begin{array}{rcl}
\mathsf{FileType} & = & \text{`` FILE ''`` OF ''} \mathsf{ComponentType} \; \blacksquare \\
\mathsf{ComponentType} & = & \mathsf{Type} \; \blacksquare \\
\mathsf{BufferVariable} & = & \mathsf{FileVariable} \text{`` } \uparrow \text{ ''} \; \blacksquare \\
\mathsf{FileVariable} & = & \mathsf{Variable} \; \blacksquare
\end{array}
$$

wobei in der Regel noch Zusatzeinschränkungen an den Type gemacht werden (beispielsweise sind Files von Bezugstypen, die Files enthalten, verboten).

Der Zugriff auf eine File–Variable F ist unmöglich; man kann nur auf eine Komponente über die BufferVariable $F\uparrow$ zugreifen:

Eine Variable F vom Typ FILE OF B, wobei B ein schon deklarierter Typ sei, hat folgende Eigenschaften:

1. Sie ist eine endliche, aber in ihrer Länge uneingeschränkte, eventuell auch leere Folge von Wertplätzen des Typs B. Man kann sich dabei etwa ein Band aus lauter Plätzen vom Typ B vorstellen. Am Ende des Files denke man sich einen virtuellen Wertplatz, der das Ende des Files anzeigt und keinen Wert vom Typ B enthält, sondern eine "*end–of–file*"-Marke.

2. Es gibt einen zu dem File F assoziierten Zeiger, der entweder undefiniert ist oder auf eine der Komponenten oder auf die *end–of–file*-Marke zeigt. Letzteres trifft z.B. im Fall der leeren Folge zu.

3. Zeigt der Zeiger auf die "*end–of–file*"-Marke, und somit auf keine Komponente, so ist das File im "*end–of–file*"-Zustand (eof-Zustand).

4. Eine File–Variable ist

   - stets in genau einem der drei Zustände "Lesezustand (*inspection mode*)", "Schreibzustand (*generation mode*)" oder "undefiniert" sowie

   - entweder im "eof–Zustand" oder nicht.

5. Leere Files oder solche im Zustand "undefiniert" sind per definitionem auch im eof–Zustand. Neu deklarierte Files sind deshalb nach der Deklaration im Zustand "undefiniert" und im "eof–Zustand".

6. Die Prozedur $EOF(F)$ liefert $TRUE$ oder $FALSE$, je nachdem F im eof-Zustand ist oder nicht.

7. Die Prozedur $RESET(F)$ bringt ein File in den Lesezustand. War das File vorher weder undefiniert noch leer, so wird der Zeiger auf die erste Komponente des Files gesetzt. Der Wert der ersten Komponente befindet sich dann im Wertplatz der Variablen $F\uparrow$ vom Typ B. Andernfalls bleibt das File im eof–Zustand und die Variable $F\uparrow$ hat keinen definierten Wert.

8. Die Prozedur $GET(F)$ ist anwendbar auf ein File F, das im Lesezustand und nicht im eof–Zustand ist. Sie schiebt den Zeiger um eine Position auf der Folge weiter. Ist die neue Position nicht die der eof–Marke, so stellt GET den Wert der neuen Komponente in $F\uparrow$ zur Verfügung. Andernfalls hat $F\uparrow$ keinen definierten Wert und das File geht in den eof–Zustand.

9. Die Prozedur $REWRITE(F)$ bringt ein File F aus einem beliebigen Ausgangszustand in den Schreibzustand und leert es. Es ist also danach im eof–Zustand und im Schreibzustand.

10. Die Prozedur $PUT(F)$ ist anwendbar auf ein File F, das im Schreibzustand und im eof–Zustand ist. Sie hängt an das File eine neue Komponente vom Typ B an, gibt ihr den Wert aus $F\uparrow$ und setzt den Zeiger wieder auf das Ende des Files. Die speziellen Zustände des Files ändern sich also nicht, das File wird nur länger. Nach dem $PUT(F)$ hat $F\uparrow$ einen undefinierten Wert. Nachfolgende Manipulationen an $F\uparrow$ wirken sich solange nicht auf das File aus, bis ein $PUT(F)$ gegeben wird.

8.11.3 Handhabung

Die Standardmethode zur Benutzung von Files besteht darin, diese (wenn sie nicht schon aus der Außenwelt über die ProgramParameterList als nichtleere Files übergeben werden), zuerst zu beschreiben, indem man nach einem $REWRITE(F)$ eine Folge von Aufrufen von $PUT(F)$ absetzt. Dies kann zur Zwischenspeicherung großer Datenmengen sehr sinnvoll sein. Danach kann man dieselben Daten wieder lesen, indem man erst durch $RESET(F)$ das File in den Lesezustand bringt, den Zeiger auf den Anfang setzt und dann sich mit mehrmaligem $GET(F)$ bis zum $EOF(F)$ die Daten einzeln wieder beschafft. Der Datenaustausch läuft dabei immer über die Variable $F\uparrow$ vom Bezugstyp.

Das Verändern von Files kann nur durch komplettes Schreiben einer neuen Version geschehen. Deshalb wird man Files nur für so große Datenmengen verwenden, die sich nicht als Arrays deklarieren lassen, weil implementationsabhängige Grenzen für die Größe von Arrays dies verbieten. Gerade in Anwendungen mit großen Datenbeständen gibt es aber viele Fälle, in denen ein sequentieller Zugriff ausreicht und ohnehin aus Sicherheitsgründen eine alte und eine neue Version eines Files gespeichert bleiben muß. Für große Datenmengen, auf denen man einen wahlfreien Zugriff haben will, sind andere File–Organisationsformen nötig (siehe Abschnitt 11.3).

Die zusätzlichen vordefinierten Prozeduren $READ$ und $WRITE$ erlauben eine abgekürzte Schreibweise für die Ein– und Ausgabe. Details finden sich im PASCAL–Manual und Report [28].

8.11.4 Textfiles

Der vordefinierte Typeldentifier $TEXT$ bezeichnet im ISO–Standard–PASCAL einen speziellen File–Typ mit einem Komponententyp, der aus $CHAR$ und einem virtuellen "end–of–line–Zeichen" (eoln–Zeichen) besteht. Die Bezeichner *INPUT* und *OUT-PUT* sind als Variablen vom File–Typ *TEXT* vordefiniert; solche Variablen werden **Textfiles** genannt. Durch das eoln–Zeichen wird ein Textfile in "Zeilen" strukturiert. Für Textfiles F gibt es die folgenden Zusatzregeln:

- Ein nichtleeres Textfile im Lesezustand hat stets ein eoln–Zeichen in der letzten Komponente.

- Die Funktion *EOLN(F)* mit Werten des Typs *BOOLEAN* liefert *TRUE*, wenn der File–Zeiger von F auf ein eoln–Zeichen zeigt. Dann gilt $F\uparrow=$'␣'. Der Aufruf von *EOLN(F)* ist verboten, wenn F undefiniert oder im eof–Zustand ist.

- Die vordefinierte Prozedur *READ (F, V1,...,Vn)* liest n Werte der Typen IN-TEGER, REAL oder CHAR von F ein und weist sie einfachen Variablen oder einfachen Komponenten von Recordtypen zu. Dabei werden eoln–Zeichen und Leerzeichen ignoriert, wenn sie dem Wert vorangehen. Die Syntax der Werte ist wie auf PASCAL-Sprachebene.

- *READLN* wirkt wie *READ*, "schluckt" aber nach dem Lesen noch alle weiteren Zeichen derselben Zeile inklusive des nächsten eoln–Zeichens. *READLN* ist zu verwenden, wenn man eine Eingabe auf der Tastatur mit der "Return"-Taste abschließen will; das Drücken der Taste erzeugt ein eoln–Zeichen auf *INPUT*.

- Fehlt bei den obigen Leseprozeduren oder bei *EOLN* das Argument F, so wird *INPUT* angenommen.

- Die vordefinierte Prozedur *WRITE (F, E1,...,En)* schreibt die Werte von n Ausdrücken *E1, ..., En* in ein Textfile F im Schreibzustand. Dabei wird eine textliche Darstellung genommen, die sich an der Syntax der Standardbezeichner orientiert und nachfolgendes Lesen wieder ermöglicht. Bemerkungen zur Formatierung finden sich unten und im Manual [28].

- *WRITELN* wirkt wie *WRITE*, setzt aber nach der Ausgabe der Werte noch ein eoln–Zeichen. Auf einem Bildschirm oder einem Drucker wird danach auf einer neuen Zeile fortgefahren.

- Fehlt bei den obigen Schreibprozeduren das Argument F, so wird *OUTPUT* angenommen.

- Die Textfiles *INPUT* bzw. *OUTPUT* befinden sich bei Programmbeginn schon im Lesezustand bzw. Schreibzustand, wenn sie in der ProgramParameterLıst vorkommen.

- *PAGE* setzt auf einem Textfile, das im Schreibzustand ist, eine Marke, die beim Ausdrucken zum Beginn einer neuen Seite führt.

Die erlaubte Parameterliste bei *WRITE* und *WRITELN* auf Textfiles ist

$$\begin{aligned}
\text{WriteParameterList} \;=\;& \text{``}\,(\text{''}\;(\,\text{FileVariable}\;|\;\text{WriteParameter}\;) \\
& \{\;\text{``},\text{''}\,\text{WriteParameter}\;\}\;\text{``}\,)\text{''}\;. \\
\text{WriteParameter} \;=\;& \text{Expression}\;[\;\text{``}\,:\text{''}\,\text{IntegerExpression} \\
& [\;\text{``}\,:\text{''}\,\text{IntegerExpression}\;]\;]\;. \\
\text{IntegerExpression} \;=\;& \text{OrdinalExpression}\;.
\end{aligned}$$

Die erste optionale IntegerExpression gibt die Gesamtzahl der auszugebenden Zeichen an; die zweite ist nur im Fall einer Expression vom Typ *REAL* erlaubt und bezeichnet die Anzahl der auszugebenden Nachkommastellen. Wenn möglich, wird der Wert der Expression rechtsbündig ausgegeben. Details finden sich im PASCAL–Manual [28].

Aufgabe 8.11.4.1. Man schreibe eine PASCAL–Prozedur *READCHARFILE*, die eine Bildschirm–Eingabezeile in eine Variable vom Typ FILE OF *CHAR* schreibt. □

Aufgabe 8.11.4.2. Man schreibe eine PASCAL–Prozedur *WRITECHARFILE*, die eine Variable vom Typ FILE OF *CHAR* als Bildschirmzeile ausgibt. □

Aufgabe 8.11.4.3. Man schreibe eine PASCAL–Prozedur *MISCHE*, die zwei aufsteigend sortierte Files vom Typ FILE OF *CHAR* in ein neues, aufsteigend sortiertes File desselben Typs "zusammenmischt". Unter Benutzung von Lösungen der Aufgaben 8.11.4.1 und 8.11.4.2 schreibe man ein Hauptprogramm, das zwei Bilschirmzeilen mit aufsteigend sortierten Zeichen liest und das Ergebnis des Zusammenmischens ausgibt. □

Aufgabe 8.11.4.4. Angenommen, es gäbe es in PASCAL keinen File–Typ. Dann definiere man sich mit Hilfe der anderen Typkonstruktionsmethoden einen adäquaten Ersatz und gebe angenäherte Realisierungen der obigen Standardoperationen an. □

Aufgabe 8.11.4.5. Man schreibe ein Programm zur Umformung von Formeln, die in geklammerter Präfix–Notation gegeben sind, in umgekehrte polnische Notation. Dabei verwende man die formale Sprache aus Abschnitt 4.3. □

Aufgabe 8.11.4.6. Man schreibe ein PASCAL–Programm, das einen gemäß der Grammatik aus Abschnitt 6.2.1 gebildeten Ausdruck von *INPUT* einliest und dann den Kantorowitsch–Baum ausgibt. Zum Aufbau des Baums verwende man intern ein rechteckiges Feld von Zeichen des Typs *CHAR*, das man dann zeilenweise ausgibt. □

Aufgabe 8.11.4.7. Es ist eine PASCAL–Funktionsprozedur zu schreiben, die zu zwei Zeichenketten S und T eine *INTEGER*–Zahl $INDEX(S,T)$ bildet mit

$$INDEX(S,T) := \left\{ \begin{array}{ll} 0 & \text{\textit{wenn } } S \text{ \textit{kein Teilstring von } } T \text{ \textit{ist}} \\ j & \text{\textit{wenn } } S \text{ \textit{in } } T \text{ \textit{an Position } } j \text{ \textit{beginnt}} \end{array} \right\}.$$

Dabei möge das k–te Zeichen von T die Position k haben. In der Wahl der Implementation der Zeichenketten und in der Wahl des Verfahrens bestehen keine Einschränkungen. □

9 Spezielle Rechenstrukturen

Eine Datenstruktur zusammen mit den auf ihr definierten Grundoperationen wird **Rechenstruktur** genannt. Das Buch [5] von F.L. **Bauer** und H. **Wössner** enthält eine sehr tiefgehende Darstellung der gängigen Rechenstrukturen.

In diesem Kapitel werden einige Rechenstrukturen behandelt, die für die Informatik von zentraler Bedeutung sind. Sie werden in einer PASCAL–nahen Sprachform dargestellt; die Realisierungsmöglichkeiten in orthodoxem PASCAL werden diskutiert. Die schon im vorigen Kapitel aufgetretenen verketteten Listen sind ebenfalls Beispiele für Datenstrukturen, die zusammen mit charakteristischen Grundoperationen als Rechenstrukturen aufgefaßt werden können.

9.1 Stacks

9.1.1 Struktur und Operationen

Diese Rechenstruktur entspricht einem File, das jeweils nur an seinem Ende manipuliert werden kann, aber dort beliebig abwechselnd gelesen oder beschrieben werden kann. Das Lesen vernichtet die jeweilig letzte Komponente. Die Struktur ist dieselbe wie die der einfach verketteten Liste mit den dort definierten Operationen *GETListe* und *PUTListe* (vgl. Abschnitt 8.10).

Man kann sich einen Stack auch als einen senkrechten **Stapel** von Elementen eines Typs T vorstellen, auf den von oben neue Elemente gelegt werden können (*PUSH*-Operation) oder von dem obere Elemente einzeln abgenommen werden können (*POP*-Operation, vgl. Figur 26). Man spricht auch von einem LIFO–Speicher (nach "*Last-In–First–Out*"), denn was zuletzt hineingelegt wurde, wird zuerst wieder herausgenommen. Ein weiterer sehr treffender Ausdruck ist auch "Kellerspeicher" (vgl. die Kellerautomaten aus Abschnitt 4.4.2).

Im folgenden sei *Stacktyp* ein Typ, der einen Stack vom *Bezugstyp* modelliert. Dann hat man die Grundoperationen

> FUNCTION *EMPTYStack* (*S* : *Stacktyp*) : *BOOLEAN*
> liefert *TRUE* genau dann, wenn der Stack S leer ist.

> PROCEDURE *PUSH* (*B* : *Bezugstyp*; VAR *S* : *Stacktyp*)
> schiebt den Stack–Inhalt "herunter" und setzt den Wert von B auf die oberste Stack–Position. Bei Anwendung auf den leeren Stack wird der Wert von B als unterstes Element in den Stack gelegt.

> PROCEDURE *POP* (VAR *B* : *Bezugstyp*; VAR *S* : *Stacktyp*)
> hebt den Inhalt eines nichtleeren Stacks um eine Position hoch und ersetzt den Wert von B durch den Wert des bisher an oberster Stelle stehenden Stack–Elementes. Natürlich ist diese Operation nur anwendbar, wenn der Stack nicht leer ist.

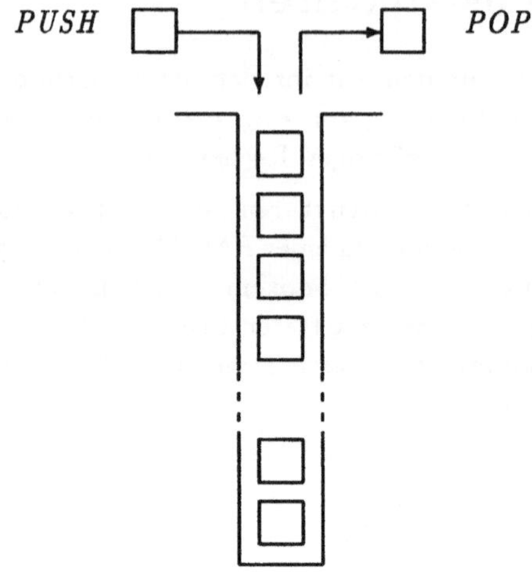

Figur 26: Stack mit *PUSH*– und *POP*–Operationen

PROCEDURE *NEWStack* (VAR *S* : *Stacktyp*)
richtet einen neuen leeren Stack des Stacktyps ein. Wenn *NEWStack* auf einen
schon existierenden Stack angewendet wird, ist dessen Inhalt verloren.

PROCEDURE *DISPOSEStack* (VAR *S* : *Stacktyp*)
vernichtet einen Stack; dies ist nötig, wenn ein Stack nicht ganz durch *POP*–
Operationen geleert wurde.

9.1.2 Realisierung

Realisiert man Stacks über einfach verkettete Listen (vgl. Abschnitt 8.10), so hat man
den Nachteil, daß Stacks stets globale Objekte sind, deren Verwaltung mit *NEW* und
DISPOSE über alle Blockgrenzen hinweg sauber programmiert werden muß. Nur
in diesem Fall sind *DISPOSEStack* und *NEWStack* nötig. Realisiert man Stacks
über Arrays, so hat man den Nachteil der fest zu deklarierenden Obergrenzen für
die Stacktiefe.

Aufgabe 9.1.2.1.   Man realisiere die Rechenstruktur des Stack über einfach verkettete Listen. Für den speziellen Bezugstyp *CHAR* stütze man die Zeichenketten-
Grundoperationen *FIRST*, *REST*, *ISEMPTY* und *PREFIX* auf die Stackoperationen
ab. □

Aufgabe 9.1.2.2.   Man definiere sich einen Stack von Elementen des Typs *CHAR*
mit den zugehörigen Grundoperationen und schreibe damit ein Programm, das den
Kellerautomaten aus Beispiel 4.4.2.5 simuliert und ein *top–down–Parsing* auf den
Eingabezeilen ausführt. □

Aufgabe 9.1.2.3.   Man schreibe unter Benutzung eines geeigneten Stacks ein
Programm, das einfache Formeln in umgekehrter polnischer Notation (vgl. Abschnitt
3.3.5) parst und auswertet, etwa solche mit der primitiven Grammatik

$$
\begin{aligned}
\text{Formel} \;&=\; \text{Konstante} \mid \text{Formel Formel Operator} \;\blacksquare \\
\text{Konstante} \;&=\; \text{``0''} \mid \text{``1''} \mid \text{``2''} \mid \text{``3''} \mid \text{``4''} \mid \text{``5''} \mid \text{``6''} \mid \text{``7''} \mid \text{``8''} \mid \text{``9''} \;\blacksquare \\
\text{Operator} \;&=\; \text{``}+\text{''} \mid \text{``}-\text{''} \mid \text{``}*\text{''} \;\blacksquare
\end{aligned}
$$

□

Man sieht an diesen Aufgaben, daß Stacks die geeigneten Datenstrukturen für Rekursionen und *backtracking* sind.

9.2 Queues

9.2.1 Struktur und Operationen

Eine (gerichtete) **queue** oder **Warteschlange** ist eines Folge von Elementen gleichen
Bezugstyps, an deren einem Ende (der Eingabeseite) nur etwas angefügt werden und
an derem anderen Ende (der Ausgabeseite) nur etwas weggenommen werden kann.
Die Lese– bzw. Schreiboperationen sind also nur an je einem Ende der Folge möglich;
die Elemente wandern in einer festen Richtung von der Eingabe– zur Ausgabeseite.
Man spricht daher auch von einem **first–in–first–out**-Speicher (FIFO, vgl. auch
Figur 27). Was also zuerst hineingeraten ist, kommt auch zuerst wieder heraus, oder:
wer zuerst da war (an der Eingabeseite), wird auch zuerst bedient (an der Ausgabeseite, Bedienungsprinzip "*first come, first serve*"). Daß für diese Datenstruktur nur
englischsprachige Ausdrücke den Sachverhalt genau treffen, ist nicht verwunderlich,
wenn man das Warten auf einen Bus in Deutschland mit demselben Vorgang in einem
englischsprachigen Land vergleicht.

Figur 27: Gerichtete Queue

Manchmal wird eine Queue aber auch etwas allgemeiner aufgefaßt, nämlich als eine
Folge, die an **beiden Enden** das Lesen oder Schreiben erlaubt (z.B. in der VAX–
Maschinensprache). Weil dann die Daten in beiden Richtungen fließen können, spricht
man auch von einer **bidirektionalen** oder **ungerichteten** Queue.

Für gerichtete Queues vom *Queuetyp* aus Elementen vom *Bezugstyp* hat man die
folgenden Grundoperationen:

    FUNCTION *EMPTYQueue* (*Q* : *Queuetyp*) : *BOOLEAN*
    liefert genau dann *TRUE*, wenn die Queue *Q* leer ist.

PROCEDURE *PUTQueue* (*B* : *Bezugstyp*; VAR *Q* : *Queuetyp*)
fügt eine neue Komponente an der Eingabeseite an.

PROCEDURE *GETQueue* (VAR *B* : *Bezugstyp*; VAR *Q* : *Queuetyp*)
entnimmt einer nichtleeren Queue *Q* ein Element an der Ausgabeseite und legt
den Wert im Wertplatz von *B* ab.

PROCEDURE *NEWQueue* (VAR *Q* : *Queuetyp*)
richtet eine neue leere Queue *Q* ein.

PROCEDURE *DISPOSEQueue* (VAR *Q* : *Queuetyp*)
vernichtet eine Queue. Diese Operation ist erforderlich, wenn bei Queue–
Realisierungen durch Zeigervariablen in PASCAL eine nicht abgearbeitete Queue
überflüssig wird.

9.2.2 Realisierung

Eine Möglichkeit für eine Warteschlangen–Implementierung in PASCAL ist durch die
in Abschnitt 8.10 definierten zweifach verketteten Listen gegeben. Dabei sind sowohl
gerichtete als auch ungerichtete Queues möglich.

Aufgabe 9.2.2.1.   Man realisiere gerichtete Queues mit allen Grundoperationen
über zweifach verkettete Listen. □

Eine andere Möglichkeit ist die Realisierung durch ein Array *A*, das man zur Vermeidung von Umspeicherungen als **Ringpuffer** betreibt. Man deklariert *A* als ARRAY
[0..*L*] mit einer Konstanten *L* und verwendet zwei *INTEGER*–Variablen, deren Reste
nach Division durch $L + 1$ auf Beginn und Ende der Queue auf *A* zeigen. Dadurch
wird *A* beim "Überlauf" automatisch wieder von vorn aufgefüllt, sofern dort Platz
ist. Nachteilig ist hier die Beschränkung auf maximal $L + 1$ Positionen in der Queue;
ferner hat man durch Zusatzstrategien auf die korrekte Behandlung der vollen und
der leeren Queue zu achten.

Aufgabe 9.2.2.2.   Man realisiere eine gerichtete Queue mit den Prozeduren
EMPTYQueue, *PUTQueue* und *GETQueue* über einen Ringpuffer. □

Die typischen Anwendungen von Queues hat man in der Simulation von Bedienungs-
prozessen und bei der Ressourcenverwaltung.

9.3   Binäre Bäume

9.3.1 Struktur und Operationen

Eine in der Sprache LISP vorherrschende und für viele Zwecke gut brauchbare Datenstruktur ist die der **binären Bäume**. Sie sind anschaulich definiert durch "**Bäume**",
die als "**Blätter**" gewisse nicht weiter zerlegbare "**Atome**" haben und nur zweifach
verzweigen. Sie sind exakter definiert durch folgende rekursive Regeln:

Ein Atom ist ein Element des Bezugstyps.

Ein Knoten ist entweder ein Atom oder ein Paar von Zeigern auf Knoten.

Ein Binärbaum ist ein Zeiger auf einen Knoten.

Ein graphisches Beispiel mit Zahlen als Atome ist Figur 28 mit Sternchen an den zwei-

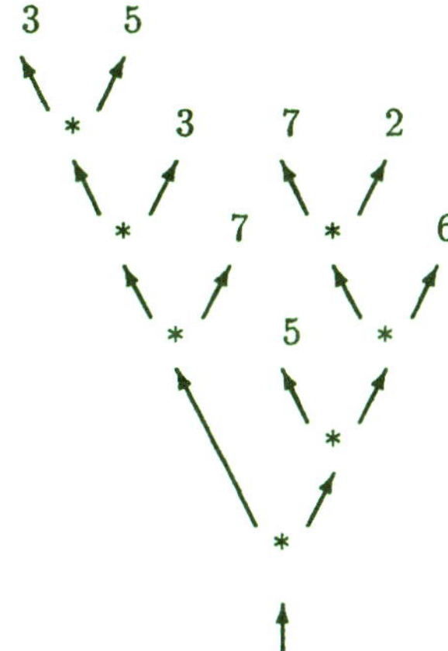

Figur 28: Darstellung eines binären Baumes

fachen Verzweigungen. Eine platzsparendere Notation setzt für jede Verzweigung eine Klammer mit zwei durch ein Komma oder ein Leerzeichen getrennten Eintragungen für den linken bzw. rechten Ast und trägt die Atome explizit ein. Dann erhält man für obiges Beispiel die Zeichenkette ((((3 5) 3) 7) (5 ((7 2) 6))). Dem entspricht die für LISP grundlegende Syntax

S–Expression $=$ Atom | " (" S–Expression S–Expression ")" ∎

Atom $=$ terminale Zeichenkette,

ohne Leerzeichen und Klammern ∎

Die wichtigsten Operationen auf Binärbäumen mit Atomen vom *Bezugstyp* sind·

FUNCTION *ISATOM* (*B : Binaerbaum*) : *BOOLEAN*;
prüft, ob ein Baum nur aus einem Atom besteht. Dann heißt der Baum "atomar", sonst "nichtatomar".

FUNCTION *MKATOM* (C *: Bezugstyp*) : *Binaerbaum*;
macht aus einem Element *C* des Bezugstyps einen atomaren Binärbaum, dessen Atom denselben Wert wie *C* hat. Es ist also *ISATOM(MKATOM(C))* gleich *TRUE*.

FUNCTION *VAL* (*B : Binaerbaum*) : *Bezugstyp*;
holt aus einem atomaren Baum den Wert des Atoms (vom Bezugstyp) heraus.

FUNCTION *CAR* (*B* : *Binaerbaum*) : *Binaerbaum*;
bildet für einen nichtatomaren Baum den linken Teilbaum. Der kuriose Name
CAR ist vom Erfinder der Sprache LISP, J. **McCarthy**, wegen eines entsprechenden Befehls der damals verwendeten Maschine nach den Anfangsbuchstaben
der Worte *Contents of Address Register* gewählt worden.

FUNCTION *CDR* (*B* : *Binaerbaum*) : *Binaerbaum*;
bildet für einen nichtatomaren Baum den rechten Teilbaum. Man spricht CDR
wie englisch "*could–er*" aus; der Name stammt vom Maschinenbefehl *Contents
of Decrement Register*.

FUNCTION *CONS* (*B,C* : *Binaerbaum*) : *Binaerbaum*;
bildet zu zwei Binärbäumen *B* und *C* den Baum *D* mit $CAR(D)=B$ und
$CDR(D)=C$.

9.3.2 Realisierung

Eine PASCAL–Realisierung der binären Bäume liefert folgende Typdeklaration

```
TYPE Bezugstyp = ...;
     Art = (Atom,KeinAtom);
     Binaerbaum = ↑Knoten;
     Knoten = RECORD
        CASE Sorte : Art OF
           Atom : (Element : Bezugstyp);
           KeinAtom : (links : Binaerbaum; rechts : Binaerbaum)
        END
```

als klassisches Beispiel für variante RECORD–Typen.

Aufgabe 9.3.2.1.   Man realisiere die Grundoperationen auf Binärbäumen unter
Verwendung der obigen Typdeklaration. □

Aufgabe 9.3.2.2.   Für den Bezugstyp *A..Z* als Ausschnittstyp von *CHAR* schreibe
man Prozeduren zum Einlesen und Ausgeben von Binärbäumen. Die externe Form
der Bäume sei durch die Grammatik der S–Expressions gegeben. Die Einleseprozedur
ist gleichzeitig ein *Parsing*–Programm für diese Grammatik. □

Aufgabe 9.3.2.3.   Man entwerfe auf rekursiver Basis mindestens 3 verschiedene
Verfahren zum Durchlaufen (Traversieren) aller Knoten in einem binären Baum und
demonstriere sie an Hand eines Beispiels durch Angabe der Knotenreihenfolge. Letztere soll für jedes der Verfahren anders sein. □

Aufgabe 9.3.2.4.   Man schreibe ein nicht–rekursives Programm zum Durchlaufen
eines Binärbaumes, das einen Stack zur Speicherung seines Weges benutzt. □

10 Nichtdeterministische Kontrollstrukturen

In den bisherigen Kapiteln hatten die Algorithmen stets eine exakte Kontrolle über die Reihenfolge der auszuführenden Operationen. Sie konnten zwar den Kontrollfluß durch Schleifen und bedingte Operationen vom normalen sequentiellen Ablauf abweichen lassen, aber die Algorithmen hatten stets die entsprechenden Bedingungen voll in der Hand.

In diesem Kapitel wird zugelassen, daß durch unvorhergesehene Fehler (z.B. Division durch Null) oder durch Einwirkung von außen (Warten auf fehlende Daten, Reaktion auf externe Ereignisse) der Kontrollfluß zu nicht genau bekannten Zeitpunkten geändert werden muß. Viele Algorithmen der Praxis sind in ihrem zeitlichen Ablauf nicht a–priori festgelegt, sondern von Ereignissen gesteuert; sie sollten sich dann auch auf Sprachebene so formulieren lassen. Beispiele sind die vernetzten Systeme von Banken oder Fluggesellschaften, die verschiedenartige externe Anforderungen zu unvorhersehbaren Zeitpunkten beantworten müssen.

Ein weiterer Gesichtspunkt ist die Kommunikation zwischen mehreren Programmen. Hier muß man die Zusammenarbeit regeln (z.B. das Warten auf Zwischenergebnisse, die das andere Programm berechnet oder die gemeinsame Benutzung einer Datenbank). Dies ist eine andere Form der ereignisgesteuerten Datenverarbeitung.

10.1 Asynchrone Ereignisse

10.1.1 Ausnahmen

Der normale Ablauf der Ausführung einer Folge von Operationen kann durch unvorhersehbare Ereignisse gestört werden, etwa durch

- Division durch Null (*zerodivide*)

- Überschreitung des zulässigen *REAL*–Bereichs (*Overflow*)

In solchen Fällen ist eine der impliziten Vorbedingungen für eine Operation verletzt; bei strikter Auslegung ist also der Algorithmus nicht mehr ausführbar. Man spricht deshalb von **Ausnahmebedingungen** oder **Ausnahmen** (exceptions). [2]

Ausnahmen sind in der Regel auf eine spezielle Operation bezogen. Sie erfordern entweder einen Programmabbruch oder eine sofortige Reparatur durch ein speziell zu diesem Zweck aufgerufenes Programm (einen **Handler**) oder irgendeine menschliche Intervention.

10.1.2 Unterbrechungen

Andere Ereignisse, die nicht notwendig Ausnahmen oder Fehler bei Ausführung einer speziellen Instruktion sind, entstehen typischerweise beim Warten auf Daten (etwa dann, wenn ein Programm externe Anfragen zu unvorhersehbaren Zeiten beantworten

---

[2] In PL/1 wird leider der Ausdruck "*conditions*" verwendet, der im Englischen doppelsinnig ist und in den beiden Bedeutungen "Bedingung" und "Zustand" (im Sinne von "Ausnahmezustand") auftritt

muß) oder bei unvorhergesehenem Hardwarefehler oder bei Stromausfall. Hier wird
mitten in einer Operationsfolge ein **Signal** gegeben, das den Kontrollfluß oder den
Wartezustand durch Einwirkung von außen unterbricht. Deshalb spricht man von
Unterbrechungen (Interrupts).

10.1.3 Ereignisse

Ausnahmen und Unterbrechungen bilden zusammen die asynchronen **Ereignisse**
(**events**). Sie erzwingen eine "spontane" Änderung der normalen Befehlsfolge.

Will man den Verarbeitungsverlauf in einem Algorithmus exakt auf Sprachebene beschreiben, so hat man wohl oder übel auch die Behandlung solcher Fälle in den Sprachumfang aufzunehmen. Dies ist in PASCAL und MODULA–2 bisher unterblieben;
lediglich PL/1, ADA und einige in der Praxis unbedeutende Sprachen kennen entsprechende Konstruktionen.

10.1.4 Signale

Ereignisse lassen sich auf Sprachebene durch **Signale** darstellen, die den normalen
Kontrollfluß unterbrechen können. Ein Signal wirkt wie eine Variable vom Typ *BOO-
LEAN*, die bei Programmbeginn den Wert *FALSE* hat und durch das Eintreten des
Ereignisses, das mit dem Signal verbunden ist, auf den Wert *TRUE* springen kann.
Dann ist der übliche Kontrollfluß zu unterbrechen und eine speziell zu diesem Signal
gehörige Prozedur (der "**Handler**" des Signals oder des Ereignisses) auszuführen. Ob
danach im üblichen Programmfluß fortgefahren wird (dies ist in PL/1 der Fall) oder die
gerade ablaufende Prozedur beendet wird (d.h. ein vorzeitiger Rücksprung erzwungen
wird), ist von Sprache zu Sprache verschieden.

Ferner kann man solche Signale künstlich setzen ("signalisieren", im englischen Kontext der "*conditions*" auch "*to raise a condition*"), etwa zur Simulation eines Ereignisses, oder deren Überwachung aussetzen (*to disable*).

Jedes Ereignis sollte also einen vom Benutzer explizit programmierten oder einen
implizit aus der "Außenwelt" des Programms bereitgestellten Handler haben. Dieser
ist eine Prozedur, die logisch mit dem Ereignis verknüpft ist; eine solche Verbindung
ist in der jeweiligen Programmiersprache explizit zu deklarieren, etwa durch eine
Erweiterung der Syntax der Prozedurdeklaration im Stile von

PROCEDURE *Handler1 (...) HANDLES Ereignis1;*

Die Ereignisbehandlung wirkt als Schutz jeder Operation eines Programms durch
einen **Dijkstra–Wächter**, ohne explizit angegeben werden zu müssen. Jedes einzelne
Statement des Programms wird im Prinzip durch die vorherige Prüfung aller Ereignisse
behandelt wie in dem Programmstück

```
IF Ereignis1
THEN Handler1
ELSE
   IF Ereignis2
   THEN Handler2
   ELSE

      . . .

         IF EreignisN
         THEN HandlerN
         ELSE Statement
```

Hier ist die Semantik so, daß die Handler wie Prozeduren wirken und deshalb nach ihrer Beendigung das nächste Kommando ausgeführt wird. Das ist nicht immer wünschenswert, da man manchmal die aktuelle Befehlsfolge gar nicht sinnvoll fortsetzen kann und besser den aktuellen Block verlassen sollte. Dies ist allerdings in vielen Fällen durch gewisse Programmiertricks im Handler machbar.

10.1.5 Realisierung

Man sieht, daß eine Behandlung der Ereignisse gemäß der obigen Struktur sehr aufwendig wäre, wenn wirklich vor der Ausführung jedes Befehls das Prüfen aller Ereignisse nötig wäre (**aktive** Ereignisbehandlung, *"busy waiting"* im Falle des Wartens auf ein Ereignis durch wiederholtes Abfragen.). Dies wird vernünftigerweise nicht so gemacht, sondern es wird eine Signalisierung der Ereignisse über Unterbrechungen des Programms vorgenommen. Die Signalisierung der Unterbrechungen ist eine Hardware-Angelegenheit, die jederzeit den normalen Kontrollfluß durch den Aufruf eines Handlers verändern kann. Die Mechanismen, die von der Erkennung des Signals bis zum Beginn der Handlerprozedur führen, werden auf niederer Ebene realisiert und bleiben dem normalen Benutzer verborgen. Im Kapitel 12 wird auf solche Unterbrechungsmechanismen genauer eingegangen.

Das Programm gibt also bei der Ereignisbehandlung im Prinzip seine Herrschaft über den Kontrollfluß teilweise auf; es erlaubt in gewissen Ausnahmefällen eine gewaltsame Unterbrechung der eigenen Arbeit, damit das verursachende Ereignis durch den Handler behandelt werden kann. Wenn für ein Ereignis ein Unterbrechungsmechanismus und ein Handler bereitgestellt ist, braucht das Programm sich nicht mehr um das Ereignis zu kümmern. Es kann ohne Abfragen des Ereignisses arbeiten und sich stets sicher sein, daß das Ereignis korrekt "abgefangen" wird.

10.1.6 Mehrfache Unterbrechung durch Ereignisse

Hat man mehrfache Ereignisse, die durch Handler bearbeitet werden sollen, so entsteht das Problem, daß innerhalb der Handler wieder andere Handler aktiviert werden können. Das zwingt zu besonderen Vorsichtsmaßnahmen bei der Programmierung von

Handlern und zu einer Prioritätenregelung, denn bei Anlagen mit nur einem Prozessor ist die Abarbeitung von Ereignissen notwendig sequentiell.

Die Durchsetzung einer Prioritätenregelung erfordert den zeitweiligen **Ausschluß** von Ereignissen niedrigerer Priorität, wenn ein Handler gerade ein Ereignis hoher Priorität behandelt. Den Ausschluß muß man, wenn er nicht durch die Prioritäten automatisiert ist, erzwingen durch Aufruf einer Prozedur der Art *Disable* (*Ereignis*), die ein *Ereignis* bis zu einem nachfolgenden Prozeduraufruf *Enable* (*Ereignis*) von der Überwachung und Behandlung ausschließt. Insbesondere kennen viele Maschinen ein Befehlspaar auf unterster Ebene, das **alle** Unterbrechungen ausschließt und wieder zuläßt. Beim Ausschluß eines Ereignisses bleibt das Signal des Ereignisses bestehen; es erfolgt lediglich eine Aufschiebung der Reaktion.

Die wichtigste und häufigste Möglichkeit zur Erreichung eines Ausschlusses ist die *direkte* Prioritätenregelung der Ereignisse. In diesem Fall wird bereits bei der Deklaration von Ereignissen oder durch die Systemarchitektur eine Priorität festgelegt, die dann auf unterer Ebene den Unterbrechungsmechanismus steuert: Handler für ein Ereignis mit Priorität p sind nur durch Handler eines Ereignisses mit einer Priorität größer als p unterbrechbar (dann aber auch durch alle solche Handler). Eine Prioritätenregelung erfordert häufig mehrere Ebenen; dann vereinbart man, daß Handler höherer Prioritätsebenen Vorrang haben, während Handler auf gleicher Prioritätsebene sich nicht gegenseitig unterbrechen können.

10.2   Prozesse

10.2.1   Definition

Nach der bisherigen Terminologie ist ein Programm eine Nachricht in Form einer strukturierten Menge von Befehlen. Wenn ein Programm durch Interpretation ausgeführt wird, sind die Befehle gemäß der Struktur des Programms nacheinander zu befolgen. Man kann das so veranschaulichen, daß ein "Kontrollzeiger" stets auf den gerade auszuführenden Befehl zeigt und nach dessen Interpretation und Ausführung weiterbewegt wird (ähnlich wie bei einem PASCAL–File, aber mit der Möglichkeit des Vor- und Rückwärtspositionierens des Zeigers). Dabei ist unerheblich, in welcher Sprache das Programm formuliert wurde; nach Übersetzung auf eine andere Sprachebene tritt im Moment der Ausführung des Programms dieselbe Situation wieder auf.

Unter einem **Prozeß** versteht man ein in Ausführung befindliches Programm mit einem sich darauf bewegenden Kontrollzeiger. Dabei kann dasselbe Programm in mehreren Prozessen zur Ausführung kommen.

10.2.2   Concurrency

Wenn mehrere Prozesse vorhanden sind, ist zwischen echter und unechter Gleichzeitigkeit der Befehlsausführungen für die Einzelprozesse zu unterscheiden. Im Idealfall sind die Einzelprozesse in der Ausführung ihrer Befehle wirklich völlig unabhängig (**echte Gleichzeitigkeit, Concurrency**); alle Kontrollzeiger sind aktiv.

Häufig ist diese Gleichzeitigkeit bzw. Unabhängigkeit nur scheinbar gegeben, da zwar stets nur ein Kontrollzeiger aktiv ist, die Aktivität der Kontrollzeiger aber zwischen den Prozessen in nicht determinierter Weise wechselt und man so eine **virtuelle** Unabhängigkeit hat. Dies ist der Fall bei allen Mehrbenutzersystemen an größeren Rechenanlagen mit einem Prozessor; hier wird jedem Benutzer suggeriert, er habe die gesamte Maschine ständig zur Verfügung, obwohl in Wirklichkeit immer nur ein Benutzer für ein sehr kleines Zeitintervall Zugriff auf die maschinellen Ressourcen hat.

In solchen Fällen spricht man von **unechter** Gleichzeitigkeit des Ablaufs der Prozesse. Da der Benutzer aber für keinen seiner Prozesse den zeitlichen Ablauf genau kennt, liegt dieselbe Situation wie bei echter Gleichzeitigkeit vor; man hat den Eindruck einer echten Gleichzeitigkeit bei reduzierter Geschwindigkeit.

Es ist für das Weitere unerheblich, ob echte oder unechte Gleichzeitigkeit vorliegt; Prozesse werden stets als unabhängig betrachtet, wenn sie nicht durch die im folgenden darzustellenden Mittel miteinander verbunden werden.

10.2.3 Synchronisation

Die korrekte Steuerung des zeitlichen Ablaufs mehrerer miteinander kommunizierender Prozesse wird auch als **Prozeßsynchronisation** bezeichnet, weil es im wesentlichen darauf ankommt, die Zeiteinteilung so zu gestalten, daß sich die Prozesse nicht gegenseitig behindern, sondern sich "in die Hände arbeiten". Dies ist ein Spezialfall der **Prozeßkommunikation**, bei der die Prozesse auf kontrollierte Weise Daten austauschen; dabei ist auf die Synchronisation der Datenübertragung Rücksicht zu nehmen.

10.2.4 Warten

Der wichtigste Fall der Prozeßkommunikation ist das Warten eines Prozesses auf Daten, die ein anderer Prozeß bereitstellen soll. Dies ist ein Spezialfall des Wartens auf ein Ereignis im Sinne des Abschnittes 10.1.3. Definiert man Ereignisse symbolisch über Signale, so kann man die Behandlung von Ausnahmen und die Prozeßsynchronisation einheitlich durch Signalverarbeitung durchführen; das Warten auf ein Signal ist dann eine Standardoperation.

10.2.5 Ausschluß

Beim Zugriff mehrerer Prozesse auf gemeinsame Daten muß man sicherstellen, daß keine Konflikte auftreten. Beispielsweise darf bei einem Buchungssystem für Flugreisen nicht gleichzeitig von 2 entfernten Terminals der letzte freie Platz in einer Maschine vergeben werden. Ist ein Prozeß gerade dabei, einen Datensatz in einer Datenbank zu verändern, so muß das Lesen und Schreiben anderer Prozesse währenddessen ausgeschlossen werden (**mutual exclusion**).

10.2.6 Verklemmung

Das Warten auf Ereignisse, die von anderen Prozessen abhängen, kann leicht zum Verklemmen (**Deadlock**) der Prozesse führen. Wenn Prozeß *A* auf ein Zwischenergebnis von Prozeß B wartet und gleichzeitig Prozeß B auf ein Zwischenergebnis von Prozeß A, so ist die Situation nicht ohne Intervention von höherer Ebene aus auflösbar. Dafür gibt es alltägliche Beispiele: Staat A kann erst abrüsten, wenn Staat B abrüstet (und umgekehrt); Ausländer bekommen keine Aufenthaltsgenehmigung, wenn sie keinen Arbeitsplatz vorweisen können, und sie bekommen keine Arbeitspapiere, wenn sie nicht gemeldet sind, was wiederum eine Aufenthaltsgenehmigung voraussetzt.

10.3　Operationen auf Prozessen

Im folgenden wird eine PASCAL–Erweiterung dargestellt, die es erlaubt, aus PASCAL–Programmen durch geeignete Prozeduren andere PASCAL–Programme als konkurrente Prozesse zu starten, zu beenden und mit ihnen zu kommunizieren. [3] Dabei wird der Einfachheit halber angenommen, daß ein Prozeß durch die Angabe der externen Dateinamen für das Programm, für die Eingabedatei und die Ausgabedatei hinreichend festgelegt sei, um ihn starten zu können. Wenn ein Prozeß gestartet ist, genügt ein Zeiger auf den Prozeß, um auf ihn Bezug zu nehmen.

10.3.1　Starten von Prozessen

Mit den vordefinierten Typen

```
TYPE String15 = PACKED ARRAY [1..15] OF CHAR;
     String63 = PACKED ARRAY [1..63] OF CHAR;
     Process = ... (hier nicht näher definiert);
     ProcessPointer = ↑Process;
```

erzeugt die vordefinierte Prozedur

```
PROCEDURE NewProcess (VAR Proc : ProcessPointer;
     Prozessname : String15;
     Programmfile, Inputfile, Outputfile : String63);
```

einen neuen Prozeß aus dem aufrufenden Programm heraus. Dieses muß den Prozeßzeiger aufbewahren, um den neu erzeugten Prozeß identifizieren zu können. Der erzeugte "Tochterprozeß" fängt sofort an, neben dem "Mutterprozeß" zu laufen (allerdings in unechter Gleichzeitigkeit).

Bemerkung 10.3.1.1. In MODULA–2 werden nur "Coroutinen" als Prozesse mit unechter Gleichzeitigkeit zugelassen, und deshalb ist dort das Starten eines Tochterprozesses stets mit dem Warten des Mutterprozesses verbunden. Es findet nur eine

---

[3]Die Erweiterung wurde im VMS–Betriebssystem der Maschinenserie VAX des Herstellers Digital Equipment realisiert

Übertragung des Kontrollflusses auf den Tochterprozeß statt; die zugehörige Operation heißt *TRANSFER*. Der Tochterprozeß muß als parameterlose Prozedur deklariert sein und wird durch die Prozedur *NEWPROCESS* einer Variablen vom Typ *PROCESS* zugeordnet. □

10.3.2 Beenden von Prozessen

Die vordefinierte Prozedur

PROCEDURE *DeleteProcess (Proc : ProcessPointer)*;

beendet den Prozeß mit dem Zeiger *Proc* gewaltsam. Eine spätere Weiterführung ist ausgeschlossen.

10.3.3 Suspendieren und Wiederaufnehmen von Prozessen

Dagegen bewirkt die Prozedur

PROCEDURE *SuspendProcess (Proc : ProcessPointer)*;

nur ein Deaktivieren des Kontrollzeigers des Prozesses mit dem Zeiger *Proc*; der Prozeß kann nach Aufruf von

PROCEDURE *ResumeProcess (Proc : ProcessPointer)*;

an derselben Stelle fortfahren, an der die Suspendierung erfolgte.

10.3.4 Warten

Das Warten eines Prozesses wird hier auf die folgende typische Art realisiert: ein Prozeß, der auf ein Ereignis warten will, suspendiert sich selbst, nachdem er dafür gesorgt hat, daß ein anderer Prozeß ihn beim Eintreten des Ereignisses wieder aktivieren wird (in realistischen Fällen geschieht das durch einen Betriebssystemprozeß). Deshalb muß ein Prozeß sich zwecks Aufruf von *SuspendProcess* seinen eigenen Prozeßzeiger durch Aufruf der Prozedur

PROCEDURE *ThisProcess (VAR Proc : ProcessPointer)*;

beschaffen können. Der nächste Abschnitt bringt dann die zur "Wiederbelebung" erforderlichen Signalmechanismen.

10.4   Semaphore

So bezeichnet man nach E.W. **Dijkstra** eine spezielle Art von Signalen, die zur
Prozeßkommunikation dienen. Ein **Boolescher Semaphor** besteht semantisch aus einer Signalvariablen vom Typ *BOOLEAN* und einer Warteschlange von Prozessen. Das
Abfragen oder Erkennen des Signals ist für alle Prozesse möglich, die "am Semaphor
zugelassen" sind, d.h. für die der Semaphor wie eine globale gemeinsame Boolesche
Variable wirkt. Das Setzen des Signals ist aber jeweils nur einem Prozeß möglich; die
anderen sind beim Setzen des Signals "ausgeschlossen". Ferner können Prozesse auf
das Signal (genauer: auf das Eintreten des Wertes *TRUE* am Signal) warten. Dafür
wird die Warteschlange von Prozessen unterhalten.

Von dieser Warteschlange wird aber jeweils nur ein Prozeß gestartet, wenn das Signal
auf *TRUE* gesetzt wird; danach geht das Signal sofort auf *FALSE* zurück und die
anderen Prozesse warten weiter, bis dieser beendet ist. Die Situation ist wie an einer
Ampel, die immer nur ein Auto durchläßt. Man kann also durch Semaphore den
Ausschluß anderer Prozesse an kritischen Datenbereichen oder die Synchronisation
zwischen Prozessen bewirken.

10.4.1   Bemerkungen zur Realisierung

Die vordefinierte Typdeklaration

```
TYPE Semaphore = RECORD
        Semaphorname : String15;
        Status : BOOLEAN
     END;
```

definiert in der hier verwendeten PASCAL–Erweiterung den Typ der Booleschen
Semaphore (neben der Booleschen Signalvariablen *Status*) durch eine Variable *Sema-
phorname*, deren Wert eine **globale** Bedeutung hat: unabhängig von Block– und sogar
Programmgrenzen sind zwei Semaphore mit gleichem Namen als gleich anzusehen.

Die Warteschlange von Prozessen ist hier verdeckt. Die Mutterprozedur hat zu Beginn durch Aufruf einer parameterlosen Prozedur *StartSemaphore* dafür zu sorgen,
daß ein (verdeckter) Prozeß gestartet wird, der alle im Spiel befindlichen Prozesse
und Semaphore überwacht. Dieser unterhält zu jedem Semaphor dann eine Warteschlange von Prozessen; er spielt die Rolle des Betriebssystems. Durch Aufruf von
EndSemaphore wird dieser Prozeß beendet.

Ein Programm, das einen Semaphor *S* verwenden will, hat die Prozedur

```
AssignSemaphore (S)
```

aufzurufen, um zum überwachenden Prozeß Kontakt aufzunehmen.

Natürlich ist die hier durchgeführte Spracherweiterung nur eine Notlösung; man könnte Semaphore zum Sprachumfang von PASCAL hinzunehmen und die genannten Prozeduren durch implizite Verbindungen der Programme zum Betriebssystem realisieren.

10.4.2 Operationen auf Semaphoren

Die beiden Standardoperationen auf Booleschen Semaphoren sind **Warten** und **Signalisieren**. In PASCAL–nahem Pseudocode entsprechen ihnen die folgenden Prozeduren:

```
PROCEDURE Wait (VAR S : Semaphore);
      {S.Warte sei eine verdeckte
      Warteschlange von Prozeßzeigern}
      VAR Q : ProcessPointer;
   BEGIN
      Die anderen Prozesse werden vom Setzen des
      Semaphors ausgeschlossen;
      IF S.Status
      THEN BEGIN
         S.Status:= FALSE;
         Die anderen Prozesse werden
         zum Setzen des Semaphors wieder zugelassen;
         {Der aufrufende Prozeß passiert den Semaphor.}
         END
      ELSE BEGIN
         ThisProcess (Q);
         {Dies holt den eigenen Prozeßzeiger nach Q}
         PUTQueue(Q,S.Warte);
         {Das setzt ihn in die Warteschlange}
         Die anderen Prozesse werden
         zum Setzen des Semaphors wieder zugelassen;
         SuspendProcess (Q);
         {Der Prozeß hat sich selbst suspendiert, bis er
         zu gegebener Zeit wiederaufgenommen wird.
         Deshalb hat er seinen Prozeßzeiger in die Warteschlange gelegt.
         Die Wiederaufnahme wird durch einen anderen Prozeß
         veranlaßt, der die folgende Prozedur "Signal" durchläuft.}
         END
      END;
```

```
PROCEDURE Signal (VAR S : Semaphore);
   {S.Warte sei eine verdeckte Warteschlange von Prozeßzeigern}
   VAR Q : ProcessPointer;
BEGIN
   Die anderen Prozesse werden vom Setzen des Semaphors ausgeschlossen;
   IF EMPTYQueue(S.Warte)
   THEN S.Status:=TRUE
   ELSE BEGIN
      GETQueue (Q,S.Warte); {holt einen Prozeßzeiger aus der Queue}
      ResumeProcess (Q) {und startet den zugehörigen Prozeß.}
      END;
   Die anderen Prozesse werden wieder zum Setzen des Semaphors zugelassen;
END;
```

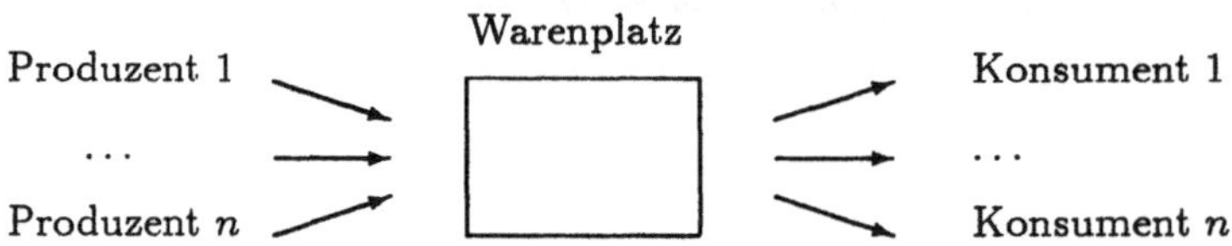

Figur 29: Single–buffer–Problem

Beispiel 10.4.2.1.   Das "*single–buffer*-Problem". Diverse Produzenten und Konsumenten mögen auf einem "Markt" interagieren, der stets nur für ein Exemplar der zu produzierenden bzw. zu konsumierenden Ware Platz hat (es steht nur ein "Puffer" für die Lagerung eines produzierten, aber noch nicht konsumierten Produktes zur Verfügung, daher der "*single buffer*"). Produktion und Konsum sind asynchron und werden in unbekannten Abständen von einer unbekannten Anzahl von Produzenten- und Konsumentenprozessen geleistet. Dann ist durch geeignete Signale die Ablage überflüssiger Waren und die Entnahme nicht vorhandener Waren zu unterbinden (vgl. Figur 29). Das Hauptprogramm zu diesem Problem beschränkt sich auf die Verwaltung der Semaphore und Prozesse:

```
[INHERIT ('PROZESS.PEN')] {definiert Prozeß- und Semaphorprozeduren}
   PROGRAM Markt (INPUT,OUTPUT);
      VAR C : CHAR; I : INTEGER;
      S : ARRAY [1..4] OF ProcessPointer;
      Frei, Belegt : Semaphore;
```

```
BEGIN
    StartSemaphore;
    Frei.Semaphorname:=  'FREISEMAPHORE␣ ␣ ';
    Belegt.Semaphorname:='BELEGTSEMAPHORE';
    AssignSemaphore (Frei);
    AssignSemaphore (Belegt);
    Wait (Belegt); {setzt Semaphor Belegt auf FALSE}
    {Die Semaphore sind gesetzt. Jetzt werden Produzenten- und
    Konsumentenprozesse gestartet (der Aufruf ist verkürzt).}
    NewProcess (S[1],'PRODUZENT1 ','PRODUCER.EXE ... );
    NewProcess (S[2],'PRODUZENT2 ','PRODUCER.EXE ... );
    NewProcess (S[3],'KONSUMENT1 ','CONSUMER.EXE ... );
    NewProcess (S[4],'KONSUMENT2 ','CONSUMER.EXE ... );
    WRITELN ('4 Prozesse sind gestartet.');
    WRITELN ('Bitte durch Eingabe eines Zeichens beenden:');
    READLN (C);
    FOR I:=1 TO 4 DO DeleteProcess (S[I]);
    EndSemaphore;
END {Markt}.
```

Man sieht, daß die Filenamen für die beiden Produzenten- und Konsumentenpro-
gramme jeweils gleich sind; es handelt sich um verschiedene Prozesse mit gleichen
Programmen. Deren Struktur ist sehr einfach; nach einem Deklarationsteil für die
Semaphore und den Warenlagerplatz hat man beim Konsumentenprogramm

```
BEGIN
    Frei.Semaphorname:=  'FREISEMAPHORE␣ ␣ ';
    Belegt.Semaphorname:='BELEGTSEMAPHORE';
    AssignSemaphore (Frei);
    AssignSemaphore (Belegt);
    REPEAT
        Wait (Belegt);
        {Entnahme der Ware aus einer existierenden globalen Datei
        "Warenlager", die anschließend zerstört wird;
        Details werden hier nicht explizit dargestellt}
        Signal(Frei);
        {Warten für eine bestimmte Zeit, um Konsumption zu simulieren}
    UNTIL FALSE;
END.
```

Für den analogen Produzentenprozess hat man im Innern der Schleife

> *{Wartezeit, um Produktion zu simulieren}*
> *Wait (Frei);*
> *{Aufbau einer neuen globalen Datei "Warenlager"*
> *und Ablage einer "Ware"; hier nicht explizit dargestellt}*
> *Signal (Belegt);*

Der exklusive Zugriff auf den Warenpuffer wird durch zwei Boolesche Semaphore unabhängig von der Anzahl und dem Zeitverhalten der produzierenden bzw. konsumierenden Tochterprozesse gesteuert. Die Warteschlangen für Prozesse sind nicht zu sehen. Die Tochterprozesse sollten zwischen den Aufrufen von *Wait* und *Signal* möglichst wenige Operationen ausführen, denn in der fraglichen Zeit behindern sie eventuell die anderen Prozesse. Es reicht völlig aus, ein Umspeichern zwischen dem globalen Warenpuffer und einem lokalen Speicher W für den Einzelprozeß durchzuführen und die eigentliche Arbeit nicht zwischen *Wait* und *Signal* zu machen. Die in den Kommentaren angedeuteten Wartezeiten zur Simulation von Produktion und Konsumption werden durch eine von *Wait* und *Signal* unabhängige Prozedur realisiert. □

Beispiel 10.4.2.2. Das Problem der *"dining philosophers"*. An einem runden Tisch mit 5 Plätzen sitzen 5 Philosophen. Sie kennen nur zwei Tätigkeiten: Denken und Essen. Zum Denken brauchen sie jeweils eine gewisse Zeitspanne (die für jeden Philosophen verschieden sein kann), und zum Essen benötigen sie hauptsächlich den in der Mitte des Tisches unbegrenzt vorhandenen Vorrat an Spaghetti. Da die Philosophen aber recht wohlerzogene Menschen sind, können sie erst dann essen, wenn sie in jeder Hand eine Gabel haben. Von diesen sind 5 vorhanden, und zwar je eine zwischen zwei Philosophen. Das Essen dauert für jeden auch eine gewisse Zeit; dann legen sie die Gabeln wieder dorthin, wo sie gelegen haben und beginnen wieder von vorn mit ihrer Denkarbeit. Das Ganze beginnt mit irgendeinem Anfangszustand und läuft indefinit weiter (vgl. Figur 30).

In dieser Form ist das Problem noch nicht genau genug beschrieben. Wenn man festlegt, daß jeder Philosoph erst auf die linke und dann auf die rechte Gabel wartet und so gierig ist, daß er die linke Gabel, falls vorhanden, sofort in die Hand nimmt (auch dann, wenn er noch auf die rechte Gabel warten muß), so können wegen ihres Egoismus alle Philosophen verhungern, nämlich dann, wenn sie alle im Besitz der linken Gabel sind.

Ein Philosoph mit altruistischem Verhalten würde nicht verhindern, daß der linke Nachbar zum Essen kommt, sofern er selbst noch warten muß. Deshalb faßt er stets beide Gabeln oder keine an ("beide–oder–keine"–Strategie statt der "links–vor–rechts"–Strategie).

Dann ist leicht zu sehen, daß es keinen *Deadlock* geben kann und nicht alle Philosophen verhungern. Es gibt aber selbst bei dieser Strategie noch Anfangszustände und Denk- bzw. Eßzeiten, die dazu führen, daß einer der Philosophen Hungers stirbt (Beispiel ?), egal wie er seine Eß– und Denkgewohnheiten einrichtet. □

Figur 30: Speisende Philosophen

Aufgabe 10.4.2.3. Man führe das Beispiel der speisenden Philosophen mit Hilfe der oben definierten Mechanismen zur Prozeßsteuerung und in Anlehnung an die Lösung des "*single–buffer*-Problems" aus. ☐

Aufgabe 10.4.2.4.   Man schreibe ein herkömmliches PASCAL–Programm zur Simulation des Prozeßablaufes beim Philosophenproblem. ☐

Bemerkung 10.4.2.5. Das Beispiel der speisenden Philosophen zeigt, daß das Verhalten ereignisgetriebener Algorithmen sich weitgehend jeder Vorhersagemöglichkeit entzieht. Dies trifft erst recht zu auf die großen ereignisgetriebenen Warnsysteme im industriellen und militärischen Bereich. Man ist auf Simulationsläufe angewiesen, weiß aber nie, ob der Ernstfall durch die Simulationen wirklich abgedeckt wird. ☐

10.5 Monitore

10.5.1 Definition

Monitore sind Prozeduren, die von mehreren Prozessen aufgerufen werden können, in denen aber zur Ausführungszeit stets nur ein Kontrollzeiger aktiv sein kann. Deshalb unterhält jeder Monitor eine Warteschlange von Prozessen für die Ausführung des Monitors. Erst wenn ein Durchlauf durch den Monitor beendet ist, kann der nächste Prozeß den Monitor ausführen. [4]

Dabei ist eine wichtige Ausnahme zu machen: wenn der Monitor *Wait*–Aufrufe enthält, so zählen die dort wartenden Prozesse nicht als "im Monitor aktiv", und ein anderer Prozeß kann in den Monitor eintreten. Ein Aufruf von *Signal* für einen innerhalb eines Monitors auf einen Semaphor wartenden Prozeß wird nur dann zur Freisetzung des Prozesses aus der Warteschlange führen, wenn kein anderer Prozeß im Monitor aktiv

---

[4]In MODULA–2 werden Monitore etwas anders definiert, hier soll eine PASCAL–nähere und für andere Anwendungen repräsentativere Darstellung gegeben werden

ist. Die Semantik von *Wait* und *Signal* ist also innerhalb von Monitoren anders als üblich.

Typische Fälle von Monitoren sind vordefinierte, in PASCAL–Programmen aufrufbare Prozeduren zur Manipulation von Datenbanken oder anderen globalen Objekten, für die man den Zugriff durch andere Prozesse zeitweise ausschließen muß. Der Monitor wirkt dann wie ein "Flaschenhals", durch den alle Zugriffe laufen und der bei korrekter Programmierung Zugriffs– und Datenschutzprobleme eliminiert. Alle Benutzer des globalen Objektes verwenden denselben Monitor als Prozedur in ihren Programmen; es gibt auf Benutzerebene keine Zugriffsprobleme. Den genauen Moment des Zugriffs kann der Benutzer allerdings nicht mehr voraussagen, weil der Monitor eine verdeckte Warteschlange von aufrufenden Prozessen enthält.

Das unten folgende Beispiel zeigt, daß man Monitore durch Semaphore realisieren kann. Für den Anwender sind Monitore in der Regel praktischer, weil sie leichter handzuhaben sind. Sie haben den Status von globalen Unterprogrammen, auf die sich der Benutzer blind verläßt und die ihn von allen Synchronisationsaufgaben befreien.

10.5.2 Realisierung

Die folgende Programmskizze simuliert einen Monitor beliebiger Struktur als Prozedur *Monitor* mit einem global definierten Semaphor *Semamonitor*, der den Zugang bewacht und für nichts anderes benutzt werden darf.

```
PROCEDURE Monitor (...);
  VAR Sema : Semaphore;

    ....
    BEGIN
    Sema.Semaphorname:='Semamonitor ⎵ ⎵ ⎵ ⎵ ';
    AssignSemaphore (Sema);
    Wait (Sema);

    ....
    {hier wird die Arbeit gemacht...}
    ....
    Signal (Sema);
    END {Monitor};
```

Jetzt ist sicher, daß immer nur ein Prozeß im Innern der Prozedur *Monitor* umherspazieren kann; die Warteschlange des Monitors ist die der Semaphorvariablen mit globalem Namen *Semamonitor*.

Beispiel 10.5.2.1. Das "*bounded–buffer*–Problem". Hier wird das *single–buffer*–Problem verallgemeinert auf endlich viele Warenlagerplätze, auf die verschiedene Konsumenten und Produzenten zugreifen. Monitore sollen als "Flaschenhälse" den Zugriff regeln; sie werden als Prozeduren die in die Konsumenten– und Produzentenprozesse eingebaut und vermeiden durch Rückgriff auf globale Semaphore die Zugriffskonflikte. Ein Monitor für die Produktion ist dann durch die folgende Prozedur *Ablegen* gegeben:

```
    ....
    CONST MaxWarenzahl = ...;
    TYPE WarenTyp = ...;
    ....
    PROCEDURE Ablegen (Ware : WarenTyp);
        VAR Nichtvoll, Nichtleer, Frei : Semaphore;
            Warenzahl : INTEGER;
            Rein, Raus : FILE OF WarenTyp;
    BEGIN
        Frei.Semaphorname:='FREISEMAPHORE⎵⎵';
        Nichtvoll.Semaphorname:='NICHTVOLLSEMAPH';
        Nichtleer.Semaphorname:='NICHTLEERSEMAPH';
        AssignSemaphore (Frei);
        AssignSemaphore (Nichtvoll);
        AssignSemaphore (Nichtleer);
        Wait (Nichtvoll);
        Wait (Frei);
        {Hier werden durch zwei verdeckte OPEN-Befehle
        die Files "Rein" und "Raus" zugänglich gemacht.
        "Rein" ist das alte Warenlager.
        "Raus" wird das neue Warenlager.}
        RESET (Rein); REWRITE (Raus); Warenzahl :=0;
        WHILE NOT (EOF(Rein)) DO BEGIN
            Raus↑:= Rein↑; Warenzahl := Warenzahl + 1;
            PUT (Raus); GET (Rein)
            END;
        Raus↑ := Ware; PUT (Raus);
        {Hier werden die Files wieder geschlossen.
        "Rein" wird zerstört. "Raus" ist das neue Warenlager.}
        Signal (Nichtleer);
        IF Warenzahl < MaxWarenzahl-1 THEN Signal (Nichtvoll) ELSE;
        Signal (Frei);
        END,
```

Der Monitor für die Produzenten ist symmetrisch zu *Ablegen* gebaut; beide verwenden eine globale Datei *WARENLAGERPLATZ* vom File–Typ als Puffer, wobei nach dem FIFO-Prinzip verfahren wird. Leider erlaubt der PASCAL-File-Typ nicht das Modifizieren eines existierenden Files; deshalb wurde zu Demonstrationszwecken das Lesen und Schreiben getrennt ausgeführt. Durch verdeckte *OPEN-* und *CLOSE-* Kommandos wird sichergestellt, daß *Raus* nur eine neue Version von *Rein* ist und die alte Version zerstört wird. Dadurch ist nach jedem Monitordurchgang wirklich nur ein Warenlagerplatz da.

Der exklusive Zugang zum Warenlagerplatz wird durch den Semaphor *Frei* geregelt;

dieser Semaphor tritt beim Konsumenten–Monitor in genau derselben Weise auf. Innerhalb des durch *Frei* geschützten Bereichs kann immer nur ein Prozeß aktiv sein. Das Hauptprogramm hat die Semaphore geeignet zu initialisieren und eine leere Datei als Warenlagerplatz anzulegen, bevor die Konsumenten– und Produzentenprozesse gestartet werden können. □

Aufgabe 10.5.2.2.   Vor dem Aufruf von *Wait (Frei)* ist im obigen Beispiel das Monitorkonzept nicht exakt befolgt worden, um Semaphore einzusparen; es können mehrere Produzentenprozesse in den Monitor eintreten, um dann eventuell vor *Nicht-voll* und mit Sicherheit vor *Frei* Schlange zu stehen. Man beweise, daß es trotz dieser Komplikation keine Überfüllung des Warenlagerplatzes geben kann, wenn der Konsumentenmonitor analog konstruiert ist. □

Bemerkung 10.5.2.3.   Das *"bounded–buffer–problem"* läßt sich etwas eleganter lösen, wenn man Semaphore verwendet, die aus Signalen vom Typ *INTEGER* und einer Prozeßwarteschlange bestehen (*"counting semaphores"*). □

Aufgabe 10.5.2.4.   Eine Sende– und eine Empfangsprozedur seien über einen in beiden Richtungen (aber nicht gleichzeitig) nutzbaren Datenübertragungsweg verbunden, über den man mit Prozeduren *Send (N)* und *Receive (N)* Nachrichten *N* austauschen kann. Der Sender habe eine infinite Folge von Nachrichten zu senden, aber das Zeitverhalten auf der Leitung und in beiden Prozeduren sei unbekannt. Ferner gebe es zwei Steuerleitungen, über die sich Semaphorsignale übertragen lassen. Man mache sich klar, daß bei Kommunikation in einer Richtung genau das *"single–buffer"*-Problem vorliegt, denn der Sender kann nur senden, wenn der Empfänger empfangsbereit ist.

Es sei aber nun vereinbart, daß der Sender zu Kontrollzwecken sich erst jede Nachricht vom Empfänger zurückschicken läßt, bevor er die nächste Nachricht sendet. Wie läßt sich eine solche Kommunikation realisieren, wenn man zunächst von der Fehlerbehandlung absieht?

Wie kann man die Fehlerbehandlung durchführen (mit oder ohne einen zusätzlichen Semaphor)? □

11 Betriebssysteme und Steuersprachen

11.1 Überblick

11.1.1 Programme und ihre Umgebung

Die **Umgebung** oder Außenwelt eines Programms (vgl. Abschnitt 2.6) besteht aus
den zum Ablauf des Programms nötigen Voraussetzungen; es sind Ein– und Ausgabe-
medien bereitzustellen, und das Programm selbst muß auf einem lesbaren Träger als
Nachricht vorliegen, um dann interpretiert zu werden. Es sind also Vorverarbeitungs-
schritte nötig, bevor das Programm überhaupt ausführbar wird. Erst dann entsteht
ein Prozeß im Sinne des vorigen Kapitels.

11.1.2 Betriebssysteme

Die Umgebung eines Programms wird jeweils auf dessen Bedürfnisse zugeschnitten, und zwar nicht durch menschliche Intervention, sondern maschinell durch ein
"übergeordnetes" Programm, das **Betriebssystem**. Dieses übernimmt beispielsweise
die Eingabe und Ausgabe und steuert dabei Geräte wie Drucker oder Bildschirme.
Bei größeren Anlagen verwaltet es viele Prozesse parallel und koordiniert deren Zugriff auf die Ressourcen des Systems so, daß der Durchsatz maximal ist und keine
Zugriffskonflikte entstehen.

11.1.3 Steuersprache

Das Betriebssystem verarbeitet wie jedes andere Programm nichts anderes als Befehle,
deren Interpretation Zustandsänderungen an gewissen Objekten bewirkt. Die Objekte
sind nicht mehr Zahlen oder Texte, sondern Prozesse, Geräte oder Datensätze. Die
Operationen sind nicht Addition oder Verkettung, sondern Ausführen, Kopieren oder
Löschen. Die Sprache, in der die Operationen und Objekte eines Betriebssystems
formuliert sind, nennt man auch **Steuersprache** (*Command Language*, *Job Control
Language*). Sie beschreibt die "Benutzeroberfläche" des Systems und ist natürlich zu
unterscheiden von der Programmiersprache, in der das Betriebssystem geschrieben ist.

11.1.4 Standardisierung

Leider sind die Steuersprachen der gängigen Maschinen keineswegs einheitlich, obwohl die zugrundeliegenden Objekte und Operationen im wesentlichen dieselben sind.
Deshalb wird hier versucht, die Grundprinzipien der Steuersprachen allgemein und
weitgehend maschinenunabhängig darzustellen, und zwar unter Beschränkung auf die
"Benutzeroberfläche": es werden nur die Objekte und Operationen beschrieben und
die Realisierungstechniken bleiben Spezialveranstaltungen zum Thema "Betriebssysteme" überlassen. Das Vorgehen ist dasselbe wie bei der Darstellung von PASCAL:
dort wurden nur die PASCAL–Objekte und –Operationen behandelt, während ausge-
klammert wurde, wie man einen PASCAL–Compiler baut (vgl. dazu z.B. [58]).

11.2 Steuersprachen und Betriebsarten

11.2.1 Sequentialität und Interpretation

Die Steuersprache besteht wie die bisher behandelten Sprachen aus syntaktischen
Konstruktionen, die gewisse Operationen auf gewissen Objekten beschreiben und die
sequentiell interpretiert werden. Bei Steuersprachen wird in der Regel keine weitere
Sprachübersetzung vorgenommen, sondern die Befehle werden durch die Programm–
Moduln des Betriebssystems sofort durch Ausführung interpretiert.

Die Steuersprachenkommandos werden auf einem Datenweg eingegeben, der zeileno-
rientiert ist und ansonsten den normalen ASCII–Zeichensatz verwendet. Dabei ist im
Gegensatz zu PASCAL für jeden Befehl (mindestens) eine Zeile zu verwenden.

11.2.2 Kommandoprozeduren

Ein Programm in einer Steuersprache kann wie bei einer üblichen Programmiersprache
erst textlich bearbeitet und später ausgeführt werden. Dann spricht man auch von
einer **Kommandoprozedur** (*command procedure* bei DEC, *shell script* bei UNIX,
Stapelfile in MS–DOS). Ferner können Kommandoprozeduren in modernen Steuersprachen auch "Unterprogramme" haben, d.h. man kann aus Kommandoprozeduren auch
andere Kommandoprozeduren "aufrufen" und diesen Parameter übergeben. So kann
man komplizierte Verarbeitungsfolgen, die aus der Anwendung mehrerer Programme
auf verschiedene Datensätze bestehen, auf der Ebene der Steuersprache durch einfache Aufrufe von "Unter"–Kommandoprozeduren realisieren. Im Prinzip geht die
Entwicklung dahin, die Steuersprachen mindestens so flexibel zu machen wie höhere
Programmiersprachen und damit zu erreichen, daß sich jeder Benutzer durch eigene
Kommandoprozeduren ein höheres Programmierniveau erarbeiten kann. Man erhält
das folgende Ebenenmodell für Befehle:

1. Vom Benutzer definierte Befehle oberhalb der Steuersprachenebene (z.B. Aufruf
   von Kommandoprozeduren)

2. Steuersprachenbefehle ("Kommandos")

3. Programmiersprachenbefehle

4. Maschinensprachenbefehle ("Instruktionen")

5. Mikroprogrammbefehle

11.2.3 Dialogbetrieb

Beim Arbeiten an einem Bildschirmterminal ist man stets innerhalb eines Betriebs-
systemprogramms; durch die Eingaben des Benutzers werden nacheinander Steuersprachenkommandos an das Betriebssystem gegeben und von diesem ausgeführt. Die
Kommandos werden nicht gesondert gespeichert und nicht zeitverzögert bearbeitet.
Man spricht dann von **interaktivem** Betrieb (**Dialogbetrieb**).

11.2.4   Stapelbetrieb

Im Gegensatz dazu steht der **Batch–** oder **Stapelbetrieb**, bei dem eine Kommandoprozedur über ein geeignetes Eingabemedium an das Betriebssystem übermittelt wird
und dieses zunächst eine Zwischenspeicherung vornimmt. Das Betriebssystem analysiert die Anforderungen, die sich aus der Kommandoprozedur ergeben und ordnet
die Prozedur in eine Warteschlange ein. Zu einem nicht ohne weiteres vorhersehba-
ren Zeitpunkt wird dann erst mit der Ausführung der Kommandoprozedur begonnen.
Die Bezeichnung "Stapelbetrieb" ist schlecht gewählt, weil sie einen *stack*, also LIFO–
Strategie suggeriert; stattdessen liegt eine *queue* zugrunde. Sie stammt noch aus der
Zeit der sequentiellen Verarbeitung von Lochkartenstapeln.

11.2.5   Einbenutzersysteme

Bei primitiven Betriebssystemen, die stets nur einen Benutzer zulassen, liegt in der
Regel ein reiner Dialogbetrieb über das einzige Bildschirmgerät der Anlage vor.

11.2.6   Mehrbenutzersysteme

Betriebssysteme für mittlere und größere Anlagen erlauben mehreren Benutzern ein
(häufig nur scheinbares) gleichzeitiges Nutzen der Maschine. Jeder Benutzer hat dabei
den Eindruck, daß er der alleinige Nutzer der Anlage ist und über alle Systemressourcen frei verfügen kann; er ist von den anderen Benutzern völlig unabhängig. Das
Betriebssystem hat die Systemressourcen den Benutzern effizient und gerecht zuzutei-
len und die Unabhängigkeit der Benutzer zu garantieren.

11.2.7   Standardeingabe

Im Falle des Stapelbetriebs holt das System die Steuersprachenkommandos aus Warteschlangen von Kommandoprozeduren; im Falle des Dialogbetriebs hat jeder Benutzer
einen ihm fest zugeordneten Datenweg für seine Steuersprachenkommandos.

Deshalb können Steuersprachenkommandos von sehr verschiedenen physikalischen Datenträgern aus gelesen und interpretiert werden. Die Betriebssysteme verwenden für
die Datenwege, auf denen Steuersprachenkommandos erwartet werden, feste **logische** Namen, die für jeden Benutzer gleich sind (**Standardeingabewege**, Beispiele :
SYS\$COMMAND bei DEC VAX–VMS, SYSIN bei IBM, READ\$ bei UNISYS).

11.2.8   Eingabeformen

In der Regel treten Steuersprachenkommandos und Programmbefehle bzw. Pro-
grammdaten auf dem Eingabeweg in einer bunten Mischung auf. Um Steuersprachenkommandos von anderen Daten zu unterscheiden, verwendet man in der Regel
spezielle Steuerzeichen am Zeilenanfang der Eingabe (z.B. \$ bei DEC, // bei IBM, >
bei UNIX und MS–DOS). und man kann im Dialogbetrieb bei manchen Anlagen durch
ein schon auf der nächsten Bildschirmzeile vorgegebenes Steuerzeichen (ein *"prompt"*)
erkennen, ob das Betriebssystem ein neues Steuerkommando erwartet.

11.2.9 Betriebssystemebenen

Normalerweise wirkt das Betriebssystem wie ein Programm, das ein Benutzerprogramm umfaßt. Häufig kann man aber aus dem Benutzerprogramm heraus spezielle (vordefinierte) Prozeduren aufrufen, die dann Funktionen des Betriebssystems im Programm nutzbar machen. Dies hat häufig die Form des "Absetzens" von Steuersprachenkommandos aus Programmen heraus. Man hat also eine je nach Betriebssystem mehr oder weniger komfortable **Schnittstelle** zwischen der Programmebene und der Betriebssystemebene.

Das Betriebssystem selbst hat aber in der Regel wieder mehrere Ebenen. Diese können auch eventuell vom Programm her erreicht werden. Im Beispiel des VMS–Systems sieht das schematisch wie in Tabelle 12 aus. Die höheren Programmiersprachen

Bezeichnung der Ebene	Typische Aufgaben
User	Benutzerebene (Benutzerprozesse)
Supervisor	Steuersprachenebene (z.B. Analyse von Steuersprachenkommandos)
Executive	*Record Management Service* (besorgt die interne Behandlung von Dateien)

Kernel	*System Services*
	Spezialroutinen zur Kontrolle von Dateien und Prozessen:
	    Speicherverwaltung
	    I/O Subsystem
	    Prozeß– und Zeitverwaltung
	Geschützte Datenstrukturen des Systems :
	    Datenbasis für Speicherseiten
	    Datenbasis für I/O
	    Warteschlangen

Tabelle 12: Betriebssystemebenen im VMS–Betriebssystem

greifen indirekt (besonders beim Input/Output) in diese Schichten hinein. Neben dem impliziten Zugriff auf Betriebssystemdienste reicht der explizite Benutzerzugriff durch Aufruf von Spezialprozeduren bis hinunter zu den *System Services*.

Besonders flexibel ist die Schnittstelle zwischen der Sprache C und dem Betriebssystem UNIX, das weitgehend in C selbst geschrieben ist.

11.3 Dateien

11.3.1 Definition

Die wichtigsten Objekte der Steuersprachen sind **Dateien** oder **Files** oder **data sets**. Sie sind logisch zusammenhängende Sammlungen von (auf oberer Betriebssystemebene) nicht weiter untergliederten Grundeinheiten, den **Records** oder **Datensätzen** und können als Verallgemeinerungen der PASCAL–Files aufgefaßt werden, sind im folgenden aber strikt von diesen zu unterscheiden.

11.3.2 Ebenen

Dateien sind Sammlungen von Nachrichten; sie gehören im Sinne des ersten Kapitels dieser Vorlesung der Sprachebene an. Sie befinden sich in der Regel zwar auf einem physikalischen Träger, aber die physikalische Organisation auf dem Träger ist unabhängig von der logischen Organisation, ebenso wie die physikalische Einteilung eines Buches auf die einzelnen Seiten unabhängig ist von der logischen Einteilung in Kapitel, Paragraphen, Abschnitte und Sätze.

11.3.3 Organisationsformen

Es gibt im wesentlichen drei Organisationsformen für Dateien:

- **sequentielle** Organisation,

- **direkte** Organisation,

- **indexsequentielle** Organisation.

Man unterscheidet diese nach der Struktur, die auf der Menge der Records besteht. Bei **sequentieller** Organisation ist eine feste Reihenfolge der Records vorgegeben, die nicht verändert werden kann; zu jedem Record sind Vorgänger bzw. Nachfolger (oder beides) definiert und es ist sonst keine Struktur auf der Menge der Records vorhanden. Die sequentielle Struktur entspricht der des PASCAL–Files.

Bei **direkter** Organisation liegt das Analogon eines Arrays vor; man hat eine Indizierung der Menge der Records durch natürliche Zahlen bzw. auf niedrigerer Ebene durch hardwareabhängige Daten (z.B. Position auf einem externen Speichermedium).

Bei **indexsequentieller** Organisation ist die Situation komplizierter. Man hat zu jedem Record einen **Schlüssel (key)**, der wie ein Index fungiert, aber keine Zahl sein muß: er kann etwa aus dem Namen eines Kunden oder irgendwelchen anderen "Schlüsselinformationen" bestehen.

Die Sache wird aber dadurch komplizierter, daß man Records mit gleichem Schlüssel zuläßt und stillschweigend voraussetzt, daß zusätzlich noch eine sequentielle Struktur auf den Records und den Schlüsseln mit folgenden Eigenschaften vorliegt.

1. Records mit hintereinanderliegenden Schlüsseln (im Sinne der sequentiellen Struktur auf den Schlüsseln) sollen auch im Sinne der Struktur auf den Records hintereinanderliegen,

2. Records mit **gleichen** Schlüsseln sollen im Sinne der sequentiellen Struktur auf den Records ebenfalls hintereinander liegen.

Weitere Komplikationen entstehen, wenn mehrere Schlüssel pro Record erlaubt werden. Zum Beispiel kann man Vorname, Name, Postleitzahl, Zahlungstermin und Kundennummer als fünf unabhängige Schlüssel zu einer Kundendatei betrachten und dann versuchen, die Records der Datei nach Namen oder Kundennummern sortiert sequentiell zu bearbeiten. Natürlich kann man die sequentielle Struktur auf den Records nur zu einem **Primärschlüssel** (*primary key*) kompatibel machen; bezüglich der anderen Schlüssel (**Sekundärschlüssel**, *secondary keys*) kann man dann nur verlangen, daß das System zu einem gegebenen Schlüssel die Records identifizieren kann, die diesen Schlüssel haben. Die Realisierungsmöglichkeiten für Zugriffe auf Zweitschlüssel können hier aus Platzgründen nicht dargestellt werden und bleiben Lehrveranstaltungen über Datenstrukturen und Datenbanken vorbehalten.

Noch weiter auf diesem Wege gehen **relationale Datenbanken**; diese bilden in der Regel zu jedem Record einen Satz von Schlüsseln und können Mengen von Records identifizieren, bei denen die Schlüssel in speziellen, vom Benutzer verlangten Relationen stehen. In obigem Beispiel wären etwa die Records aller Kunden mit Vornamen Martin, die am 1. März noch nicht bezahlt haben und in Einbeck wohnen, identifizierbar.

Aufgabe 11.3.3.1. Eine einfach verkettete Liste von ("großen") Records eines Typs R sei gegeben; die Records mögen innerhalb der Liste nach einem aufsteigenden Primärschlüssel sortiert sein und einen Sekundärschlüssel vom Typ *INTEGER* enthalten. Man schreibe eine Prozedur, die eine einfach verkettete Liste vom Bezugstyp $\uparrow R$ herstellt, die so geordnet ist, daß die durch die Listenelemente referenzierten Records nach aufsteigendem Sekundärschlüssel geordnet sind.

Dadurch kann man dann die Records auch nach dem zweiten Schlüssel systematisch durchsuchen. □

Aufgabe 11.3.3.2. Wenn man in die Zeigerliste der obigen Aufgabe noch die Zweitschlüssel einbaut, braucht man die ("großen") Records aus der ursprünglichen Liste erst dann zu referenzieren, wenn man den gesuchten Schlüsselwert gefunden hat. Man schreibe deshalb eine Funktionsprozedur, die zu gegebenem *INTEGER*–Zweitschlüssel einen Zeiger auf dasjenige Listenelement liefert, das als erstes in der Liste den gesuchten Schlüssel hat. Wenn kein Record mit dem Schlüssel existiert, werde NIL zurückgegeben. □

Bemerkung 11.3.3.3. In der Verwendungsmöglichkeit als Primärschlüssel zu Personendatenbeständen liegen Nutzen und Schaden der vieldiskutierten allgemeinen Personenkennzeichen. Sie können von allen Dateiverwaltern in gleicher Weise verwendet werden und erlauben eine einfache und absolut eindeutige Identifizierung von Personen, die sonst nur mit Namen, Vornamen, Geburtsdatum und Geburtsort annähernd möglich ist. Das ist eine wesentliche technische Vereinfachung des "Dateienabgleichs" zu positiven und weniger positiven Zwecken. In USA, wo man keine allgemeine Meldepflicht kennt und deshalb ein solches Personenkennzeichen politisch nicht durchsetzbar ist, wurde das Problem elegant umgangen durch Rückgriff auf die schon vorhandene *"social security number"*, die individuelle Kennziffer der für alle Bürger staatlich vorgeschriebenen Sozialversicherung. □

11.3.4   Zugriff

Jede Operation auf Dateien erfordert den Zugriff auf deren Records. Der **Zugriff** kann wie die Organisation verschiedene Formen haben. Es ist klar, daß eine spezielle Zugriffsmöglichkeit auch eine spezielle Organisationsform voraussetzt, aber im Prinzip ist zwischen der Organisationsform einer Datei und der Zugriffsart zu unterscheiden. Die obigen Organisationsformen von Dateien erlauben jeweils spezifische Zugriffsmöglichkeiten, die mit denselben Adjektiven gekennzeichnet werden.

Beim **sequentiellen** Zugriff kann immer nur auf das folgende Record zugegriffen werden; die Datei wird von Anfang bis Ende recordweise nacheinander behandelt. Dies entspricht wieder dem Datei–Zugriff in PASCAL.

Beim **wahlfreien** Zugriff kann auf jedes Record zu jeder Zeit zugegriffen werden, und zwar unabhängig von dem vorher bearbeiteten Record.

Der **direkte** ist stets wahlfrei und erfolgt durch Angabe der Position des Records im File oder durch Spezifikation gewisser interner Positionierungsdaten.

Beim **indexsequentiellen** Zugriff wird der (oder mehr als ein) Schlüssel spezifiziert, und es kann dann wahlfrei auf ein Record zugegriffen werden, das den oder die entsprechenden Schlüssel hat. In vielen Fällen können durch nachfolgendes sequentielles Zugreifen die Records mit gleichem oder größerem Primärschlüssel erreicht werden.

11.3.5   Mischung der Zugriffsarten

Der sequentielle Zugriff ist auch bei direkter oder bei indexsequentieller Organisation möglich (siehe Tabelle 13). Im ersten Falle ist dann das Record mit dem nächstgrößeren Index gemeint, während im zweiten Fall die auf das zuletzt gelesene Record folgenden Records mit gleichen oder nachfolgenden Schlüsseln gemeint sind. Hier ist aber die Semantik uneinheitlich. Beim VAX–VMS–System hat der Benutzer selbst aufzupassen, ob die Schlüssel noch gleich sind oder nicht.

Organisation Zugriff	sequentiell	direkt	indexsequentiell
sequentiell	*	*	*
direkt	—	*	—
indexsequentiell	—	—	*

* : Zugriff erlaubt
— : Zugriff verboten

Tabelle 13: Kombinationsmöglichkeiten der Zugriffsarten auf Dateien

11.3.6   Operationen auf Records

Der Zugriff spezifiziert noch nicht die Art der Verarbeitung eines Records; er sagt noch nicht einmal etwas über die Richtung des Datentransfers (Lesen oder Schreiben). Deshalb sind zusätzlich die grundlegenden Operationen auf Records darzustellen:

- Suchen (FIND)

Diese Operation positioniert den Zugriff auf ein Record, ohne eine Lese– oder Schreiboperation auszuführen. Sie entspricht in etwa dem Verschieben des PASCAL–Fensters auf einem PASCAL–File, ohne allerdings das Fenster mit den Daten zu füllen. Man kann damit z.B. in sequentiellen Dateien Records überspringen, ohne sie zu übertragen. Oder man beschafft sich die Position eines Records, um den Zugriff anderer Prozesse ausschließen oder das Record durch ein nachfolgendes DELETE zerstören zu können. Oft liefert eine FIND–Operation zusätzliche interne Zugriffsdaten, mit denen man die nachfolgenden Operationen effizienter ausführen kann (z.B. physikalische Adressen auf externen Geräten).

- Lesen (GET)

Diese Standardoperation wirkt wie *GET* in PASCAL; sie enthält in der Regel ein FIND.

- Schreiben (PUT)

Auch diese Operation ist analog zu PASCAL, aber beim direkten oder indexsequentiellen Schreiben wird ein Record an der gekennzeichneten Stelle neu eingefügt.

- Verändern (UPDATE)

Dies ist eine Variante des Schreibens, die eine vorherige erfolgreiche GET– oder FIND–Operation erfordert und ein existierendes Record überschreibt. Bei indexsequentiellen Dateien ist der Unterschied zwischen PUT und UPDATE besonders deutlich: will man ein Record schreiben oder ersetzen, dessen Primärschlüssel auch in anderen Records vorkommt, hat man zwischen PUT und UPDATE zu wählen, und bei UPDATE ist durch ein vorangehendes FIND präzise zu spezifizieren, welches Record gemeint ist.

- Zerstören (DELETE)

Auch hier muß vorher ein FIND oder GET stattgefunden haben, um sicher zu sein, welches Record zu entfernen ist. Diese Operation ist in der Regel verboten für sequentiell organisierte Dateien.

- Sperren (LOCK) und Freigeben (RELEASE)

Diese Operationen steuern den Zugriff auf Records bei Mehrbenutzersystemen, indem sie den Zugriff anderer Prozesse sperren oder erlauben.

- Rücksetzen (REWIND)

Dadurch wird der Zugriff auf eine Datei wieder auf den Anfang zurückgesetzt (z.B. bei sequentiellen Dateien, implizit bei *RESET* und *REWRITE* in PAS-CAL).

Die strikte PASCAL–Regel, Dateien entweder nur beschreiben oder nur lesen zu dürfen, ist auf Betriebssystemebene hinfällig. Dennoch gibt es zwischen den Record-Operationen, den Organisationsformen und den Zugriffsarten diverse einschränkende Querverbindungen, die sehr vom jeweiligen Betriebssystem und den physikalischen Datenträgern abhängen. Beispielsweise gilt im VAX–VMS–Betriebssystem:

- Nur auf Plattenspeichern sind direkter und indexsequentieller Zugriff möglich.

- In sequentiellen Files ist das Anfügen und Zerstören von Records nur am Ende möglich.

- Sequentielles Lesen in direkt organisierten Dateien springt automatisch über nicht existierende oder gelöschte Records.

- Direkt organisierte Dateien haben eine feste Zahl von Plätzen fester Länge für die Records. Man kann keine neuen Plätze erzeugen, wenn die Datei voll ist oder ein neues Record zwischen zwei schon existierende geschoben werden soll. Wenn viele Plätze unbelegt sind, wird Speicher vergeudet.

- Indexsequentielle Dateien erlauben mehrere Schlüssel. Sequentielles, direktes und indiziertes Lesen und Suchen sind auch bezüglich der Sekundärschlüssel möglich, weil das System zu jedem Sekundärschlüssel eine entsprechende sortierte Zeigerliste hält. Die anderen Operationen erfordern die Angabe des Primärschlüssels oder eine vorherige erfolgreiche FIND– oder GET–Operation, um das gemeinte Record identifizieren zu können.

- Das Sperren und Freigeben kann der Benutzer an des Betriebssystem delegieren.

Aufgabe 11.3.6.1. Man definiere eine abstrakte Rechenstruktur für die Simulation indexsequentieller Dateien durch Angabe einer allgemein gehaltenen Typdeklaration und einer Reihe von Prozedurköpfen für die Standardoperationen. Die Problemstellung wird absichtlich nicht schärfer formuliert, weil das "Design" eigenständig erarbeitet werden soll. Zumindestens sollten sequentielles und schlüsselgesteuertes Lesen und Schreiben erlaubt sein; es genügt, sich auf einen Primärschlüssel zu beschränken. □

Aufgabe 11.3.6.2. Man realisiere eine durch Lösung der vorigen Aufgabe beschriebene Rechenstruktur für indexsequentielle Dateien, wobei man annehmen darf, daß der über *NEW* verfügbare Speicherplatz groß genug ist, um die zu erzeugenden indexsequentiellen Dateien zu behandeln. Ferner braucht man sich nicht um die externe Abspeicherung zu kümmern; man kann annehmen, daß die Datei im PROGRAM aufgebaut, bearbeitet und wieder zerstört wird. □

11.3.7 Zugriffsrechte

Bei Mehrbenutzersystemen entsteht das Problem des internen **Datenschutzes** zwischen den Benutzern. Der Zugriff auf Dateien wird durch komplizierte Regelungen begrenzt, die jedem Benutzer bzw. jeder Benutzergruppe eine Reihe von **Zugriffs-rechten** (Privilegien) gibt oder vorenthält. Das Recht der Privilegienvergabe hat in der Regel nur der *"System–Manager (DEC)"* oder der *"Super–User (UNIX)"*, der für Ordnung im System sorgen muß und deshalb auch das Privileg braucht, die Dateien **aller** Benutzer notfalls zu kopieren oder zu zerstören.

Die Zugriffsrechte werden normalerweise nach der Berechtigung

- zum Lesen (READ)

- zum Schreiben oder Ändern (WRITE oder UPDATE)

- zum Ausführen (wenn die Datei ein Programm ist; EXECUTE)

- zum Zerstören (bei UNIX in "Ändern" enthalten; DELETE)

unterschieden, und zwar u.U. für verschiedene Ebenen von Benutzergruppen.

Beispiel 11.3.7.1.   Das VMS–System ordnet jeder Datei einen Benutzer als Eigentümer (*owner*) zu und faßt Benutzer in Gruppen (*groups*) zusammen. Mit der umfassenden Benutzergruppe *"World"* und dem *System Manager* hat man dann die, vier mit O, G, W und S abgekürzten Benutzerklassen. Die Zugriffsrechte sind durch R, W, E und D für READ, WRITE, EXECUTE und DELETE beschrieben. Dann setzt man Zugriffsrechte auf Dateien (sofern man dazu die Berechtigung hat) durch Kommandos wie

```
SET PROTECTION=(O:RWED,G:RE,W:,S:RWED) Filename
```

deren Bedeutung unmittelbar einleuchtet. □

11.3.8   Geräte

Die Organisation einer Datei ist zum Teil abhängig von der Art des **Gerätes**, auf dem die Datei physikalisch gespeichert ist. Durch die mechanischen Prozesse, die in den Geräten ablaufen, ist dann oft schon die Zugriffsart determiniert. Beispielsweise kann ein Magnetband in der Regel nur sequentielle Dateien tragen, da es aus mechanischen Gründen sequentiell behandelt werden muß.

Der Unterschied zwischen Dateien (*files*) und Geräten (*devices*) ist im UNIX–System weggefallen; dort sind Geräte spezielle virtuelle Dateien, die beschrieben werden können oder aus denen gelesen werden kann. Es gibt zunächst nur sequentielle Dateien. Die Konstruktion anderer Datei-Organisationsformen und Zugriffsarten ist nachträglich in manchen UNIX–Versionen erfolgt.

11.3.8.1   Exklusivität.

11.3.8.1   Exklusivität.   Viele Geräte können nur bei **exklusivem** Zugriff in Mehrbenutzersystemen sinnvoll genutzt werden. Dies bedeutet, daß nur **ein** Benutzer oder ein Prozeß das Gerät jeweils benutzen darf, damit sich die Lese– oder Schreibvorgänge nicht unzulässig beeinflussen (Beispiel: Drucker, Bildschirme).

11.3.8.2 Volumes. Manche Geräte (z.B. Magnetbandgeräte, Magnetplatten– oder Diskettengeräte) erlauben das Auflegen bzw. Einlegen spezieller physikalischer Datenträger (*volumes*) und deren Entfernung nach der Lese– oder Schreiboperation.

Auch hier hat man unerlaubte Zugriffe zu verhindern und sicherzustellen, daß der Benutzer auch tatsächlich den richtigen Datenträger anspricht. Dies wird durch spezielle Namen des Datenträgers, durch Tabellen, die am Anfang des Datenträgers stehen (*volume labels*) und durch geeignete Attribute geregelt (*"private" and "public" volumes*).

11.3.8.3 Virtuelle Geräte. Moderne Betriebssysteme simulieren manchmal Geräte durch Programme, ohne daß spezielle physikalische Geräte vorhanden sind. Die wichtigsten dieser Art sind:

1. **Mailboxes** zur Kommunikation zwischen Prozessen. Diese wirken wie eine Queue von Records festen Typs, auf die Prozesse als Konsumenten oder Produzenten wirken können (Briefkastenmethode). Dabei wird durch das Betriebssystem der wechselseitige Ausschluß beim Zugriff garantiert und es wird durch spezielle Semaphore angezeigt, ob die Mailbox leer oder voll ist (wie beim *"bounded buffer problem"* im Beispiel 10.5.2.1).

2. **Pipes** zur Vermeidung unnötiger Zwischenspeicherungen bei zwei aufeinanderfolgenden Prozessen P und Q, wenn der Output von P gleich dem Input von Q ist. Dann kann man P und Q parallel arbeiten lassen und durch eine Queue (oder eine Mailbox) verbinden; der Prozeß Q nimmt entgegen, was P in das "Rohr" eingefüllt hat.

3. **null device** oder **wastebasket** : ein virtuelles Gerät, das beliebige Daten schluckt und wegwirft. ·Man benutzt es als *"Dummy"*, wenn ein Programm Daten produziert, die für diese spezielle Anwendung nicht interessieren. Häufig lohnt sich in solchen Fällen eine Änderung des Programms nicht; man hängt den entsprechenden logischen Ausgabeweg einfach auf Betriebssystemebene an den "Papierkorb" und führt das Programm unverändert aus.

11.3.9 Organisationsstruktur von Datei–Systemen

Moderne Rechenanlagen halten auf ihren Speichermedien eine Unzahl verschiedener Dateien ständig verfügbar. Deshalb ist es ein wichtiges Problem, Ordnung im Datei–System zu halten und das Suchen von Dateien effizient zu gestalten. Man muß Dateien haben, die nichts anderes als Namen (und charakteristische Daten wie z.B. Größe, Organisationsform, Gerät, Volume, Zugriffsrechte) von anderen Dateien enthalten. Solche speziellen Dateien heißen **Kataloge** oder *"directories"*. Sie werden vom Betriebssystem verwaltet und können vom Benutzer nicht in beliebiger Weise verändert werden.

Art des Gerätes	Lesen Schreiben	Zugriff exklusiv	Zugriffsart	Volumes	typische Geschwindigkeit, Kapazität
Bildschirm	S	ja	seq.	—	9600 bd
Tastatur	L	ja	seq.	—	9600 bd
Drucker	S	ja	seq.	—	180 Zeichen/sec
Schnelldrucker	S	ja	seq.	—	1100 Zeilen/min
Plotter	S	ja	seq.	—	20 inch/sec
Digitalisierer	L	ja	seq.	—	200 Punkte/sec
Magnetplatte	S+L	nein	alle	ja	1 MB/sec 130 MB
Diskette	S+L	ja	alle	ja	500 bd, 1 MB
Magnetband	S+L	ja	seq.	ja	125 inch/sec, 6250 bit/inch
Leitung	S+L	ja	seq.	—	9600 bd
Koaxialkabel	S+L	ja	seq.	—	1 MB/sec
Mailbox	S+L	nein	seq.	—	systemabhängig
Pipe	S+L	nein	seq.	—	systemabhängig

alle = sequentiell, direkt und indexsequentiell
bd = Bits pro Sekunde
KB = Kilobytes = 1024 Bytes
MB = Megabytes = 1024 KB

Tabelle 14: Zugriffsarten und verschiedene Charakteristika von Geräten

11.3.9.1 Zentralkatalogisierung. Eine veraltete Methode der Dateienverwaltung verwendet eine zentrale Liste aller Files, den **Zentralkatalog**. Leider ist dieser in der Regel sehr groß, und die Suchoperationen darin werden ineffizient oder sind nur mit beträchtlichem Aufwand effizient zu halten.

11.3.9.2 Baumstruktur. Grundlage eines Datei–Systems mit **Baumstruktur** ist ein **Wurzelkatalog** (*"root directory"*), der neben den Namen von etlichen, für alle Benutzer wichtigen Dateien auch noch die Namen anderer Kataloge enthält. Letztere können wieder Namen von Katalogen enthalten usw. Die einzelnen Kataloge bleiben dann klein und sind einfach zu durchsuchen.

11.3.9.3 Datenträger–orientierte Baumstruktur. Bei Datenträger–orientierten Geräten benötigt man einen Wurzelkatalog auf jedem Datenträger und hat dann eine Baumstruktur auf diesem Wurzelkatalog. Die Wurzelkataloge auf verschiedenen Geräten werden dann durch Angeben des Gerätenamens identifiziert.

Bei Personalcomputer–Betriebssystemen wie MS–DOS liegt ebenfalls eine Datenträger–orientierte Baumstruktur vor: man spezifiziert ein *"aktives Laufwerk"* und arbeitet auf dessen Wurzelkatalog. Der *"prompt"* des Betriebssystems ist dann identisch mit der Bezeichnung des aktiven Laufwerks.

In UNIX sind Geräte spezielle Dateien und deshalb geht man erst von der (nur einmal vorhandenen) *root directory* zu der Datei, die dem Gerät entspricht und dort findet man einen Katalog, der als Wurzelkatalog für das dort aufliegende Volume fungiert. Die "*root directories*" auf den Volumes sind also über den Gerätenamen in den Datei–Baum eingebaut.

11.3.10   Spezielle Datei–Formate

Manche Betriebssysteme unterscheiden auch auf Sprachebene zwischen verschiedenen Datei–Formaten (die nicht unbedingt verschiedene Organisationsform haben müssen) und verwenden sogar unterschiedliche Sprachformen für die Kommandos zur Verarbeitung solcher Files. Dies macht die Steuersprache unnötig kompliziert.

Der wichtigste Fall von Spezialfiles sind die **segmentierten Dateien** ("*partitioned data sets*" bei IBM, "*program files*" bei UNISYS, "*libraries*" bei DEC). Diese bestehen aus einer Reihe einzelner Files mit gewissen Zusatzinformationen. Die Steuersprache hat dann zwischen dem Zugriff auf die Datei als Ganzes und dem Zugriff auf einzelne Files zu unterscheiden. Besser ist die Lösung (des DEC–VAX–VMS–Systems), den Zugriff auf Einzelfiles bei segmentierten Dateien nicht allgemein zu erlauben, sondern nur ein spezielles Programm ("*librarian*") die Datei als Ganzes behandeln zu lassen, um neue Einzelfiles aufzunehmen oder alte zu entfernen.

Ein weiterer Fall ergibt sich bei Spezialformaten der Datei–Speicherung, die zum Zwecke der schnellen und platzsparenden Anfertigung von Sicherheitskopien entwickelt wurden. Auch diese erfordern spezielle Kommandos zu ihrer Behandlung, die hier aber ignoriert werden.

11.3.11   Namensgebung für Dateien

Die Organisationsform des Datei–Systems hat Auswirkungen auf die Art der Namensgebung für Dateien, weil der Datei–Name natürlich eine möglichst einfache Identifizierung der Datei im Datei–System ermöglichen soll. Dies ist bei Zentralkatalogisierung ganz einfach: die Namensgebung braucht nicht besonders gestaltet zu werden, weil ohnehin jede Datei im Zentralkatalog gesucht werden muß und gefunden werden kann. Bei baumorientierter Organisation ist ein Katalog anzugeben; dies impliziert bei Datenträger–orientierten Systemen zumindestens auch die Angabe des Geräts. Übrigens ist auch hier die Nomenklatur nicht eindeutig: MS–DOS unterscheidet den **Zugriffspfad** (den Weg durch die Baumstruktur des Datei–Systems) vom eigentlichen Datei–Namen (der einen Katalog voraussetzt), während andere Systeme beides zusammenwerfen und dann von einem "vollständigen Datei–Namen" sprechen.

Weil der zum Zugriff auf eine Datei nötige Name sehr lang werden kann, hat man sich in modernen Betriebssystemen effiziente Mechanismen zur Behandlung von Dateinamen ausgedacht:

11.3.11.1   Default Directory.   Man kann in der Regel einen Katalog vereinbaren, der stets implizit gemeint ist und dessen Name bei Angabe von Dateinamen nicht explizit immer wieder hingeschrieben werden muß ("*default directory*").

11.3.11.2 Qualifier. Um den Umgang mit Dateinamen zu vereinfachen, wird bei
modernen Systemen der Datei–Name durch **Qualifier** verlängert (analog zum Field-
Descriptor beim Record–Typ in PASCAL, vgl. Abschnitt 8.8). Dies kann einerseits
zur Kennzeichnung nachgeordneter Kataloge dienen oder Varianten einer Datei beschreiben. Für den letztgenannten Fall werden in Tabelle 15 die gängigen Qualifier
angegeben. In vielen Kontexten werden dann die Standard–Qualifier implizit ange-

Datei–Art	typische Qualifier
COBOL–Programm	`.COB`
FORTRAN–Programm	`.FOR`
PASCAL–Programm	`.PAS, .p`
Assembler–Programm (MACRO)	`.MAC, .MAR`
Compiler–Output	`.OBJ`
= Linker–Input	
= Objektfiles	
ausführbare Programme	`.EXE, .out`
Datenfiles	`.DAT`
Kommandoprozeduren	`.COM, .BAT`
Directory–File	`.DIR`
Editor–Input	`.EDT`
Text–Datei	`.TXT`
Bibliothek	`.LIB`
Objekt–Modul–Bibliothek	`.OLB`
Druckliste	`.LIS, .PRN`
Liste nach LINK	`.MAP`
=*object module map*	
Batch–Ausgabe = *Logfile*	`.LOG`

Tabelle 15: Qualifier

nommen und brauchen nicht spezifiziert zu werden.

11.3.11.3 Versionsnummern. Ferner werden oft von häufig veränderten Dateien
mehrere **Versionen** gleichzeitig existieren (allein schon aus Datensicherungsgründen).
Diese werden dann durch Versionsnummern gekennzeichnet. Implizit wird stets auf
der neuesten Version gearbeitet.

11.3.11.4 Jokerzeichen. Will man mehrere Dateien mit ähnlichen Namen durch
ein Systemkommando behandeln, so kann man durch Verwendung von Jokerzeichen
(*"wildcards"*) sämtliche Dateien ansprechen, die in das mit Jokerzeichen gebildete
Namensschema passen. Dazu gibt es zwei Varianten: man kann entweder Einzelzeichen
oder eine ganze Zeichenkette durch einen Joker ersetzen, und es werden dazu zwei
verschiedene Jokerzeichen definiert (z.B. % und * in VMS, ? und * in MS–DOS).
Durch das Kommando

```
PRINT *.DAT
```

können beispielsweise alle Dateien des aktuellen Katalogs, die den Qualifier `.DAT` haben, ausgedruckt werden.

Beispiel 11.3.11.5. Die Datei mit dem Urtext dieses Buches hatte den Namen

```
WORK:[SCHABACK.INFO.TEX]SKRIPT.TEX;34
```

im VMS-Betriebssystem auf einer DEC VAX 11/780. Dabei bezeichnet `WORK:` einen logischen Namen, der auf eine Winchester-Platteneinheit mit physikalischem Namen `DRA4:` zeigt. Auf dem Wurzelkatalog des öffentlichen Volumes auf diesem Gerät beginnt die Suche nach der Directory `[SCHABACK.INFO.TEX]` über die zwei Directories `[SCHABACK]` und `[SCHABACK.INFO]`. Man sieht, wie durch die Qualifier `.INFO` und `.TEX` der Weg durch die Baumstruktur der Directories beschrieben wird.

Der eigentliche Dateiname ist dann `SKRIPT` mit dem Qualifier `.TEX`, der angibt, daß es sich um einen Quelltext für das Textverarbeitungssystem $\TeX$ (genauer : $\LaTeX$) handelt; die nachgestellte Versionsnummer 34 steht hinter dem Semikolon. □

Beispiel 11.3.11.6. In verschiedenen Steuersprachen wird ein PASCAL-Testprogramm mit dem Dateinamen TEST als Datei `TEST.PAS` eingerichtet, um darauf hinzuweisen, daß es sich um eine Datei mit PASCAL-Text handelt. Nach der Übersetzung durch einen Compiler wird in der Regel nur der Qualifier für das Ausgabefile verändert, um anzuzeigen, daß es sich nur um eine Variante der Datei TEST handelt: man verwendet z.B. `TEST.OBJ` als Dateinamen. Nach dem Linken (dem Verbinden des übersetzten Programms mit externen Prozeduren und mit Betriebssystemroutinen, die seine Umgebung bilden), entsteht ein "ausführbares" Programm `TEST.EXE`. Die Daten, die das Programm TEST bei seinem Lauf benötigt, könnten `TEST.DAT` genannt werden, um die Zugehörigkeit zum Programm TEST zu dokumentieren. □

11.3.11.7 Knotennamen. Bei vernetzten Systemen kann man oft auch auf Dateien zugreifen, die auf anderen Rechnern abgelegt sind. Im einfachsten Fall (z.B. bei der Kommunikationssoftware DECNET zwischen DEC-Rechnersystemen) wird dann dem Dateinamen noch ein "Knotenname" (*node name*) vorangestellt, der das betreffende Computersystem ("Netzknoten", *node*) identifiziert.

Aufgabe 11.3.11.8. Für einen geeigneten Datentyp *Wort*, der Zeichenketten vom Grundtyp *CHAR* beschreibt, gebe man eine Funktionsprozedur

Match (X, Y : Wort) : BOOLEAN

an, die genau dann *TRUE* liefert, wenn die Worte X und Y gleich sind, wobei in X die Jokerzeichen % bzw. * für ein unspezifiziertes Zeichen bzw. für eine eventuell leere Folge unspezifizierter Zeichen vorkommen können. Das Wort Y enthalte keine Jokerzeichen. □

11.4   Standardoperationen auf Dateien

11.4.1   Allgemeines

In diesem Abschnitt werden die wichtigsten Operationen, die von Betriebssystemen auf Dateien ausgeübt werden, kurz zusammengestellt.

Manche Operationen beziehen sich auf spezielle Umstände, etwa das Vorhandensein von Volumes oder das Vorliegen eines Katalogs. Diese Operationen werden vorläufig zugunsten der allgemeinen File–Operationen zurückgestellt.

11.4.2   Syntax

Im folgenden stehen die Symbole Filename, Gerätename, Volumename und Directoryname für spezielle, vom betreffenden Betriebssystem in ihrer Syntax abhängige Namen für die entsprechenden Objekte.

11.4.3   Erzeugen neuer Dateien

Diese Operation tritt in drei verschiedenen Zusammenhängen auf:

1. wenn direkt auf der Standardeingabe vorliegende Daten das File bilden sollen oder

2. wenn eine (noch leere) Datei mit bestimmtem Zweck (z.B. als Katalog oder als Programmbibliothek) eingerichtet werden soll und eine gewisse spezielle Vorbereitung dazu nötig ist oder

3. implizit, etwa wenn eine andere Operation Ausgabedaten hat, die irgendwo abgelegt werden müssen und dann das Betriebssystem selbständig eine neue Datei (mit einem für den Benutzer leicht rekonstruierbaren Namen) anlegt (z.B. nach einer Programmübersetzung oder nach wiederholtem Editieren).

Der dritte Fall tritt in der Steuersprache nicht direkt in Erscheinung, ist aber der häufigste. Der erste Fall ist seit dem Auftreten der Dialogverarbeitung mit Editoren selten geworden; neue Dateien werden aus dem Eingabestrom im Dialog mit einem Editorprogramm erzeugt und fallen dann in die Kategorie 3. Deshalb tritt der erste Fall in der Regel nur im Batchbetrieb auf. Der zweite Fall ist naturgemäß nicht einfach allgemeingültig zu beschreiben, da er von vielerlei Umständen des jeweiligen Betriebssystems abhängt.

11.4.3.1   Neue Dateien aus dem Eingabestrom.   Hier setzt man einfach vor und hinter die Daten, die das File bilden sollen, ein entsprechendes Steuerkommando. Ein Problem entsteht dann, wenn die Daten Dinge enthalten, die als Daten gemeint sind, aber als Steuerkommandos mißverstanden werden können. Dann ist sicherzustellen, daß das System diese Daten nicht als Kommandos interpretiert.

11.4.3.2   Erzeugung spezieller Dateien. Zum Erzeugen von Directories werden
in der Regel spezielle Kommandos verwendet, wie z.B.

    CREATE/DIRECTORY Directoryname

im VMS–System oder

    MKDIR Directoryname

in UNIX und MS–DOS (*MaKe DIRectory*) .
Das Zerstören geschieht entweder mit dem regulären DELETE–Kommando (in VMS,
siehe unten) oder mit einem Spezialkommando, etwa

    RMDIR Directoryname

in MS–DOS und UNIX (*ReMove DIRectory*).

11.4.4   Kopieren

Das Kopieren von Dateien wird bewirkt durch

    COPY Filename Filename

wobei normalerweise der erstgenannte File–Name das Quell–File (*"source"*) und der
zweite Name das Ziel–File (*"destination"*) angibt. Häufig impliziert das Kopier-
Kommando im Falle eines nicht existierenden Ziel–Files dessen automatische Erzeugung.

11.4.5   Löschen

Das Löschen von Dateien erfolgt durch

    DELETE Filename

wobei manchmal noch spezielle Anforderungen gestellt werden (etwa Angabe des
kompletten Dateinamens), um irrtümliches Löschen zu vermeiden.

11.4.6   Umbenennung

Das Kommando

    RENAME Filename Filename

sorgt für das Umbenennen von Dateien, wobei normalerweise der erstgenannte File-
Name der durch den zweiten zu ersetzende ist.

11.4.7 Operationen auf Geräten und Volumes

11.4.7.1 Gerätezugriff. Das exklusive Zuweisen eines Gerätes an einen Benutzerprozeß geschieht im VMS–System durch das Kommando

    ALLOCATE Gerätename

In anderen Systemen ist der exklusive Zugriff häufig vermischt mit anderen Operationen, die weiter unten beschrieben werden.

Die Umkehrung des ALLOCATE ist das DEALLOCATE, wodurch ein Gerät wieder freigegeben wird.

Der Gerätename braucht dabei nicht immer eindeutig ein bestimmtes Gerät zu kennzeichnen; man kann etwa bei mehreren vorhandenen Bandgeräten ein beliebiges verfügbares Gerät aus einer Gerätegruppe durch ein ALLOCATE mit geeignetem Operanden beanspruchen und dann mit dem vom System zugewiesenen speziellen Gerät arbeiten. Dies ist besonders wichtig, weil der Benutzer nicht von vornherein weiß, welches Gerät gerade frei ist.

Im UNIX–System sind Geräte spezielle Dateien; exklusiv zu nutzende Geräte sind wie "private" Dateien, die immer nur einem Benutzer offenstehen.

11.4.7.2 Volume–Zugriff. Ist ein Gerät mit exklusivem Zugriff und Volume–Struktur dem Benutzer zugewiesen, so kann dieser verlangen, daß ein spezielles Volume aufgelegt wird, indem das Kommando

    MOUNT Gerätename Volumename

gegeben wird. Dazu sind spezielle Optionen zu formulieren (z.B. ob das Volume "*public*" oder "*private*" sein soll, welcher Art das "*Label*" ist etc.).

Ein MOUNT setzt ein ALLOCATE natürlich voraus; wenn dieses fehlt, wird es automatisch ergänzt. Die inverse Operation zu MOUNT ist

    DISMOUNT Gerätename

und dabei braucht natürlich kein Volume mehr spezifiziert zu werden. Das Gerät bleibt nach dem DISMOUNT in exklusivem Zugriff, wenn vor dem MOUNT ein explizites ALLOCATE gefordert wurde; der Benutzer kann dann durch ein neues MOUNT auf demselben Gerät ein anderes Volume verlangen. Dies ist wichtig bei Verarbeitung mehrerer Bänder oder Disketten nacheinander auf dem gleichen Gerät. Ist dagegen aber ein MOUNT ohne ALLOCATE verlangt worden, so wird automatisch der implizite exklusive Zugriff nach dem DISMOUNT wieder aufgehoben und andere Benutzer können einen exklusiven Zugriff auf das Gerät beanspruchen.

Im UNIX–System gibt es das Befehlspaar

    mount Gerätename Directoryname

und

    umount Gerätename

wobei Gerätename ein Datei–Name ist, der für das Gerät steht und Directoryname der
Katalog auf dem aufzulegenden Volume ist. Ein ALLOCATE bzw. DEALLOCATE ist über
die Exklusivität der Benutzung automatisch impliziert.

Aufgabe 11.4.7.3. Man schreibe ein PASCAL–Programm, das auf primitive Weise
die Verwaltung eines Datei–Systems modelliert. "Dateien" mögen aus einem Namen
von 4 Zeichen und einem "Inhalt" von 10 Zeichen bestehen. Das Programm akzeptiert
in einer Schleife, die durch das Kommando END beendet wird, in beliebiger Reihenfolge
die Kommandos

    DIR

listet alle bekannten Dateinamen.

    EDI File

definiert eine (eventuell neue) Datei mit Namen File und erwartet dann die
10 Zeichen des Datei–Inhalts. Falls File vorhanden ist, wird der alte Inhalt
überschrieben.

    PRI File

prüft, ob File vorhanden ist, gibt bei Mißerfolg eine Fehlermeldung aus und gibt
bei Erfolg den Inhalt der Datei aus.

    DEL File

prüft, ob File vorhanden ist, gibt bei Mißerfolg eine Fehlermeldung aus und
zerstört bei Erfolg die Datei (Namen und Inhalt).

    COP File1 File2

prüft, ob File1 vorhanden ist, gibt bei Mißerfolg eine Fehlermeldung aus und
kopiert bei Erfolg den Inhalt von File1 in die Datei File2. Letztere wird neu
angelegt, wenn sie noch nicht existiert.

    END

beendet das Programm.

□

Aufgabe 11.4.7.4. Man erweitere das Programm der vorigen Aufgabe dahingehend,
daß zu Beginn von einem externen Textfile ein schon existierendes "Datei–System"
gelesen wird, das nach dem END in veränderter Form wieder extern abgelegt wird. □

Aufgabe 11.4.7.5. Das Programm der beiden vorigen Aufgaben soll um eine
baumartige Directory–Struktur erweitert werden. Es arbeitet mit unveränderter Be-
nutzerschnittstelle auf je einer Directory (zu Beginn auf einer *default directory* USER).
Directorynamen haben 4 Zeichen; man behandelt Directories durch die neuen Kommandos

    MKD Directoryname

definiert eine neue Directory und gibt eine Fehlermeldung aus, wenn der Directoryname schon existiert.

    RMD Directoryname

zerstört eine alte Directory und gibt eine Fehlermeldung aus, wenn der Directoryname nicht existiert oder wenn die zu zerstörende Directory entweder noch Dateien oder noch Directories enthält.

    UPP Directoryname

setzt die neue Directory als *default directory* ein. Diese muß eine schon vorhandene Directory in der aktuellen Directory sein. Es erfolgt eine Fehlermeldung, wenn der Directoryname nicht existiert.

    DWN

geht im Directory-Baum *down*, d.h. zur nächstniedrigeren Ebene zurück. Dieses Kommando ist nicht auf der Wurzel-Directory USER erlaubt.

und erweitert die Ausgabe von DIR um eine Liste der von der laufenden Directory aus mit UPP erreichbaren Directories. □

Aufgabe 11.4.7.6.   Mit dem Programm der vorigen Aufgabe kann man z.B. nicht zwischen Dateien verschiedener Directories einen Kopiervorgang durchführen. Deshalb lasse man statt der bisherigen vierbuchstabigen Dateinamen jetzt die Syntax

$$\text{KompletterDateiname} \; = \; \left\{ \text{Directoryname} \,"\,.\," \right\} \text{Filename} \; \blacksquare$$

zu. Ist der erste Directoryname nicht USER, so wird die Folge der Directorynamen so interpretiert, daß sie von der *default directory* ausgeht; in jedem Falle beschreibt sie eine Kette von Unter-Directories (Zugriffspfad). □

Aufgabe 11.4.7.7.   Mit der Prozedur aus Aufgabe 11.3.11.8 implementiere man die Zulässigkeit von Jokerzeichen in Datei- und Directorynamen bei einigen der Kommandos des Datei-Systems. □

11.4.8   Operationen auf Directories

11.4.8.1   Daten von Dateien.   Der Benutzer kann Daten von Dateien (Name, Länge, Organisationsform, Zugriffsrechte usw.) aus Katalogen abrufen und damit die Übersicht über die vorhandenen Dateien behalten. Dies geschieht mit

    DIR Filename

in MS-DOS und VMS, wobei DIR die Kurzform von DIRECTORY ist. Die Verwendung von Jokerzeichen in Filename ist für große Directories sehr hilfreich, weil man dann spezielle Untermengen von Dateien erfassen kann; wenn man das Argument Filename ganz wegläßt, erhält man Angaben über alle Dateien des aktuellen Katalogs.

11.4.8.2 Aufräumen. Der Mechanismus der automatischen Erzeugung neuer Dateien führt leicht zu Unmengen überflüssiger, weil veralteter Dateien. Deshalb gibt es diverse Hilfen zur Reorganisation von Directories. Ein Beispiel ist das Kommando PURGE, das im VMS–System automatisch alle älteren Versionen der Dateien einer Directory zerstört.

11.4.9 Datei–Ausgabe

Komplette Dateien kann man durch spezielle Kommandos drucken (z.B. durch

    PRINT Filename

oder auf dem Bildschirm anzeigen, z.B. durch

    TYPE Filename.

Der letztere Fall ist selten, weil man meistens zu diesem Zweck ein Editorprogramm aufruft; im ersten Fall wird ein Druckauftrag in eine Warteschlange gesetzt. Die exklusive Vergabe des Druckers an einzelne Benutzer ist durch die Verwaltung von Druckwarteschlangen innerhalb des Betriebssystems überflüssig und wird meistens verboten.

11.4.10 Logische Namen

11.4.10.1 Datenwege. Wenn ein Programm (hier ist kein Systemkommando gemeint) auf einer Datei gewisse Operationen ausführen will, so muß das Betriebssystem eine logische und eine physikalische Verbindung herstellen zwischen dem Programm und der physikalischen Datei. Dies hat spätestens zu Beginn des eigentlichen Programmablaufs zu geschehen (während der Programmübersetzung ist dies noch nicht nötig). Eine solche Verbindung heißt **Datenweg** (*"data path"*); dessen physikalische und logische Ebene sind zu unterscheiden.

11.4.10.2 Logische Namen. Der Benutzer verwendet in seinem Programm (man nehme der Einfachheit halber ein PASCAL–Programm an) gewisse selbstgewählte Namen für Dateien, die zunächst nur programminterne Bedeutung haben, denen aber beim Ablauf des Programms bestimmte physikalische Dateien in der "Außenwelt" entsprechen müssen, deren Namen für das Betriebssystem aber womöglich ganz anders aussehen. Dies ist sofort klar, denn PASCAL kennt z.B. keine Geräte und keine Volumes, die für das Betriebssystem aber eventuell einen wichtigen Bestandteil des Dateinamens oder des physikalischen Zugriffsweges ausmachen. Ferner wird ein Programm, das eine Kundendatei verarbeitet und verändert, diese immer mit demselben Namen ansprechen, obwohl das Betriebssystem allein schon aus Gründen der Datensicherung die Version von gestern von der von heute namentlich unterscheiden muß.

Man hat also den **logischen** Namen, den ein Programm für eine Datei intern verwendet, von dem **physikalischen** Namen, den das Betriebssystem für eine physikalische Datei vergibt, streng zu trennen. Dabei kann auch das Betriebssystem noch

eine Ebene logischer Namen haben (z.B. für die Standardwege zur Ein- und Ausgabe). Beispielsweise verbindet das VMS–System das vordefinierte PASCAL–Textfile
mit dem logischen Namen *INPUT* auf Betriebssystemebene mit dem logischen Datenweg SYS\$INPUT, der im Falle des interaktiven Betriebs zwischen dem Benutzerprozeß
und einem Terminal mit einem bestimmten physikalischen Namen (z.B. TTA6) eingerichtet ist.

11.4.10.3 Definitionen.

Der Benutzer muß unter Zuhilfenahme des Betriebssy-
stems vor dem Ablauf seiner Programme die Verbindungen aufbauen, die seine logischen Dateinamen mit den physikalischen des Betriebssystems verknüpfen, wenn diese
nicht durch gewisse Konventionen bereits definiert sind.

Auf Sprachebene kann das Herstellen dieser Namensäquivalenz auf verschiedene Weise
geschehen. Das VMS–System verwendet ein explizites Kommando

```
DEFINE LogischerName PhysikalischerName
```

und in anderen Systemen enthalten die Kommandos zur Definition von Dateien
häufig eine ähnliche Namenszuweisung (z.B. das DD–Statement der IBM–Mainframe-
Steuersprache oder das ASG–Statement des UNISYS–Betriebssystems EXEC 1100).

In MS–DOS und im UNIX–System gibt es den Unterschied zwischen logischen und
physikalischen Namen nicht; dort existieren aber Standard–Datenwege zur Ein– und
Ausgabe, die sich auf andere Geräte umleiten lassen und deshalb wie logische Dateinamen wirken. Ansonsten hat dort der Programmierer durch geeignete Namensgebung
innerhalb seines Programms für die richtige Korrespondenz zwischen Programm-
und Betriebssystemebene zu sorgen. Dies kann in verschiedenen PASCAL–Dialekten
durch eine vordefinierte Prozedur *OPEN* mit diversen systemabhängigen Parametern
geschehen, die gleichzeitig den Zugriffsweg aufbaut (siehe Abschnitt 11.4.11.1).

11.4.11 Aufbau von Datenwegen

Ist die Namensbeziehung hergestellt, so ist keineswegs der physikalische Verbindungs-
weg zwischen dem Programm und der gewünschten Datei aufgebaut. Es ist nur klar,
welche Datei des Betriebssystems gemeint ist.

Auf Betriebssystemebene ist der Aufbau des physikalischen Datenweges normalerweise
gesondert durchzuführen. Dabei ist z.B. zu prüfen, ob die Datei überhaupt benutzt
werden darf, ob das Gerät *allocated* und das Volume *mounted* ist usw.

Leider vermischen viele Betriebssysteme die nötigen Operationen in undurchsichtiger
Weise, und deshalb ist eine allgemeine Darstellung problematisch.

11.4.11.1 Eröffnen von Dateien.

Den Aufbau eines physikalischen Datenweges
zwischen einer "physikalischen" Datei auf Betriebssystemebene und einer "logischen"
Datei auf Programmebene (dabei kann das Programm selbst ein Bestandteil des
Betriebssystems sein) bezeichnet man oft auch als "Eröffnung" der Datei. Dies gilt
auch für physikalisch noch nicht vorhandene und neu anzulegende Dateien.

Das Eröffnen von Dateien ist häufig nicht auf der Ebene des Benutzerprogramms sichtbar; es wird vom Betriebssystem automatisch erledigt, sobald das Programm einen Dateizugriff verlangt. Auf unterer Ebene hat man die Eröffnung aber explizit zu programmieren. Dabei gibt man die beabsichtigte Zugriffsart an (z.B. sequentielles Lesen), wenn nicht eine spezielle Zugriffsart implizit gemeint ist. Bei neu anzulegenden Dateien ist manchmal auch eine Reihe von Optionen möglich, die sich auf die Organisationsform und die Speichertechnik beziehen.

Viele Compiler für Programmiersprachen kennen eine vordefinierte *OPEN*–Prozedur, mit der man Datenwege zu externen Dateien aus Programmen heraus eröffnen kann, wobei wichtige Daten über das zu eröffnende File als Parameter übergeben werden können (z.B. physikalischer Dateiname, Organisationsform, Zugriffsart).

11.4.11.2 Abschließen von Dateien. Die komplementäre Operation zum Eröffnen ist das "Abschließen" einer Datei; dabei wird der Datenweg abgebaut, und die Datei hat keine Verbindung mehr zu irgendeinem Benutzer.

Auch das Abschließen ist häufig eine implizite Operation; manche Compiler kennen eine vordefinierte *CLOSE*–Prozedur, bei der man viele Parameter angeben kann (z.B. für automatisches Zerstören der Datei).

11.5 Komplexere Operationen und Verarbeitungsfolgen

11.5.1 Editieren

Dies ist die heute vorherrschende Methode, neue Dateien zu erzeugen. Dabei wird ein Programm (**Editor**) benutzt, der mit dem Benutzer im Dialog steht und die Datei aus den Benutzereingaben aufbaut.

Der Editor muß natürlich unterscheiden können zwischen Eingabedaten für die Datei und Steuerkommandos für sich selbst. Dies geschieht entweder durch Umschalten des "Status" des Editors ("Eingabestatus" versus "Kontrollstatus") oder durch Funktionstasten oder durch Menümasken, die ständig auf dem zugehörigen Bildschirm mitgeführt werden und durch Cursorpositionierung mittels Tastatur oder "Maus" zur Steuerung dienen.

Ferner unterscheidet man **zeilen**orientierte von **block**orientierten Editoren. Erstere arbeiten stets auf Zeilenbasis und erfordern vom Benutzer eine Führung von Zeile zu Zeile durch entsprechende Positionierung. Dann wird die Zeilennumerierung zu einem Problem (wegen der Einschübe), und längere Editiervorgänge erfordern zwischenzeitliches Renumerieren. Diese noch an der Lochkartentechnologie orientierten Editoren sind zur Zeit weitgehend ersetzt durch blockweise arbeitende, die dem Benutzer stets einen "Block" von Records aus der Datei auf dem Bildschirm anzeigen und dann ein freies Eingeben und Korrigieren des angezeigten Schirminhalts erlauben. Der Bildschirm wirkt wie ein Fenster, das über die Datei durch Cursorpositionierung bewegt werden kann und auch nach Einfügungen und Streichungen stets den aktuellen Zustand der Datei anzeigt. Dann sind Kontrollbefehle (z.B. zum Suchen von Textstellen in anderen Teilen der Datei) entweder durch spezielle Tasten einzugeben oder man hat andere Bildschirmfenster (*windows*), die nicht Teile der Datei, sondern ein Menü von Steuerkommandos anzeigen, und auf denen man die gewünschten Steuerbefehle ebenfalls durch Cursorpositionierung anwählen kann.

Das Befehlsrepertoire von Editoren kann sehr umfassend sein:

- Suchen von Textstücken in der Datei,

- Ersetzen bestimmter Textstücke durch andere,

- Verschieben oder Streichen ganzer Abschnitte,

- Einfügen von Teilen "fremder" Dateien,

- Verschiedene Schriftarten,

- Eingebaute Graphikmöglichkeiten,

- Paralleles Editieren mehrerer größerer Texte,

- Hilfen zur "Rettung" von Dateien, deren Editierung durch Systemzusammenbruch oder Benutzerfehler irregulär abgebrochen wurde,

- Umkodieren von Texten,

- Verändern von Datei–Formaten.

11.5.2 Textverarbeitung

Weitergehende Operationen als Editoren führen die **Textverarbeitungsprogramme** aus. Sie haben in der Regel zwar eine Editorkomponente zur Eingabe und Veränderung von Daten, sorgen aber unter anderem auch für eine speziell strukturierte und ästhetisch befriedigende Druckausgabe.

Bei kommerziell orientierten Systemen steht dabei die Herstellung von Geschäftsbriefen aus Standardbausteinen im Vordergrund; hier wird häufig eine Benutzerführung durch ein unvollständig ausgefülltes Formular oder eine Menüführung angewendet.

Typische "Features" von Textverarbeitungsprogrammen sind:

- Automatischer Randausgleich, auch bei Proportionalschrift,

- Automatische Seitennumerierung,

- Automatisches Einrücken von Absätzen,

- Hilfen bei der Silbentrennung und bei der Orthographie,

- Möglichkeiten zur Unterstreichung, Fettdruck etc.,

- Erzeugen von Spezialsymbolen wie $\gamma, \epsilon, \pi, \sum, \int$

- Automatisches Durchzählen einer mehrstufigen Organisationsstruktur (Kapitel, Paragraph...),

- Automatische Erstellung eines Inhaltsverzeichnisses,

- Korrekte Formatierung von Fußnoten,

- Indexerstellung durch Steuerzeichen im Text,

- Verschiedene Schriftarten und Graphikmöglichkeiten zur Herstellung von Zeichnungen und Tabellen im Text.

Typische Vertreter der Textverarbeitungsprogramme sind:

- WORD für *Personal Computer*

- DSR (*DIGITAL's Standard Runoff*) im VMS–System

- `nroff,troff` usw. im UNIX–System.

Eine besondere Rolle spielen Textverarbeitungsprogramme, die parallel zum Eingabevorgang bereits ein exaktes Bild des späteren Outputs liefern (**WYSIWYG**–Systeme: *"What You See Is What You Get"*). Diese haben den großen Vorteil, daß man sofort das Layout (etwa einer mathematischen Formel) beurteilen kann; sie können dann aber nicht das Gesamtbild einer Druckseite optimieren, weil sie dazu warten müßten, bis der Text der Seite vollständig eingegeben ist.

11.5.3 Satzprogramme

So bezeichnet man Systeme, die unter dem Schlagwort *"desktop publishing"* vermarktet werden und jeweils ganze Seiten in einem sehr komfortablen und ansprechenden Schriftbild inklusive Graphik herzustellen vermögen. Dieser Text wurde mit dem im wissenschaftlichen Bereich weitverbreiteten Satzsystem TeX von D. **Knuth** und seiner Erweiterung LaTeX hergestellt.

11.5.4 Sprachübersetzung

Ist ein Programm in einer höheren Programmiersprache durch ein Editorprogramm als Text erstellt (man spricht dann auch von einem **Quellprogramm** oder einem *source program*), so ist dieses Programm in ein niedrigeres Sprachniveau, in der Regel in eine Vorform der Maschinensprache, den **Objekt–Code**, zu "übersetzen". Dies besorgen die **Compiler**, die dann als Ausgabe ein **Objektprogramm** herstellen.

Das Systemkommando zum Aufruf eines Compilers trägt oft den Namen der zu übersetzenden Sprache; die Parameter des Kommandos bestehen mindestens aus einem Dateinamen Filename für das Quellprogramm, aber es sind in der Regel noch viele andere Optionen (z.B. das Ausdrucken des Maschinencodes) möglich. Die Qualifier der Dateinamen werden, wie oben schon dargestellt wurde, bei Bedarf automatisch ergänzt.

11.5.5 Linken

Hier wird unter anderem einem übersetzten Programm (dem Objektprogramm) seine "Umgebung" mitgegeben, die aus externen Prozeduren und diversen Unterprogrammen aus unteren, dem Benutzer unbekannten betriebssystemnahen Ebenen besteht. Das Ergebnis ist ein direkt durch maschinelle Interpretation ausführbares Programm (ein *load module* in IBM-Sprechweise, ein *image* bei DEC), das in der Regel den Qualifier `.EXE` (EXEcutable) bekommt.

Die Kommandos zum Linken (manchmal auch **Binden** oder **Laden** genannt) haben oft den Namen `LINK` (manchmal auch `MAP`). Die eventuell erzeugte Liste (mit Qualifier `.MAP`) liefert eine Übersicht des Programms auf Maschinenebene (*"module map"*), insbesondere im Hinblick auf den Speicherbedarf.

11.5.6 Ausführen

Das Ausführen eines fertig "gelinkten" Programms geschieht durch ein `RUN`- oder `EXECUTE`-Kommando.

11.5.7 Verarbeitungsfolgen für Dateien

11.5.7.1 Programmentwicklung. Die oben schon beschriebene Verarbeitungsfolge "Compilieren–Linken–Ausführen" wiederholt sich im Fehlerfall mehrfach. Sie hat beispielsweise im VMS-System die Form

```
$ EDIT/EDT TESTPROG.PAS
    ....
  (Editieren)
    ....
$ PASCAL/LIST TESTPROG
$ PRINT/DELETE TESTPROG
$ LINK TESTPROG
$ RUN TESTPROG
```

Das dritte Kommando dient zum Druck (und nachfolgender Zerstörung) der Ausgabeliste `TESTPROG.LIS` des Compilationslaufs. Man sieht, daß bis auf das erste Kommando keine Qualifier nötig sind. Nach dieser Kommandofolge existieren Dateien

- `TESTPROG.PAS` (Quellprogramm)

- `TESTPROG.OBJ` (Objektmodul)

- `TESTPROG.EXE` (ausführbares Programm)

und bei mehrfachem Durchlaufen gibt es davon mehrere Versionen. Durch Aufräumungsarbeiten hat man dann für Ordnung zu sorgen.

Natürlich kann man eine solche Folge von Kommandos auch als ein "Makro"-Kommando ansehen, das `TESTPROG` als speziellen Aktualparameter hat, im Prinzip aber für alle Dateinamen analog abläuft. Dies wird durch die unten noch zu schildernden Kommandoprozeduren auch tatsächlich geleistet: man kann aus ganzen Kommandoprozeduren mit diversen Parametern neue Kommandos erzeugen und so beispielsweise ein neues Kommando PASGO definieren, das die letzten vier Kommandos der obigen Folge als

    PASGO TESTPROG

abkürzt.

11.6 Prozesse

11.6.1 Überblick

Während in einem Programm in einer höheren Programmiersprache der Befehl die kleinste ausführbare Operationseinheit ist, hat man in Betriebssystemen den **Prozeß** als *"smallest schedulable entity"*. Dabei besteht ein Prozeß einerseits aus einer durch Interpretation ausführbaren Menge von Befehlen, auf der ein Kontrollzeiger den jeweils auszuführenden Befehl anzeigt und andererseits aus der "Umgebung" dieser Befehlsmenge (*process context*).

Der Ablauf von Prozessen wird durch andere Prozesse (des Betriebssystems) gesteuert (*process control, scheduling of processes*). Die steuernden Prozesse konkurrieren miteinander und mit gesteuerten Prozessen anderer Benutzer; es ergibt sich ein höchst komplexes Muster wechselseitig voneinander abhängiger Prozesse. Beispielsweise bewirkt jede Ein– und Ausgabe auf größeren Anlagen eine vom Benutzer unbemerkte Aktivierung anderer Prozesse, die teils synchron, teils asynchron zum eigentlichen Benutzerprogramm ablaufen.

Es ist klar, daß hier Regelungen zur Sicherung eines störungsfreien Betriebes nötig sind; dies wird durch globale Interrupt–Strukturen, mit ausgefeilten Prioritätsebenen und durch diverse interne Prozeßwarteschlangen erreicht.

Die Steuerung von Prozessen ist also wieder ein Prozeß, und man kommt in einen infiniten Regreß, wenn man diese Kette weiter fortsetzt. Deshalb sind alle Prozesse eingebettet zu denken in einen **universellen** Prozeß, der nicht weiter einer Steuerung bedarf. Dieser ist in der Regel der innerste Kern des Betriebssystems; er erzeugt aber nach Bedarf Tochterprozesse, die ihm gewisse, nicht allzu kritische und vor allem benutzerspezifische Aufgaben abnehmen, beispielsweise die Analyse von Steuersprachenkommandos.

11.6.2 Aufträge

11.6.2.1 Definition. Die meisten Systeme kennen eine über dem Prozeß liegende Einheit, die als **Auftrag** (*"job"* bei IBM oder *"run"* bei UNISYS) bezeichnet wird. Sie besteht in der Regel aus einer Folge von Steuersprachenkommandos, die von einem Benutzer als Gesamtleistungsanforderung an die Maschine gegeben wird und sich intern in diverse Prozesse (sequentiell oder parallel) aufspalten kann. Sie ist dem Benutzer zugeordnet und bildet die Grundlage für die Leistungsabrechnung.

Da der Auftrag im wesentlichen nur eine verwaltungstechnische Angelegenheit ist, wird er nur in diesem Abschnitt behandelt und später zugunsten der Behandlung von Prozessen ignoriert.

11.6.2.2 Dialog– und Batchbetrieb. Auch für Aufträge als abrechnungstechnische Einheiten gilt die im Abschnitt 11.2.3 dargestellte Unterscheidung von Dialog– und Batchbetrieb: man spricht daher von **Dialog–** und **Batchaufträgen.**

11.6.2.3 Hintergrund. Bei Dialogbetrieb werden häufig komplette Dateien aus Steuersprachenkommandos erstellt und dann als separater Prozeß vom Dialogauftrag als **Hintergrundprozeß** gestartet. Dies entspricht in gewissem Sinne dann der Batch–Verarbeitung. Der Hintergrundprozeß bleibt mit dem eigentlichen Dialogauftrag verbunden; er stellt einen **Tochterprozeß** desselben Auftrags dar. Manche Systeme (z.B. VMS) kennen Dialog– und Batchaufträge sowie Hintergrundprozesse für beide Auftragsarten; andere (z.B. UNIX) kennen nur Dialogaufträge mit eventuellen Hintergrundprozessen, wieder andere (z.B. UNISYS EXEC 1100) nur Batch– und Dialogaufträge ohne Hintergrundprozesse.

11.6.2.4 Benutzeridentifikation. Wenn sich ein neuer Benutzer zum Dialogbetrieb auf Mehrbenutzeranlagen anmelden will, muß er sich auf einem speziellen Eingabeweg (in der Regel einem Terminal) durch einen Identifikationsvorgang dem Betriebssystem zu erkennen geben; dieses aktiviert dann einen Prozeß, der die nachfolgenden Steuersprachenkommandos durch Interpretation ausführt.

Die Sprachformen zur Abwicklung der Benutzeridentifikation sind uneinheitlich. Zunächst ist überhaupt die in einem "Schlafzustand" befindliche physikalische Verbindung aufzubauen; das Betriebssystem weiß noch nichts von dem potentiellen Benutzer und muß zuerst auf eigene Rechnung versuchen, den Kontakt herzustellen. Dazu tippt man irgendwelche Zeichen auf der Tastatur des Terminals ein und hofft auf irgendeine Systemantwort. Bei vernetzten Systemen mit Vorschaltrechnern erhält man dann zuerst eine Anwort des Vorschaltrechners und man muß sich zu dem gewünschten Zielrechner "durcharbeiten"

Dort wird dann in der Regel ein LOGIN-Kommando erwartet ("Einloggen"), das danach die eigentliche Identifikationsprüfung startet. Üblicherweise ist dabei mindestens die Angabe eines dem System bekannten Benutzernamens und eines Paßwortes erforderlich. Um Mißbrauch durch unbefugte Benutzer zu vermeiden, die durch Beobachten berechtigter Benutzer in Kenntnis des Paßwortes gelangt sind, kann man auch die Auswertung eines Algorithmus verlangen, der wie ein Paßwort dem System bekannt ist, dessen Anwendung auf Zufallsdaten aber eine andere Antwort bei jedem Einloggen erfordert.

Die Beendigung eines Dialogauftrages erfolgt durch "Ausloggen" mit Kommandos wie LOGOUT oder LOGOFF.

11.6.3 Zustände von Prozessen

11.6.3.1 Abhängige und unabhängige Prozesse. Wenn ein Prozeß neue Tochterprozesse erzeugt, können diese unabhängig vom Mutterprozeß (*"detached process"*, mit eigener Prozeßumgebung) oder als Unterprozeß des Mutterprozesses laufen (*"subprocess"*, mit einer Prozeßumgebung, die von der des Mutterprozesses abhängt). Der Unterschied tritt kraß zutage beim Ende des Mutterprozesses: Unterprozesse werden dann ebenfalls beendet (notfalls mit Gewalt), aber *"detached processes"* laufen unabhängig weiter.

11.6.3.2 Laufende Prozesse. Ein Prozeß heißt **laufend**, wenn der Befehl, auf den der Kontrollzeiger des Prozesses zeigt, auch tatsächlich ausgeführt wird. In einer Einprozessoranlage kann stets nur ein Prozeß laufen (sich im Prozeßzustand *"computational"* oder *"executing"* befinden). In Mehrprozessoranlagen können mehrere Prozesse gleichzeitig laufen.

11.6.3.3 Aktive Prozesse. In Mehrbenutzeranlagen mit einem Prozessor wird der laufende Prozeß vom Betriebssystem aus einer Reihe von Prozessen ausgewählt, die im Prinzip laufbereit sind, aber aus zweierlei Gründen gehindert sind zu laufen:

1. weil sie auf ein Ereignis warten (z.B. auf das Eintreffen externer Daten) oder

2. weil das Betriebssystem sie nicht zum Ablauf ausgewählt hat.

Solche Prozesse heißen **aktiv**. Es werden oft mehrere aktive und nicht auf Ereignisse wartende Prozesse bereitgehalten, um ihnen nach festen Regeln anteilige "Zeitscheiben" (*time slices*) an der Prozessorleistung zu geben. Die Wartezustände werden manchmal noch weiter untergliedert, je nachdem, wieviel Aufwand nötig ist, um den Prozeß in den "laufenden" Zustand zu bringen.

11.6.3.4 Inaktive Prozesse. Prozesse, die nicht aktiv sind, werden in einer Warteschlange bereitgehalten und nach gewissen Regeln aktiviert. Dies entspricht auf Auftragsebene der Warteschlange für Stapelaufträge. Die Umgebung inaktiver Prozesse liegt lediglich in einer codierten Form auf einem langfristigen Speichermedium vor und ist nicht direkt durch die Maschine interpretierbar. Das Aktivieren eines Prozesses erfordert deshalb die Umsetzung des Prozesses mit seiner Umgebung in eine direkt interpretierbare Form; erst dann liegt ein beweglicher Prozeßzeiger auf einer interpretierbaren Menge von Befehlen vor.

11.6.4 Operationen auf Prozessen

11.6.4.1 Standardumgebung. Wenn ein Auftrag beginnt, wird stets auch ein Mutterprozeß erzeugt; dieser hat wegen des Fehlens vorhergehender Steuerkommandos stets eine vordefinierte Standardumgebung. Diese kann bei modernen Anlagen benutzerspezifisch ausgelegt werden und der Benutzer kann sich in gewissen Grenzen selbst seine Standardumgebung definieren, indem er ein File von Steuersprachenkommandos erzeugt, das vom System automatisch bei Beginn jedes Auftrags ausgeführt wird und die Umgebung herstellt (z.B. `AUTOEXEC.BAT` in MS–DOS oder `LOGIN.COM` in VMS).

Für gänzlich neue Benutzer gibt es eine Minimalumgebung, die aus den Standard–Dateien für Eingabe und Ausgabe besteht und einen Arbeitsspeicher (bzw. einen leeren Wurzelkatalog) bereitstellt.

11.6.4.2   Absetzen von Hintergrundprozessen. Beim UNIX–System kann jedes Steuerkommando mit einem **&** (*"ampersand"*) abgeschlossen werden, und das System führt dann das Kommando als Subprozeß im Hintergrund aus. Dabei wird die Standardeingabe am Vordergrundprozeß belassen; der Hintergrundprozeß muß so formuliert sein, daß er keine Daten auf seiner Standardeingabe erwartet (diese wird auf das *"null device"* gesetzt).

In diversen Systemen kann man Kommandoprozeduren (Dateien von Steuersprachenkommandos) an die Batch–Warteschlange durch ein Kommando

```
SUBMIT Filename
```

absetzen, die dann als selbständige Aufträge oder *"detached processes"* durchgeführt werden (sie erhalten die Standardumgebung des Benutzers bei ihrem Start).

Analog zum UNIX–System kann man im VMS–System auch Subprozesse des laufenden Dialogprozesses als Hintergrundprozeß starten. Statt des Anhängens eines **&** bei UNIX setzt man ein `SPAWN/NOWAIT` vor das Kommando. Mit der Form

```
SPAWN/NOWAIT/OUTPUT=Filename Kommando
```

kann man die Standardausgabe für den Subprozeß auf eine Datei umleiten und sich diese später ansehen. Der zusätzliche Qualifier `/INPUT=Filename` erlaubt auch die Umsteuerung der Standardeingabe.

11.6.4.3   Beenden von Prozessen. Auf Steuersprachenebene abgespaltene Tochterprozesse werden automatisch beendet, wenn der Mutterprozeß beendet wird oder die Tochterprozesse selbst beendet sind. Sie können durch den Mutterprozeß vorzeitig durch ein spezielles Systemkommando beendet werden.

Das vorzeitige Beenden von unabhängigen Batch–Aufträgen durch Steuerkommandos hängt davon ab, ob der Auftrag bereits ausgeführt wird oder sich noch in der Warteschlange befindet. Im ersteren Fall verwendet man ein Kommando zum Stoppen eines laufenden Prozesses, im zweiten muß man das Betriebssystem dazu bringen, den Auftrag aus der Warteschlange unerledigter Aufträge zu entfernen.

11.7   Kommandoprozeduren

Moderne Steuersprachen erlauben das Schreiben sehr allgemeiner und komplexer Programme mit allen in höheren Programmiersprachen üblichen Sprachkonstruktionen (z.B. Variablen, Bedingungen, Schleifen, Unterprogramme, Funktionsprozeduren). Deshalb wird der Unterschied zwischen höheren Programmiersprachen und Steuersprachen immer geringer. Besonders wichtig ist die Möglichkeit, "Unterprogramme"

in Form von speziellen Kommandoprozeduren zu schreiben und diesen Parameter zu
übergeben.

11.7.1 Struktur von Kommandoprozeduren

Kommandoprozeduren werden als Dateien erstellt und gespeichert. Man kann sie sich
einfach als Folge von Steuersprachenkommandos vorstellen.

11.7.2 Aufruf

Sie können durch verschiedene Mechanismen zur Ausführung kommen:

1. im Batchbetrieb durch ein Kommando `SUBMIT Filename` (DEC) bzw. ein Kommando `START Filename` (UNISYS)

2. im Dialogbetrieb als Subprozeß : durch `SPAWN Filename` in VMS bzw. durch
   `Filename &` in UNIX

3. als "Unterprogramm" einer anderen Kommandoprozedur : durch `@Filename` in
   VMS bzw. `sh Filename` (UNIX)

11.7.3 Parameter

In allen Fällen können noch Parameter übergeben werden, die normalerweise als
Liste nach dem Dateinamen folgen. Die Parameter müssen als Formalparameter
bei der Erstellung einer Kommandoprozedur auftreten und in die Programmierung
auf Steuersprachenebene eingehen. Dies geschieht einfach dadurch, daß spezielle
Variablennamen für die Parameter fest vereinbart werden. Die speziellen Namen sind
beispielsweise:

P1 bis P8 in VMS

$1, $2,... in UNIX.

Beispiel 11.7.3.1.
Eine VMS-Kommandoprozedur `PASLINK.COM`, die ein PASCAL–Programm als Datei
mit Namen Filename.PAS compiliert, die vom Compiler erzeugte Liste Filename.LIS
druckt und im Falle, daß die Compilation erfolgreich war (Warnungen werden toleriert,
Fehler nicht) das Programm "linkt", ist

```
$ PASCAL/LIST 'P1'
$ PRINT/DELETE 'P1'
$ LINK 'P1'
```

Der Parameter P1 muß in Apostrophe eingeschlossen werden, weil sonst das Kommando PAS eine Datei P1.PAS annehmen würde. Die Apostrophe zeigen an, daß der
eingeschlossene Text keine Konstante, sondern eine Variable ist, die ausgewertet werden muß. Der Wert ist der Filename, der beim Aufruf der Kommandoprozedur (die
als Datei `PASLINK.COM` gespeichert sein möge), durch das Kommando

```
@PASLINK Filename
```

impliziert ist. Dieses Beispiel sieht im MS–DOS–Betriebssystem ähnlich aus. □

Aufgabe 11.7.3.2.   Man schreibe zu geeignet deklarierten Datentypen eine
PASCAL–Prozedur

$$SUBST\ (VAR\ S : Zeile;\ X,\ Y : Wort;\ VAR\ Ueberlauf : BOOLEAN)$$

die in einer Zeile S alle Vorkommnisse des Wortes X durch Y ersetzt und einen eventuellen Überlauf der Zeile bei zu vielen Substitutionen meldet. Diese Prozedur modelliert
den Substitutionsmechanismus für die Parameter von Kommandoprozeduren. Dabei
kann man die Prozedur aus Aufgabe 8.11.4.7 verwenden. □

12 Systemarchitektur

12.1 Überblick

12.1.1 Logische und physikalische Ebene

Dieses Kapitel enthält die Grundlagen des Aufbaus heutiger Computer. Die Darstellung beschränkt sich im wesentlichen auf die **logische** Ebene, da die physikalische Realisierung ein- und derselben logischen Struktur sehr verschieden ausfallen kann, aber für das Verständnis der Arbeitsweise der Maschine unerheblich ist. Beispielsweise haben die Maschinenserien großer Hersteller sehr verschiedene physikalische Strukturen, wenn man etwa das schnellste mit dem langsamsten Modell einer Serie vergleicht; die Funktionsweise auf der logischen Ebene ist aber für alle Modelle dieselbe. Ferner ist die physikalische Ebene der Maschinenarchitektur einem rapiden technologischen Wandel unterworfen; die logischen Strukturen entsprechen aber heute immer noch weitgehend dem Modell der **von–Neumann–Maschine** aus den vierziger Jahren.

12.1.2 Systemarchitektur

Die logische Interdependenz der einzelnen Komponenten und deren innere logische Struktur bilden die **Architektur** eines Computersystems. Diese bestimmt die Eigenschaften der Programmierung auf niedrigster Ebene (die **Maschinensprache** , vgl. Kapitel 13) unmittelbar. Die Kenntnis der Systemarchitektur ist ferner grundlegend für die Klassifikation und Beurteilung von Computersystemen.

12.1.3 Systemkomponenten

Computersysteme gliedern sich im wesentlichen in vier verschiedenartige Gruppen von Komponenten:

- **Prozessoren** (*processors, central processing units, CPU's*) führen im engeren Sinne die Operationen auf niedrigster Stufe aus. Alle Verarbeitungsvorgänge, die nicht in Prozessoren ablaufen, sind in der Regel vom Typ der reinen Datenübertragung oder Speicherung. Häufig bezeichnet man mit "Rechnerarchitektur" oder "Maschinenarchitektur" die Architektur des für ein System zentralen Prozessors.

- **Speicher** treten in modernen Systemen in mehreren Ebenen auf (man spricht auch von **Speicherhierarchien**):

    - Der **Hauptspeicher** (*memory*) speichert nicht allzu große Mengen von Daten kurzfristig und mit hoher Geschwindigkeit bei wahlfreiem Zugriff.

    - Die **Langzeitspeicher** (*storage devices*)
      bestehen aus Geräten, die große Mengen von Daten langfristig und mit eventuell eingeschränkten Zugriffsmethoden speichern.

- **Periphere Geräte** (*Peripheral devices* oder *units*) umfassen sowohl Ein- und Ausgabegeräte wie Drucker, Bildschirme, Plotter etc. als auch die oben schon erwähnten langsameren Langzeit–Speichergeräte (Magnetbänder, Disketten, Magnetplatten usw.)

- **Datenleitungen** zur Verbindung der obigen Komponenten untereinander und mit anderen Systemen.

Prozessoren und Speicher werden unten im Detail behandelt; vorher sollte aber noch eine grobe Einteilung der üblichen Computersysteme erfolgen.

12.2 Klassifikation von Systemen

12.2.1 Von–Neumann–Maschine

Die meisten heute üblichen Maschinen sind Varianten des schon 1946 von **Burks**, **Goldstine** und **von Neumann** vorgeschlagenen Rechnertyps (vgl. Figur 31). Ein

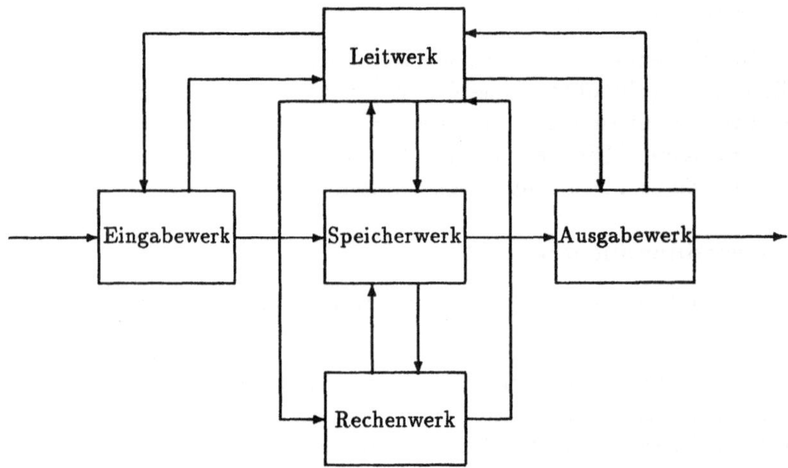

Figur 31: Von–Neumann–Maschine

zentrales **Leitwerk** bearbeitet alle Maschinenbefehle (**Instruktionen**), und zwar unabhängig davon, ob sie der Ein– und Ausgabe oder der eigentlichen Verarbeitung dienen. Ferner bezieht dieses Leitwerk die Instruktionen sequentiell aus einem zentralen Speicher, der auch die zu bearbeitenden Daten enthält, wenn sie vom Eingabewerk in den Speicher befördert worden sind. Das Leitwerk decodiert die Instruktionen und bewirkt, daß diese im Rechenwerk ausgeführt werden. Das Leitwerk hat dabei einen **Programmzähler**, der im Sinne des Abschnitts 10.2 ein Kontrollzeiger ist und im Regelfall sequentiell über den Speicher wegbewegt wird. Alle Operationen im Rechenwerk erfordern, daß die Operanden erst vom Speicher in das Rechenwerk befördert werden müssen, sofern sie sich nicht schon als Ergebnis vorangegangener Operationen dort befinden.

Eine Addition zweier Zahlen A und B mit Ergebnis C besteht im von–Neumann–Rechner aus folgenden Grundoperationen:

- Hole Wert des Operanden A vom Speicher in das Rechenwerk

- Hole Wert des Operanden B vom Speicher in das Rechenwerk

- Berechne Wert von $C = A + B$ im Rechenwerk

- Wenn C nicht als Operand der nächsten Operation auftritt, befördere den Wert von C wieder zurück in den Speicher.

Dieses Rechnermodell ist in mehrerlei Hinsicht verändert worden:

1. Der Speicher fungiert häufig als separate Einheit, die wie ein anderes peripheres Gerät genutzt werden kann. Insbesondere ist er "außerhalb" des Prozessors, der nur noch aus Leitwerk, Rechenwerk und einigen wenigen Speicherplätzen (Registern) für Zwischenergebnisse besteht.

2. Ein– und Ausgabewerke sind selbständige Einheiten, die nicht auf ein zentrales Steuerwerk angewiesen sind. Dies gilt allgemeiner für alle peripheren Geräte und das Speicherwerk. Man hat eine Entkopplung zwischen Peripherie und dem zentralen Teil des Systems.

3. Die Steuerung der Datenübertragung von peripheren Geräten oder dem Rechenwerk zum Speicher wird durch unabhängige Steuerwerke für die Datenwege geregelt.

4. Es gibt Mehrfach–Rechenwerke für die eigentlichen Verarbeitungsaufgaben und für die Ein– und Ausgabe. Ferner arbeiten auch komplette Systeme zusammen und tauschen Daten und Programme aus.

Diese Veränderungen betreffen im wesentlichen die Interdependenz der Teile des von–Neumann–Rechners. Eine Reihe anderer, in der obigen Skizze nicht ersichtlicher Eigenschaften der von–Neumann–Maschine ist bis heute unverändert grundlegend für die Maschinenarchitektur:

- **Identifikation von Programm und Daten.** Es besteht kein prinzipieller Unterschied zwischen Programm und Daten. Im Speicher befinden sich sowohl Steuerdaten (als codierte Instruktionen für das Leitwerk) als auch Rechendaten (als Daten für das Rechenwerk in Form von Eingabedaten oder Ergebnissen). Insbesondere können Steuerdaten intermediär wie Rechendaten behandelt werden (etwa bei einer Übersetzung eines Programms in eine andere Befehlssprache). Dies ist nicht verwunderlich, weil Algorithmen Nachrichten sind und auf allen Maschinen nichts anderes als Nachrichten verarbeitet werden.

- **Lineare Speicheradressierung.** Der Speicher wird eingeteilt in **Worte** einer festen Länge; diese werden (implizit) durch **Adressen** fortlaufend numeriert. Dann ist der Inhalt jedes Speicherplatzes über seine Adresse abrufbar. Insofern stellen Adressen auf tieferer Ebene eine Realisierung des Konzepts des Zeigers dar.

- **Bindung der Operanden an die Operation** Die Operationen werden zusammen mit ihren Operanden spezifiziert und letztere werden in der Regel durch Adressen beschrieben (die Operationen stehen auf **Referenzstufe** im Sinne des Abschnitts 2.4.4).

- **Sequentialität**
  Die Operationen werden sequentiell abgearbeitet gemäß ihrer Lage im linear adressierten Speicher (Sprungbefehle zu Instruktionen an anderen Adressen bilden die einzige Ausnahme). Dies ist eine Folgeerscheinung des linear adressierten Speichers.

12.2.2 Modifizierte von–Neumann–Architektur

Heutige Systemarchitekturen versuchen, die Peripherie vom Prozessor durch Zwischenschaltung des Speichers abzutrennen und im Idealfall den Speicher als einziges Bindeglied zwischen Prozessor und Peripherie anzusehen. Gleichzeitig sollten die Untersysteme Prozessor–Speicher und Speicher–Peripherie logisch möglichst unabhängig voneinander sein (vgl. Figur 32).

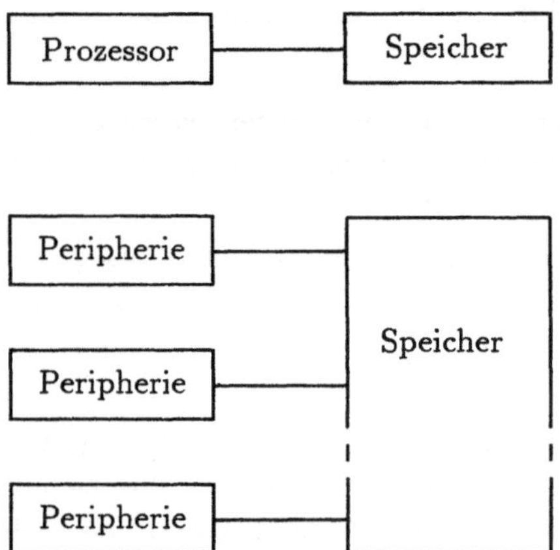

Figur 32: Modifizierte von–Neumann–Architektur

Im Prinzip bearbeitet der Prozessor dann nur Speicherinhalte und "kennt" keine Ein- und Ausgabebefehle; die Peripheriegeräte tauschen selbständig Daten mit dem Speicher aus und "kennen" keine Prozessorinterventionen. Die Vermeidung von Zugriffskonflikten geschieht dabei durch ein ausgeklügeltes System von Unterbrechungen und durch geeignete Speicheraufteilungen.

Die physikalischen Realisierungsmethoden für ein solches logisches Konzept der Systemarchitektur gliedern sich in zwei Grundtypen:

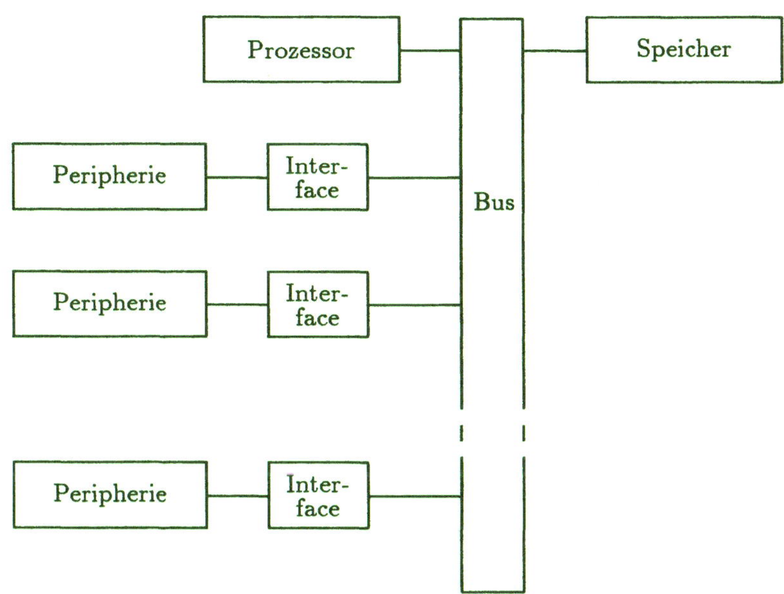

Figur 33: Bus–Architektur

12.2.2.1 Bus–Architektur. Hier ist physikalisch gesehen ein zentraler Datenweg, der **Bus**, das Rückgrat des Systems (siehe Figur 33). Dieser besteht physikalisch aus einer Anzahl paralleler Leitungen, die alle angeschlossenen Geräte (inklusive des Prozessors und des Speichers) miteinander verbinden. Die Leitungen gliedern sich in drei Gruppen:

- Datenleitungen

- Adressenleitungen

- Steuerleitungen.

Dabei hat jedes Gerät eine feste oder durch Schalter einstellbare Adresse, deren Länge als Binärwort gerade gleich der Anzahl der Adreßleitungen ist.

Die Übertragung wird eingeleitet durch gewisse Signale auf den Steuerleitungen, die eine Freigabe des Busses beantragen und die nachfolgende Übertragung synchronisieren; danach wird für eine bestimmte Zeit vom sendenden Gerät an den Daten- und Adreßleitungen ein durch Spannungen codiertes Binärwort angelegt. Dieses kommt wegen der Parallelschaltung physikalisch an **allen** Geräten an, wird aber logisch nur von demjenigen Gerät berücksichtigt, dessen Adresse mit dem Binärwort auf den Adreßleitungen übereinstimmt. Das Gerät hat dann das Datenwort aus den Datenleitungen schnell zu übernehmen, auf Steuerleitungen den Empfang zu quittieren und den Bus wieder freizugeben.

Das Senden auf dem Bus durch Angabe einer Adresse und eines Datenworts entspricht genau dem Schreiben eines Datenworts in einen Speicher an eine spezielle Adresse. Deshalb ist von allen Geräten her gesehen der Bus auf der logischen Ebene ein Speicher. Seine Adressen sind **unechte** Speicheradressen; man kann den Bus logisch als einen Teil des Speichers ansehen.

Der Prozessor liest und schreibt in diesen Speicherteil, ohne zu "wissen", daß dadurch Ein- und Ausgabeprozesse gesteuert werden. Gleiches tun die Peripheriegeräte. Dadurch ist die Aufteilung in zwei logisch unabhängige Systemkomponenten gemäß Figur 32 gegeben; als "Speicher" ist dabei der echte Speicher zusammen mit dem Bus und seinen virtuellen Speicherplätzen anzusehen.

Die physikalisch einfache, logisch aber komplizierte Struktur des Bus bedingt, daß alle Geräte am Bus eine geeignetes Steuerwerk brauchen, um die Datenübertragung korrekt durchzuführen. Das geschieht durch **Interfaces**, die einfache gerätespezifische Datenwege (Schnittstellen) umsetzen auf den erheblich komplizierteren Bus. Der Prozessor und der Speicher haben eingebaute Interfaces, wobei normalerweise das des Prozessors auch die Steuerlogik für den Bus als Ganzes enthält.

Die Bus-Architektur ist wegen ihrer physikalischen Einfachheit vorherrschend bei allen Mikro- und Minicomputersystemen. Der wichtigste Nachteil der Bus-Architektur, nämlich die Begrenzung des Durchsatzes des Gesamtsystems durch die Datenübertragungsrate des Busses, tritt bei kleineren Anlagen nicht als gravierender Engpaß auf, weil der Prozessor nicht wesentlich schneller als der Bus ist.

Größere Systeme sind wegen ihrer schnelleren Prozessoren gezwungen, zwischen Prozessor und Hauptspeicher einen sehr schnellen und deshalb auch in der Steuerlogik aufwendigen Bus zu verwenden. Dann wird die langsamere Peripherie an einfachere und langsamere Busse angeschlossen, die im Idealfall nur mit dem Speicher, nicht aber mit dem Prozessor verbunden sind. Man erhält wieder eine logische Architektur wie in Figur 32.

12.2.2.2 Kanalarchitektur. Dies ist bei Großrechnersystemen die wichtigste Architekturform. Es existiert ein sehr schneller und direkter Datenweg zwischen Prozessor und Speicher, der anderen Geräten im Gegensatz zum Bus-System nicht offensteht. Die anderen Geräte sind dann gruppenweise an **Kanäle** angeschlossen, die "auf der anderen Seite" des Speichers liegen (vgl. Figur 34) und weitgehend eigenständige Datenübermittlungsaufgaben wahrnehmen; sie sind oft auch innerhalb gewisser Grenzen programmierbar. Auch hier "kennt" der Prozessor im Idealfall nur den Speicher, weil die Kanäle "hinter" dem Speicher liegen; es liegt wieder die logische Entkopplung gemäß Figur 32 vor. Nur durch wenige Instruktionen (z.B. Start eines Kanalprozesses) greift der Prozessor auf die Kanäle zu.

Die Kanalarchitektur erlaubt Parallelität in der Ein- und Ausgabe, während bei einer Bus-Architektur stets nur ein Übertragungsprozeß am Bus aktiv sein kann. Ferner können Kanäle technisch sehr verschiedenartig konzipiert und auf die Bedürfnisse der Peripherie zugeschnitten werden. Sie sind häufig wie kleine Satellitenrechner ausgelegt.

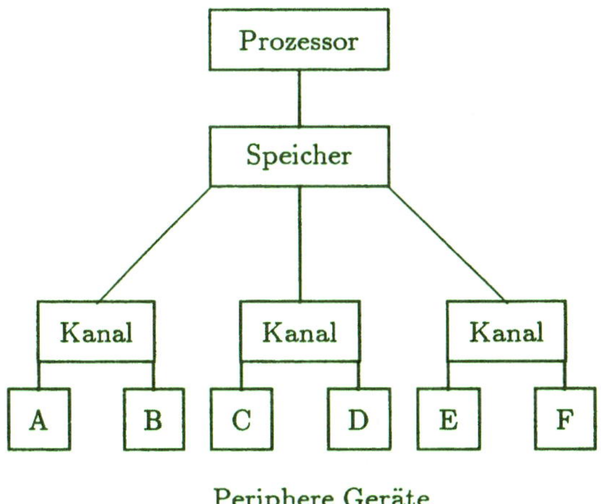

Figur 34: Kanal–Architektur

12.2.2.3 Mischformen. Die Übergänge zwischen beiden Grundtypen der Systemarchitektur sind fließend. Systeme mit getrennten Bussen zwischen Prozessor und Speicher bzw. zwischen Speicher und Peripherie kommen beispielsweise einer Kanalarchitektur sehr nahe. Busse zwischen Hauptspeicher und Peripherie kann man als Spezialformen von Kanälen ansehen; ferner sind Kanäle natürlich durch Busse realisierbar.

12.2.3 Parallelität

Die zur Zeit fortgeschrittenste Veränderung der von–Neumann–Architektur betrifft die Parallelität von Datenverarbeitungsvorgängen. Es sind zu unterscheiden:

1. **Prozeßparallelität**
   Es laufen auf einem System mehrere Prozesse ab, die parallel verarbeitet werden, beispielsweise auf mehreren Prozessoren. In vielen Fällen ist die Parallelität aber nur scheinbar (etwa bei Mehrbenutzerbetrieb auf Anlagen mit nur einem Prozessor).

2. **Pipelining**
   Die Bearbeitung einer Operation kann auf unterer Ebene diverse Einzelschritte erfordern (etwa das Bereitstellen der Operanden), die parallelisierbar sind. Dann liegt zwar keine Parallelität der Operationen vor, wohl aber eine Parallelität der Teilschritte der Bearbeitung einer Operation. Dies wird von allen Maschinen der oberen Leistungsklasse ausgenützt.

3. **Mehrfachprozessoren** und **Pipelining**
   Großanlagen haben eine größere Anzahl spezieller Prozessoren, die Teilaufga-

ben eines Pipelinings parallel ausführen können. Dadurch können parallelisierbare Formeln auch tatsächlich mit parallelen arithmetischen Operationen berechnet werden. Obendrein kann man mehrere Pipelines parallel legen, die Adreßrechnungen speziellen Rechenwerken übertragen und Vorschaltrechner für die Vorbereitung (etwa Sprachübersetzung inklusive Planung der Parallelität) heranziehen.

4. **Vektor–** oder **Feldrechner**
   Diese bestehen aus Vektoren oder zweidimensionalen "Feldern" von Prozessoren, die parallel arbeiten können und auf gemeinsame Daten zugreifen. Wenn alle Prozessoren parallel dieselbe Instruktion (aber mit jeweils anderen Daten) ausführen, spricht man von einem **SIMD–**Rechner (*"single instruction – multiple data"*). Dieser Typ ist noch vergleichsweise einfach zu konstruieren und erfordert wenig Verwaltungsaufwand. Seine Anwendbarkeit ist natürlich begrenzt auf Probleme, die sich in Vektor– oder Matrixschreibweise formulieren lassen (z.B. Lösung partieller Differentialgleichungen zur Wettervorhersage). Der allgemeinere **MIMD–**Rechnertyp (*"multiple instruction – multiple data"*), bei dem die Prozessoren in ihren Instruktionen unabhängig sind, erfordert hohen Verwaltungsaufwand.

12.2.4   Adreßlänge und Speicherwortlänge

Der Hauptspeicher ist bei einer von–Neumann–Maschine eingeteilt in binäre **Speicherworte** einer festen Länge, der **Speicherwortlänge**. Jedes Speicherwort hat eine **Adresse** in Form einer binär codierten nichtnegativen ganzen Zahl (**absolute Adresse**). Die maximale Länge der binär dargestellten absoluten Adressen wird als **Adreßlänge** bezeichnet. Der **Adreßraum** besteht aus den 2^n möglichen Adressen bei Adreßlänge n; der maximal adressierbare Hauptspeicher umfaßt also 2^{n+m} Bits, wenn m die Speicherwortlänge ist.

Die meisten heutigen Maschinen haben Bytes zu 8 Bits als Speicherworte; man kann damit 256 Zeichen pro Speicherwort codieren, was für Zwecke der kommerziellen Datenverarbeitung völlig ausreicht, wenn man den ASCII–Zeichensatz und die gepacktdezimale (BCD–) Zahldarstellung verwendet (vgl. Abschnitt 1.3.5).

Im technisch–wissenschaftlichen Bereich sind *INTEGER* und *REAL* die vorherrschenden Datentypen. Weil diese wesentlich größere Wortlängen erfordern, haben einige Großrechnerserien Speicherwortlängen von 32 bis 60 Bits.

Weil man ein einem Speicherwort von 8 Bits nur 256 Adressen codieren kann, erstreckt sich bei Maschinen mit byte–adressiertem Hauptspeicher jede Adresse über mehrere Speicherworte. Deshalb verwendet man Adreßlängen, die in der Regel ein Vielfaches von 8 sind; man erhält Adreßräume von

$$2^{16} = 64K = 65536 \text{ bei 16 Bit–Adressen}$$

$$2^{24} = 16M = 16.777.316 \text{ bei 24 Bit–Adressen}$$

$$2^{32} = 4G = 4.294.967.296 \text{ bei 32–Bit–Adressen}$$

wobei $1M = 1$ Mega $= 1024 \cdot 1024 = 1K \cdot 1K = 1.048.576$ und $1G = 1$ Giga $= 1K \cdot 1M = 1.073.741.824$ gilt.

12.2.5 Verarbeitungswortlänge

Da Maschinen zumindestens Adressen verarbeiten, ist die Länge der vom Prozessor im Regelfall bearbeiteten Binärworte, die **Verarbeitungswortlänge**, mindestens gleich der Adreßlänge und bei byte–adressiertem Hauptspeicher auch stets ein Vielfaches von 8. Die meisten Prozessoren verarbeiten Operanden unterschiedlicher Länge. Die Verarbeitungswortlänge ist deshalb nur für einzelne Prozessorinstruktionen klar definiert; für Prozessoren als Ganzes ist sie als Mittelwert zu verstehen.

12.2.6 Instruktionslängen

Auch die Instruktionen werden als Daten gespeichert; die Länge der Instruktionen ist daher ein weiteres Charakteristikum der Systemarchitektur. In der Regel sind die Instruktionen bei modernen Maschinen von variabler Länge und nicht notwendig auf Vielfache der Speicherwort– oder Adressenlänge begrenzt. Typischerweise erfordern die Instruktionen aber Adressen der Operanden (es liegen Operationen auf Referenzstufe im Sinne von Abschnitt 2.4.4 vor), und deshalb ist die Instruktionslänge stark an die Adreßlänge gebunden. Bei großen Adreßräumen ist man bestrebt, die Instruktionen kurz zu halten. Man versucht, statt der absoluten Adressen kürzere **Adreßausdrücke** zu bilden (siehe Abschnitt 12.4.3).

12.2.7 Wortmaschinen

Wenn Speicherwortlänge und Verarbeitungswortlänge gleich sind und Adressen in ein Speicherwort passen, spricht man von einer **Wortmaschine**. Dann können alle Operationen und Datenübertragungsmechanismen in Einheiten von Worten codiert durchgeführt werden; man hat eine besonders einfache Architektur. In der Anfangszeit der Datenverarbeitung konzentrierte man sich auf technisch–wissenschaftliches Rechnen mit simpler Systemarchitektur; man verwendete keine byte–adressierten Speicher und konstruierte deshalb in der Regel Wortmaschinen. Auch die heute produzierten Wortmaschinen (z.B. die der Firma CONTROL DATA mit 60 Bit Verarbeitungswortlänge und 18–24 Bit Adreßlänge) sind speziell für das technisch–wissenschaftliche Rechnen konzipiert.

12.2.8 Einige Grundtypen von Maschinenarchitekturen

Mit der Notation

> Verarbeitungswortlänge/Adreßlänge

kann man Maschinen mit byteweise adressiertem Speicher grob klassifizieren:

12.2.8.1 8/16–Bit–Mikroprozessoren. Hier ist die Verarbeitungswortlänge von
8 Bit nur zur Speicherung eines ASCII–Zeichens oder einer Integer–Zahl zwischen 0
und 255 fähig. Alle Operationen werden also byteweise durchgeführt; Rechnungen
im *INTEGER*– und *REAL*–Bereich müssen durch besondere Tricks aus Manipulationen an Einzelworten zu 8 Bit zusammengestellt werden. Typische Vertreter dieser
Kategorie sind Mikroprozessoren der ersten Generation, etwa INTEL 8000, MOTO-
ROLA 6800, Signetics 6502, ZILOG Z80. Sie sind völlig ausreichend für rein alphanumerische Operationen wie etwa die Editierung von Texten oder die Steuerung der
ASCII–Zeichen auf einem Bildschirmterminal.

Mikroprozessoren dieses Typs haben bei 16 Bit Adreßlänge einen Adreßraum von 64K
Bytes. Hier tritt die Komplikation auf, daß eine Adresse aus zwei Verarbeitungsworten
besteht. Deshalb haben die 8/16–Bit–Mikroprozessoren oft auch einige Operationen
auf 16–Bit–Daten. Bei einer Adreßlänge von 16 Bit sind im Prinzip auch die Datenwege für die Parallelübertragung von 16 Bit auszulegen. Dies wird häufig durch
getaktetes Nacheinanderübertragen von je 8 Bit vermieden ("Zeitmultiplexen"), senkt
dann aber den Busdurchsatz auf die Hälfte.

12.2.8.2 16/16–Bit–Mikroprozessoren. Die nächste Kategorie von Systemarchitekturen verarbeitet Daten parallel in Worten von 16 Bit bei einer Adreßlänge von
ebenfalls 16 Bit. Dann besteht dieselbe Grenze des Adreßraumes bei 64K Bytes. Durch
verschiedene Tricks wird diese Begrenzung des Adreßraumes bei einigen neueren Prozessoren aufgehoben (Segmentierung, *"memory management"*, vgl. Abschnitt 12.3).

Typische Vertreter dieser Gattung sind die Mikroprozessoren INTEL 8086, 80186,
80286 usw. in den IBM–PC's und dazu kompatiblen Maschinen, sowie gewisse
Prozeßrechner, beispielsweise die der Serie DEC PDP–11. Wegen ihrer leichten
Zugänglichkeit sollen im folgenden die 8086–Prozessoren in ihrer Architektur und in
der Assemblerprogrammierung (vgl. Kapitel 13) genauer dargestellt werden.

12.2.8.3 32/24–Bit–Mikroprozessoren. In der Praxis sind effektive Adreßlängen von 24 Bits für Einzelprogramme bei Byte–Adressierung ausreichend. Man hat
dann 256 * 64 Kilobytes = 16 Megabytes Speichervolumen.

Eine Realisierung dieser Architektur bieten die Mikroprozessoren MOTOROLA 68000
und *National Semiconductor* 16032, denen man schon eine Verarbeitungswortlänge von
32 Bits zusprechen kann.

12.2.8.4 32/32–Bit–Mikroprozessoren. In diese Kategorie fällt z.B. die MI-
CROVAX der Firma DIGITAL EQUIPMENT, das Basismodell der VAX–Serie. Es
handelt sich dabei um einen Prozessor mit voller 32–Bit–Verarbeitungswortlänge und
einer virtuellen Speicherorganisation, die im Abschnitt 12.3 als Modellfall genauer
beschrieben wird.

12.2.8.5 IBM– und PCM–*Mainframes*. In ihrer Grundform (d.h. ohne die
nachträglich hinzugefügte *"extended architecture"*) haben die marktbeherrschenden

Systeme der Reihen 360, 370, 43xx und 30xx der Firma IBM (und die "steckerkompatiblen" Konkurrenten, "*plug compatible manufacturers*") eine Adreßlänge von 24 Bits. Die Verarbeitungsbreite variiert je nach Instruktionsart zwischen 8 und 64 Bit, wobei 32 Bit als typische Verarbeitungswortlänge auftritt (sie enthält z.B. Adressen, *REAL*– und *INTEGER*–Werte).

Die "*extended architecture*" erweitert den Adreßraum auf eine Adreßlänge von 31 Bit; dadurch wird die Größe des logischen Speichers bis in den Bereich von Gigabytes gesteigert.

12.2.8.6 Wortmaschinen. Die Maschinen der Firma CONTROL DATA (CDC) sind Wortmaschinen mit 60 Bit Wortlänge und 18 bzw. 24 Bit Adreßlänge, während die Serie U1100 der Firma UNISYS eine Wortlänge von 36 Bits bei 18 bzw. 24 Bits Adreßlänge hat.

12.2.9 Technologien der Hardware

Ein grobes Klassifikationsmerkmal für die physikalische Ebene liefert die Technologie der Schaltkreise, aus denen ein System zusammengestellt ist. Unter Weglassung vieler physikalischer Details hat man folgende Grobeinteilung:

1. **Unipolare** Technologien auf Basis von MOS–Feldeffekt–Transistoren lassen sich wegen ihrer einfacheren Struktur und geringen Leistungsaufnahme in sehr dichten Packungen realisieren und sind vergleichsweise preisgünstig. Sie finden überall Anwendung, wo keine extreme Geschwindigkeit verlangt wird.

2. **Bipolare** Technologien (z.B. TTL : *Transistor–Transistor Logic*, ECL : *Emitter Coupled Logic*) sind erheblich schneller als die unipolaren Technologien, sind aber wegen ihrer höheren Komplexität und des höheren Leistungsbedarfs schwieriger zu realisieren. Bei extremer Packungsdichte führt der große Leistungsbedarf zu Wärmeabfuhrproblemen (Kühlung durch Wasser oder Freon bei Großanlagen).

Die physikalische Konstruktion von Computern hat **Chips** als kleinste äußerlich sichtbare Einheit. Diese enthalten eng gepackte Elektronikschaltungen in fester Zusammenstellung und führen nur Ein– und Ausgabe– sowie Stromversorgungsleitungen nach außen. Chips sind auf **Karten** oder **Platinen** im Format zwischen (etwa) DIN A4 und DIN A6 befestigt und miteinander verbunden. Die Platinen haben Steckverbindungen an einem Ende und werden mit diesen in eine **backplane** gesteckt. Die *backplane* enthält einen Teil der Verbindungen der Platinen untereinander; andere Verbindungen werden durch vieladrige Flachbandleitungen hergestellt. Diese Form des Aufbaus gilt nicht für sehr schnelle und große Maschinen; hier hat die Einführung der Flüssigkeitskühlung zu anderen geometrischen Organisationsformen geführt.

12.3 Speicher

Dieser Abschnitt behandelt die Struktur moderner Hauptspeicher. Auch hier muß man zwischen physikalischer und logischer Ebene unterscheiden; ferner gibt es verschiedene

wichtige Techniken (*memory management*), logische Speicher auf physikalische abzubilden (**Speicherabbildungsfunktionen**) und insbesondere große logische Speicher
durch geschickte Verwaltung begrenzter physikalischer Speicher zu realisieren (**virtuelle** Speicher).

12.3.1 Zugriffsarten

Eine Grobeinteilung der Speicher kann nach Zugriffsarten erfolgen (vgl. Tabelle 16).
Viele Rechner, insbesondere Mikrocomputer, haben Mischungen aus ROM's und
RAM's als Speicher. Der Benutzer kann nur den RAM beschreiben; im ROM befin-
den sich wichtige Betriebssystemprogramme, die vor Zerstörung durch unsachgemäße
Programmierung oder durch Zusammenbruch der Betriebsspannung geschützt sein
müssen.

RAM	*random–access–memory*, Schreib–und Lesespeicher. Diese Speicherform ist die häufigste.
ROM	*read–only–memory*, reiner Lesespeicher. Kann nicht neu beschrieben werden.
PROM	*programmable ROM*, ein einmalig programmierbarer ROM
EPROM	ein programmierbarer ROM, der als Ganzes durch einen UV–Lichtblitz löschbar ist (*erasable*) und dann wieder programmiert werden kann.

Tabelle 16: Speicherarten

Beim Einschalten eines Computers ist nur die ROM–Information verfügbar. Da diese
in der Regel nicht zu einem vollwertigen Betrieb ausreicht, wird aus dem ROM nur ein
Programm gestartet, das dann allmählich den RAM mit geeigneten Betriebssystem-
programmen aus externen Speichermedien füllt und danach die Kontrolle an diese
(immer noch unvollständigen) Programme abgibt. Diese komplettieren das Betriebssystem weiter, machen einige Tests, initialisieren das Abrechnungssystem und starten
schließlich das komplettierte Betriebssystem im RAM. Erst dann werden Benutzerprozesse zugelassen. Diesen Prozeß nennt man **bootstrapping**.

12.3.2 Speicherhierarchien

Die heute üblichen Speichermedien unterscheiden sich sehr in Geschwindigkeit, Speichervolumen und Kosten. Deshalb verwendet man verschiedene Ebenen von Speichern:

12.3.2.1 Register. Diese sind Speicherplätze, die im Prozessor liegen und mit
speziellen Adressen effizient zugänglich sind, ohne überhaupt einen Hauptspeicherzu-
griff im üblichen Sinne durchzuführen. Ihr "Adreßraum" ist nicht im Adreßraum des
Hauptspeichers enthalten. Sie sind schneller zugänglich als Speicherplätze im Cache
oder Hauptspeicher. Sie werden im Abschnitt 12.4 genauer behandelt.

Bezeichnung	Lage	typ. Volumen
Register	im Prozessor	Worte
Cache	zwischen Prozessor und Hauptspeicher	Kilobytes
Hauptspeicher		Megabytes
Plattenspeicher	Peripherie	Gigabytes
Magnetbänder	Peripherie	fast unbegrenzt

Tabelle 17: Speicherhierarchien
Die obigen Größenordnungsangaben beziehen sich auf mittelgroße Anlagen, die einige Millionen Operationen pro Sekunde (**MIPS**) leisten.

12.3.2.2 Cache. Ein Cache–Speicher ist nötig, wenn ein Prozessor in wesentlich schnellerer Technologie ausgeführt ist als der Hauptspeicher (z.B. bei einem bipolaren Prozessor mit unipolarem Hauptspeicher). Er wird in der Geschwindigkeit (und deshalb auch in der Hardware–Technologie) dem Prozessor angepaßt und dient dazu, den Prozessor nicht auf Speicherzugriffe warten zu lassen. Der Prozessor prüft bei jedem beabsichtigten Zugriff auf den Hauptspeicher, ob dieser aus dem Cache befriedigt werden kann oder nicht. Ist ersteres der Fall, so hat man eine deutliche Beschleunigung erzielt; ist das gesuchte Datum nicht im Cache, so wird der Cache aus dem Speicher "nachgeladen". Dieses Nachladen erfolgt aus Effizienzgründen in größeren Einheiten als einem Byte. In den meisten Fällen ist dann der nächste Speicherzugriff aus dem Cache zu befriedigen, denn er bezieht sich mit großer Wahrscheinlichkeit auf eine eng benachbarte Speicherposition. Im Durchschnitt sind bei geeigneter Nachladestrategie ca. 85–95% der Speicheroperationen aus dem Cache zu befriedigen, wie gründliche Untersuchungen gezeigt haben. Dieses erstaunliche Phänomen hat dazu geführt, daß alle Maschinen, für die ein Zugriff auf einen Hauptspeicher in billiger unipolarer MOS–Technologie zu langsam ist, zusätzlich bipolare Cache–Speicher verwenden und damit 90% des Effekts eines bipolaren Hauptspeichers erhalten, ohne den hohen Preis eines kompletten bipolaren Hauptspeichers zahlen zu müssen.

Das wichtigste Charakteristikum des Cache–Speichers für den Benutzer ist, daß er nur physikalisch, aber nicht logisch vorhanden ist. Der Prozessor verwaltet den Cache–Zugriff so, daß die logische Adressierung unverändert bleibt. Die Adresse (als logisches Datum) bezieht sich stets auf einen Platz im (logischen) Speicher. Der Prozessor hat zwei physikalische Speicher zur Verfügung, für die er aus der logischen Adresse eine physikalische Adresse bilden kann, nämlich den Cache und den üblichen Speicher. Es findet dann ein dem Benutzer verborgener Übersetzungsmechanismus statt, der entweder zu einer Cache–Adresse (wenn das gesuchte Datum sich dort befindet) oder andernfalls zu einer normalen physikalischen Hauptspeicheradresse führt. Es wird sich später zeigen, daß auch diese nicht identisch sein muß mit der logischen Adresse.

Der Cache–Speicher ist physikalisch eng an den Prozessor gebunden, und zwar sowohl bei Bus– als auch bei Kanalarchitektur. Er ist eher ein Bestandteil des Prozessors als ein Bestandteil des Speichers.

Moderne Plattenspeichersysteme haben große interne Halbleiterspeicher von der Geschwindigkeit des Hauptspeichers, um ebenfalls eine Cache–Funktion auszuführen.

Dadurch werden Plattenzugriffe, die ja wegen der notwendigen physikalischen Bewegungen stets langsam sind, in erheblichem Maße eingespart und man kann auch für diese Schicht der Speicherhierarchie die Vorteile einer hohen "*cache hit rate*" ausnutzen. Bei Mikrocomputern gibt es sogar den Extremfall einer vollständigen Simulation eines Diskettenspeichers als Halbleiterspeicher ("*RAM–Disk*").

Aufgabe 12.3.2.3. Man simuliere einen Hauptspeicher bzw. einen Cache–Speicher durch ein großes bzw. kleines PACKED ARRAY [...] OF *CHAR*. In einer Schleife eines PASCAL–Programms spezifiziert der Benutzer eine "Hauptspeicheradresse" in Form eines Array–Index und das Programm prüft, ob dieser Zugriff aus dem "Cache" zu befriedigen ist. Wenn ja, wird die zugehörige Cache–Adresse als Array–Index des Cache ausgegeben; wenn nein, ist der Cache nachzuladen, und zwar blockweise, d.h. es ist ein größeres zusammenhängendes Stück aus dem Hauptspeicher in den Cache zu kopieren. Dabei achte man darauf, daß die überschriebenen Cache–Bereiche vorher in den Hauptspeicher zurückkopiert wurden. Der Benutzer ist über das Nachladen zu informieren. Man überlege sich eine einfache Strategie für die Adreßüberprüfung und die Nachladung, wobei man davon ausgehen sollte, daß aufeinanderfolgende Speicherzugriffe voraussichtlich eng benachbarte Speicherplätze betreffen. □

12.3.3 Speicherverwaltung

Unter diesen Begriff fällt eine Reihe von Techniken zur Manipulation des Zusammenhangs zwischen logischen und physikalischen Adressen (**memory management**). Dabei gibt es zwei verschiedene Grundsituationen:

- Ein kleiner logischer Adreßraum wird abgebildet auf einen größeren physikalischen Adreßraum, indem der physikalische Adreßraum in Segmente von der Größe der logischen Adreßraums eingeteilt wird (z.B. bei 16/16–Bit–Mikroprozessoren wie PDP 11 oder INTEL 8086).

- Ein großer logischer Adreßraum wird auf einen kleineren physikalischen Adreßraum abgebildet, indem "Seiten" des logischen Adreßraums auf "Seiten" des physikalischen Adreßraums abgebildet werden (**Paging**, virtuelle Speicherverwaltung).

Bei den IBM–*Mainframes* mit "*extended architecture*" tritt auch eine Mischform auf: man hat einerseits den zu kleinen ursprünglichen logischen Adreßraum um 7 Bits Adreßlänge erweitert, um einen größeren physikalischen Speicher adressieren zu können; andererseits verwendet man *Paging*, um bei Mehrbenutzerbetrieb und virtueller Speicherverwaltung den erweiterten logischen Adreßraum sämtlicher Benutzer auf den physikalischen Speicher abzubilden.

12.3.3.1 Segmentierung bei Mikrocomputern. Am Beispiel der 16/16–Bit–Maschinen hat sich in der Praxis gezeigt, daß der Adreßraum von nur 64K Bytes zu klein ist, um größere Einzelprogramme ablaufen lassen zu können oder einen Mehrbenutzerbetrieb zu ermöglichen. Die Abhilfemethoden bestehen im Prinzip darin, zwar die logischen Adressen von 16 Bit Länge formal beizubehalten, aber daraus durch

Hinzufügen des Inhalts spezieller Register des Prozessors eine verlängerte physikalische Adresse zu bilden. Damit kann man dann einen großen physikalischen Speicher adressieren und effizient Speicherschutz sicherstellen.

Beispiel 12.3.3.2. Als stark vereinfachter theoretischer Modellfall sei die Situation betrachtet, daß ein System mit logischen Adressen von 16 Bit so erweitert werden soll, daß es einen Mehrbenutzerbetrieb oder Programmsysteme mit mehr als 64K Byte Speicherbedarf zuläßt. Dann kann man einen physikalischen Speicher konstruieren, der beispielsweise in 16 Segmente zu je 64K Bytes für je ein Benutzerprogramm aufgeteilt sei. Jeder Benutzer "kennt" also nur "seine" 64K Bytes und läßt darin seine Programme ablaufen. Diese verwenden logische Adressen zwischen 0 und 65535. Wenn der Prozessor ein zusätzliches Register mit 4 Bits bekommt, kann er automatisch durch Vorsetzen dieser 4 Bits vor die logische Adresse des Benutzers eine physikalische Adresse von 20 Bits bilden und damit den gesamten physikalischen Speicher von $16*64K = 1$ Megabyte adressieren, ohne daß dadurch etwas Wesentliches an der 16/16–Bit–Architektur geändert wäre. Wenn man dieses Register nur dem Betriebssystem zugänglich macht, hat man gleichzeitig eine effiziente Möglichkeit zur Sicherung der Speicherverwaltung, wie sich gleich zeigen wird.

Das Betriebssystem ist in der Regel selbst nicht mit 64K zufrieden; dasselbe gilt für große Benutzerprogramme. Deshalb könnte man in diesem Beispiel segmentierte Programme erlauben, bei denen jeder Modul nicht mehr als 64K Bytes umfassen darf, wobei die Sprünge zwischen Moduln stets über Betriebssystemroutinen laufen müssen. Dann kann man beispielsweise die ersten 8 Segmente zu Betriebssystemsegmenten erklären und Benutzer auf die anderen Segmente beschränken. Die Modifikation des Spezialregisters für die Adressenberechnung kann man bei entsprechender Hardware nur dann gestatten, wenn das gerade modifizierende Programm in einem der ersten 8 Segmente läuft. Jetzt hat man sowohl einen Schutz für das Betriebssystem als auch für die Benutzer untereinander, denn die Sprünge über Segmentgrenzen sind nur innerhalb der Betriebssystemkontrolle möglich.

Man kann dann das führende Bit des Spezialregisters als **Statusbit** interpretieren; es zeigt an, ob sich das gerade laufende Programm im "Benutzerstatus" oder "Systemstatus" befindet. Gleichzeitig wird dieses Bit aber zur physikalischen Adressierung verwendet und sperrt die Ausführung gewisser privilegierter Instruktionen. $\square$

Man erkennt an diesem einfachen Beispiel die eigenartige Rückwirkung einer speziellen Speicherverwaltung (damit auch der Adressierungsart) auf den Speicherschutz, den Mehrprogrammbetrieb und die Prozessorzustände. Deshalb ist bei der Systemarchitektur die Festlegung der Speicherverwaltung und der Adressierungsart von eminenter Wichtigkeit, obwohl sie sich auf der Benutzerebene gar nicht sichtbar auswirkt. Im obigen Fall "sieht" der Benutzer nur ein 16/16–Bit–System und kann die Speicherverwaltung völlig ignorieren.

Beispiel 12.3.3.3. Die Mikroprozessoren der Serie INTEL 8086, 80186 und 80286, die in den IBM–PC's und dazu kompatiblen Produkten auftreten, erweitern ihren logischen Adreßraum von zunächst 64K Bytes durch eine Adreßabbildung, die zu einer logischen 16–Bit–Adresse A aus einem Basisregister B eine um 4 Bits verschobene Segmentadresse S aus einem Segmentregister addiert und damit die (physikalische) 20–Bit–Adresse $A + 16 \cdot S$ erzeugt. Ferner wird in der Architektur zwischen Instruktionsadressen, Datenadressen, Stackadressen und Ergebnisadressen bei Zeichenkettenoperationen unterschieden; für jede dieser Arten gibt es eine spezifische Adreßtransformation nach Tabelle 18, die sich allerdings durch gewisse Adressierungsarten modifizieren läßt. Wenn man den Inhalt der Segmentregister nicht verändert,

Adressenart	Register mit Basisadresse		Segmentregister	
Instruktionsadresse	PC	= Program Counter	CS	= Code–Segment
Stackadresse	SP	= Stack Pointer	SS	= Stack–Segment
	BP	= Base Pointer	SS	= Stack–Segment
Datenadresse	BX	= Base Register	DS	= Daten–Segment
String–Adresse	DI	= Destination Index	ES	= Extra–Segment

Tabelle 18: Adreßabbildung beim 8086–Prozessor

kann man nur innerhalb von 64K arbeiten. Durch Umladen der Segmentregister ist es möglich, diese Begrenzung zu überschreiten und einen physikalischen Speicher von 1MB zu adressieren. Man muß selbst dafür sorgen, daß die gebildeten physikalischen Adressen nicht versehentlich gleich sind, wenn man eine Trennung von Programm und Daten durch Segmentierung anstrebt. □

12.3.4 Virtuelle Speicher

Der durch die maximale absolute logische Adresse gegebene logische Adreßraum ist durch die Systemarchitektur festgelegt und für alle Benutzer gleich. Bei Mehrbenutzerbetrieb entstehen aber dadurch Probleme; man kann nicht ohne weiteres allen Benutzern erlauben, gleichzeitig den vollen Adreßraum zu benutzen, weil sie sich sonst gegenseitig beeinflussen würden. In älteren Systemarchitekturen wurde dieses Problem durch Vermeidung absoluter Adressen in Benutzerprogrammen gelöst; alle Programme spezifizierten "Relativadressen", aus denen durch Addition einer erst zum Ausführungszeitpunkt festgelegten, in einem Spezialregister gespeicherten "Basisadresse" die endgültige absolute Adresse gebildet wurde. Die Programme können dann vom Betriebssystem innerhalb des Speichers an beliebiger Stelle ausgeführt werden (*"relocatable code"*), wodurch eine dynamische Speicherverwaltung bei Mehrbenutzerbetrieb unter Betriebssystemkontrolle möglich wird.

Eine wesentlich radikalere Lösung besteht darin, jedem Benutzerprozeß scheinbar den gesamten logischen Adreßraum zur Verfügung zu stellen (einen kompletten "virtuellen" logischen Speicher) und durch geeignete Maßnahmen des Betriebssystems und der Hardware dafür zu sorgen, daß der physikalische Speicher auf die Adreßräume aller Prozesse des Systems nach Bedarf verteilt wird (**virtuelle** Speicherverwaltung). Dem Benutzer wird also ein ("privater") physikalischer Speicher von der Größe des logischen Speichers vorgespiegelt. Dies vereinfacht die Adressierung für den Benutzer sehr; er hat sich nicht um Speicherverwaltung zu kümmern und kann so tun, als ob er einen kompletten Speicher von der Größenordnung des logischen Adreßraums vor sich hätte.

12.3.5 Paging

In dem obigen Beispiel war der logische Adreßraum kleiner als der physikalische, und deshalb hatte jeder Benutzer tatsächlich den vollen logischen Adreßraum physikalisch zur Verfügung. Bei größeren Anlagen tritt aber der umgekehrte Fall ein: der logische Adreßraum wird größer als der mit vertretbarem Aufwand bereitstellbare physikalische Speicher.

Man löst dieses Speicherverwaltungsproblem so, daß man sowohl den physikalischen als auch den logischen Speicher in feste größere Einheiten (**Seiten, Kacheln** oder **pages**) einteilt (von 512 Bytes bei der VAX bis zu etlichen Kilobyte bei Großanlagen) und den physikalischen Speicher seitenweise nach Bedarf an die Benutzerprozesse vergibt (*"demand paging"*). Dabei wird stets vorausgesetzt, daß der logische Adreßraum (bzw. die gesammelten logischen Adreßräume aller Benutzer) nicht den auf einem Hintergrundspeicher verfügbaren Speicherplatz übersteigt, denn die nicht im Hauptspeicher befindlichen Seiten werden auf einem Hintergrundspeicher bereitgehalten.

Man kann bei einer Aufteilung in Seiten den logischen Speicher zweistufig adressieren, indem man erst die Seitennummer und dann die relative Position (den *"offset"*) eines Speicherplatzes bezüglich der Seite angibt. Wählt man den Adreßraum einer Seite als Zweierpotenz, so kann man eine logische Adresse einfach in zwei binäre Anteile zerlegen: die niedrigen Bits geben den *Offset*, die höheren die Seitennummer an. Der *Offset* ist nun bei der Bildung einer physikalischen Adresse invariant, da stets komplette Seiten betrachtet werden. Nur die Seitennummer muß transformiert werden: man muß wissen, ob eine logische Seite physikalisch im Hauptspeicher vorhanden ist und wenn ja, als wievielte physikalische Seite sie dort auftritt. Dabei können die logischen Seiten verschiedener Prozesse oder Benutzer wild durcheinandergewürfelt im physikalischen Speicher stehen.

Bei virtuellen Systemen ordnet man jedem Benutzer oder jedem Prozeß eine solche Transformation zu, denn die Adreßumwandlung muß ja benutzerspezifisch ausgelegt werden, um Zugriffskonflikte zu vermeiden.

Die Menge der Seiten, die ein Benutzerprozeß im Hauptspeicher gleichzeitig hält, wird als sein *"working set"* bezeichnet. Er hat eine Maximalgrenze, die vom System aber nicht unter allen Umständen garantiert wird. Die Nachladestrategien für Seiten sind nicht trivial und werden in Vorlesungen über Betriebssysteme eingehend behandelt. Im allgemeinen sollte man versuchen, durch kompakte Programmierung möglichst innerhalb weniger fester Seiten zu bleiben und Sprünge zwischen Seiten zu minimieren, damit nicht allzuviele "Seitenfehler" (*"page faults"*) auftreten, die das System zum Nachladen neuer logischer Seiten vom Hintergrundspeicher zwingen.

Beispiel 12.3.5.1. Besonders wichtig ist die effiziente Behandlung von zweidimensionalen Arrays, die so groß sind, daß eine Zeile oder Spalte bereits in die Größenordnung einer Seite kommt (bei der VAX ist eine Seite gleich 512 Bytes = 128 REAL– oder INTEGER–Zahlen). Dann sollte man immer so speichern, daß die Verarbeitung entlang aufeinanderfolgender Speicherplätze erfolgt und nicht zwischen weit entfernten Speicherplätzen springt.

Gegeben sei eine 128×128–Matrix A von Zahlen, die je 4 Bytes einnehmen. Bezeichnet man deren Elemente mit a_{ij}, so liegt im Speicher folgendes vor:

$$
\begin{pmatrix}
(Seite1) & (Seite2) & (Seite3) & \ldots & (Seite128) \\
a_{1,1} & a_{1,2} & a_{1,3} & \ldots & a_{1,128} \\
a_{2,1} & a_{2,2} & a_{2,3} & \ldots & a_{2,128} \\
\ldots & \ldots & \ldots & \ldots & \ldots \\
a_{128,1} & a_{128,2} & a_{128,3} & \ldots & a_{128,128}
\end{pmatrix}
$$

Wenn man in einer solchen Matrix zeilenweise arbeitet, etwa durch

```
FOR I:=1 TO 128 DO
   BEGIN
   FOR J:=1 TO 128 DO
      BEGIN
      A[I,J]:=.....
      END
   END
```

so werden 128mal nacheinander alle 128 Seiten wegen je eines einzigen Elementes gebraucht. Wenn keine 128 Seiten in den *working set* passen, muß für jedes weitere Matrixelement ein Zugriff auf den Hintergrundspeicher gemacht werden. Im Extremfall sind das 16K externe Zugriffe. Dagegen würde bei spaltenweisem Arbeiten je eine Seite komplett abgearbeitet und man hätte maximal 128 externe Zugriffe. In der Regel wirken sich solche Dinge nicht in der reinen Rechenzeit, wohl aber in der Verweilzeit eines Auftrags im System aus; die Zeit für Ein- und Ausgabe wächst unverhältnismäßig an. □

Beispiel 12.3.5.2.   Ein anderer typischer Programmiertrick ist nützlich, wenn (wie häufig üblich) nicht von vornherein die Daten und das Programm in parallelen Speicherzugriffen verfügbar sind (siehe Abschnitt 12.3.6). Dann sollte man dafür sorgen, daß ein Programm und seine lokal benutzten Daten eng beieinander (möglichst in derselben Seite) liegen, weil das die *cache–hit–rate* erhöht und die *page–fault–rate* senkt. Das geschieht in höheren Programmiersprachen durch Bilden kleiner Prozeduren, die hauptsächlich auf lokalen Daten arbeiten. Auf der Ebene der Maschinenprogrammierung bettet man einfach die lokalen Datenbereiche in das Programm ein und überspringt die Daten durch einen Sprungbefehl.

Auch ist es häufig günstig, sich von verstreuten und oft benutzten Daten aus einem großen Programmsystem neue lokale und zusammenhängende Kopien für einen speziellen Verarbeitungsschritt zu machen (trotz des erhöhten Bedarfs an logischem Speicher), weil man dann kompakter und modularer programmieren kann und nicht durch wiederholtes Anfordern verstreuter Daten ein laufendes Umladen von Seiten provoziert. □

12.3.5.3 Speicherschutz. Wenn ein Betriebssystem fehlerfrei arbeitet (dies ist eine rein theoretische Annahme, die in der Praxis immer falsch ist, wie aus einer anderen Informatik-Variante von **Murphy**'s Gesetz folgt: *"Ein Programm von über 100 Befehlen hat immer einen Fehler"*), so kann man einen effizienten Speicherschutz durch *Paging* erreichen. Die Benutzerseiten werden durch die Prüfung jeder einzelnen logischen Adresse durch das Betriebssystem stets gegeneinander geschützt gehalten. Beim Laden einer neuen logischen Seite in den physikalischen Speicher wird stets die komplette Seite überschrieben. Dann läuft jeder Benutzerprozeß (theoretisch) immer nur auf seinen "privaten" Seiten ab.

Aufgabe 12.3.5.4. Man schreibe ein PASCAL-Programm, das einen "Hauptspeicher" von 1000 "Einheiten" (Seiten oder Speicherworte) für maximal 100 "Prozesse" mit Nummern 00 bis 99 verwaltet und in einer Schleife folgende Befehle in beliebiger Reihenfolge akzeptiert und ausführt:

STRT ␣ Prozeßnummer ␣ Zahl

"startet" den "Prozeß" mit Nummer Prozeßnummer und fordert eine Anzahl Zahl von aufeinanderfolgenden Einheiten vom "Hauptspeicher" an, die diesem Prozeß exklusiv zugeordnet werden sollen. Ist eine solche Zuteilung unmöglich, so wird eine Fehlermeldung zusammen mit der aktuellen Speicherbelegung ausgegeben. Andernfalls wird die veränderte Speicherbelegung ausgegeben.

STOP ␣ Prozeßnummer

"stoppt" den Prozeß mit der betreffenden Nummer und gibt dessen Seiten wieder frei. Die neue Speicherbelegung wird ausgegeben.

Die Ausgabe der Speicherbelegung umfaßt die belegten und die freien Speicherbereiche. ☐

Aufgabe 12.3.5.5. Das obige Programm sollte dahingehend verbessert werden, daß es "Prozesse" im Speicher verschieben kann, sofern dies nötig ist (d.h. alle "Programme" seien mit *relocatable code* geschrieben). ☐

12.3.6 Speicherbänke

Manche Systeme (z.B. die der Firma UNISYS) teilen ihre Speicher in **Bänke** ein, zu denen parallele Zugriffe möglich sind (vgl. Figur 35). Dann kann der Benutzer durch geeignete Maßnahmen sein Programm und seine Daten so organisieren, daß die Zeit für die Speicherzugriffe wegen der Überlappung kleiner wird.

Hierzu ist die genaue Kenntnis der Zugriffsmechanismen und der Speicheraufteilung nötig. Eine einfache Realisierung ergibt sich durch die Aufteilung in Programm- und Daten-Speicherbank, die sich einigermaßen automatisieren läßt. In so einem Fall wird man ganz anders programmieren als wenn Daten und Programm vermischt im Speicher stehen.

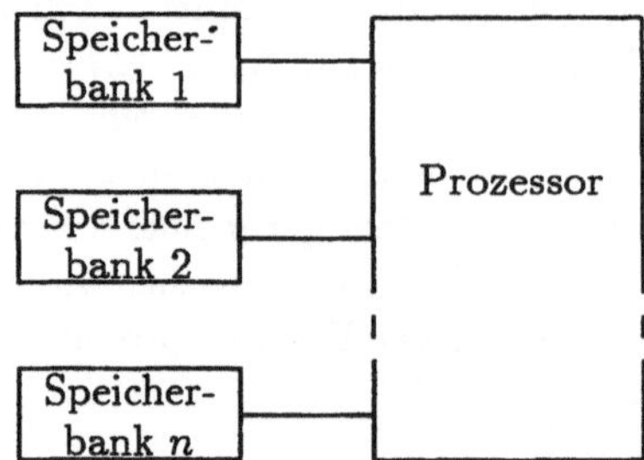

Figur 35: Speicherbank–Architektur

12.3.7 Bemerkung zur Schreibweise von Speicherinhalten

Wenn man eine Folge von binären Speicherworten der Länge n mit aufsteigenden
Adressen hintereinander schreibt, numeriert man in der Regel die Bits so, daß Bit
Null des Speicherwortes mit Adresse $A + 1$ auf Bit $n - 1$ des Speicherwortes mit
Adresse A folgt. Die Bitzählung ist dann gleichgerichtet zur Adressenzählung. Davon
prinzipiell unabhängig ist die Rolle der Bits bei der Codierung; bei binär codierten
ganzen Zahlen ist allerdings stets das Bit an der Position Null (im obigen Sinne) das
Einerbit. Wenn man solche Zahlen in der üblichen Form aufschreiben will, erwartet
man aber die Einerstelle auf der rechten Seite; deshalb stellt man ganzzahlige Speicherinhalte oft so dar, daß die Speicheradressen von links nach rechts fallen ("linksläufige
Schreibweise"). Texte, die zeichenweise mit aufsteigenden Byteadressen abgespeichert
wurden, erscheinen dann rückläufig; deshalb stellt man codierte Zeichenketten besser rechtsläufig dar und nimmt in Kauf, daß dann die ASCII–Codes als Binärzahlen
seitenverkehrt stehen. Dies ist für das Verständnis der Beispiele im Kapitel 13 wichtig.

12.4 Prozessoren

12.4.1 Ebenen

Die Prozessoren eines Systems führen die im Speicher codiert abgelegten Befehle auf
unterster Ebene aus.

12.4.1.1 Instruktionssatz. Die Maschinenbefehle (im Zusammenhang mit Prozessoren bzw. der Maschinensprache auch **Instruktionen** genannt) bewirken Modifikationen von Speicherinhalten. Sie werden daher erstens durch eine Operations-
identifikation und zweitens durch Identifikation der Operanden (in der Regel durch
Angabe von Adressen) beschrieben. Die Beschreibung eines Prozessors auf unterster
logischer Ebene besteht also hauptsächlich aus der syntaktischen und semantischen
Festlegung aller möglichen Instruktionen (des Befehls– oder **Instruktionssatzes**, des
instruction set). Die Komplexität eines Prozessors ist somit im wesentlichen bedingt durch die Komplexität seines Instruktionssatzes; da man in neuerer Zeit durch
gründliche Untersuchungen festgestellt hat, daß der Löwenanteil der tatsächlich aus-

geführten Instruktionen sich auf nur wenige Operationen konzentriert, besteht zur Zeit die Tendenz, Prozessoren mit reduzierten Instruktionssätzen zu konstruieren (**RISC–Maschinen**, "*reduced instruction set computers*").

12.4.1.2 Unabhängigkeit von der physikalischen Realisierung.

Es ist unerheblich, wie die logische Funktion eines Prozessors physikalisch realisiert bzw. ob sie an eine noch tiefere logische Ebene delegiert ist. Schon die physikalischen Realisierungen derselben Prozessor–Architektur (bei unterschiedlicher Leistung, aber gleicher logischer Struktur) können sehr verschieden sein: sie erstrecken sich in der Größe manchmal von Chips bis zu Schränken.

12.4.1.3 Mikroprogrammierung.

Häufig werden Prozessoren so konstruiert, daß sie eine "innere" Maschine mit noch primitiverer Logik haben; dann werden die Operationen des Prozessors als Programme (**Mikroprogramme, Firmware**) dieser inneren Maschine ausgeführt, was dem Benutzer normalerweise verborgen bleibt. Wenn der Benutzer Zugang zu den Mikroprogrammen hat, kann er den Instruktionssatz des (logischen) Prozessors selbst verändern. Auch Prozessoren sind also in Ebenen strukturiert.

12.4.2 Register

Prozessoren haben in der Regel eine Reihe spezieller Speicherplätze einer festen Wortlänge (der Verarbeitungswortlänge oder mindestens der Adreßlänge), die für Adressierungsoperationen und zur Aufnahme von Zwischenergebnissen bestimmt sind. Sie haben spezielle Adressen, die nicht zum normalen logischen Adreßraum des Hauptspeichers gehören.

12.4.2.1 Basis– und Indexregister.

Man spricht allgemein von **relativer** Adressierung, wenn eine logische Adresse sich durch Addition eines **Inkrements** (*offsets*) zu einer **Basisadresse** ergibt. Letztere befindet sich oft in einem Register; dieses wird dann **Basisregister** genannt.

Eine **indizierte** Adressierung addiert zu einer logischen Adresse noch den Inhalt eines **Indexregisters** (oder ein festes Vielfaches davon). Für die Prozessorarchitektur ist wichtig, welche Register als Basis– oder Indexregister fungieren können. Im Abschnitt 12.4.3 werden die verschiedenen unter Benutzung von Registern möglichen Adressierungsarten genauer dargestellt.

12.4.2.2 Akkumulatoren.

Häufig können Register zur Aufnahme doppelt langer Resultate (z.B. bei Multiplikation oder Division im REAL–Bereich oder zur Bildung von 16–Bit–Adressen bei 8 Bit Verarbeitungswortlänge) aneinandergehängt werden. Dies gilt besonders für die aus den Anfängen der Datenverarbeitung stammenden **Akkumulatoren**, die bei älteren Maschinenarchitekturen stets die Ergebnisse der Operationen aufnahmen (als interne Speicherplätze der Rechenwerke der von–Neumann–Maschine). Dort bezogen sich die meisten Operationen auf Operanden, die im Akkumulator oder anderen Registern standen oder deren Adressen zumindest in speziellen

Adreßregistern vorhanden waren. Die Ergebnisse fielen dann wieder im Akkumulator
an. Der Verkehr mit dem Hauptspeicher wurde durch spezielle Instruktionen gesteuert,
die die Register luden oder Ergebnisse aus dem Akkumulator wegschafften. Aus dieser
Zeit stammt die Sonderrolle der Register; sie ist wegen der heute üblichen Direktadres-
sierung von Operanden im Hauptspeicher bei CISC–Maschinen (*"complex instruction
set computers"*) nicht mehr von so zentraler Bedeutung. Bei RISC–Maschinen spielen
Register eine größere Rolle, weil festgestellt wurde, daß sich sehr viele Operationen bei
geeigneter Verwaltung einer größeren Anzahl von Registern ohne jeden Speicherzugriff
durchführen lassen; die Register übernehmen die Funktion eines Caches.

Registeranzahlen und Registerlängen (in Bits)					
Länge	8	16	32	36	64
6502	5	1	–	–	–
8080, 8086	–	16	–	–	–
Z80	12	4	–	–	–
9900, Z8000	–	16	–	–	–
68000	–	–	18	–	–
VAX	–	–	16	–	–
IBM *Mainframes*	–	–	16	–	4
IBM 6150 (RISC)	–	–	16	–	–
UNISYS 1100	–	–	–	128	–

Tabelle 19: Registeranzahlen

12.4.2.3 Programmzähler. Wenn sich ein von–Neumann–Prozessor durch ein
Programm Schritt für Schritt sequentiell hindurcharbeitet, braucht er zu jedem
Schritt die Adresse der Instruktion, die er gerade bearbeitet (er verwendet einen
Programmzähler, Prozeß– oder Kontrollzeiger im Sinne der vorangegangenen Kapitel). Diese wird normalerweise in einem speziellen Register (dem **Instruktions-
adreßregister**) gehalten und spielt für die Programmierung eine große Rolle, weil
man die Adressen von Instruktionen und Daten, die nahe bei der gerade ausgeführten
Instruktion liegen, durch ihren Abstand zu deren Adresse ausdrücken kann ("Relativadresse zum Programmzähler"). Die so entstehenden Adreßdifferenzen (**offsets**) sind
erheblich kleiner als die absoluten Adressen selbst, und man erhält kürzere Instruk-
tionslängen und einfachere Adreßrechnungen.

Der Programmzähler (**instruction counter** oder **program counter, PC**) zeigt
am Ende einer Instruktion stets auf die Adresse der als nächstes auszuführenden
Instruktion. Zur Ausführung einer Instruktion gehört es, während ihrer Durchführung
den Programmzähler bis zur Adresse der nächsten Instruktion weiterzusetzen. Wenn
eine Instruktion aus diversen Bytes besteht, die als Codes für die Operation und für
die Adressen dienen, so wird oft auch der Programmzähler byteweise inkrementiert
und hat dann im Moment der Auswertung eines Adressenbytes einen anderen Wert
als zum Zeitpunkt der Auswertung des Codes der Operation.

Bei Sprungbefehlen der einfachsten Sorte besteht die Operation einfach aus einer Veränderung des Programmzählers; die dort abgelegte Adresse ist die der nächsten auszuführenden Instruktion und somit erfolgt ein Sprung im Verarbeitungsfluß.

Beispiel 12.4.2.4. Die VAX–Rechnerfamilie hat 16 Register zu je 32 Bit, deren Adressen formal als R0 bis R15 beschrieben werden. Bei 64 Bit-Daten werden je 2 benachbarte Register zusammengeschaltet; Instruktionen mit Registeroperanden, die Byte– oder Wortdaten betreffen, berücksichtigen stets die wertniedrigsten Positionen des Registers. Die letzten vier Register haben spezielle Verwendungszwecke, die weiter unten erläutert werden:

> R12 : AP : *Argument Pointer*
>
> R13 : FP : *Frame Pointer*
>
> R14 : SP : *Stack Pointer*
>
> R15 : PC : *Program Counter*

Gewisse Instruktionen zur Manipulation von Zeichenketten benutzen intern die Register R0 bis R5. Ansonsten sind die Register R0 bis R11 gleichberechtigt; alle können als Basis– oder Indexregister genutzt werden. □

Beispiel 12.4.2.5. Die Mikroprozessoren INTEL 8086 usw. haben neben den im Beispiel 12.3.3.3 beschriebenen 16–Bit–Segmentregistern CS, SS, ES und DS, die zur Bildung physikalischer Adressen verwendet werden, zunächst die eigentlichen "Arbeitsregister" AX, BX, CX und DX mit je 16 Bit. Jedes dieser Register ist aufteilbar in das "*high*"– und "*low*"-Byte, wenn Byte–Operanden im Register zu verarbeiten sind; deren Namen sind dann AH, AL, BH, BL usw. Das CX–Register hat eine Sonderrolle, weil es Spezialinstruktionen für Schleifen gibt, die den Zähler im CX–Register voraussetzen ("C = *counting register*").

Adressen im Datensegment können indirekt und indiziert gebildet werden, wobei BX als Basisregister und eines der beiden zusätzlichen Indexregister SI ("*source index*") oder DI ("*destination index*") auftreten kann. Im Stacksegment wird ein spezielles Basisregister BP ("*base pointer*") zusammen mit den Indexregistern verwendet. Die anderen Register können weder als Basis– noch als Indexregister benutzt werden. Normalerweise wirkt AX als Akkumulator; dort muß bei Multiplikation und Division stets einer der Operanden stehen. Operanden oder Ergebnisse von 32 Bit Länge werden stets so behandelt, daß die höheren 16 Bit im DX–, die unteren 16 Bit im AX–Register erscheinen. Insofern verlängert das DX–Register den Akkumulator. □

Beispiel 12.4.2.6. Mit den globalen Deklarationen

```
CONST
    MinAdresse = 0;
    MaxAdresse = 1000;
    MaxInstruktionsCode = 5;
```

```
TYPE
    AdressenTyp  =  MinAdresse..MaxAdresse;
    SpeicherWortTyp  =  INTEGER;
    SpeicherTyp  =  PACKED ARRAY [AdressenTyp] OF SpeicherWortTyp;
    AusnahmenTyp  =  (Normal, Halt, Instruktionsfehler, Adressierungsfehler);
VAR
    Status : AusnahmenTyp;  Akku : SpeicherWortTyp;
    Speicher : SpeicherTyp;  Programmzaehler : AdressenTyp;
```

wird eine PASCAL–Simulation einer von–Neumann–Maschine möglich. Man hat einen
linear adressierten Speicher vom Basistyp *SpeicherWortTyp = INTEGER* und ein als
Variable *Akku* vom Typ *SpeicherWortTyp* deklariertes Rechenwerk (Akkumulator).
Der Aufzählungstyp *AusnahmenTyp* enthält die möglichen Maschinenzustände und
asynchronen Ereignisse. Der Programmzähler wird auf den Adressen bewegt und die
einzelnen Instruktionen der Maschine sind auszuführen gemäß der Prozedur

```
PROCEDURE InstruktionAusfuehren;
    VAR
        InstruktionsCode : SpeicherWortTyp;
    BEGIN
    InstruktionsCode := Speicher[Programmzaehler];
    CASE InstruktionsCode OF
    0 {HLT} : Status := Halt;
    1 {CLA} : Akku := 0;
    2 {INC} : Akku := Akku + 1;
    3 {RDV} : BEGIN
        WRITE ('Programmeingabe : >');
        READLN (Akku);
        WRITELN;
        END;

    4 {WRV} : WRITELN ('Programmausgabe : >',Akku);
    5 {DEC} : Akku := Akku - 1;
    END {CASE};
    Programmzaehler := SUCC (Programmzaehler)
    END {InstruktionAusfuehren};
```

Die hier realisierten Instruktionen sind

HLT *Halt.* Die Maschine geht in den Zustand "Halt".

CLA *Clear Accumulator.* Der Akku wird auf Null gesetzt.

INC *Increment Accumulator.* Der Akkuinhalt wird um 1 erhöht.

RDV *Read Value into Accumulator.* Es wird eine *INTEGER*-Zahl von *INPUT* geholt
und in den Akku gesetzt.

WRV *Write Value from Accumulator.* Der Akkuinhalt wird auf *OUTPUT* ausgegeben.

DEC *Decrement Accumulator.* Der Akkuinhalt wird um 1 dekrementiert.

Mit den zwei Testprozeduren

```
FUNCTION OKAdresse (Adresse : AdressenTyp) : BOOLEAN;
  BEGIN
  IF (Adresse > MaxAdresse) OR (Adresse < MinAdresse) THEN
    BEGIN
    OKAdresse := FALSE;
    Status := Adressierungsfehler;
    WRITELN ('Adressierungsfehler : ', Adresse)
    END
  ELSE OKAdresse := TRUE
  END {OKAdresse};


FUNCTION OKInstruktion (InstruktionsCode : SpeicherWortTyp) : BOOLEAN;
  BEGIN
  IF (InstruktionsCode > MaxInstruktionsCode) OR (InstruktionsCode < 0) THEN
    BEGIN
    OKInstruktion := FALSE;
    Status := Instruktionsfehler;
    WRITELN ('Instruktionsfehler, Code = : ', InstruktionsCode)
    END
  ELSE OKInstruktion := TRUE
  END {OKInstruktion};
```

ist die eigentliche Programmausführung durch

```
PROCEDURE ExecuteProgram;
  BEGIN
  Programmzaehler := MinAdresse;
  Status := Normal;
  WHILE Status = Normal DO
    IF OKAdresse (Programmzaehler) THEN
      IF OKInstruktion (Speicher[Programmzaehler]) THEN
        InstruktionAusfuehren
      ELSE {Instruktionsfehler}
    ELSE {Adressierungsfehler}
  END {ExecuteProgram};
```

beschrieben. Besetzt man den Speicher mit den Zahlen 1,2,2,2,4,0 und ruft *Execute-Program* auf, so gibt das Programm die Zahl 3 aus und bleibt stehen.

Dieses Beispiel wird in späteren Aufgaben weiter ausgebaut. Man sieht, daß jede Instruktion durch die Ereignisprüfung "bewacht" wird (vgl. Abschnitt 10.1.4). Durch Hinzufügen weiterer Instruktionen und Ausnahmen kann man leicht die Komplexität der "Maschine" erhöhen. ◻

Aufgabe 12.4.2.7. Man realisiere die obige simulierte von–Neumann–Maschine als PASCAL–Programm und füge unter korrekter Prüfung von Adressen und Instruktionscodes die folgenden Maschinenbefehle hinzu:

JMP *Jump.* Setzt den Programmzähler auf den (Adreß–) Wert, der im Speicher hinter dieser Instruktion steht.

JAZ *Jump if accumulator zero.* Wie JMP, wenn der Akku den Wert Null enthält; sonst wird der Programmzähler um 2 inkrementiert.

LOA *Load.* Holt denjenigen Wert aus dem Speicher in den Akku, dessen Adresse hinter dieser Instruktion steht.

STO *Store.* Schreibt den Akkuinhalt in den Speicher, und zwar an die Adresse, deren Wert hinter der Instruktion steht.

Diese Instruktionen haben jeweils einen Operationscode und einen Operanden. Man hat also nach ihrer Ausführung den Programmzähler um **zwei** Speicherstellen weiterzubewegen (von den Sprungbefehlen abgesehen). Man beachte ferner, daß alle Operanden nicht als Werte, sondern als Adressen spezifiziert sind. Hat LOA den Code 8, so bewirkt die Instruktionsfolge 8,12,2,4, daß der Wert aus der Speicherstelle mit Adresse 12 in den Akku geladen, inkrementiert und ausgegeben wird. Der Wert selbst ist beliebig und hängt von der Vorgeschichte ab.

Man teste die simulierte "Maschine" an einigen selbstgewählten Beispielen. ◻

Aufgabe 12.4.2.8. Man schreibe für die obige "Maschine" ein "Programm" in Form einer Zahlenfolge, das in einer infiniten Schleife je zwei Zahlen einliest und die Summe ausgibt. Dazu dürfen keine anderen Maschineninstruktionen als die bisher definierten verwendet werden. ◻

12.4.3 Adressierungsarten

Moderne Prozessorarchitekturen erlauben die Spezifikation von Adressen durch komplizierte **Adreßausdrücke**. Die möglichen Typen von Adreßausdrücken nennt man **Adressierungsarten**.

12.4.3.1 Direkte und indirekte Adressierung. Ist ein Adreßausdruck ohne weitere Hintergedanken als logische Adresse für einen Wert zu verstehen, der als Operand einer Instruktion dient, so spricht man von **direkter** Adressierung oder einer **absoluten** Adresse. **Indirekte** Adressierung liegt vor, wenn der Adreßausdruck als Adresse einer Adresse gemeint ist, also eine zweistufige Auswertung nötig ist, um auf Wertebene zu gelangen. Bei der VAX wird der Ausdruck "*deferred*" für "indirekt" in dem hier gemeinten Sinne gebraucht.

Natürlich kann man dies noch weiter fortsetzen; man kann Adressen von Adressen von Adressen usw. bilden und hat eine Analogie zu den Zeigerketten in PASCAL.

12.4.3.2 Relative Adressierung. Bei **relativer** Adressierung ist ein Adreßausdruck als Differenz (*Displacement*, *offset*, Relativadresse) zu einer anderen, zur Laufzeit bekannten Adresse gemeint. Letztere liegt in den meisten Fällen in einem Register (**Basisregister**, auch manchmal "*relocation register*" genannt) und heißt **Basisadresse**. Deshalb tritt relative Adressierung fast immer als Erweiterung einer indirekten Adressierung über ein Register durch ein zusätzliches *Displacement* auf. Ist das Basisregister der PC, so spricht man von **PC–relativen** Adressen.

Bei relativer Adressierung ist die Lage des Programms im Speicher verschieblich ("*relocatable*"), weil man beim Start nur das Basisregister geeignet belegen muß. Bei PC–relativer Adressierung entfällt auch das, weil der vom Betriebssystem erzwungene Sprung an den Programmbeginn automatisch für die richtige Adressierung sorgt.

Die Relativadressen werden auf manchen Maschinen noch nach ihrer Länge (Bytes, Worte oder Langworte) unterschieden.

12.4.3.3 Indizierte Adressierung. Zusätzlich zu den beiden obigen Adressierungsarten kann man zur Vereinfachung des Rechnens mit Arrays noch indizierte Adressen bilden. Dazu verwendet man ein Register (**Indexregister**) und ein häufig implizites Inkrement. Die Adreßrechnung geht von einer bereits gebildeten Grundadresse A aus (diese kann bereits durch indirekte oder relative Adressierung gebildet sein) und addiert darauf das Produkt des Inkrements mit dem Inhalt des Indexregisters:

$$A \longrightarrow A + (Inkrement) * (Indexregisterinhalt)$$

Beim Durchlaufen eines Arrays ist klar, daß das Inkrement gerade gleich der Adreßdifferenz zweier aufeinanderfolgender Array–Elemente sein sollte. Deshalb ist das Inkrement vom Datentyp abhängig; wenn der Datentyp aus der Instruktionsart ersichtlich ist, braucht man bei der VAX kein Inkrement zu spezifizieren. Bei primitiven Prozessoren ist das Inkrement stets Eins; dann hat man beim Durchlaufen von Arrays das Indexregister durch eine Additionsinstruktion um das Inkrement zu erhöhen.

12.4.3.4 Autoinkrement und –dekrement. Eine vereinfachte Mischform aus indizierter und indirekter Adressierung ist die Autoinkrement–Adressierung. Hier wird in einem Register R eine Adresse A gehalten, die auf das erste Element eines Arrays von Größen eines Datentyps T zeigt. Bei üblicher indirekter Adressierung über R kann man so auf das erste Element von A zugreifen. Wenn man aber spezifiziert, daß nach jedem Zugriff der Inhalt von R um ein *Displacement*, welches sich aus der Instruktion ergibt, erhöht wird, kann man nacheinander indirekt ohne weitere Adreßrechnung das gesamte Array durchlaufen. Dies nennt man **Autoinkrement**-Adressierung.

Das Gegenteil ist die **Autodekrement**-Adressierung; dabei wird erst der Registerinhalt dekrementiert und dann eine indirekte Adreßauswertung durchgeführt.

12.4.3.5   Kombinationen.   Es sollte klar sein, daß man durch die Unabhängigkeit der drei Adressierungskonzepte schon acht verschiedene Adressierungsarten hat. Wenn man ferner die Relativadressen nach ihrer Länge (z.B. in die drei Typen Byte, Wort und Langwort) unterteilt, ergeben sich noch mehr Adressierungsarten. Nicht alle davon müssen durch die jeweilige Maschine unterstützt sein.

12.4.3.6   Direktoperanden.   Natürlich ist es oft sinnvoll, statt einer Adresse eines Operanden nur dessen Wert direkt zu spezifizieren (z.B. wenn man 3 zu einer Zahl addieren will und den Speicherplatz für die 3 sparen möchte). Dann wird der Operandenwert direkt in die Instruktionssequenz eingebaut und die Adreßrechnung übersprungen. Diese (scheinbare) Adressierungsart wird als **unmittelbar** bzw. "*immediate*" bezeichnet.

Beispiel 12.4.3.7.   Die Adressierungsarten der VAX sind in Tabelle 20 zusammengestellt. Man erkennt, daß die runden Klammern um ein Register die Register–indirekte Adressierung andeuten und das *at*–Zeichen @ ("Klammeraffe") die sonstigen indirekten Adressierungen beschreibt. Das *Displacement* bei relativen Adressen wird durch ˆ gekennzeichnet und ist in verschiedenen Längen möglich; es sind Bˆ, Wˆ und Lˆ für Bytes, Worte und Langworte (32 Bits) erlaubt.

Die Adressierungsarten sind unabhängig vom Typ der Instruktion. Dies ist eine für den Programmierer sehr nützliche Eigenschaft, die aber viele marktübliche Maschinenarchitekturen, auch bei Großanlagen, leider nicht haben.

Als spezielles Beispiel für VAX–Adreßausdrücke wird die Instruktion

```
MOVL @W^738(R7)[R6],(R5)+
```

betrachtet. Hier passiert folgendes:

1. Man nehme den Registerinhalt A von R7. Dieser ist als Adresse zu interpretieren, weil (R7) auf indirekte Adressierung hinweist.

2. Darauf addiere man 738. Dieses *Displacement* ist zu groß für ein Byte, deshalb ist ein Wort als *Displacement* nötig.

3. Ist B der Inhalt des Registers R6, so wird $C := A + 738 + 4 * B$ gebildet, weil es sich um einen Langwortbefehl handelt, der pro Operand um 4 Bytes weiterzählen muß.

Code	Bedeutung
$\mathtt{S}\char94 X$	Direktoperand X, maximal 6 Bits ("*literal*")
$\mathtt{I}\char94 X$	Direktoperand X ("*immediate*")
$\mathtt{@}A$	Absolute Adresse A im logischen Speicher ("*absolute*")
$\mathtt{R}n$	Register n direkt, $n = 0, \ldots, 15$
	mit Synonymen $\mathtt{AP = R12}$, $\mathtt{FP = R13}$, $\mathtt{SP = R14}$, $\mathtt{PC = R15}$
$\mathtt{(R}n\mathtt{)}$	Register n indirekt ohne *Displacement*
$\mathtt{(R}n\mathtt{)+}$	Autoinkrement
$\mathtt{-(R}n\mathtt{)}$	Autodekrement
$i\mathtt{[R}x\mathtt{]}$	durch Register $\mathtt{R}x$ indiziert, $x = 0, \ldots, 14$
	$\imath$ = beliebige indirekte Adressierung
$\mathtt{B}\char94 D\mathtt{(R}n\mathtt{)}$	Register indirekt, Byte–*Displacement* D
$\mathtt{W}\char94 D\mathtt{(R}n\mathtt{)}$	Register indirekt, Wort–*Displacement* D
$\mathtt{L}\char94 D\mathtt{(R}n\mathtt{)}$	Register indirekt, Langwort–*Displacement* D
$\mathtt{@(R}n\mathtt{)+}$	zweifach indirektes Autoinkrement
$\mathtt{@B}\char94 D\mathtt{(R}n\mathtt{)}$	zweifach indirekt, Byte–*Displacement*
$\mathtt{@W}\char94 D\mathtt{(R}n\mathtt{)}$	zweifach indirekt, Wort–*Displacement*
$\mathtt{@L}\char94 D\mathtt{(R}n\mathtt{)}$	zweifach indirekt, Langwort–*Displacement*
	PC–relative Adressierungsarten ($\mathtt{PC = R15}$)
$\mathtt{B}\char94 D$	wie $\mathtt{B}\char94 D\mathtt{(R15)}$
$\mathtt{W}\char94 D$	wie $\mathtt{W}\char94 D\mathtt{(R15)}$
$\mathtt{L}\char94 D$	wie $\mathtt{L}\char94 D\mathtt{(R15)}$
$\mathtt{@B}\char94 D$	wie $\mathtt{@B}\char94 D\mathtt{(R15)}$
$\mathtt{@W}\char94 D$	wie $\mathtt{@W}\char94 D\mathtt{(R15)}$
$\mathtt{@L}\char94 D$	wie $\mathtt{@L}\char94 D\mathtt{(R15)}$

Tabelle 20: VAX–Adressierungsarten

4. Die Adresse C ist Adresse einer Adresse eines Wertes, weil das Zeichen $\mathtt{@}$ eine zweifach indirekte Adressierung spezifiziert. An der Adresse C stehe der Wert D. Dieser ist demnach als Adresse gemeint. An der Adresse D stehe der Wert W. Dieser ist der Operand der Instruktion. Durch $\mathtt{MOVL}$ (MOVe Longword) wird W an die durch den zweiten Adreßausdruck spezifizierte Adresse kopiert.

5. Das Register $\mathtt{R5}$ enthalte den Wert E. Dieser ist die Zieladresse für die Ablage des Wertes W (indirekte Adressierung).

6. Nach Ablage von W an der Adresse E wird $\mathtt{R5}$ um 4 (= Zahl der Bytes im Langwort) autoinkrementiert.

Obwohl in vielen Fällen kein Schaden entsteht, sollte man doch strikt darauf achten, daß die Register in solch komplizierten Adreßausdrücken nicht mehrfach verwendet werden (außer wenn sie nur gelesen, nicht verändert werden). $\square$

Aufgabe 12.4.3.8. Man schreibe ein PASCAL–Programm, das die Adressierungsarten der VAX in vereinfachter Form simuliert. In "Registern" $R0, \ldots, R9$ lege man feste

INTEGER–Werte ab. In einer Schleife sollte dann das Programm Adreßausdrücke gemäß Tabelle 20 akzeptieren und unter Angabe jedes einzelnen Auswertungsschrittes auswerten. Für alle Nichtterminalsymbole der Tabelle (n, x, D, X, A) seien der Einfachheit halber nur einzelne Ziffern ohne Vorzeichen erlaubt. □

Beispiel 12.4.3.9. Die Mikroprozessoren INTEL 8086 haben Adressierungsarten, die von der Operation stark abhängen und insbesondere den Registern spezielle Rollen zuweisen. Solche Nebenbedingungen an die Adressierung sind ein wichtiger Bestandteil der Prozessorarchitektur. Man hat die folgenden Einschränkungen:

- Es gibt maximal zwei Operanden pro Operation. Deshalb fehlen Dreiadreßinstruktionen.

- Es gibt keine zweifach indirekte Adressierung.

- Als Basisregister sind nur BX bzw. BP möglich, und diese sind vorzugsweise mit dem DS– bzw. SS–Segmentregister verbunden.

- Indexregister sind SI und DI, vorzugsweise für Quell– (*"source"*) und Zieloperanden (*"destination operands"*).

- Es gibt weder Autoinkrement– noch Autodekrement–Adressierung.

- Bei Operationen mit zwei Operanden wird vorausgesetzt:

  - Es kann nur ein Operand im Hauptspeicher liegen; der andere muß in einem Register stehen, das dann durch direkte Registeradressierung anzusprechen ist.

  - Nur ein Operand darf in einem Segmentregister stehen.

- Bei bedingten Sprungbefehlen ist nur PC–relative Adressierung mit einem *Displacement* von maximal 8 Bits (zeichenbehaftet) möglich.

Indirekte und indizierte Adressierung werden im MASM–Assembler des 8086 durch eckige Klammern angedeutet. *Displacements* können dazugesetzt oder mit "+" addiert werden: die Formen 4[BX][SI], [BX+4][SI], [BX+SI+4] bedeuten dasselbe, nämlich eine indirekte indizierte Adressierung mit *Offset* 4, Basisregister BX und Indexregister SI (implizites Segmentregister: DS). Ein anderes als das normale Segmentregister ist erzwingbar durch den Vorsatz Segmentregistername: vor einem indirekten Adreßausdruck. □

Aufgabe 12.4.3.10. Wie ist die Aufgabe 12.4.2.8 zu lösen, wenn alle im Speicher stehenden Operandenadressen PC–relativ gemeint sind? Dabei werde der PC nach dem Decodieren der Instruktion um 1 inkrementiert, nach dem Decodieren des Operanden erneut um 1. □

Aufgabe 12.4.3.11. Im Sinne der vorigen Aufgabe programmiere man eine Version des Simulationsprogramms, in dem alle Adressen von Operanden PC–relativ gemeint sind. □

12.4.4 Statusworte und Bedingungsschlüssel

Bei den meisten Prozessorarchitekturen wird in einem speziellen Register ein vom Benutzer nur lesbares, aber nicht beliebig veränderbares **Statuswort** gespeichert, an dem man wichtige Parameter des jeweiligen Systemstatus ablesen kann. Bei der IBM–Mainframe–Architektur enthält das 64–Bit–PSW (*"Processor Status Word"*) auch die jeweilige Instruktionsadresse von 24 Bit; bei der VAX–Architektur wird ein vom 32–Bit *Program Counter* getrenntes 32–Bit *Processor Status Longword* verwendet. Typische Bits von Statusworten sind

Integer–Überlauf	Dezimal–Überlauf
Exponent–Unterlauf	Exponent–Überlauf
Gültigkeit	Null
Positiv	Maschinenstatus
Übertrag	Speicherschutzschlüssel

Gewisse dieser Bits haben für den Programmierer wenig Wert, weil sie nur zu diagnostischen Zwecken dienen und nur von der Hardware oder dem Betriebssystem verändert werden können.

Wichtig sind aber vor allem die Bedingungsschlüssel (*"Condition Codes"*) für Null, Positiv, Übertrag und Überlauf. Diese werden nach jeder arithmetischen Operation dem Ergebnis der Operation entsprechend neu gesetzt. Mit nachfolgenden Sprungbefehlen kann man dann in Abhängigkeit von diesen Bits verzweigen. Diese Technik ist bei vielen Prozessoren anzutreffen und wird im Kapitel 13 häufig angewendet.

Beispiel 12.4.4.1. Die VAX hat ein 32–Bit *Processor Status Longword* mit folgender Bitaufteilung:

Bit	Bedeutung	Bit	Bedeutung
0	Übertrag (*Carry*)	1	Überlauf (*Overflow*)
2	Ergebnis Null	3	Ergebnis negativ
4	*Trace trap enable*	5	*Integer overflow enable*
6	*Floating underflow enable*	7	*Decimal overflow enable*
8–15	unbenutzt	16–20	*Interrupt priority level*
21	unbenutzt	22–23	*Previous access mode*
24–25	*Current access mode*	26	*Executing on Interrupt stack*
27	*Instruction first part done*	28–29	unbenutzt
30	*Trace trap pending*	31	*Compatibility mode*

Die ersten vier Bits, auch als C, V, N und Z abgekürzt, spielen in der Programmierung auf Maschinenebene eine wichtige Rolle; sie werden im Kapitel 13 oft verwendet. □

Beispiel 12.4.4.2. Der Mikroprozessor INTEL 8086 hat neun Bedingungsschlüssel:

Bit	Bedeutung	Bit	Bedeutung
O	Überlauf (*Overflow*)	D	*Direction*
I	*Interrupt*	T	*Trace enable*
S	Vorzeichen (*sign*)	Z	Ergebnis Null (*zero*)
A	Hilfsbit (*auxiliary*)	P	Parität (*parity*)
C	Übertrag (*Carry*)		

Davon sind O, Z, S und C die wichtigsten für die Programmierung; sie entsprechen V, Z, N und C bei der VAX. □

12.4.5 Instruktionen

12.4.5.1   Arten von Instruktionen.   Die Instruktionen in Prozessoren lassen sich folgendermaßen klassifizieren :

- Arithmetische Instruktionen :

  Addieren (ADD), Subtrahieren (SUB), Multiplizieren (MUL), Dividieren (DIV), Inkrementieren (INC, Addition von 1), Dekrementieren (DEC, Subtraktion von 1), Arithmetischer Shift (Verdopplung oder Halbierung durch Verschieben der Bitdarstellung einer Zahl; ASH bei der VAX, SAL/SAR beim 8086)

- Allgemeine Instruktionen :

  Kopieren (Verschieben, Bewegen; MOV), Vergleichen (CMP), Konvertieren in andere Codierungen (CVT, XLAT), Nullsetzen (*clear*, C), Leerbefehl (NOP, *no operation*, zum Platzfüllen)

- Verzweigungsoperationen :

  Sprungbefehle ohne und mit Bedingung (*Jump* J oder *Branch* B), Subroutinenaufruf (JSB, CALL), Rücksprung aus Subroutine (RET), Rücksprung nach Interrupt–Behandlung (REI, IRET)

- Bit– und logische Instruktionen :

  Bits setzen, löschen, vergleichen (*set/clear/test bits*, BIS/BIC/BIT auf der VAX), logische Instruktionen auf Bits oder Bitmustern (z.B. XOR : exklusives ODER), Bitmuster verschieben (*logical shift*, SHR/SHL im 8086), Bitmuster zyklisch rotieren (ROT, ROR/ROL)

- Spezialbefehle :

  POP und PUSH für Stacks, Ausschluß und Zulassung von Unterbrechungen, Steuerung von Ein– und Ausgabe, Adreßinstruktionen (betreffen Adresse des Operanden, nicht den Operanden)

Dabei wurden die mnemonischen Abkürzungen der Instruktionssätze der VAX und des 8086 verwendet. Instruktionen und Adreßausdrücke wurden in Schreibmaschinenschrift geschrieben. Viele dieser Instruktionen setzen oder löschen implizit gewisse

Bits des Statuswortes. Sie existieren zudem in diversen Varianten, die im folgenden Kapitel näher aufgeschlüsselt werden. Ferner sind sie häufig auf spezielle Datentypen bezogen; deshalb werden sie dort gemeinsam mit den Datentypen im Detail behandelt.

12.4.6 Prozessorzustände

Viele Prozessoren haben mehrere logische Zustände (*"states"* oder *"modes"*), die durch Bits des Statusworts angezeigt werden und für die Betriebssicherheit von großer Wichtigkeit sind. Nimmt man an, daß beispielsweise ein privilegierter Zustand für das Betriebssystem existiert, so kann man die Ausführbarkeit kritischer Instruktionen zur Veränderung von Zuständen oder Segmentierungsregistern, zum Ausschluß oder zur Zulassung von Unterbrechungen nur in diesem Zustand erlauben. Dann kann kein Benutzer in den Betriebssystemstatus einbrechen und etwa dessen Speicherschutzmechanismen beeinflussen.

Ferner kann die Architektur festlegen, daß Unterbrechungen hoher Priorität stets eine Umschaltung in den Betriebssystemstatus erzwingen; dann werden sie in allen Fällen durch gesicherte und effiziente Betriebssystemroutinen behandelt. Im Falle von asynchronen Ausnahmen im Benutzerprogramm kann so das Betriebssystem die Kontrolle automatisch zurückgewinnen. Im Falle einer externen Unterbrechung, die Datenschutzmaßnahmen erfordert, kann das Betriebssystem eine Prüfung vornehmen und dem berechtigten Benutzer das Ereignis später mit einer softwaremäßigen Unterbrechung niedrigerer Priorität signalisieren.

Beispiel 12.4.6.1. Das VAX–System kennt vier getrennte *"access modes"*, die durch Bits im Statuswort angezeigt werden und u.a. zum Datenschutz dienen. Nur der *"user mode"* ist dem Normalbenutzer auf der normalen Programmierungsebene erlaubt; das Betriebssystem arbeitet in den drei anderen *"modes"* (*kernel, supervisor, executive mode*) und unterhält in jedem *"mode"* einen getrennten Stack. Unterbrechungen hoher Priorität führen stets zuerst in den innersten Kern des Systems, wo auf einem speziellen *Interrupt stack* die Behandlung der Unterbrechung erfolgt; danach wird eine andere Unterbrechung mit niedrigerer Priorität signalisiert, die in einem anderen *"mode"* auf dessen Stack weiter bearbeitet wird. □

12.4.7 Unterprogrammaufrufe und Stacks

12.4.7.1 Rücksprungadressen. Ein wichtiges, aber oft ignoriertes Merkmal der Prozessorarchitektur ist die Behandlung der Unterprogrammaufrufe. Für diesen Zweck gibt es neben den normalen Sprungbefehlen, die man als direkte Veränderung des Programmzählers verstehen kann, noch diverse andere Techniken, die hier grob klassifiziert und an einem Beispiel erläutert werden sollen.

In der folgenden Tabelle ist schematisch dargestellt, wie der Aufruf eines Unterprogramms UP und der Programmtext selbst im Speicher angeordnet sind:

Adressen	Hauptprogramm	Adressen	Unterprogramm UP
	...	U	Beginn von UP
	...	$U+1$	Op
$A-2$	Op	$U+2$	Op
$A-1$	Op	$U+3$	Op
A	Aufruf von UP		...
$A+1$	Op	$R-1$	Op
$A+2$	Op	R	Rücksprung
	...		

Dabei wurde der Einfachheit halber angenommen, daß jede Instruktion Op genau ein
Speicherwort einnimmt. Würde man beim Aufruf von UP an der Adresse A einfach einen simplen Sprungbefehl anbringen, so käme man aus UP von der Adresse
R nicht nach der "**Rücksprungadresse**" $A+1$ zurück, weil das Unterprogramm ja
nicht ohne weiteres "wissen" kann, wohin der Rücksprung gehen soll. Man braucht
also einen universell funktionierenden Mechanismus, der dem Unterprogramm in geeigneter Weise die Rücksprungadresse mitteilt. Deshalb ist der Sprungbefehl in ein
Unterprogramm prinzipiell verschieden von einem normalen Sprung; es muß die auf die
Adresse A eines Unterprogramm–Sprungbefehls folgende Adresse $A+1$ irgendwo abgelegt werden, und zwar so, daß das aufgerufene Unterprogramm in der Lage ist, diese
Rücksprungadresse zu finden. Die primitivste Lösung ist die, an irgendeiner Adresse,
die sowohl dem Haupt– als auch dem Unterprogramm bekannt ist, die Adresse A oder
$A+1$ zu hinterlegen und dann im Unterprogramm diese Adresse abzurufen. Dazu
kann auch ein Register dienen, das dann allerdings von anderen Benutzungszwecken
freizuhalten ist.

Aufgabe 12.4.7.2. Man schreibe das Addierprogramm aus Aufgabe 12.4.2.8 so um,
daß die eigentliche Addition als "Unterprogramm" ab Adresse 100 abgelegt wird und
keinen Bezug auf die Adresse des Aufrufs enthält. Neue Instruktionen sollen nicht
verwendet werden. $\square$

12.4.7.3 Globale Adressen. Damit der Sprung überhaupt möglich ist, muß das
Hauptprogramm die Adresse U kennen. Diese ist aber bezüglich des Hauptprogramms
nicht "lokal", denn sie ist durch die vom Hauptprogramm unabhängige Plazierung des
Unterprogramms UP im Speicher bestimmt. Analog ist die Rücksprungadresse für das
Unterprogramm nicht "lokal", weil das Unterprogramm nicht a–priori wissen kann, woher es aufgerufen werden könnte. Die Sprungadresse U und die Rücksprungadresse
$A+1$ sind also "globale" Adressen, die erst beim "Verbinden" ("Linken") von Hauptprogramm und Unterprogramm unter Festlegung der Speicherpositionierung beider
Programme bestimmt werden können. Man hat hier auf niederer Ebene ein Beispiel
für lokale bzw. globale "Gültigkeit" von Adressen.

12.4.7.4 Retten von Registern. Da jedes effiziente Programm von den Registern intensiven Gebrauch macht, muß man ferner sicherstellen, daß die Registerbe-

nutzung des Unterprogramms von der des Hauptprogramms unabhängig ist. Deshalb muß man entweder im Haupt- oder im Unterprogramm die Registerinhalte des aufrufenden Programms "retten" und später wieder in den alten Zustand setzen (*"to save and to restore registers"*). Man kann das so regeln, daß es die Aufgabe des Unterprogramms ist, die von ihm effektiv benötigten Register gleich nach dem Aufruf durch Umspeichern des Inhalts in den Hauptspeicher zu retten (und damit zur eigenen Benutzung freizugeben) und vor dem Rücksprung die alten Registerinhalte wieder bereitzustellen.

12.4.7.5 Parameterübergabe. Ferner will man häufig Parameter übergeben; dann muß man auch für die Parameterübergabe einen allgemeinen Mechanismus haben, der sowohl den *call–by–value* als auch den *call–by–reference* erlaubt. Der *call–by–reference* ist simpel durch Übergabe von Adressen zu erhalten; beim *call–by–value* muß entweder das Haupt- oder das Unterprogramm eine Kopie eines Wertes von einem "globalen" (dem Hauptprogramm zugänglichen) in einen "lokalen" (nur dem Unterprogramm bekannten) Speicherplatz ablegen. Dies kann so geschehen, daß Haupt- und Unterprogramm an einer Adresse AP, die beiden bekannt ist, eine Liste von Argumenten ablegen bzw. abrufen; die Interpretation der Argumente als Werte oder Adressen entscheidet dann über den *call–by–value* oder den *call–by–reference*.

Natürlich ist diese Adresse AP (*"argument pointer"*) wieder ein "globales" Objekt, weil sie beiden Programmen bekannt sein muß. Eine ganz einfache Realisierungsmöglichkeit aus der Anfangszeit der Datenverarbeitung ist die, UP mit AP fest zu verbinden, etwa indem man vereinbart, daß alle Unterprogramme mit einem Sprung um die Argumentliste beginnen; dann gilt in obigem Beispiel $AP = U + 1$. Das Hauptprogramm kann dann unter Kenntnis der Sprungadresse U die Parameter (Adressen oder Werte) ab $U + 1$ ablegen, bevor der Aufruf erfolgt. Es ist kein weiterer globaler Parameter nötig. Man könnte übrigens auch vereinbaren, daß als erster Parameter stets die Rücksprungadresse übergeben wird.

Beispiel 12.4.7.6. Das VAX–System verwendet stets ein spezielles Register AP für die auf Argumentlisten zeigenden Adressen. Dieses Register ist sowohl dem Haupt- als auch dem Unterprogramm bekannt und so können beide sich auf die Argumentlisten beziehen. □

12.4.7.7 Rekursive Unterprogramme. Die bisher beschriebene Regelung ist für den Standardfall eines nicht rekursiven Unterprogrammaufrufs ausreichend. Wesentlich komplizierter wird die Situation, wenn man von vornherein auch rekursive Aufrufe zulassen will. Dann kann man weder die Rücksprungadressen noch die Parameter noch die lokalen Daten eines Unterprogramms an festen Speicherplätzen ablegen, weil sonst der zweite Aufruf die Daten des ersten Aufrufs überschreibt und beispielsweise die Rücksprungadresse des ersten Aufrufs verloren ist, da sie durch die Rücksprungadresse des zweiten Aufrufs überschrieben wurde.

Eine primitive Lösungsmöglichkeit für dieses Problem in höheren Programmiersprachen ist, die Aufrufe in der höheren Sprache so zu behandeln, daß jedesmal eine komplette neue Version des Unterprogramms im Speicher angelegt wird. Dann führt jeder Aufruf von UP zu einer ganz neuen Adresse U. Wenn man ferner dafür sorgt, daß UP alle lokalen Daten inklusive der Rücksprungadresse zwischen den Adressen U und R unterbringt und sich dadurch die verschiedenen "Inkarnationen" von UP nicht überlappen, so kann man ohne weiteres rekursive Unterprogramme in der höheren Sprache realisieren. Dies ist das direkte Analogon zur Formularmaschine. Man braucht dann aber auch eine dem Benutzer verborgene Verwaltungsprozedur für den Speicherplatz, der bei jedem Unterprogrammaufruf neu zu belegen ist und beim Ende des Aufrufs wieder freizugeben ist. Dies wiederum entspricht der Benutzung des Speichers als Stack für komplette Unterprogramme.

Natürlich ist dabei das Kopieren des Programmtextes unsinnig und überflüssig, denn dieser ist ja bei allen "Inkarnationen" gleich (nur die lokalen Daten innerhalb des Programms unterscheiden sich). Deshalb könnte man Daten und Programm auch wieder trennen und nur die Datensektionen nach Art eines Stacks im Speicher stapeln. Dann aber muß das Programm so geschrieben sein, daß alle Adressen von Daten über einen Zeiger auf den Datensektor gebildet werden und daß dieser Zeiger bei Aufruf und Rücksprung richtig gesetzt wird.

12.4.7.8 Realisierung durch Stacks. Die obigen Lösungsmöglichkeiten für einen rekursiven Prozeduraufruf sind auf Maschinenebene nicht machbar, weil der Sprungmechanismus dann eine komplizierte Bereitstellungsprozedur für Speicherplatz erfordert. Deshalb ist es konsequent (und wird bei modernen Prozessorarchitekturen auch realisiert), von vornherein mit einem Stack auf Prozessorebene zu arbeiten, der die lokalen Daten bei einem Prozeduraufruf aufnimmt und bei Aufruf eines Unterprogramms durch *"PUSH"* und bei Rücksprung durch *"POP"* automatisch manipuliert.

Im einfachsten Fall betrachte man nur die Rücksprungadressen; wenn man für diese einen Stack bereithält, hat man eine einfache Realisierung der Unterprogrammtechnik durch

> Aufruf :
> Pushe die Folgeadresse auf den Stack und verzweige zum Unterprogramm

> Rücksprung :
> Verzweige zu der auf dem Stack liegenden Adresse und poppe den Stack.

Diese Mechanik funktioniert auch im rekursiven Fall perfekt.

Natürlich kann man zusätzlich zur Rücksprungadresse auch noch Parameter und lokale Daten auf dem Stack unterbringen; dann hat man auch im allgemeinen Fall eine saubere rekursive Behandlung des Prozeduraufrufs.

Wenn man keine weiteren Vorsichtsmaßnahmen ergreift, entstehen Probleme beim fehlerhaften Abbruch eines Unterprogramms, das den Stack manipuliert, denn es ist unbekannt, an welchen Stellen des Stacks die Rücksprungadressen liegen. Es sollte möglich sein, daß beim Eintreten externer Ereignisse ein Handler den Stack inspiziert und beispielsweise im Falle eines katastrophalen Fehlers einen Unterprogrammaufruf abnorm beendet und einer übergeordneten Benutzerprozedur einen bereinigten

Stackinhalt übergibt, der diese unter Kenntnis des eingetretenen Ereignisses normal weiterarbeiten läßt.

Deshalb vereinbart man oft gewisse feste Datenstrukturen (*"stack frames"*) neben der freien Benutzermanipulation auf dem Stack und verkettet die *stack frames* durch Zeiger (*"frame pointer"*) innerhalb der *stack frames* (analog zur verketteten Liste). Die Stackadresse des obersten *stack frames* befindet sich an einer allgemein bekannten Stelle (etwa in einem speziellen Register). Deshalb kann man sich über die Kette der *frame pointers* ein volles Bild über die Aufrufstruktur und die geretteten Register machen, wobei man Stackbereiche, in denen Parameter oder andere Benutzerdaten stehen, automatisch überspringt.

Beispiel 12.4.7.9. Bei der VAX–Architektur gibt es eine Instruktion für den Unterprogrammaufruf (CALLS), der automatisch eine korrekte Einrichtung einer *stack-frame*–Kette auf dem Stack vornimmt. Dies geschieht einfach dadurch, daß einige wesentliche Register (unter ihnen der *program counter* und der *frame pointer*) auf den Stack gerettet werden und gleichzeitig die Adresse des geretteten *frame pointers* als neuer Wert des *frame-pointer*–Registers gesetzt wird. Der Benutzer hat sich um Details nicht zu kümmern. Die Rettung des *program counters* ist natürlich gleichbedeutend mit der Speicherung der Rücksprungadresse. Genaueres folgt im Kapitel 13. □

Aufgabe 12.4.7.10. Man erweitere das Simulationsprogramm aus Aufgabe 12.4.2.7 für die von–Neumann–Maschine so, daß der Akku durch die oberste Position eines Stacks ersetzt wird. Der Stack sei der Einfachheit halber vom Hauptspeicher getrennt. Man hat einen *Stackzeiger* und eine neue Ausnahme *Stackfehler* einzuführen. Die Instruktion LOA pusht dann den Stack vor dem Laden, während STO nach dem Wegspeichern poppt. Analog arbeiten RDV und WRV. Die anderen Instruktionen verändern nur den Wert an der obersten Position. Bis auf einige marginale Änderungen dürften dann die bisher erstellten "Maschinenprogramme" lauffähig bleiben. Man achte bei Schleifen darauf, daß der Stack wieder zur Ausgangsposition zurückkehrt! □

Aufgabe 12.4.7.11. Nach der obigen Erweiterung füge man noch zwei Instruktionen hinzu:

JSB *Jump to Subroutine* pusht die Folgeadresse auf den Stack und verzweigt danach wie JMP.

RSB *Return from Subroutine* verzweigt wie JMP, aber an die Adresse, die an der obersten Stackposition steht. Nach der Entnahme der Adresse wird der Stack gepoppt. Diese Instruktion hat keinen Operanden.

Aufgabe 12.4.7.12. Mit den neuen Instruktionen schreibe man eine verbesserte Version des Additionsprogramms sowie ein Multiplikationsprogramm, das sich auf die Addition abstützt. □

Aufgabe 12.4.7.13. Man schreibe eine rekursive Subroutine zur Addition mit Parameterübergabe auf dem Stack. □

12.4.7.14 Stack als Speicher. Bei voller Rekursivität wird eine eventuell rekursiv aufgerufene Prozedur alle ihre lokalen Daten auf dem Stack unterbringen. Das ist im Prinzip kein Problem: wenn sie N Speicherworte für ihre lokalen Daten braucht, pusht sie den Stack N–mal und kann dann mit den N oberen Stackpositionen machen, was sie will (der Stack liegt im normalen Hauptspeicher und man kann beliebige Stackpositionen, nicht nur immer die oberste, durch Adreßrechnung erreichen). Die Kette der *stack frames* ist davon unberührt, weil durch die Stackmanipulation keine Adressen verändert werden.

Dies wird bei der Umsetzung von PASCAL auf niedrigere Sprachniveaus analog gemacht; es wird ein Stack verwaltet, der bei Beginn eines Blocks die Speicherplätze ("Wertplätze" im Sinne des Abschnitts 1.6.5.5) der dort deklarierten Variablen durch Pushen des Stacks bereitstellt und bei Verlassen des Blocks durch Poppen wieder vernichtet. Der Befehlsteil eines Blocks braucht nicht kopiert zu werden. Von diesem Gesichtspunkt aus ist die Wirkungsweise von Gültigkeits– und Bindungsbereich sowie der Verschattung erklärlich.

Die durch *NEW* erzeugten Wertplätze werden nicht auf dem Stack, sondern in einem anderen Speicherbereich (einem "*heap*") bereitgestellt und unabhängig von Prozedur- und Blockgrenzen verwaltet.

Der Stack kann den Hauptteil des verfügbaren logischen Adreßraums ausmachen; es ist eine Standardtechnik, den logischen Adreßraum von einer Seite her (z.B. der oberen, d.h. der mit größeren Adressen) als Stack zu nutzen (vgl. Figur 36).

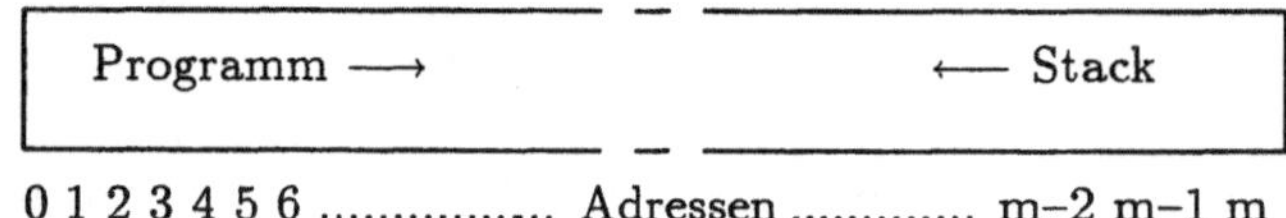

0 1 2 3 4 5 6 .... Adressen .... m–2 m–1 m

(m = maximale logische Adresse)

Figur 36: Stackverwaltung

Natürlich liegt in der Stackmanipulation auch eine große Gefahrenquelle; wenn man etwa durch fehlerhafte Programmierung den Stack löscht, ist der "Rückweg" abgeschnitten, denn er enthält ja den "Ariadnefaden". Das VAX–System unterhält aus diesen Gründen für jeden Prozeß und für die vier "*modes*" des Prozessors je einen Stack sowie einen gemeinsamen für die Behandlung von Unterbrechungen. Dabei liegen die Stacks in gegeneinander geschützten Speicherbereichen. Dadurch kann ein Prozeß, der durch Falschbehandlung seines Stacks im "*user mode*" abbricht, auf Betriebssystemebene auf anderen Stacks abgefangen werden.

12.4.8 Ereignisbehandlung

Die asynchronen Ereignisse (*events*, vgl. Kapitel 10) erfordern in der Regel eine Art Unterprogrammaufruf, der an jeder Stelle des normalen Arbeitsablaufs möglich sein muß. Deshalb ist das Thema Ereignisbehandlung eng mit der Realisierung der Unterprogrammaufrufe verknüpft. Ereignisse können befehls- und damit prozeßbezogen sein (Ausnahmen, *"exceptions"*) oder für das gesamte System gelten (Unterbrechungen, *"interrupts"*). In beiden Fällen werden sie durch ein Hard- oder Softwaresignal ausgelöst, das beispielsweise bei arithmetischen Ausnahmebedingungen als Setzen des entsprechenden Bits im Statuswort verstanden werden kann. Bei externen Unterbrechungen gibt es ein im allgemeinen zweidimensionales Signalsystem, das schichtenweise nach Prioritäten (*"interrupt priority levels"*) geordnet ist und erlaubt, eine Vielzahl verschiedener Unterbrechungen hinsichtlich Herkunft und Priorität zu unterscheiden.

Die Grundprinzipien der Ereignisbehandlung sind:

1. Es erfolgt eine meist hardwareorientierte Identifikation des Ereignisses inklusive seiner Priorität.

2. Ist ein Ereignis identifiziert, und ist wegen seiner Priorität eine Aktion nötig, so wird eine dem Ereignis eindeutig zugeordnete Adresse ermittelt. Der zu dieser Adresse gehörige Speicherplatz enthält die Anfangsadresse eines Handlers (Unterprogramms) zu diesem Ereignis.

3. Es erfolgt ein Sprung an die Anfangsadresse des Handlers des Ereignisses. Dabei wird die Folgeadresse an geeigneter Stelle gespeichert (entweder auf den Stack gelegt oder an einer global bekannten Adresse abgelegt, von wo sie wieder geholt werden kann).

4. Ist das Handlerprogramm beendet, so wird zwar das Signal, das das Ereignis anzeigte, gelöscht, aber es wird nicht sofort wieder zum ursprünglichen Programm zurückgegangen, sondern es erfolgt eine erneute Prüfung, nach 1., ob noch ein weiteres Ereignis niedrigerer oder gleicher Priorität ansteht.

5. Erst wenn diese Prüfung kein weiteres anstehendes Ereignis liefert, kann die gespeicherte Rücksprungadresse wieder zum Rücksprung in das unterbrochene Programm abgerufen werden.

Die obige Darstellung ist in mehrerlei Hinsicht vereinfacht, aber für den Anfang ausreichend. Beispielsweise ist klar, daß man neben den Rücksprungadressen auch noch die Statusworte retten muß und mit der Registerbelegung bei Handlern extrem vorsichtig sein muß, wenn nicht der Aufrufmechanismus in Schritt 3 auch automatisch alle Register rettet. Wenn keine Stacks zum Handleraufruf und zum Rücksprung genutzt werden, ist die Behandlung der Mehrfachunterbrechung problematisch; man verwendet dann auf jedem Unterbrechungsniveau je einen Speicherbereich zur Rettung von Registern, Statusworten und Rücksprungadressen. Da auf jedem Niveau stets nur eine Unterbrechung aktiv sein kann, ist damit das Problem der Mehrfachunterbrechung gelöst. Das Einsetzen von Handlern (vgl. Kapitel 10) ist dann auf unterer Ebene nichts anderes als das Ablegen der Anfangsadresse des Handlerprogramms an diejenige Stelle, die bei dem jeweils zu behandelnden Ereignis die Sprungadresse enthalten muß.

In der Regel wird der Zugang des Benutzers zum Unterbrechungssystem einer Anlage über Betriebssystemroutinen realisiert, die man dann auf höheren Sprachniveaus aufrufen kann. So wurde auch die Programmierung von Prozessen und Semaphoren in Kapitel 10 ermöglicht.

Aufgabe 12.4.8.1.   Man realisiere eine Ereignisbehandlung im Simulationsprogramm der Aufgabe 12.4.7.11 durch folgende Veränderungen:

Die Programmausführung beginnt nicht bei der Startadresse *MinAdresse*, sondern bei *MinAdresse*+10.

An den Adressen *MinAdresse*, *MinAdresse*+1 usw. können Startadressen von Handlerroutinen abgelegt werden. Zu jeder Ausnahme gehört eine Adresse, etwa *MinAdresse* zu *Adressierungsfehler*, *MinAdresse*+1 zu *Instruktionsfehler* usw.

Beim Auftreten von Ausnahmen verhält sich das System so, als ob eine Instruktion JSB *Handleradresse* ausgeführt würde; die Ausnahme wird danach sofort wieder annulliert (auf *Normal* zurückgesetzt).

Handler werden wie normale Subroutinen programmiert und mit RSB beendet.

□

Aufgabe 12.4.8.2.   Man schreibe für die beiden obigen Ausnahmen eine Handlerroutine, die mit der WRV–Instruktion den PC–Wert ausgibt, an dem die Ausnahme auftrat und dann mit HLT das Programm regulär beendet. Man "etabliere" diesen Handler in einem geeigneten "Hauptprogramm" und demonstriere seine Funktion an Hand einiger Beispiele. □

Aufgabe 12.4.8.3. Man stelle das Simulationsprogramm aus Aufgabe 12.4.7.11 so um, daß es fertige "Speicher" mit Programminhalt als *INTEGER*–Zahlenlisten von einer externen Datei einliest und das dadurch gegebene Programm ausführt. Im Sinne des Kapitels 11 liegt dann eine EXECUTE–Operation auf einem *load module* oder *image* vor. In dieser Form wird das Programm im nächsten Kapitel gebraucht. □

13 Maschinensprache

13.1 Assemblersprache

In diesem Kapitel soll die Programmierung auf unterster Ebene behandelt werden. Gleichzeitig wird dadurch das Verständnis der Prozessorarchitekturen weiter vertieft.

13.1.1 Sprachebenen

Die Sprache, in der die Operationen eines Prozessors auf unterster Ebene beschrieben werden, besteht in der Regel aus reinen Binärworten. Sie ist dann für Maschinen direkt lesbar, für Menschen aber dementsprechend unverständlich, wenn man nicht durch Umkodierung in entsprechende alphabetische Zeichen für eine bessere Interpretierbarkeit durch Menschen sorgt. Deshalb werden Instruktionssätze in einer Sprache über dem normalen Alphabet beschrieben, aber diese Sprache ist so primitiv, daß sie eine simple Umkodierung in die eigentliche binäre Maschinensprache hat.

13.1.2 Assembler

Neben einer genießbaren sprachlichen Form des Instruktionssatzes braucht man zum effizienten Formulieren von Programmen etliche Spracherweiterungen, die insbesondere Variablen und Konstanten enthalten sowie Textsubstitutionen möglich machen sollten. Solche erweiterten Maschinensprachen werden **Assemblersprachen** genannt. Programme in "Maschinensprache" werden also eigentlich in "Assemblersprache" vom Programmierer formuliert; diese Sprachform erlaubt dann eine relativ direkte Übersetzung durch ein Programm (**Assemblierer**) in die echte binäre Maschinensprache.

Als Beispiel einer Assemblersprache wird im folgenden die des VAX–Systems der Firma DIGITAL EQUIPMENT genommen (*VAX–VMS MACRO language*), weil man an Hand einer CISC-Maschine mit einem sehr gut strukturierten Instruktionssatz am besten die vielfältigen Möglichkeiten der Maschinenprogrammierung darstellen kann. Daneben soll der MASM-Assembler der Firma MICROSOFT für die Mikroprozessorserie INTEL 8086, 80186, 80286 usw. berücksichtigt werden, weil er für viele den Studenten zugängliche Maschinen (z.B. IBM-PC's und dazu kompatible Produkte) verfügbar ist.

13.1.3 Instruktionen und Direktiven

Die Maschineninstruktionen sind eine Teilmenge der Assemblersprache. Was darüber hinausgeht, sind sogenannte **Assembler–Direktiven**. Dies sind keine Instruktionen an die Maschine, sondern Befehle an den Assembler–Übersetzer, die sich auf

Adreßverteilung	Startadressen
Symboldefinitionen	symbolische Operationen
Ausgabesteuerung	Macros

beziehen. Die einzelnen Punkte werden später genauer behandelt.

13.1.4   Datentypen und Standardinstruktionen

13.1.4.1   Allgemeines.   Die Flexibilität einer Programmiersprache in bezug auf
die in ihr beschreibbaren Objekte ist im wesentlichen durch die Standardtypen und die
Möglichkeiten zur Erzeugung strukturierter Typen gegeben. Bei Prozessoren und der
von ihnen akzeptierten Maschinensprache ist dies im Prinzip genauso. Deshalb werden
später die wichtigsten Datentypen zusammen mit den darauf wirkenden Operationen
im Detail behandelt. Hier soll nur ein erster Überblick gegeben werden. Die Standardtypen sind auf der Ebene der Maschinensprache Bestandteil der Systemarchitektur;
die erweiterten Typen ergeben sich durch Anwendung von Typkonstruktionsmethoden
der Assemblersprache.

13.1.4.2   Byte- und Wortstruktur.   Die Datentypen von Prozessoren sind in
der Regel an gewisse Einschränkungen im Zusammenhang mit der Speicherwortlänge
gebunden. Bei Maschinen mit byteweiser oder wortweiser Speicheradressierung werden
die Datentypen nach der Anzahl der Bytes oder Worte, die sie einnehmen, grob
klassifiziert. Ein "Wort" besteht in der Regel bei byteweise adressierenden Maschinen
aus mehreren Bytes (z.B. 2 bei der VAX und dem 8086–Mikroprozessor, oder 4
bei den IBM–Mainframes); dann unterteilt man die Datentypen primär durch ihre
Länge in Bytes, Halbworte, Worte, Doppelworte, Quadworte etc. Bei Wortmaschinen
unterscheiden sich die Datentypen in der Regel ebenfalls grob durch die Anzahl der
Worte, die sie einnehmen.

13.1.4.3   Mehrdeutigkeit der Datentypen.   Die Datentypen werden auf Maschinenebene nicht unterschieden. Man kann beispielsweise ein Byte einmal als Teil
einer 4 Bytes langen binären Zahl oder ein andermal als Teil eines byteweise in ASCII
codierten Strings auffassen. Bei jeder Instruktion wird lediglich eine bestimmte Interpretationsweise des Bytes als Operanden angenommen; diese Interpretationsweise
kann bei denselben Daten von Instruktion zu Instruktion wechseln. Dies macht Ma-
schinensprachenprogramme zwar sehr flexibel, ist aber auch eine große Fehlerquelle.
Die modernen Assemblersprachen unterscheiden zwischen den Datentypen und zwingen den Programmierer, solche Mehrdeutigkeiten durch spezielle Sprachkonstruktionen explizit kenntlich zu machen. Dadurch werden versehentliche Fehlinterpretationen
vermieden. Die Typenprüfung erstreckt sich allerdings oft nur auf die Länge des Operanden (z.B. wenn dieser sich in einem Register befindet oder wenn ein MOVE–Befehl
vorliegt, der Speicherinhalte kopiert); weitergehende Prüfungen sind nur dann möglich,
wenn der Assembler die nötigen Informationen auch besitzt.

Beispiel 13.1.4.4.   Der VAX–VMS–Assembler verwendet Datentypen gemäß Tabelle 21. Die dort angegebenen einbuchstabigen Abkürzungen treten im gesamten
Instruktionssatz immer wieder auf. □

Beispiel 13.1.4.5.   Der MASM–Assembler für den INTEL–8086–Mikroprozessor
kennt die in Tabelle 22 aufgelisteten Datentypen. □

Anzahl Bytes	mnemonische Abkürzung	Interpretation
1	B	Byte
2	W	Wort
4	L	Langwort
4	A	Adresse
4	B	Adreßdifferenz (*offset, displacement*)
4	F	Gleitkommazahl, kurzer Exponent
4	G	Gleitkommazahl, langer Exponent
8	D	Gleitkommazahl, kurzer Exponent, doppelte Genauigkeit
8	G	Gleitkommazahl, langer Exponent, doppelte Genauigkeit
8	Q	Quadword
16	O	Oktaword

Tabelle 21: Datentypen des VAX–VMS–Assemblers

Anzahl Bytes	mnemonische Abkürzung	Interpretation
1	B	Byte
2	W	Wort
4	D	Doppelwort
8	Q	Quadwort
10	T	10 Bytes

Tabelle 22: Datentypen des MASM–Assemblers

13.1.5 Syntax

13.1.5.1 Syntax der Maschinensprache. Die Maschinensprache auf unterster Ebene besteht aus rein binären Zeichenfolgen, die sequentiell byteweise interpretiert werden, und zwar nach Maßgabe des Programmzählers, der ja immer auf das als nächstes zu interpretierende Byte zeigt.

13.1.5.2 Instruktionsdecodierung. Wie bei einem Programm in einer höheren Sprache ist durch die Maschine ein *Parsing* erforderlich, um die einzelnen Operationen und Operanden zu identifizieren und auszuführen. Dabei wird streng sequentiell vorgegangen und vorausgesetzt, daß stets die Operationen vor den Operanden stehen. Deshalb hat man zuerst die anstehende Instruktion zu decodieren und dann die Operanden. Bei der VAX codiert beispielsweise das erste anstehende Byte die maximal 256 möglichen Instruktionen. Die Identifikation der Instruktion liefert gleichzeitig auch die Anzahl ihrer Operanden; nach dem Instruktionscode kommen also Operandencodes, deren Art und Länge sich entweder durch den Instruktionscode ergibt oder durch die ersten Bits der Operandencodes ersichtlich ist. Nach dem Decodieren

der Operanden muß dann wieder ein Instruktionscode folgen, und so kann sich die
Maschine sequentiell durch die codierten Operationen und Operanden in eindeutiger
Weise "hindurchhangeln". Das konnte an dem sehr vereinfachten PASCAL–Modell
einer von–Neumann–Maschine schon studiert werden.

13.1.5.3 Syntax der Assemblersprache. Die Assemblersprache ist zeilenorien-
tiert. Jede Zeile beschreibt höchstens einen Befehl und hat das EBNF–Format

$$\text{Zeile} \;=\; [\,\text{SymbolischeAdresse}\,]\;[\,\text{Befehl}\,]\;[\;"\,;"\,\text{Kommentar}\,] \;.$$
$$\text{Befehl} \;=\; \text{Maschineninstruktion}\,|\,\text{Assemblerdirektive}\,|\,\text{Macroaufruf}\;.$$

Die Details der Syntax sind nicht einheitlich festgelegt; vorläufig mag genügen, daß
die eigentlichen Maschineninstruktionen die Form

$$\text{Maschineninstruktion} \;=\; \text{Operation}\,[\,\text{Operand}\,]\,\{\;"\,,"\,\text{Operand}\,\} \;.$$
$$\text{Operand} \;=\; \text{Adreßausdruck}\,|\,\text{Wertausdruck}\;.$$

haben. Beim VAX–Assembler beginnen Direktiven stets mit einem Punkt; symbolische
Adressen enden stets mit einem Doppelpunkt. Der MASM–Assembler unterscheidet
bei den symbolischen Adressen zwischen "*labels*" (Instruktionsadressen, stets mit
abschließendem Doppelpunkt) und "*names*" (Datenadressen, ohne Doppelpunkt).

13.1.6   Adressenverwaltung

13.1.6.1 Symbolische Adressen. Eine Hauptaufgabe des Assemblers ist es, dem
Programmierer den Umgang mit Adressen zu erleichtern. Der Maschinencode erwartet die Beschreibung von logischen Adressen durch Angabe gewisser Bitfolgen, wobei die Adressen nur selten direkt als Zahlen codiert sind (absolute logische Adressen), sondern sich durch Auswertung komplizierter Adreßausdrücke ergeben (vgl. Abschnitt 12.4.3). Der Benutzer möchte aber lieber Operanden durch selbstgewählte
Bezeichner (symbolische Adressen) identifizieren und nicht durch irgendwelche Bitfolgen, die für Adressen stehen. Ferner soll der Sprung an eine andere Stelle des
Programms so programmierbar sein, daß man nicht die Zieladresse ausrechnen muß;
auch dies kann man durch Wahl eines Bezeichners für ein Label und den "abstrakten"
Sprung zu dem bezeichneten Label erleichtern. In beiden Fällen steht ein symbolischer
Name für eine Adresse; der Assemblierer hat die gemeinte Adresse zu bestimmen und
in den Maschinencode als Bitstring korrekt einzubauen.

Aufgabe 13.1.6.2. Durch die Lösung der Aufgabe 12.4.8.3 wurde das PASCAL–
Simulationsprogramm rein auf Maschinensprachenebene gestellt; es führt einen *load
module* aus.

Man schreibe jetzt einen stark vereinfachten Assemblierer in PASCAL, der Programme
mit symbolischen Adressen und symbolischen Kommandos akzeptiert und daraus einen
load module herstellt. Die Eingabesyntax ist

$$\begin{aligned}
\text{Zeile} \;=\;& [\,\text{SymbolischeAdresse}\,]\;[\,\text{Maschineninstruktion}\,]\\
& [\;``;"\,\text{Kommentar}\,]\;\textbf{.}\\
\text{Maschineninstruktion} \;=\;& \text{Operation}\,[\,\text{Operand}\,]\;\textbf{.}\\
\text{Operand} \;=\;& \text{SymbolischeAdresse}\;|\;\text{AbsoluteAdresse}\;\textbf{.}\\
\text{Maschineninstruktion} \;=\;& ``\,HLT"\;|\;``\,CLA\,"\;|\;\text{usw.}\;\textbf{.}\\
\text{Symbolische Adresse} \;=\;& ``\,\$\,"\;\text{Digit Digit}\;``:"\;\textbf{.}\\
\text{AbsoluteAdresse} \;=\;& INTEGER\text{-Zahl}
\end{aligned}$$

Zur Vereinfachung des Parsings und des Assemblierens kann man sich wie in den Anfangszeiten der Datenverarbeitung auf strikte Regeln einigen:

- Jede Zeile enthält an den ersten vier Positionen entweder eine symbolische Adresse der Form \$nn: oder vier Blanks.

- Dann folgen entweder fünf Blanks oder ein in Blanks eingeschlossener dreibuchstabiger Operationscode.

- Danach folgt entweder eine symbolische Adresse der obigen Form oder eine *INTEGER*-Zahl als absolute Adresse oder ein Semikolon gefolgt von einem Kommentar. In den beiden ersten Fällen hat hinter der Adresse noch mindestens ein Blank zu stehen.

- Der Rest der Zeile wird stets ignoriert.

- Alle symbolischen Adressen, die als Operanden auftreten, müssen irgendwo auch am Zeilenanfang auftreten.

Der Assemblierer hat also maximal 100 symbolische Adressen der Form \$00: bis \$99: zu verarbeiten. In einem Array kann man deren Zuordnung zu absoluten Adressen einfach speichern, wobei man während des Assemblierens negative Werte als "undefiniert" verwenden kann.

In einem ersten Durchgang hat der Assemblierer die Kommandos zu decodieren und die absoluten Adressen durchzuzählen (er kennt die Länge der codierten Kommandos). Dabei erhalten alle symbolischen Adressen, die am Zeilenanfang auftreten, eine absolute Adresse zugeordnet. Im zweiten Durchgang kann dann der Assemblierer die symbolischen Operandenadressen korrekt einsetzen, sofern der Programmierer nicht versäumt hat, sie zu definieren (*two-pass-assembly*).

Zur Platzreservierung für Variable verwende man außerhalb des eigentlichen Programmteils das HLT-Kommando mit einer geeigneten symbolischen Adresse.

Man teste den Assemblierer mit einigen simplen Programmen; er sollte ein externes File erzeugen, das man dann mit dem Simulationsprogramm ausführen kann. ☐

Aufgabe 13.1.6.3. Man schreibe die Programme aus den Aufgaben des vorigen Kapitels im Assemblercode hin und benutze ausschließlich symbolische Adressen. ☐

Aufgabe 13.1.6.4. Man erlaube ein freies Eingabeformat im Assemblierer. ☐

Aufgabe 13.1.6.5. Man stelle den Assemblierer auf die Maschine mit PC–relativer Adressierung um. ☐

13.1.6.6 Sektionen. Der Assemblierer verarbeitet Assemblerprogramme in einzelnen "Sektionen" oder "Segmenten". Für jede Sektion können die Adressen von Instruktionen und Daten von Null an (relativ zum Beginn der Sektion, "Relativadressen", "*offsets*") intern bestimmt werden; dies bildet die Grundlage für die weitere Verarbeitung der Adressen. Die logischen Adressen ergeben sich dann aus der Kenntnis der Anfangsadresse der Sektion und der Relativadressen; enthält die Sektion ausführbare Kommandos, so können auch PC–relative Adressen ausgerechnet werden.

Häufig wird beim Ausführen einer Sektion dafür gesorgt, daß die Startadresse der Sektion in einem festen Register (**Basisregister**) steht. Die Hardware kann dann leicht die richtigen logischen Adressen berechnen. Durch die Relativadressierung werden die Sektionen auch nach der Bearbeitung durch den Assemblierer innerhalb des Speichers verschiebbar ("*relocatable*"), indem man erst bei der Ausführung das Basisregister mit der aktuellen Startadresse der Sektion lädt.

13.1.6.7 Mischung von Programm und Daten. Die fortlaufende Adressenzählung des Assembliers innerhalb einer Sektion erstreckt sich auf Daten und Programm gleichermaßen. Man kann also z.B. mit Daten beginnen, dann ein Programmstück folgen lassen, das um wichtige interne Daten lokal "herumspringt" etc. Natürlich braucht man dann eine Direktive, die den eigentlichen Programmbeginn anzeigt. Beim VAX–Assembler gibt die Direktive

```
.ENTRY EntryPointName,^M<Registerliste>
```

der Startadresse (*entry point*) des Programms (relativ zur Sektion) einen Namen EntryPointName und legt die beim Eintritt in die Sektion zu rettenden Register fest.

Beim MASM–Assembler wird der *entry point* am Ende des Assembliervorgangs mit der Direktive

```
.END Label
```

gekennzeichnet; dabei muß das Label irgendwo im Programm definiert sein.

13.1.6.8 Binden oder Linken. Die assemblierten Sektionen können durchaus noch Zugriffe auf Daten oder Sprünge zu Instruktionen aus anderen Sektionen enthalten; deren Adressen sind "global" und erfordern auf Assemblerebene die Angabe des externen Sektionsnamens und des Adreßsymbols. Zur Zeit der Assemblierung sind die konkreten Werte globaler Adressen unbekannt. Erst in einem weiteren Verarbeitungsprozeß, in dem die benötigten Sektionen zu einem lauffähigen Maschinenprogramm "zusammengebunden" werden (deshalb "Binden" oder "*linking*" genannt), kann die relative Lage der Sektionen im logischen Speicher festgelegt und die Berechnung globaler Adressen durchgeführt werden. Um die Identifikation von Sektionen und die Berechnung globaler Adressen durch den "*Linker*" möglich zu machen, wird der Beginn einer Sektion dem Assemblierer durch eine spezielle Direktive angezeigt, die gleichzeitig der Sektion einen globalen Namen zuweist.

Beispiel 13.1.6.9. Im Assembler der VAX definiert die Direktive

```
.PSECT SektionsName [ " , " Argumentliste ]
```

eine neue Sektion mit Namen SektionsName. Man hat den Sektionsnamen vom Namen des *entry point* zu unterscheiden. Die optionale Argumentliste setzt gewisse Attribute der Sektion fest, die hier unterdrückt werden. □

Beispiel 13.1.6.10. Im MASM–Assembler benutzt man die Direktiven

```
Segmentname SEGMENT [ Argumentliste ]
Segmentname ENDS
```

um Beginn und Ende von Sektionen anzuzeigen. Jede Sektion besteht aus Instruktionen oder Daten, deren Adressen relativ zu einem festen Segmentregisterinhalt gebildet werden; man muß Segmente also auf 64K Bytes beschränken und durch einen weiteren Mechanismus festlegen, welches Segmentregister in welchem Segment gemeint ist. Dies geschieht durch eine Direktive

```
ASSUME Segmentregister : Segmentname
```

Der Programmierer hat selbst dafür zu sorgen, daß die Segmentregister mit den richtigen Werten geladen werden; dazu steht der Segmentname als symbolische Adresse des Sektionsbeginns zur Verfügung. □

13.2 Direktiven

13.2.1 Speicherplatzreservierung

Die Maschinensprache kennt nur Instruktionen und Operanden; die Festlegung der Adressen der Operanden geschieht nicht durch Maschineninstruktionen, sondern durch Assembler–Direktiven. Diese spielen die Rollen der Variablendeklarationen in höheren Programmiersprachen, weil sie erlauben, einen neuen Bezeichner einzuführen, der die Adresse des Operanden auf der Ebene der Assemblersprache beschreibt. Der Wert des Bezeichners ist die Adresse des Operanden; der reservierte Speicherplatz bildet den "Wertplatz" im Sinne des Abschnitts 1.6.5. Dabei bleibt zunächst verborgen, wie der Assembler die tatsächliche Adresse bildet.

Die Direktiven zur Speicherplatzreservierung unterscheiden sich durch die Größe des reservierten Platzes; man kann dadurch jeder der Direktiven einen "Typ" im Sinne der höheren Sprachen zuordnen. In vielen Fällen wird dann bei nachfolgenden Operationen eine Typenprüfung durch den Assembler vorgenommen: beispielsweise sind Daten, die durch Bezeichner von Adressen von Reservierungsdirektiven vom 2–Byte–Typ beschrieben sind, nur durch Instruktionen akzeptierbar, die auf 2–Byte–Operanden arbeiten.

Beispiel 13.2.1.1.   Die Reservierungsdirektiven für die einzelnen Datentypen des VAX–VMS–Assemblers bei Angabe von Werten sind

```
SymbolischeAdresse    .BYTE        Wertausdruck
SymbolischeAdresse    .WORD        Wertausdruck
SymbolischeAdresse    .LONG        Wertausdruck
SymbolischeAdresse    .ADDRESS     Wertausdruck
SymbolischeAdresse    .F_FLOATING  Wertausdruck
SymbolischeAdresse    .G_FLOATING  Wertausdruck
SymbolischeAdresse    .D_FLOATING  Wertausdruck
SymbolischeAdresse    .H_FLOATING  Wertausdruck
SymbolischeAdresse    .QUAD        Wertausdruck
SymbolischeAdresse    .OCTA        Wertausdruck
```

wobei ein Wertausdruck und eine symbolische Adresse spezifiziert werden können. Die Angabe einzelner Werte ist bei Gleitkommazahlen durch eine PASCAL–artige Syntax möglich; bei den anderen Werten ist die Angabe einer ganzen Zahl im Dezimalsystem der Normalfall. Wertausdrücke können Listen von Werten mit Kommata als Trennzeichen sein; dann führt der Assembler eine entsprechende Anzahl von Platzreservierungen aus.

Konstanten in anderen Codierungen erfordern die folgenden Präfixe vor den entsprechenden Ziffernfolgen:

```
Binärwerte:           ^B
Oktalwerte:           ^O
Hexadezimalwerte:     ^X
```

Werte, die sich nicht im verlangten Datenformat schreiben lassen, werden vom Assemblierer moniert.

Die Reservierung von Zeichenketten geschieht durch die Direktive

```
SymbolischeAdresse .ASCII DelTextDel
```

wobei Del ein Delimiter–Zeichen ist, das der Programmierer frei wählen kann. Der Text wird dann ganz normal dem Assemblierer mitgeteilt. Die Adressierung zählt die Bytes mit; die Anfangsadresse ist durch SymbolischeAdresse beschrieben. Die anderen möglichen Reservierungsarten für Zeichenketten werden hier nicht behandelt.

Die Reservierung von auf Null gesetzten Speicherplätzen erfolgt durch Direktiven der Form

```
SymbolischeAdresse .BLKx Zahl
```

Die Zahl gibt an, wieviele Speicherplätze vom Typ x (x = A, B, D, F, G, H, L, O, Q, W) benötigt werden. Die symbolische Adresse bezieht sich auf das erste Byte der gesamten Reservierung. Dadurch kann man komplette Arrays durch eine Direktive reservieren; die Länge des benötigten Platzes wird aus der Länge der einzelnen Datentypen berechnet. Die Indizierung muß dann von der "Basisadresse", die das symbolische Adresse angibt, ausgehen und die Elemente des Arrays durch "*offsets*" einzeln adressieren. □

Beispiel 13.2.1.2. Der PASCAL–Deklaration

VAR *ABAKUS : INTEGER;*
BEBAKUS : ARRAY [0..7] OF REAL;

entsprechen im VAX–Assembler die Reservierungsdirektiven

```
ABAKUS:    .BLKL  1   ; 1 Langwort für ABAKUS
BEBAKUS:   .BLKF  8   ; 8 F_FLOATING-Plätze für BEBAKUS
```

Nach diesen Direktiven kann man die Adressen ABAKUS, BEBAKUS, BEBAKUS+4, BEBAKUS+8,..., BEBAKUS+28 im Assemblerprogramm symbolisch verwenden. Der Assemblierer kennt die Adressen relativ zum Beginn der Sektion und kann diese überall statt ABAKUS etc. einsetzen. Ferner wird er (sofern vorhanden) auch einen *Entry Point* in der Sektion kennen und kann dann die Adressen von ABAKUS etc. dort, wo sie in Instruktionen vorkommen, auch relativ zum PC ausrechnen. □

Beispiel 13.2.1.3. Die Reservierungsdirektiven beim MASM–Assembler sind

SymbolischeAdresse   .DTyp Wertausdruck

wobei für Typ die Alternativen B, W, D, Q und T bestehen (vgl. Tabelle 22). Die Wertausdrücke können Listen sein und ein Fragezeichen ersetzt undefinierte Anfangswerte. Ferner lassen sich Listen von Werten erzeugen durch den Wertausdruck

Dezimalzahl DUP (Wertausdruck)

der eine n–fache Wiederholung des Wertausdrucks liefert, wenn die Dezimahlzahl gleich n ist. Der Direktive .BLKB n der VAX entspricht dann beispielsweise DB n DUP (0) im MASM–Assembler, und beide reservieren n Bytes, die durch Nullen initialisiert sind.

Die Werte können als dezimale ganze Zahlen, als Gleitkommazahlen in der PASCAL–Syntax oder als Ziffernfolgen mit Nachstellung von B, O oder H als Binär–, Oktal– oder Hexadezimalwerte eingesetzt werden. ASCII–Zeichenketten sind als Folgen von Bytes durch Apostrophe oder Doppelapostrophe einzuschließen.

Die Länge der Reservierung wird durch die Liste der Werte und deren Format bestimmt; etwaige Inkompatibilitäten werden vom Assembler moniert.

Weil alle Datenzugriffe normalerweise über das DS–Segmentregister laufen, deklariert man in der Regel alle Daten in einem speziellen Datensegment, dem man durch eine Direktive

ASSUME DS : Datensegmentname

im Programmsegment das DS–Register explizit zuweist. Ferner braucht jedes Programm, das (z.B. bei Unterprogrammaufrufen) den Stack benutzt, einen Speicherbereich für den Stack, der als separates Stacksegment deklariert werden muß. Deshalb haben einfache MASM–Assemblerprogramme stets folgende Grundstruktur:

```
        Daten   SEGMENT                                  ; Datensegment
                ...                                      ; Datenreservierungen,
                                                         ; beispielsweise:
        ASCTAB  DB              '0123456789ABCDEF'       ; reserviert 16 Bytes
                                                         ; mit ASCII–Codes
        Maske   DW              1011001101010010B        ; setzt ein Bitmuster
                ...                                      ; usw.
        Daten   ENDS


Programm    SEGMENT                                      ; Programmsegment
            ASSUME      CS : Programm, DS : Daten        ; legt Segmentregister fest
    Start:                                               ; label für entry point
            MOV         AX, Daten                        ; lädt AX mit Startadresse
                                                         ; des Datensegments
            MOV         DS,AX                            ; lädt DS mit Startadresse
                                                         ; des Datensegments
            ...                                          ; weitere Instruktionen
Programm    ENDS


        Stack   SEGMENT   stack        ; Stacksegment
                DW        128 DUP (0)   ; reserviert 128 Worte
                                        ; zu 16 Bit für den Stack
        Stack   ENDS

                END       Start        ; definiert den entry point
```

Das Attribut 'stack' hinter der SEGMENT–Direktive im Stacksegment impliziert ein
ASSUME SS : Stack.

Reservierungen von Daten innerhalb eines Programmsegmentes erfordern bei der
Adressierung in Operationen die explizite Benutzung des CS–Registers statt des DS–
Registers, weil die Daten abnormerweise im Code–Segment statt im Daten–Segment
stehen. □

13.2.2 Macros

13.2.2.1 Eigenschaften. In der einfachsten Form sind Macros spezielle Folgen
von Programmzeilen der Assemblersprache, die durch einen Namen und Parameter
beschrieben werden und dann durch reine Textsubstitution an jeder Stelle eines Assemblerprogramms eingesetzt (**expandiert**) werden können. Sie sind keine Unterprogramme, sondern lediglich Kurzbezeichnungen für eine oft gebrauchte und nicht
jedesmal explizit ausgeschriebene Folge von Maschineninstruktionen oder Direktiven.

Beispiel 13.2.2.2. Im MASM-Assembler haben Macros die Form

$$\text{Macro–Name} \qquad \texttt{MACRO} \qquad [\,\text{Formalparameterliste}\,]$$

$$\cdots$$

$$\text{Macro–Text}$$
$$\text{mit Formalparametern}$$

$$\cdots$$

$$\texttt{ENDM}$$

□

Beispiel 13.2.2.3. Macros im VAX–VMS–Assembler haben die Form

$$\texttt{.MACRO}\ \text{Macro–Name} \qquad [\,\text{Formalparameterliste}\,]$$

$$\cdots$$

$$\text{Macro–Text}$$
$$\text{mit Formalparametern}$$

$$\cdots$$

$$\texttt{.ENDM}$$

□

Macros werden aufgerufen wie jede andere Instruktion:

$$[\,\text{SymbolischeAdresse}\,]\quad \text{Macro–Name}\quad [\,\text{Aktualparameterliste}\,]$$

Beim Aufruf werden die Namen der formalen Argumente aus der Formalparameterliste durch die Namen aus der Aktualparameterliste als Zeichenketten ersetzt, und der gesamte Macrotext wird nach dieser Textsubstitution an der Stelle des Macroaufrufs in das Programm eingefügt. Die Adreßrechnung wird dabei weiter fortgesetzt wie üblich.

Durch Macros kann man neue "Instruktionen" als parametrisierte Pakete alter Instruktionen definieren und somit die Flexibilität der Programmierung auf unterster Ebene erhöhen.

Beispiel 13.2.2.4. Die Deklaration eines Elements einer verketteten Liste durch

```
TYPE
   ElementZeiger = ↑Element;
   Element = RECORD
      Zahl : INTEGER;
      Zeiger : ElementZeiger
      END;
```

und die Deklaration von Variablen

```
VAR Element1, Element2 : Element;
```

lassen sich im VAX–Assembler durch einen simplen Macro realisieren:

```
                  .MACRO  Element Name   ; Beginn des Macros Element
                                         ; mit Formalparameter Name
Name'.Zahl:       .BLKL   1              ; Reservierung für INTEGER
Name'.Zeiger:     .BLKA   1              ; Reservierung für Adresse
                  .ENDM
```

Dabei trennen die Einzelapostrophe den Formalparameter von konstantem Text; sie werden bei Expansion eliminiert. Die Aufrufe

```
                  Element   Element1
                  Element   Element2
```

generieren den Text

```
Element1.Zahl:    .BLKL   1  ; Reservierung für INTEGER
Element1.Zeiger:  .BLKA   1  ; Reservierung für Adresse
Element2.Zahl:    .BLKL   1  ; Reservierung für INTEGER
Element2.Zeiger:  .BLKA   1  ; Reservierung für Adresse
```

und man kann die Adressen `Element1.Zahl` usw. genau wie in PASCAL verwenden.
□

Beispiel 13.2.2.5.   Wenn man Unterprogramme mit diversen Parametern in Assemblersprache formuliert, hat man für eine korrekte Übergabe der Parameter (z.B. auf dem Stack) und für die Unterscheidung zwischen *call–by–reference* und *call–by–value* zu sorgen. Deshalb benutzt man zur Vorbereitung eines Unterprogrammaufrufs einen Macro, der die Unterprogrammparameter als Formalparameter akzeptiert, die nötigen Übergaben realisiert und dann das Unterprogramm aufruft. Dann wird der Umgang mit Unterprogrammen so einfach wie in einer Hochsprache, weil man nur noch den Macronamen und die Parameterliste spezifizieren muß; der eigentliche Aufruf wird stets von dem Macro besorgt. Von dieser Technik wird in späteren Beispielen Gebrauch gemacht. □

13.2.3 Bedingte Assemblierung, Schleifen und Sprünge

Eine weitere wichtige Eigenschaft der Macroprogrammierung ist die Benutzung **bedingter** Assemblierungsdirektiven. Man kann damit beispielsweise den Assemblierer zwingen, die Expansion von Macros vom Eintreten bestimmter parametergesteuerter Bedingungen abhängig zu machen und etwa gewisse Instruktionen in Abhängigkeit von Lage oder Datentyp eines Operanden–Parameters auszuwählen oder zu unterdrücken.

Beispiel 13.2.3.1. In einem MASM–Macro mit Formalparameter `Ziel` sei ein Befehl `MOVE Ziel,AX`, der den Inhalt des Registers `AX` nach `Ziel` schafft, zu assemblieren. Weil dieser Befehl eingespart werden kann, wenn der Macro mit dem Aktualparameter `AX` als Wert von `Ziel` expandiert wird, sollte man die Assemblierung überspringen, wenn `Ziel=AX` gilt. Das leistet die bedingte Assemblerdirektive `IFDIF` im MASM–Assembler:

```
      IFDIF   <Ziel>,<AX>    ; Assembliere den folgenden Befehl
                             ; nur dann, wenn Ziel ungleich AX
      MOV     Ziel, AX       ; Ergebnis wegspeichern
      ENDIF                  ; Ende des bedingten Assemblierens
```

□

Ferner kann man Schleifen und Sprünge für den Assemblierer innerhalb eines Assemblerprogramms (nicht notwendig nur in Macros) vorschreiben oder sogar rekursive Macros formulieren und damit den assemblierten Maschinencode stark beeinflussen.

Beispiel 13.2.3.2. Im MASM–Assembler kann man durch den rekursiven Macro

```
PUSHREG  MACRO   R1,R2,R3,R4,R5,R6,R7,R8  ; Push alle Register
         IFNB    <R1>                     ; IF R1 nicht blank, THEN
                                          ; BEGIN Assembliere:
         PUSH    R1                       ; Pushe R1 auf den Stack
         PUSHREG R2,R3,R4,R5,R6,R7,R8     ; rekursiver Aufruf
         ENDIF                            ; END des IF
         ENDM                             ; Ende des Macros
```

mit einer bedingten Assemblierung eine beliebige Anzahl von bis zu 8 Registern auf den Stack legen. Ein analoger Macro POPREG holt dann die Register wieder aus dem Stack heraus. □

Ferner ist es in vielen Assemblersprachen möglich, Variablen und Ausdrücke zu bilden, während der Assemblierung durch geeignete Direktiven auszuwerten und die Ergebnisse in den erzeugten Code einzubauen. Durch Definition von Zählern, deren Inkrementation und Abfrage baut man Schleifen auf Assemblerebene, etwa um eine Folge von Speicherplatzdirektiven 28–mal zu wiederholen, und zwar mit automatischer Durchnumerierung der symbolischen Adressen.

13.3 Datentypen und Operationen

In diesem Abschnitt werden die wichtigsten Datentypen mit den zugehörigen Operationen auf Maschinenebene genauer dargestellt.

13.3.1 Schreibweise von Operationen und Operanden

Die Feinstruktur der Assemblersprache und insbesondere die Form der einzelnen Instruktionszeilen hängt von mehreren Größen ab:

1. der Art der Operation (ADD, MOVE, CALL usw.),

2. der Länge der Operanden (Byte, Wort, Doppelwort usw.),

3. dem Typ der Operanden (ganze Zahl, Gleitkommazahl, Bitmuster usw.),

4. der Anzahl der Operanden (z.B. Zweiadreß– oder Dreiadreßform),

5. dem Ort der Operanden (Operand im Register oder im Hauptspeicher),

6. der Adressierungsart der Operanden (z.B. indirekt oder indiziert).

Man spricht von einem **orthogonalen** Instruktionssatz, wenn diese Größen die Schreibweise der Instruktionen möglichst ohne Wechselwirkungen festlegen.

Beispiel 13.3.1.1. Der VAX–Instruktionssatz erfüllt diese Forderung weitgehend. In vielen Fällen haben die Instruktionen die Form

   Operation Typ Operandenzahl

ohne Trennzeichen, wobei für Typ eines der Zeichen A, B, D, F, G, H, L, O, Q, W möglich ist und die Alternative 2 oder 3 bei der Operandenzahl besteht. Ort und Adressierungsart der Operanden haben keine Rückwirkung auf die Schreibweise.

Die Reihenfolge der Operanden bei der VAX ist stets so, daß mit den Eingangsoperanden begonnen wird und das Ergebnis als letzter Operand auftritt. Beim 8086–Mikroprozessor ist das genau umgekehrt.

Damit sollte klar sein, was der VAX–Befehl

   ADDL3 $a1, a2, a3$

tut: er addiert Langworte (als vorzeichenlose ganze Zahlen gemeint) in Dreiadreßform, indem der Operand an der Adresse $a1$ zum Operanden an der Adresse $a2$ addiert und das Ergebnis an der Adresse $a3$ abgelegt wird. Nur der Operand mit der Adresse $a3$ wird verändert. Die Adressen $a1$, $a2$ und $a3$ können Adreßausdrücke sein, deren Syntax und Semantik im Abschnitt 12.4.3 genauer behandelt wurde.

Zweiadreßbefehle entsprechen Dreiadreßinstruktionen mit gleichem ersten und dritten Operanden. Deshalb dividiert der Befehl

   DIVF2 $a1, a2$

die Gleitkommazahl des F_FLOATING–Typs, die sich an der Adresse $a2$ befindet, durch die Gleitkommazahl an der Adresse $a1$, ohne sie woanders abzuspeichern.

Konversionsinstruktionen zwischen zwei Datentypen haben dann stets zwei Typkürzel. Sie brauchen keine Angabe der Operandenzahl, weil diese klar ist. Deshalb ist CVTBW ein Konversionsbefehl für Bytes in Worte (2 Bytes). □

Beispiel 13.3.1.2. Der 8086–Instruktionssatz ist nicht so reichhaltig. Er realisiert ebenfalls das Anhängen von Typkürzeln an die Operation und hält die Adressierungsart sowie den Ort der Operanden unabhängig von der Instruktion. Die Anzahl der Operanden und deren Lage sind aber nicht unabhängig; beispielsweise darf höchstens ein Operand pro Instruktion im Hauptspeicher oder in einem Segmentregister sein (vgl. auch die Einschränkungen in den Adressierungsarten in Beispiel 12.4.3.9). Man kann daher Daten nicht direkt innerhalb des Hauptspeichers transferieren oder von Segmentregister zu Segmentregister kopieren. Ferner gibt es keine Dreiadreßinstruktionen und die Operandenreihenfolge ist genau umgekehrt wie bei der VAX: der Zieloperand kommt zuerst. □

13.3.2 Adressen

Als wichtigster Datentyp in einem Prozessor gelten die (logischen) Adressen. Sie fungieren als universelle Zeiger und können in außerordentlich vielfältiger Weise zur Erzeugung komplizierter Strukturen verwendet werden. Sie sind in der Regel als ganze nichtnegative Zahl intern dargestellt; deshalb kann man die auf Adressen bezogenen Instruktionen gemeinsam mit denen für ganze vorzeichenlose Zahlen behandeln. Einige Abweichungen, die sich speziell auf Adressen beziehen, werden als Spezialinstruktionen später erläutert.

13.3.3 Ganze Zahlen

Der Datentyp der ganzen Zahlen in binärer Codierung nimmt in der Regel ein Maschinenwort ein (mindestens aber 16 Bit). Häufig finden sich aber auch "Untertypen", die durch 8 Bits oder 16 Bits von 32 maximal möglichen Bits definiert sind. Für Indizierung von Arrays sind beispielsweise solche reduzierten Zahlbereiche durchaus sinnvoll. Man hat dann auch spezielle arithmetische Instruktionen (Addieren, Subtrahieren etc.) für diese reduzierten Typen. Das signifikanteste Byte hat stets die höhere Adresse; dies ist bei Konversionen in größere Worte zu beachten. (vgl. Abschnitt 12.3.7).

Die ganzen Zahlen zerfallen auf Maschinenebene in zwei Untermengen: die **vorzeichenlosen** und die im Zweierkomplement dargestellten zeichenbehafteten Zahlen.

13.3.3.1 Nichtnegative bzw. vorzeichenlose ganze Zahlen. Dieser Datentyp fällt, wie gesagt, häufig mit den Adressen zusammen; er bildet den zweitwichtigsten Datentyp in allen Rechenanlagen. MODULA–2 hat deshalb dafür auch den speziellen Typ *CARDINAL* eingeführt.

Das VAX–System nennt diesen Datentyp *"unsigned integer"* und unterstützt ihn in drei Wortlängen: Byte, Wort und Langwort.

13.3.3.2 Zeichenbehaftete ganze Zahlen. Negative ganze Zahlen werden stets durch die Zweierkomplementdarstellung realisiert, indem der Betrag der darzustellenden negativen Zahl binär codiert, das Ergebnis komplementiert und eine 1 addiert wird (vgl. Abschnitt 1.3.5). Dadurch ist das Vorzeichen stets aus dem "signifikantesten" Bit des Wortes abzulesen. Bei ganzen Zahlen ist also zwischen den Typen *"signed integer"* und *"unsigned integer"* zu unterscheiden; beispielsweise hat bei einer Wortlänge von 8 Bit das Byte 11101001 die dezimale Interpretation 223 bei vorzeichenloser Darstellung, aber −23 bei Zweierkomplementdarstellung.

13.3.3.3 Konversion. Die Unterscheidung zwischen den beiden Typen hat verschiedene Konsequenzen, auf die deutlich hingewiesen werden muß. Beim Umkopieren eines kürzeren Wertes auf einen längeren Speicherplatz müssen die "unbenutzten" Bits korrekt ergänzt werden: bei vorzeichenloser Darstellung stets durch Nullen, bei vorzeichenbehafteter Darstellung stets durch das Zeichenbit. Manchmal will man aber auch die "unbenutzten" Bits so lassen, wie sie sind, etwa dann, wenn man einen größeren Speicherbereich stückweise zusammenbauen will.

Beispiel 13.3.3.4. Das VAX–System unterscheidet bei Konversion präzise die drei
Situationen:

Operation	Veränderung der "unbenutzten" Bits
MOV	Unverändert lassen (MOVe)
MOVZ	Nullen setzen (MOVe Zero extended)
CVT	Zeichenbit einsetzen (ConVerT)

□

Beispiel 13.3.3.5. Im Maschinencode des 8086–Mikroprozessors wird bei den
expliziten Konversionsinstruktionen (CBW für Bytes in Worte und CWD für Worte in
Doppelworte) das Vorzeichen fortgesetzt; andere Konversionen sind explizit durch
MOV–Instruktionen zu realisieren. □

13.3.3.6 Arithmetische Operationen. Die meisten Maschinen unterscheiden
die beiden Zahldarstellungen in den Additions– und Subtraktionsinstruktionen nicht.
Bis auf die Überlaufbehandlung ist das Ergebnis bei beiden Varianten auch korrekt,
wenn einfach die vorzeichenlose Form vorausgesetzt wird.

13.3.3.7 Overflow und Carry. Bei Addition zweier vorzeichenloser ganzer Zahlen mit Eins als signifikantestem Bit oder zweier negativer ganzer Zahlen in Zweier-
komplementform tritt ein **Übertrag** (*Carry*) vor der ersten Bitposition auf. Dieses
Carrybit wird in der Regel in das Statuswort übernommen. Im ersten Fall liegt eine
Überschreitung des Zahlbereichs vor, im zweiten nicht. Deshalb verwendet man ein
zweites Bit im Statuswort (**Overflow–Bit**), das die Überschreitung des Zahlbereichs
bei vorzeichenbehafteter Darstellung signalisiert. Es wird beispielsweise dann gesetzt,
wenn zwei Summanden mit Null als führendem Bit nach Addition eine 1 als führendes
Bit ergeben (dies ist bei vorzeichenlosen Zahlen kein Problem, ansonsten aber eine
illegale Zahlbereichsüberschreitung).

Viele Maschinenarchitekturen unterbrechen in keinem der beiden Fälle das laufende
Programm, sondern überlassen es dem Programmierer (oder Compiler), die Statusbits
abzufragen und Fehler anzuzeigen. In der VAX kann man das *Overflow*–Ereignis
durch Setzen eines Bits im Statuswort überwachen und automatisch Unterbrechungen
auslösen.

13.3.3.8 Vergleichsoperationen. Ein weiterer wichtiger Unterschied ergibt sich
beim Vergleichen von Zahlen. Wenn man etwa bei der Wortlänge von 8 Bits die
Bytes $A = 11111111$, $B = 00000001$ und $C = 11111110$ vergleicht, so ist das Ergebnis
natürlich von der Interpretationsweise abhängig. Im zeichenlosen Fall hat man dezimal

$$B = 1 < C = 254 < A = 255$$

und im Zweierkomplementfall

$$C = -2 < A = -1 < B = 1.$$

Beispiel 13.3.3.9. Im VAX–System wird bei arithmetischen Vergleichen die implizite Voraussetzung der zeichenlosen Darstellung stets durch ein angehängtes U ("*unsigned*") kenntlich gemacht. Es gibt daher insgesamt die in Tabelle 23 aufgelisteten Relationen. Dabei ist klar der Unterschied zwischen der Rolle des N– und des C–Bits

Relation	Bedeutung	Statusbit–Bedingung
	zeichenbehaftet:	
EQL	*equal*	Z = 1
NEQ	*not equal*	Z = 0
GTR	*greater*	N und Z = 0
GEQ	*greater or equal*	N = 0
LEQ	*less or equal*	N oder Z = 1
LSS	*less*	N = 1
	vorzeichenlos:	
EQLU	*equal*	Z = 1
NEQU	*not equal*	Z = 0
GTRU	*greater*	C und Z = 0
GEQU	*greater or equal*	C = 0
LEQU	*less or equal*	C oder Z = 1
LSSU	*less*	C = 1

Tabelle 23: Vergleichsrelationen der VAX

zu erkennen: das N–Bit ist das signifikanteste Bit und das C–Bit ist das *Carrybit* der ohne Rücksicht auf das Vorzeichen gebildeten Differenz der Operanden. □

Beispiel 13.3.3.10. Im Maschinencode des 8086–Mikroprozessors gibt es die analogen Relationen aus Tabelle 24. Dabei steht mnemonisch A für "*above*" und B für "*below*". □

13.3.4 Operationen

Für ganze Zahlen realisieren die meisten Prozessoren alle arithmetischen Grundoperationen und die logischen Vergleichsoperationen. Bei RISC–Architekturen (z.B. beim IBM RT) wird auf das Dividieren und Multiplizieren ganzer Zahlen verzichtet, weil diese Operationen effizienter durch arithmetische Coprozessoren geleistet werden können und ohnehin im kommerziellen Bereich selten sind.

Beispiel 13.3.4.1. Die Instruktionen der VAX auf ganzen Zahlen oder Adressen lassen sich folgendermaßen beschreiben:

$$
\begin{aligned}
\text{ArithmetischeInstruktion} &= \text{ArithmetischeOperation Typ Operandenzahl .}\\
\text{ArithmetischeOperation} &= \text{"ADD" | "SUB" | "MUL" | "DIV" .}\\
\text{Typ} &= \text{"B" | "W" | "L" .}\\
\text{Operandenzahl} &= \text{"2" | "3" .}
\end{aligned}
$$

Relation	Bedeutung	Statusbit-Bedingung
	zeichenbehaftet:	
E/Z	*equal/zero*	$Z = 1$
NE/NZ	*not equal/not zero*	$Z = 0$
G/NLE	*greater*	$S = 1, Z = 0$
GE/NL	*greater or equal*	$S = 1$
LE/NG	*less or equal*	$S = 0$ oder $Z = 1$
L/NGE	*less*	$S = 0$
	vorzeichenlos:	
E/Z	*equal/zero*	$Z = 1$
NE/NZ	*not equal/not zero*	$Z = 0$
A/NBE	*above*	C und $Z = 0$
AE/NB	*above or equal*	$C = 0$
BE/NA	*below or equal*	C oder $Z = 1$
B/NAE	*below*	$C = 1$

Tabelle 24: Vergleichsrelationen des 8086

Hinzu kommen spezielle Instruktionen, die hier der Kürze halber nicht dargestellt werden.

Der *Compare*-Befehl CMPx für x = B, W, L vergleicht zwei Operanden gleichen Typs und setzt die Bits des Statuswortes:

$$
\begin{array}{lllll}
\text{N} & \text{wenn Operand 1} & \text{LSS} & \text{Operand 2} & \text{(mit Vorzeichen !)} \\
\text{Z} & \text{wenn Operand 1} & \text{EQL} & \text{Operand 2} & \text{(mit Vorzeichen !)} \\
\text{C} & \text{wenn Operand 1} & \text{LSSU} & \text{Operand 2} & \text{(ohne Vorzeichen !)}
\end{array}
$$

Durch diese Festlegung können die nachfolgenden Sprunginstruktionen mit einem Displacement als einzigem Operanden auskommen. Der Test- Befehl TSTx mit x = B, W, L und nur einem Argument wirkt wie ein *Compare*-Befehl mit zweitem Argument Null und ist lediglich kürzer.

Um einen Eindruck von der Anwendung des obigen Instruktionssatzes zu geben, sollen einige einfache Formeln bzw. Formelfolgen im Maschinencode programmiert werden. Für zunächst unbekannte Adressen werden dazu symbolische Namen A, B, C usw. eingeführt. Ferner seien die Register R0 ,R1,... von der Größe eines Langwortes frei. Dann entspricht der PASCAL-Text

```
VAR A, B, C : INTEGER;
.....
C:=(A-B)*(C-(A-B)/C);
....
```

dem VAX-Assemblerprogramm

```
A:    .BLKL   1             ; Reservierung für A
B:    .BLKL   1             ; Reservierung für B
C:    .BLKL   1             ; Reservierung für C

      ....

      SUBL3   B,A,R0        ; erste Klammer (A − B) nach R0
      DIVL3   C,R0,R1       ; Quotient (A − B)/C nach R1
      SUBL3   R1,C,R1       ; (C − (A − B)/C) nach R1
      MULL3   R0,R1,C       ; Ergebnis nach C
```

Wenn die Daten in A und B nicht weiter benutzt werden, kann man auch das folgende, um drei Adreßausdrücke kürzere Programm verwenden:

```
      SUBL2   B,A           ; erste Klammer (A − B) nach A
      DIVL3   C,A,B         ; Quotient (A − B)/C nach B
      SUBL2   B,C           ; (C − (A − B)/C) nach C
      MULL2   A,C           ; Ergebnis nach C
```

Dabei sind wegen der Vermeidung von Registern entsprechend mehr Hauptspeicherzugriffe nötig. Bezüglich Laufzeiteffizienz dürfte die erste Version überlegen sein. □

Beispiel 13.3.4.2. Im MASM–Assembler hat man bei 16–Bit–Daten die zweistelligen Grundoperationen ADD, CMP, SUB und TEST, die jeweils einen Ziel– und einen Quelloperanden zulassen. Dabei muß entweder mindestens ein Operand in einem Register stehen oder durch Daten direkt spezifiziert sein. Beim CMP–Befehl wird **arithmetisch** (d.h. bei Voraussetzung vorzeichenbehafteter Darstellung), beim TEST–Befehl wird **logisch** verglichen. Deshalb setzt nur der CMP–Befehl das *overflow bit*.

Multiplikation und Division haben nur einen Operanden (Multiplikator bzw. Divisor) und verändern stets das AX–Register. Es wird zwischen zeichenbehafteter (Instruktionen MUL und DIV) und vorzeichenloser Darstellung (Instruktionen IMUL und IDIV) unterschieden.

Verschiebeinstruktionen (*shifts*) haben einen Zieloperanden und einen direkt spezifizierten Operanden für die Anzahl der Bits, um die verschoben werden muß; es wird wieder zwischen zeichenbehafteter (Instruktionen SAR/SAL für "arithmetisch links/rechts") und zeichenloser Darstellung (SHR/SHL, "logischer *shift*") unterschieden.

Der im Abschnitt 6.2 in die Einzelanweisungen

$H1:=X+5;$
$H2:=H1*Y;$
$H3:=3*Z;$
$H4:=8*Y;$
$H5:=12-H3;$
$H6:=H5*H4;$
$H:=H2-H6$

zerlegte Ausdruck

$$H := (X+5)*Y-(3*Z)*(12-8*Y)$$

kann im MASM–Assembler unter Verwendung symbolischer Adreßnamen und unter
Annahme von vorzeichenbehafteten ganzen Zahlen von 16 Bit Länge folgendermaßen
geschrieben werden:

```
X   DW      ?           ; definiert X mit unbekanntem Wert
Y   DW      ?           ; definiert Y mit unbekanntem Wert
Z   DW      ?           ; definiert Z mit unbekanntem Wert
H   DW      ?           ; definiert H mit unbekanntem Wert
    ....
    usw.
    ....
    MOV     AX,X        ; Hole X nach AX
    ADD     AX,5        ; Addiere 5 dazu
    MUL     Y           ; Multipliziere AX mit Y
    MOV     DX,AX       ; Ergebnis zwischenspeichern in DX
    MOV     AX,Y        ; Y nach AX holen
    SAL     AX,3        ; Multiplikation mit 8; das
                        ; ist ein shift um 3 Stellen
    SUB     AX, 12      ; Subtraktion von 12
    MOV     CX,AX       ; Ergebnis zwischenspeichern in CX
    MOV     AX,3        ; 3 in AX laden
    MUL.    Z           ; Multiplikation mit Z
    MUL     CX          ; Multiplikation mit CX
    ADD     AX,DX       ; Addition der beiden Terme
    MOV     H,AX        ; Wegspeichern nach H
    ....
```

Der Unterschied zur VAX wird deutlich durch das Auftreten von MOV–Instruktionen
zum Übertragen von Daten zwischen Speicher und Registern. Da stets ein Operand
im Register stehen muß, sind solche Umspeicherungen erforderlich; in der VAX–
Architektur sind diese Speicherzugriffe verdeckt in den Drei– und Zweiadreßinstruktionen enthalten, wenn Operanden im Hauptspeicher adressiert werden.

Man kann sich leicht einen Macro ADD3W herstellen (vgl. Tabelle 25), der eine
Dreiadreßform der Addition von 16–Bit–Worten realisiert. Dabei sei vorausgesetzt,
daß der Akkumulator AX verfügbar ist. Man kann durch einfache Macros dieser Art
den Instruktionsvorrat der Assemblersprache vergrößern und damit Einschränkungen
des Instruktionssatzes ausgleichen. □

Aufgabe 13.3.4.3. Man wähle eine Formel mit mindestens 8 Termen und zwei
Klammerungsebenen und programmiere sie je einmal im MACRO– bzw. MASM–
Assembler auf zeichenbehafteten ganzen Zahlen mit 32 bzw. 16 Bit. □

```
ADD3W   MACRO   Ziel, Quelle1, Quelle2   ; Macro zur Dreiadreß–Addition
        IFDIF   <Quelle1>,<AX>           ; Assembliere den folgenden Befehl
                                         ; nur dann, wenn Quelle1 ungleich AX
        MOV     AX, Quelle1              ; AX mit Quelle1 laden
        ENDIF                            ; Ende des bedingten Assemblierens
        ADD     AX, Quelle2              ; Addition in AX
        IFDIF   <Ziel>,<AX>              ; Assembliere den folgenden Befehl
                                         ; nur dann, wenn Ziel ungleich AX
        MOV     Ziel, AX                 ; Ergebnis wegspeichern
        ENDIF                            ; Ende des bedingten Assemblierens
        ENDM                             ; Ende des Macros
```

Tabelle 25: MASM–Macro für die ADD3W–Dreiadreßinstruktion

Aufgabe 13.3.4.4.   Man schreibe im MACRO– bzw. MASM–Assembler je einen Macro, der die Operation $C := C + A * B$ auf zeichenbehafteten ganzen Zahlen mit 32 bzw. 16 Bit als neue Dreiadreßinstruktion ADDP erlaubt. □

Aufgabe 13.3.4.5.   Man erweitere das Simulations– und das Assembliererprogramm um arithmetische Befehle ADD, SUB, MUL, und DIV, die ausschließlich auf dem Stack arbeiten. Wie ist deren Stackbehandlung zu organisieren, damit sich Formeln in inverser polnischer Notation leicht in Maschinencode übersetzen lassen? □

Aufgabe 13.3.4.6.   Man erweitere das Simulations– und Assembliererprogramm zusätzlich auf indirekte Adressierung. Hinweis: Dazu genügt es, einen Ladebefehl für den Wert einer symbolischen Adresse und je einen indirekt adressierenden Lade– und Speicherbefehl zu implementieren. Damit schreibe man dann eine Subroutine für das Skalarprodukt zweier Vektoren beliebiger Länge. □

13.3.5   Bits und Bitfelder

Da man auf keiner Anlage einzelne Bits adressiert, geschieht die Manipulation von Bits nicht direkt, sondern innerhalb größerer Datenworte. Man verarbeitet keine Bits, sondern Bitfelder. Bei sehr reichhaltigen Instruktionssätzen gibt es Befehle, mit denen man durch Angabe der Position des Bits innerhalb eines Worts direkt Bits verändern kann. Wenn es keine solchen Instruktionen gibt, verwendet man sogenannte **Masken.** Beispielsweise kann man etwa das drittniedrigste Bit b eines Bytes B durch ein byteweises AND auf B und der "Maske" 00000100 erhalten; das Byte–Ergebnis ist entweder 00000000 (wenn $b = 0$) oder 00000100 (wenn $b = 1$) und der Unterschied ist durch Testen des Nullbits im Statuswort festzustellen, ohne auf die Bitposition Rücksicht zu nehmen.

Als Operationen treten AND, OR, XOR (exklusives Oder) und die logische Negation auf (NOT, logische Komplementbildung, zu unterscheiden von der arithmetischen Negation durch Zweierkomplementbildung), und zwar **komponentenweise** auf den jeweiligen Datenworten. Ferner kann man auch die logischen *Shifts* und die Rotationsinstruktionen zu den Operationen auf Bitfeldern rechnen; die ersteren füllen neue Positionen

stets mit Nullen, während die letzteren die an einem Ende "herausgeschobenen" Bits
am anderen Ende wieder ansetzen.

Beispiel 13.3.5.1. Die VAX unterstützt den Zugriff auf Bits in Bytes, Worten und
Langworten (Typen B, W, und L). Die Reservierung von Bitfeldern ist daher schon oben
behandelt worden. Die Operationen auf Bitfeldern haben die Form

$$
\begin{aligned}
\text{LogischeInstruktion} &= \text{LogischeOperation Typ Operandenzahl } \blacksquare \\
\text{LogischeOperation} &= \text{``BIC''} \mid \text{``BIS''} \mid \text{``XOR''} \blacksquare \\
\text{Typ} &= \text{``B''} \mid \text{``W''} \mid \text{``L''} \blacksquare \\
\text{Operandenzahl} &= \text{``2''} \mid \text{``3''} \blacksquare
\end{aligned}
$$

Die Operation BIS (*Bit Set*) setzt die Einserbits des ersten Operanden auf den Zieloperanden durch und läßt die anderen Bits unverändert. Das entspricht genau dem OR.
Analog erzwingt BIC (*Bit Clear*) Nullbits im Zieloperanden, wo der erste Operand Einsen hatte. Das entspricht einem AND mit negiertem erstem Operanden. Die logische
Komplementbildung geschieht durch den Zweiadreßbefehl MCOMTyp (*Move Complemented*, im Gegensatz zu MNEG für das arithmetische Negieren, *Move Negated*).

Eine simple Testmöglichkeit in Verbindung mit Masken bietet der Befehl BITx, der
seine zwei Operanden durch UND verbindet und die N- bzw. Z-Statusbits setzt. Wenn
etwa die Operanden von BITB aus der Maske 00000100 und dem Byte B bestehen, so
ist Z nach der Instruktion gleich dem drittniedrigsten Bit von B (siehe oben).

Das VAX-System kennt ferner die Spezialinstruktionen EXTV und EXTZV zum Extrahieren von Bitfeldern aus Datenbereichen. Diese werden unter den Konversionsinstruktionen behandelt. □

Beispiel 13.3.5.2. Im MASM-Assembler hat man die Zweiadreßinstruktionen AND,
OR, XOR und CMP mit denselben Adressierungseinschränkungen wie bei den arithmetischen Operationen. Der logische Negationsbefehl NOT hat nur einen Operanden; die
logischen *Shift*- und Rotationsinstruktionen SHL, SHR, ROL und ROR haben als Operanden die Zieladresse und die Anzahl der Verschiebungen. Direktzugriffe auf Einzelbits
gibt es nicht. □

13.3.6 Reelle Zahlen

13.3.6.1 Wortlängen. Reelle Zahlen im Gleitkommaformat werden bei byteorientierten Maschinen in Worten zu 32, 64 oder 128 Bits dargestellt, die intern auf
spezielle Weise unterteilt sind, um Mantisse und Exponent sowie deren Vorzeichen
geeignet zu codieren. Diese Datenformate sind keineswegs einheitlich; man kann ja
z.B. stets eine längere Mantisse auf Kosten der Exponentenlänge (und umgekehrt)
erzeugen.

Beispiel 13.3.6.2. Die Architektur der VAX kennt vier Arten der Codierung reeller
Zahlen gemäß Tabelle 26. Die Formataufteilung beim F-Format ist bei linksläufiger
Schreibweise in 16-Bit-Worten durch die Figur 37 dargestellt, wobei s das Zeichenbit
bedeutet. Die Mantissenstellen enthalten das bei Normalisierung führende erste Bit

Typ	Bits total	Vorzeichen	Exponent	Mantisse
F_FLOATING	32	1	8	23
D_FLOATING	64	1	8	55
G_FLOATING	64	1	11	52
H_FLOATING	128	1	15	112

Tabelle 26: VAX–Datenformate für Gleitkommazahlen

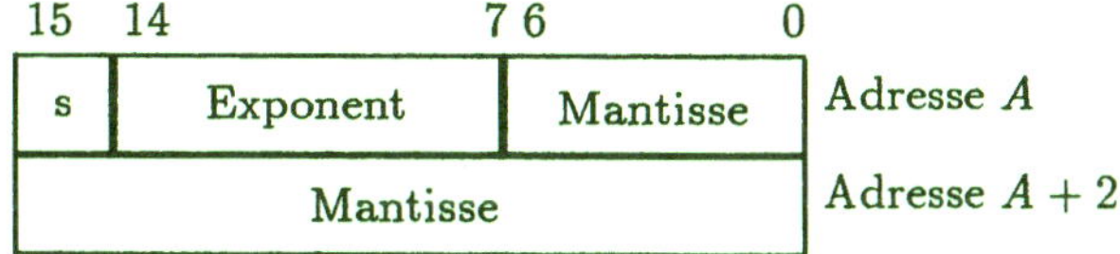

Figur 37: Datenformat für Gleitkommazahlen

nicht; die Reihenfolge der Bits der Mantisse und des Exponenten ist von links nach rechts und von oben nach unten im Sinne absteigender Signifikanz zu verstehen.

Beim F– und D–Format ist der gespeicherte Exponent gleich dem wahren plus 128. Gespeicherte Exponenten zwischen 1 und 255 gelten als korrekt; dies erlaubt eine Darstellung wahrer binärer Exponenten zwischen -127 und $+127$. Beim G– bzw. H–Format wird 128 ersetzt durch 1024=1K bzw. 16K=16384. Dann kann der reale binäre Exponent zwischen $\pm$ 1023 bzw. $\pm$ 16383 variieren.

Das Zeichenbit ist Null für positive Zahlen und 1 sonst. Die Null der reellen Zahlen wird dargestellt durch die Kombination eines Null- Zeichenbits mit dem binären Exponenten Null. Die Mantissenbits sind dabei irrelevant. □

Beispiel 13.3.6.3. Bei den großen IBM–Anlagen hat man als Basis das Hexadezimalsystem statt des Binärsystems zu nehmen und deshalb auch die Exponenten bezüglich 16 zu bilden. Bei Normalisierung ergibt sich nicht notwendig ein führendes Bit, sondern es können bis zu drei führende Nullen in der Mantisse auftreten, weil alle positiven Hexadezimalziffern an erster Stelle der Mantisse stehen können. Man kann allerdings wegen der größeren Basis 16 mit einem kleineren Exponentenbereich auskommen; 7 Binärstellen eines Exponenten von 16 entsprechen 11 Binärstellen des Exponenten von 2. Die Datenformate sind in Tabelle 27 dargestellt. Die EXTENDED–

Typ	Bits total	Vorzeichen	Exponent von 16	Mantisse
SINGLE	32	1	7	24
DOUBLE	64	1	7	56
EXTENDED	128	1	7	112

Tabelle 27: IBM–Datenformate für Gleitkommazahlen

Zahlen werden wie zwei DOUBLE–Zahlen angesehen, wobei aber Zeichen und Exponent der zweiten Zahl redundant sind. Bei allen Formaten ist der gespeicherte Exponent gleich dem wahren plus 64. Dadurch ergibt sich ein Exponentenbereich von -63 bis $+63$ zur Basis 16.

Beispiel 13.3.6.4.   Die Verarbeitung von Gleitkommazahlen auf dem 8086–Mikroprozessor erfordert entweder eine Software–Emulation oder die Verwendung spezieller Coprozessoren.   Im 8087–Coprozessor hat man eine interne 80–Bit–Zahldarstellung mit 64 Bits für die Mantisse und 15 Bits für den Exponenten. Bei Datenübertragungen zwischen dem Coprozessor und dem Speicher werden ferner zwei Datenformate mit insgesamt 32 bzw. 64 Bits und 23 bzw. 52 Mantissenbits (*"short"* und *"long"*) unterstützt. Diese Formate entsprechen F_FLOATING und G_FLOATING auf der VAX. □

13.3.7 Operationen auf Gleitkommazahlen

Die Prozessorarchitektur hat in diesem Typ die Grundrechenarten und die Vergleichsoperationen zu realisieren. Dabei sollte im Idealfall das jeweilige Gleitkommaergebnis. gleich derjenigen Gleitkommazahl sein, die dem wahren Ergebnis am nächsten liegt (**optimale Gleitkommarundung**). Dies trifft leider für viele ältere Prozessorarchitekturen nicht zu.

Beispiel 13.3.7.1.   Die Instruktionen der VAX auf reellen Zahlen umfassen die beim Datentyp der ganzen Zahlen schon aufgelisteten Instruktionen, wobei einfach für Typ auch F, D, G und H zugelassen sind. Gegenüber den ganzzahligen Operationen sind lediglich die Wirkungen auf den Statusbits verschieden, denn die Gleitkommaoperationen wirken nicht auf das *Carry–Bit*. Auch die Semantik ist bis auf die Verschiedenheit der Datentypen dieselbe. Durch verborgene Zusatzbits wird die optimale Gleitkommarundung realisiert. □

Beispiel 13.3.7.2.   Im Coprozessor 8087 wird auf einem Stack aus 8 Worten zu 80 Bit gearbeitet; die Ausführung der Instruktionen ist asynchron zum Hauptprozessor und muß durch Warteinstruktionen synchronisiert werden. Die Instruktionen für zweistellige Operationen erwarten stets einen Operanden an der obersten Stackposition. Bei abschließender Konversion auf das 32– oder 64–Bit–Format erhält man stets ein optimal gerundetes Ergebnis. Weitere Details der 8087–Programmierung sollen hier unterdrückt werden. □

13.3.8 Zeichenketten

Bei Byte–Speicheradressierung sind Zeichenketten einfach durch Folgen von Bytes mit ASCII–Codierung gegeben. Die wichtigste Operation auf Zeichenketten, das Umspeichern von Einzelzeichen oder ganzen Teilworten, erfolgt über Instruktionen vom MOVE–Typ, die komplette Bytefolgen übertragen. Solche Instruktionen sind auch für andere Kopiervorgänge sehr nützlich, weil man damit größere Speicherbereiche durch eine einzige Instruktion ohne Rücksicht auf die Interpretation des Inhalts als Adressen, Zahlen oder Zeichen hin- und herschieben kann.

Der Vergleich von Einzelzeichen kann über das Testen von Bytes ohne weiteres abgewickelt werden, so daß man im Prinzip eigentlich mit einem `MOVE` und einem Byte–Test auskäme. Wegen der großen Bedeutung der Zeichenkettenverarbeitung ist es aber sehr nützlich, häufig auftretende Operationen auf Zeichenketten wie das Suchen von Zeichen oder Teilworte durch Maschineninstruktionen verfügbar zu haben und nicht auf Subroutinen angewiesen zu sein. Deshalb ist ein reicher Instruktionsvorrat in dieser Hinsicht sehr vorteilhaft. Natürlich wird bei den komplizierteren Operationen im Prinzip ein mikroprogrammierter Algorithmus ausgeführt; als temporäre Speicherplätze verwenden diese Instruktionen stets mehrere Register.

Beispiel 13.3.8.1.   Der Maschinencode der VAX enthält eine Reihe von komfortablen String–Instruktionen, die hier nicht in allen Details dargestellt werden können. Übertragung und Vergleich von Zeichenketten bis zu 64K Bytes sind durch einzelne Instruktionen möglich; ferner kann man Teilworte oder Einzelzeichen aus Zeichenketten heraussuchen.

Beispiel 13.3.8.2.   Auch die 8086–Mikroprozessoren haben String–Instruktionen, die eine Verarbeitung von langen Zeichenketten durch einzelne Instruktionen ermöglichen. Dabei wird eine spezielle Adressierung über das Extra–Segmentregister ES und die Indexregister SI und DI vorausgesetzt, die hier aus Platzgründen nicht detailliert dargestellt werden kann. □

13.3.9   Dezimalzahlen

Für viele Anwendungen (insbesondere im kommerziellen Bereich) haben arithmetische Instruktionen auf Binärzahlen eine geringere Bedeutung als das Einlesen, Verschieben und Ausgeben von ASCII–Zeichen oder dezimalen Daten. Dann ist es nicht effizient, für simple Rechnungen (z.B. Additionen) erst die Dezimalform in die Binärform zu konvertieren, die Summe binär auszurechnen und danach noch einmal ins Dezimalsystem zurückzukonvertieren. Deshalb werden von vielen Anlagen arithmetische Operationen auch im gepackt–dezimalen Zahlenformat (BCD–Code, vgl.Abschnitt 1.3.5.10) unterstützt.

Beispiel 13.3.9.1.   Die VAX kennt den Datentyp *"leading separate numeric string"* für Folgen ASCII–codierter (ungepackter) Dezimalziffern. Das Einlesen und Ausgeben solcher Zahlen ist besonders einfach, da man im Idealfall nicht zu konvertieren braucht (abgesehen von führenden Nullen oder dem evtl. vorhandenen führenden Pluszeichen, das beim Ausdrucken stören würde). Auch die Reihenfolge von Ziffern und Vorzeichen ist wie in normalen Texten, d.h. das Vorzeichen hat die niedrigste Adresse und die Einerstelle die höchste. Deshalb stellt man ungepackte ASCII–codierte Dezimalzahlen rechtsläufig dar.

Die Speichertechnik BCD–codierter Dezimalzahlen (Datentyp *"packed decimal"*) ist ebenfalls so, daß die Adressierung bei der signifikantesten Stelle beginnt; allerdings liegt hier das Vorzeichen **hinter** der Einerstelle. Da man stets eine gerade Anzahl von Plätzen bei gepackt dezimaler Speicherung frei hat, muß man bei einer geraden Anzahl von Dezimalziffern noch eine führende Null speichern (weil das Vorzeichen sonst die

Anzahl ungerade machen würde). Als Beispiel hat man also in hexadezimaler und binärer (rechtsläufiger) Notation

> für 278 : 278C oder 00100111 10001100

> für -48 : 048D oder 00000100 10001101

Für BCD–codierte Dezimalzahlen gibt es auf der VAX die 4 Grundrechenarten, Vergleichs– Konversions– und Bewegungsinstruktionen, deren Details hier unterdrückt werden. Die Länge der Operanden ist variabel. □

Beispiel 13.3.9.2.   Der 8087–Coprozessor unterstützt das Rechnen mit BCD–codierten Dezimalzahlen im festen 10–Byte–Format (mit DT–Direktive deklariert), indem entsprechende Konversionen beim Transfer zwischen Hauptprozessor und 8087 vorgenommen werden. Die internen Instruktionen des Coprozessors arbeiten immer auf 80–Bit–Gleitkommazahlen. □

13.3.10   Konversionsinstruktionen

Häufig muß man durch geeignete Konversionsinstruktionen Zahl– oder allgemeinere Datenformate ineinander umwandeln. Die Details von Konversionsinstruktionen sind sehr maschinenspezifisch (insbesondere bezüglich der Rundungsregeln und der Aus-nahmebedingungen) und werden deshalb hier nur in speziellen Beispielen dargestellt.

Beispiel 13.3.10.1.   Die VAX hat Zweiadreß–Konversionsinstruktionen der Form CVTxy mit Typen x,y aus B, W, L, F, D, G, H, wobei die Kombinationen xy =DG und xy =GD ausgenommen sind. Für die Spezialformate P bzw. S der gepackten bzw. ungepackten Dezimalzahlen gibt es ferner CVTLP, CVTPL, CVTPS und CVTSP. Die Um-wandlung von Gleitkommazahlen in (gerundete) ganze Zahlen liefern die Instruktionen CVTRxL (*Convert Rounded to Longword*) für x = F, D, G und H.

Die Spezialinstruktion

> EXTZV Pos,Länge,Basis,Zieladresse

(mnemonisch: *Extract Zero–extended "vield"*) extrahiert ein Bitfeld aus einem Byte und setzt es unter Auffüllung von Nullen in ein Langwort ein. Das Bitfeld wird spezifiziert durch

1. eine Basisadresse Basis, die den Beginn des Bytes mit dem zu extrahierenden Feld anzeigt und

2. eine relative Position Pos des ersten Bits des Feldes, gemessen von Bit 0 des Bytes mit der Basisadresse Basis aus und

3. die Länge des Feldes.

$$\begin{array}{ll}\text{Position} & 0\ 1\ 2\ 3\ 4\ 5\quad\ldots\\ \text{Bits} & \boxed{0\,|\,0\,|\,1\,|\,0\,|\,0\,|\,1}\ \ldots\end{array}$$

> Das durch Pos = 2 und Länge = 2 definierte Feld besteht aus den Bits Nummer 2 und 3 und hat den Wert 10 bei rechtsläufiger Schreibweise.

Dieser Befehl ist genauer beschrieben worden, weil er unten in einem Beispiel vor-kommt. □

13.3.11 Spezialinstruktionen

13.3.11.1 Adreßinstruktionen. Eine wichtige Spezialform des `MOVE`-Befehls ist das Bewegen von Adressen. Dies erlaubt, statt eines Wertes dessen Adresse als neuen Wert vom Typ Adresse zu erzeugen und insbesondere den resultierenden Wert eines komplizierten Adreßausdrucks a_1 als absolute Adresse an dem Speicherplatz mit der Adresse a_2 abzulegen (z.B. bei *call–by–reference*). Das ist im Prinzip ein vereinfachtes `MOVE`, weil kein Speicherzugriff nötig ist, denn der Wert des Operanden ist irrelevant. Erfolgt das Ablegen der Adresse an einer neuen Stackposition (z.B. bei Parameterübergabe auf dem Stack), so kann man auf der VAX auch einen `PUSH`-Befehl für Adressen verwenden.

Beispiel 13.3.11.2. Die VAX bietet für $x =$ `B, W, L, O, Q, F, D, G, H` die Instruktionen

```
MOVAx    Quelladresse,Langwort–Zieladresse
PUSHAx   Quelladresse
```

wobei `PUSHAx` als impliziten zweiten Operanden `-(SP)` hat (indirekte Autodekrement-Adressierung mit dem *stack pointer*) und der Datentyp x sich stets nur auf die Quelladresse bezieht. □

13.3.11.3 Stackinstruktionen. Der oben erwähnte `PUSHAx`-Befehl der VAX ist ein spezieller Stackmanipulationsbefehl. Bei moderneren Architekturen ist der Stack eine so wichtige Komponente, daß man abgekürzte Spezialinstruktionen in die Prozessorarchitektur einbezieht und nicht auf normale `MOVE`-Instruktionen mit indirekter Adressierung über den *stack pointer* SP zurückgreift.

Beispiel 13.3.11.4. Der 8086–Mikroprozessor verwendet Stackmanipulationsinstruktionen `PUSH` und `POP` mit je einem 16-Bit-Operanden, wobei keine Spezialform für Adressen vorliegt. Die Bildung einer Adresse geschieht durch den Befehl LEA (*"load effective address"*) mit einer Ziel- und einer Hauptspeicher-Quelladresse als Operanden (vgl. den Macro im Abschnitt 13.5.3). □

13.3.11.5 Input/Output. Die Assemblerprogrammierung von Ein- und Ausgabe ist im Rahmen dieser Einführung nicht angemessen darstellbar. Es kann hier nur auf die wichtigsten Techniken kurz eingegangen werden.

Im Normalfall ist selbst für den Assemblerprogrammierer der Zugang zu den unteren Schichten des Eingabe/Ausgabe-Teils des Betriebssystems aus Gründen der Betriebssicherheit versperrt. Deshalb erfolgen die Ein- und Ausgaben in der Regel über Betriebssystemroutinen, die entweder über Macros aufgerufen werden (bei vielen größeren Rechnern, u.a. auch der VAX) oder die durch Signalisieren von Unterbrechungen (z.B. beim 8086) als Handler arbeiten. Hier hilft nur ein genaues Studium der Handbücher des Betriebssystems; der in Assemblerprogrammierung etwas bewanderte Benutzer kann sich dann leicht eigene Macros schreiben, die seine Daten korrekt zur Ein- bzw. und Ausgabe an des Betriebssystem abliefern. Anfänger erhalten in entsprechenden Kursen in der Regel einen Satz vorgefertigter Macros, die sie erst später voll verstehen.

Beispiel 13.3.11.6.   Das MS–DOS–Betriebssystem des 8086–Mikroprozessors verwendet den *Interrupt* 21 (hexadezimal) zur Ausgabe von ASCII–Zeichenketten auf dem Bildschirm, wobei das AH–Register den Wert 9 und das DX–Register die Startadresse des auszugebenden Strings aus dem Datensegment enthalten muß. Der String wird byteweise im ASCII–Code interpretiert und bis zum ersten auftretenden Dollarzeichen ausgegeben.

Will man in einem Assemblerprogramm auf möglichst komfortable Weise Texte ausgeben (z.B. Fehlermeldungen), ohne den Text im eventuell weit entfernten Datensegment ablegen zu müssen, so empfiehlt sich die Programmierung eines Macros WRITE Text, der den Text (der dann als letztes Zeichen ein \$ haben muß) direkt ausgibt. Der Text wird sicherheitshalber in Form von 4 Argumenten übergeben, um Kommata in der Aufrufsyntax zuzulassen; ein typischer Aufruf ist

```
WRITE ''Integer Overflow'',13,10,''$''
```

wobei berücksichtigt werden muß, daß die dezimalen ASCII–Codes 13 und 10 den Wagenrücklauf und den Zeilenvorschub darstellen. Deshalb entspricht der obige Macro–Aufruf einem *WRITELN* ('*Integer Overflow*') in PASCAL. Der Macro ist

```
WRITE     MACRO   T1,T2,T3,T4          ; Direktes Schreiben
          LOCAL   WEITER,LOCTXT        ; deklariert zwei labels als lokal
          JMP     WEITER               ; Springe (JuMP) um lokalen Text
LOCTXT    DB      T1,T2,T3,T4          ; reserviert Platz im Codesegment
WEITER:                                ; Hier geht's weiter
          PUSH    DX                   ; DX auf Stack retten
          MOV     DX,OFFSET LOCTXT     ; Relativadresse des Textes nach DX
          PUSH    DS                   ; DS auf Stack retten
          MOV     AX,CS                ; CS in DS kopieren,
          MOV     DS,AX                ; weil MS–DOS den Text
                                       ; über DS adressiert,
                                       ; der Text aber im Codesegment steht
          MOV     AH,09H               ; Vorbereitung des Interrupts
          INT     21H                  ; Signalisiere MS–DOS string display
          POP     DS                   ; DS aus Stack restaurieren
          POP     DX                   ; DX aus Stack restaurieren
          ENDM                         ; Ende des Macros
```

Die im Macro verwendete Direktive LOCAL deklariert eine Liste von Labels eines Macros als lokal; der Assemblierer erzeugt dann bei jeder Expansion ein anderes Label, um Mehrdeutigkeiten zu vermeiden. Das Attribut OFFSET vor einer Datenadresse bewirkt, daß der Assemblierer die Relativadresse bezüglich des Sektionsbeginns als konkrete Zahl einsetzt. Weil LOCTXT im Codesegment liegt, MS–DOS aber den Datensegment–*Offset* in DX erwartet und zusammen mit DS zum Adressieren verwendet, muß DS mit dem Inhalt von CS geladen werden und der Codesegment–*Offset* gehört nach DX. □

13.4 Sprünge und Subroutinen

13.4.1 Allgemeine Eigenschaften von Sprunginstruktionen

Diese bestehen in nichts anderem als in einer Veränderung des Programmzählers oder des Instruktionsadreßregisters (*program counter*, PC). Sie können entweder unbedingt ausgeführt werden oder vom Eintreten spezieller Bedingungen abhängen. Für den Assemblierer ist es ferner wichtig, ob die Zieladresse innerhalb der laufenden Sektion liegt oder nicht. Im ersten Fall kann man die Zieladresse als Relativadresse zum PC angeben; dann spricht man bei der VAX-Architektur von einem "*Branch*" (**Verzweigung**) und bei der 8086-Architektur von einem "*Jump*" auf ein "*internal label*". Ist die Zieladresse außerhalb der Sektion, so ist beim Assembliervorgang noch keine endgültige Zieladresse bekannt; diese wird erst vom Linker eingesetzt. Solche globalen Sprünge heißen "*Jump*" auf beiden Maschinen (Instruktion JMP) und die Zieladresse wird beim 8086-Mikroprozessor als "*external label*" bezeichnet. Sie muß im Segment des Sprungbefehls durch die Direktive

```
EXTRN Labelname :FAR
```

als extern deklariert und im Segment der Zieladresse durch die Direktive

```
PUBLIC Labelname :FAR
```

exportierbar gemacht werden. Der VAX-Assembler nimmt einen globalen Sprung an, wenn er innerhalb der assemblierten Sektion die symbolische Zieladresse nicht findet.

Sprunginstruktionen haben in der Regel nur einen Operanden: die Adresse der Instruktion, die als nächste auszuführen ist. Sie unterscheiden sich lediglich durch die Bedingungen, unter denen der Sprung auszuführen ist und durch die Reichweite des Sprunges. In vielen Fällen genügt es, dem Assemblierer eine symbolische Adresse als Zieladresse anzugeben, weil dann entweder der Assemblierer die Relativadresse zum PC ausrechnen oder der Linker die gewünschte absolute Adresse aus einer anderen Sektion einsetzen kann. Die Reichweite des Sprunges bestimmt auch bei Sprüngen innerhalb von Sektionen oder Segmenten die erforderliche Länge der Relativadresse. Bei der VAX kann diese den Typen B, W oder L angehören, also zwischen 8, 16 und 32 Bit variieren, während beim 8086-Mikroprozessor nur B und W erlaubt sind. Der MACRO-Assembler der VAX berechnet die nötige Adreßlänge automatisch, während die 8086-Architektur bei allen **bedingten** Sprüngen nur eine zeichenbehaftete 8-Bit-Relativadresse zum PC erlaubt. Das gestattet Sprünge rückwärts von maximal 128 Bytes und vorwärts von maximal 127 Bytes. Will der MASM-Programmierer größere Sprünge machen, so muß er den unbedingten Sprungbefehl verwenden.

Beim unbedingten Sprung wird vom MASM-Programmierer eine weitergehende Deklaration des anzuspringenden Labels erwartet, und zwar einerseits als NEAR (für einen *intrasegment jump or call*, Normalfall) oder FAR (für einen *intersegment jump or call*), und andererseits als WORD (im Falle eines Wort-Displacements beim *Intrasegment-*Sprung) bzw. DWORD (im Falle eines Doppelworts für Wort-Displacement und Segmentregister-Inhalt bei einem *Intersegment-*Sprung). Wird weder WORD noch DWORD angegeben, so wird ein Byte-Displacement angenommen.

Auf Maschinencode–Ebene gibt es also im MASM–Assembler drei Arten des unbedingten Sprunges: *intrasegment* mit 8–Bit–Displacement, *intrasegment* mit 16–Bit–Displacement und *intersegment* mit 16–Bit Displacement und einem 16–Bit–Wort als Inhalt des neuen CS–Segmentregisters. Die oben angegebenen Alternativen steuern die Tätigkeit des Assemblers bei der Auswahl des richtigen Maschinenbefehls.

13.4.2 Unbedingte Sprünge

Diese entsprechen dem in Hochsprachen erlaubten, aber zu vermeidenden GO TO. Der Kontrollfluß wird an einer anderen Stelle, die durch eine Adresse spezifiziert sein muß, fortgesetzt.

Beispiel 13.4.2.1. Das VAX–System unterscheidet zwischen dem *"Branch"* BRx zu einer Adresse relativ zum PC, die als Byte oder Wort vorliegt (x = B, W) und dem *"Jump"* JMP an eine absolute, z.B. bezüglich der Sektion externe Adresse. □

Beispiel 13.4.2.2. Der unbedingte JMP–Befehl des MASM–Assemblers ist (neben dem Subroutinenaufruf) die einzige Sprunginstruktion, die *"far labels"* erreicht und weiter als 128 Bytes in einem Segment springt. □

13.4.3 Durch Statuswort bedingte Sprünge

Mit bedingten Sprüngen kann man das IF–THEN–ELSE von PASCAL realisieren in der folgenden allgemeinen Form:

```
          ...                       ; Aufbau der IF-Bedingung
                                    ; mit Ergebnis im Statuswort.
          BRANCH_IF   Then_Fall     ; Verzweige bedingt zu Then_Fall,
                                    ; wenn die Bedingung erfüllt ist.
          ...                       ; Beginn des ELSE-Programmteils.
          BRANCH      Fertig        ; Verzweige unbedingt zur Adresse Fertig.
Then_Fall:                          ; Beginn des THEN-Programmteils.
          ...                       ;
Fertig:   ...                       ; Ende der Fallunterscheidung.
```

Bei der bedingten Verzweigung BRANCH_IF wird das Statuswort abgefragt und an die Relativadresse Then_Fall verzweigt, wenn gewisse Signale im Statuswort vorliegen, die der Programmierer durch vorherige Instruktionen erzwungen hat. Deshalb sind solche Sprunginstruktionen eindeutig durch die Bedingungen im Statuswort definiert; die mnemonische Beschreibung der Instruktion ist manchmal etwas irreführend.

Da fast alle Instruktionen neben ihren sonstigen Wirkungen auch die Statusbits verändern, kann der Programmierer oft eine Vergleichsoperation einsparen, indem er die durch die vorangegangene Instruktion gesetzten Statusbits berücksichtigt.

Beispiel 13.4.3.1. Auf der VAX gibt es bedingte Sprunginstruktionen der Form

```
B Relation LokaleAdresse
```

für vorzeichenlose und zeichenbehaftete Vergleiche, wobei Relation eine der durch Statusbits definierten Relationen aus Tabelle 23 ist.

Zusätzlich kann man in Abhängigkeit von den Statusbits C und V (*Carry* und *Overflow*) durch die Instruktionen BCC, BCS, BVC und BVS (*Carry clear, Carry set, Overflow clear* und *Overflow set*) verzweigen. □

Beispiel 13.4.3.2. Der 8086–Mikroprozessor enthält Sprunginstruktionen der Form

    J Relation LokaleAdresse

wobei jetzt Tabelle 24 zur Anwendung kommt.

Ferner kann man in Abhängigkeit von den Statusbits Bit = C, O, S, Z und P (*Carry, Overflow, Sign, Zero* und *Parity*) durch die Instruktionen JBit (*Jump*, wenn Bit gesetzt) oder JNBit (*Jump*, wenn Bit nicht gesetzt) verzweigen. □

13.4.4 Durch Datenbits bedingte Sprünge

Diese sind in der 8086–Architektur nicht möglich; man hat dafür zu sorgen, daß durch vorangegangene Instruktionen das Statuswort so verändert wird, daß einer der obigen Instruktionen anwendbar wird. Als Ausnahme gilt nur der Befehl JCXZ, der verzweigt, falls das CX–Register Null ist.

Auf der VAX gibt es eine Reihe von Sprunginstruktionen in Abhängigkeit von Datenbits, die hier der Kürze halber aber übergangen werden.

13.4.5 Schleifeninstruktionen

Will man Schleifen vom REPEAT–UNTIL–, FOR–DO– oder DO–WHILE–Typ auf Maschinenebene realisieren, so kann man dazu natürlich auch die oben beschriebenen bedingten Sprünge verwenden; bei vielen Prozessorarchitekturen gibt es allerdings auch direkt verwendbare Instruktionen zur Programmierung von Schleifen des FOR–DO–Typs. Sie inkrementieren oder dekrementieren einen Zähler, vergleichen ihn mit einem Grenzwert und verzweigen, wenn der Zähler und der Grenzwert in einer bestimmten Relation stehen.

Beispiel 13.4.5.1. Auf der VAX gibt es den Befehl *"Add, Compare, and Branch"*

    ACBx Limit, Addend, Zähler, LokaleZieladresse

für die Datentypen x = B, W, L, F, D, G, H, wobei die Testbedingung vom Vorzeichen des Addenden abhängt: ist er positiv, so wird verzweigt, wenn der Zähler kleiner oder gleich dem Limit ist, ansonsten wird die Relation "größer oder gleich" verwendet.

Für die Addition bzw. Subtraktion von 1 auf Zähler als Langworte gibt es die kürzeren und schnelleren Spezialinstruktionen *"Add/Subtract One and Branch, if..."* mit der Mnemonik AOBLSS, AOBLEQ, SOBGEQ und SOBGTR, wobei die Relationen aus Tabelle 23 auftreten und die drei Operanden Limit, Zähler und LokaleZieladresse zu spezifizieren sind.

Damit hat die PASCAL-Schleife

> FOR $I:=M$ TO N DO ...

das VAX–Assembler–Äquivalent

```
M:        .BLKL    1           ; Reservierung eines Langworts für den Startwert
N:        .BLKL    1           ; Reservierung eines Langworts für den Endwert
I:        .BLKL    1           ; Reservierung eines Langworts für den Zähler
          ......
                              ; (u.a. werden N und M gesetzt)
          ......
          CMPL     N,M         ; Teste N gegen M
          BLSS     WEITER      ; Überspringe die Schleife, wenn N LSS M
          MOVL     M,I         ; Anfangswert M für Index I
LOOP:     ....                 ; Schleifenbeginn
          ....                 ; Schleifentext
          AOBLEQ   N,I,LOOP    ; Sprung
WEITER:   .....                ; Hier geht's weiter
```

Eine REPEAT–UNTIL–Schleife von der Form

> REPEAT
> .....
> $M:=M-N;$
> UNTIL $M=0$

ist einfach durch

```
          .....
LOOP:     .....               ; Schleifenbeginn
          .....               ; Schleifentext
          SUBL2    N,M        ; letzte Instruktion: setzt Statusbits
          BNEQ     LOOP       ; Verzweige, wenn M <> 0
```

realisierbar. □

Beispiel 13.4.5.2. Beim 8086–Mikroprozessor sind Schleifenkonstruktionen entweder durch die üblichen bedingten Sprunginstruktionen oder unter Benutzung des CX–Registers als Zählregister durch spezielle Schleifeninstruktionen möglich. Diese haben stets nur die (lokale) Zieladresse als Operand; ihre Wirkung ist ansonsten durch den Inhalt des CX–Registers bestimmt. Der Befehl JCXZ (*Jump, if* CX *zero*) verzweigt, wenn CX Null ist (ohne Veränderung von CX), während die LOOP–Instruktionen erst CX um 1 dekrementieren und dann verzweigen:

Instruktion	Verzweigungsbedingung nach Dekrementierung von CX
LOOP	wenn CX = 0
LOOPZ/LOOPE	wenn CX <> 0 **und** Z = 1
LOOPNZ/LOOPNE	wenn CX <> 0 **und** Z = 0

□

13.4.6 Subroutinen–Aufruf

Aufrufbefehle für Subroutinen müssen, wie im Abschnitt 12.4.7 allgemein dargestellt wurde, mindestens noch den PC retten, damit ein Rücksprung möglich wird. Je nach Anforderungen an den Sprungmechanismus sollten aber auch noch

- Retten der Register

- Übergeben von Parametern

- Stackmanipulation zwecks Rekursivität

- Verkettung von *stack frames* als Ariadnefaden

möglich sein. Bei CISC–Maschinen wie der VAX gibt es Übergabemechanismen, die hardwaremäßig implementiert sind und diese Bedingungen erfüllen; bei einfachen Prozessoren ist der Programmierer selbst für die erweiterten Eigenschaften des Subroutinenaufrufs verantwortlich. Außer bei veralteten Architekturen (die dennoch marktbeherrschend sein können) ist durch das Vorhandensein von Stacks eine Realisierung der obigen Anforderungen auf Ebene der Maschinensprache möglich. Deshalb wird im folgenden stets ein Stack vorausgesetzt.

13.4.7 Einfache Subroutinenaufrufe

Die Minimalversion des Subroutinenaufrufs ist diejenige, bei der nur der PC auf dem Stack gerettet wird, ansonsten aber wie üblich verzweigt wird und keinerlei Registerrettungen oder Parameterübergaben stattfinden. Dieser Fall wurde für die simulierte von–Neumann–Maschine in Aufgabe 12.4.7.11 realisiert.

Beispiel 13.4.7.1. Ein solcher Subroutinenaufruf erfolgt auf der VAX durch die Instruktionen JSB (Jump to Subroutine) und BSB*x* (Branch to Subroutine, *x* = B oder W) mit der Zieladresse als Operanden; die Rückkehr wird in allen Fällen durch die operandenlose Instruktion RSB (*Return from Subroutine*) bewirkt.
Subroutinen dieser Art deklariert man in MACRO–Assembler–Programmen einfach dadurch, daß man an einem Label L, das die Startadresse definiert, mit dem Text des Unterprogramms beginnt und dieses durch RSB abschließt. Der Aufruf der Subroutine kann dann innerhalb einer Programmsektion durch BSBW L oder BSBB L geschehen (der zweite Aufruf ist um ein Byte kürzer, erlaubt aber nur PC–relative Adressen zwischen −128 und +127 Bytes wie bei den bedingten Sprungbefehlen des 8086). Wenn die Sektion verlassen wird oder ein Wort-Displacement (16 Bits, vorzeichenbehaftet, Sprung um ±32K) innerhalb einer Sektion nicht ausreicht, ruft man die Subroutine mit JSB auf. Natürlich wird man statt L einen vernünftigen Namen für das Unterprogramm

einsetzen; es sollte hier aber klargestellt werden, daß der Name nichts anderes als eine Adresse bezeichnet. □

Beispiel 13.4.7.2.   Diese Mechanik ist beim 8086–Prozessor ähnlich. Bei einem *Intrasegment*-Unterprogramm (d.h. im selben Segment liegend) kann man das obige Beispiel analog verwenden, wobei nur CALL statt BSB*x* und RET statt RSB einzusetzen sind. Auf Maschinenebene sind die CALL– und RET–Instruktion auch für *Intersegment*-Aufrufe brauchbar, wobei der MASM–Assembler im allgemeinen Fall vom Programmierer an zwei Stellen eine Spezifikation der Aufrufart (FAR für *Intersegment*, NEAR für *Intrasegment*) erwartet: beim Beginn der Subroutinencodierung durch die Direktive

  Subroutinenname PROC Aufrufart

und beim Aufruf

  CALL Aufrufart PTR Subroutinenname

durch Attributierung des Subroutinennamens mit **Aufrufart**. Andere Möglichkeiten, CALL und RET zu verwenden, werden hier unterdrückt.
□

In beiden Fällen wird ausschließlich mit dem Stack als Zwischenspeicher für die Rücksprungadresse gearbeitet; der *stack pointer* SP wird entsprechend dekrementiert (der Stack wächst bei beiden Prozessoren mit fallenden Adressen). Bei der VAX wird SP um 4 verringert, weil der auf den Stack gelegte PC ein Langwort von 4 Bytes einnimmt. Beim 8086–Prozessor sind für einen *Intrasegment*-Aufruf nur 2 Bytes abzulegen, weil das Codesegmentregister CS nicht gerettet werden muß; im Falle eines *Intersegment*-Aufrufs wird erst der PC, dann das Codesegmentregister CS auf den Stack gelegt und SP wird um 4 dekrementiert. Der MASM–Assembler unterscheidet diese Situationen korrekt und erzwingt, daß CALL und RET den Stack stets um dieselbe Anzahl von Bytes verändern.

Für eine ausreichende Größe des Stacksegmentes hat der 8086–Programmierer selbst zu sorgen, ebenso für die Rettung der Register, eine *frame*-Struktur auf dem Stack und die Parameterübergabe. Die Prozessorarchitektur unterstützt erst ab dem 80186–Modell das Retten der Register duch einen eigenen Befehl.

Beispiel 13.4.7.3.   Eine rekursive Berechnung der Fakultät $n! := n \cdot (n-1) \ldots 2 \cdot 1$ kann im MASM–Assembler durch einen Macro FAK und eine rekursive Subroutine FAKP erfolgen, die auf geeignete Weise den Stack manipuliert:

```
FAK      MACRO       WERT      ; Rekursive Fakultät, Aufrufmacro
IFNDIF   <WERT>,<AX>           ; bedingte Assemblierung
         MOV         AX,WERT   ; Hole WERT in Akku
ENDIF                          ; Ende der bedingten Assemblierung
         PUSHREG     BX,DX     ; Register retten (Macro siehe oben)
         CALL        FAKP      ; Aufruf
         POPREG      DX,BX     ; Register restaurieren
         ENDM                  ; Ende des Macros
```

```
        FAKP      PROC  NEAR      ; Rekursive Fakultät von n in AX
                  CMP   AX,1      ; Test auf n = 1
                  JE    FAK_EINS  ; Verzweige bei gleich
                  PUSH  AX        ; n auf Stack legen
                  SUB   AX,1      ; n - 1 ist neuer Operand in AX
                  CALL  FAKP      ; Rekursiver Aufruf. Es liegt
                                  ; (n - 1)! in DX,AX
                  POP   BX        ; Hole n aus Stack nach BX
                  MUL   BX        ; Multipliziere DX,AX mit BX
                  RET             ; Ende der Prozedur im Falle n > 1
        FAK_EINS: XOR   DX,DX     ; Setze DX auf Null
                  RET             ; Fertig, weil 1 schon in AX liegt
        FAKP      ENDP            ; Ende der Prozedur
```

Natürlich ist dieses Beispiel rein akademisch; es dient zur Illustration der Stackmanipulation bei einfachen Subroutinen. □

Aufgabe 13.4.7.4. Man beschreibe, was im Falle der Berechnung von 4! auf dem Stack passiert. □

Aufgabe 13.4.7.5. Man schreibe eine MASM–Prozedur mit Aufrufmacro, die eine Fakultätsberechnung über eine Schleife realisiert und alle benötigten Register rettet. □

13.4.8 Allgemeine Unterprogrammaufrufe

Die komfortableren Unterprogrammaufrufe auf der VAX (CALLG und CALLS) benutzen einen speziellen Mechanismus zur Rettung von Registern, dem PC und dem Statuswort auf dem Stack. Sie unterscheiden sich nur in der Parameterbehandlung. Der Rücksprung ist für beide Arten gemeinsam durch die RET–Instruktion gegeben.

13.4.8.1 Entry Points und Registerrettung. Die Unterprogrammaufrufe mit CALLS und CALLG in der VAX–Architektur können nicht wie Sprünge an beliebige Adressen eines Programms, die eine Instruktion enthalten, erfolgen, sondern nur an spezielle "*Entry Points*", die durch die Direktive .ENTRY des Assemblierers erzeugt wurden. Die *Entry Points* enthalten keine Instruktion, sondern eine 16–Bit–Maske, die (unter anderem) angibt, welche der zwölf allgemeinen Register R0,...,R11 zu retten sind (Register R_i wird gerettet, wenn Bit i gesetzt ist). Wenn der Sprung an einen *Entry Point* erfolgt, werden die Register gemäß dieser Maske auf den Stack gerettet.

13.4.8.2 Stackverwaltung. Neben den geretteten allgemeinen Registern (deren Zahl verschieden sein kann und zwischen 0 und 12 liegt) werden auf jeden Fall die speziellen Register

R12 : AP : *Argument Pointer*

R13 : FP : *Frame Pointer*

R14 : SP : *Stack Pointer*

R15 : PC : *Program Counter*

auf den Stack gerettet. Hinzu kommt das laufende Statuswort (PSW) und eine
Handleradresse. Alles zusammen bildet den *stack frame* und hat bei Aufteilung in
Langworte das Format wie in Figur 38. Da der alte *Frame Pointer* gerettet ist und

Handleradresse	
Entry Point Mask	Programmstatuswort
Argument Pointer AP (R12)	
Frame Pointer FP (R13)	
Stack Pointer SP (R14)	
Program Counter PC (R15)	
Register R0 (wenn gerettet)	
Register R1 (wenn gerettet)	
Register R2 (wenn gerettet)	
Weitere gerettete Register	

Figur 38: Stack frame der VAX

der neue auf den gerade auf den Stack gelegten *frame* zeigt, hat man eine Kette von
Frame Pointers, die man als Ariadnefaden durch verschachtelte Subroutinenaufrufe
verwenden kann. Durch Inspizieren der ebenfalls geretteten *Entry Point*-Maske weiß
man, welche und wieviele Register unterhalb des PC auf dem Stack liegen.

13.4.8.3 Rücksprung. Die RET-Instruktion verwendet den Inhalt des laufenden
Frame Pointers im Register R13=FP als Zeiger auf den alten *frame* (der Stack kann
durch die Subroutine inzwischen stark verändert worden sein) und restauriert wieder
alle Register (die allgemeinen gemäß der *Entry Point*-Maske, die speziellen Register
R12–R15 immer). Die Rücksprungadresse ist ja als PC auch in dem *frame* enthalten;
so kann die Arbeit im Hauptprogramm an der richtigen Stelle und mit dem alten
Statuswort weitergeführt werden.

Das Etablieren eines *Handlers* (vgl. Abschnitt 10.1) ist dann nur eine Adressenablage
an der Stelle, die durch den Adreßwert im laufenden *Frame Pointer* angegeben ist.

13.4.9 Parameterlisten

Der *Argument Pointer* AP zeigt stets auf den Beginn einer Liste von Argumenten, die im Prinzip zwar frei programmierbar ist, aber sich doch an die Konventionen der Figur 39 halten sollte. Die Argument–Langworte selbst sind beliebig interpretierbar

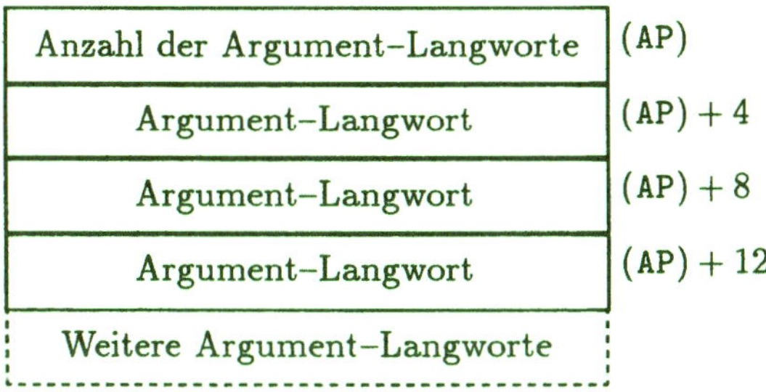

Figur 39: VAX – Parameterliste

und unterteilbar. Adressen als Argumente führen zu einem *call–by–reference*, Werte als Argumente zu einem *call–by–value*.

Die Argumentliste muß innerhalb dieses Formats vom Hauptprogramm mit genau denjenigen Werten bzw. Adressen versehen werden, die das Unterprogramm erwartet. Dabei ist die speicherplatzmäßige Plazierung der Argumentliste völlig irrelevant.

13.4.9.1 Unterprogramme mit allgemeinen Argumentlisten. In diesem Fall wird die Argumentliste nicht auf dem Stack, sondern an einer beliebigen Speicheradresse aufgebaut und übergeben. Der Subroutinenaufruf hat dann die Form

```
CALLG Argumentlisten-Adresse, Subroutinen-EntryPoint
```

13.4.9.2 Unterprogramme mit Argumenten auf dem Stack. Wenn die Argumentliste sich auf dem Stack befindet, hat man erst den Stack mit einer Anzahl A von Langworten als Parameter zu belegen und dann den Aufruf mit

```
CALLS A,Subroutinen-EntryPoint
```

durchzuführen. Dabei ist zu bedenken, daß der Stack ein LIFO–Speicher ist; man hat also die Argumente in umgekehrter Reihenfolge auf den Stack zu legen. In der Praxis macht man die Parameterübergabe ohnehin durch Macros; dann sieht die Aufruftechnik nicht wesentlich anders aus als in Hochsprachen.

13.5   Beispiele

13.5.1   Strukturierte Assemblerprogrammierung

Es ist besonders schwierig, auf der Ebene der Assemblersprache die im Kapitel 2 aufgestellten Regeln zur strukturierten Programmerstellung zu befolgen. Allerdings tritt diese Ebene erst sehr spät, als Endstufe eines langen Verfeinerungsprozesses, bei der Realisierung von Algorithmen auf. Umfangreiche Probleme sollten stets auf höherer Sprachebene formuliert werden; erst die unterste Schicht, die dann nur noch aus vielen kleinen, fest umrissenen Teilaufgaben besteht, sollte im Assembler ausgeführt werden. Aber auch dann ist ein Vorgehen in Ebenen innerhalb der Assemblerprogrammierung nützlich, um eine größtmögliche Sicherheit zu gewährleisten. Einige Regeln sollte man sich dabei von vornherein merken:

- Die oberste Ebene der Assemblerprogrammierung verwendet fast ausschließlich Macros. Alle etwas komplexeren Teilvorgänge, die sich abspalten lassen, sind abzuspalten (im allgemeinen als Subroutinen mit Aufrufmacros) und in untere Ebenen zu verlegen.

- Öfter vorkommende Reservierungsdirektiven für komplexere Datenstrukturen sind auch als Macros zu formulieren (vgl. die als Beispiel angegebene Reservierung eines Elementes einer verketteten Liste). Man bilde dabei möglichst große Datenblöcke. Die Programmstücke sollten aber unbedingt so klein wie möglich gehalten werden.

- Alle mehrfach benutzten Programmstücke sind als Subroutinen zu formulieren; alle in höheren Ebenen oder mehrfach benutzten Subroutinen sind über Macros aufzurufen. Dabei ist immer auf eine korrekte Parameterübergabe und die notwendige Registerrettung zu achten. Alle Aufrufmacros sind mit den zugehörigen Subroutinen gründlich und einzeln zu testen, bevor sie in größere Programme eingebaut werden. Die Aufrufmacros sind ein Schutz der Subroutine vor falschem Aufruf und erleichtern auf höherer Ebene die Benutzung der Routine, weil man sich nicht mehr um die die einzelnen Instruktionen zur Vor—und Nachbereitung des Aufrufs ("*calling sequence*") kümmern muß.

- Bei der Macroprogrammierung mache man extensiven Gebrauch von testenden bedingten Direktiven, um einerseits die Programmsicherheit, andererseits die Effizienz zu erhöhen.

- Soweit verfügbar, benutze man die Typenprüfungen des Assemblierers.

- Ein Assemblerprogramm sollte stets mehr Kommentar als Programmtext enthalten.

13.5.2   Konvertierung von Bytes in hexadezimale ASCII-Zeichen

Es soll eine Subroutine im VAX–MACRO–Assembler geschrieben werden, die eine Folge von Bytes in eine druckbare hexadezimale Darstellung konvertiert. Dazu muß das Bitmuster in Stücken von je 4 Bits ("*nibbles*") inspiziert und in die ASCII-Zeichen für 0 bis 9, A bis F umgewandelt werden. Weil das Byte mit der höchsten Adresse das

signifikanteste ist, muß man die Bytefolge rückwärts durchlaufen und das letzte *nibble*
zuerst bearbeiten. Das eigentliche Ausgeben besorgt eine andere Routine; hier soll nur
die Erzeugung eines ASCII–Strings mit entsprechendem Inhalt dargestellt werden.

Der Subroutinenaufruf erfolgt durch CALLS, wobei als die drei Argumente

1. die Zahl NUMBER der zu konvertierenden Bytes (Langwort oder Direktwert, *call by value*)

2. die Anfangsadresse SOURCE der Bytefolge (Byte–Adresse, *call by reference*)

3. die Anfangsadresse DESTIN des ASCII–Strings als Folge von Bytes (Byte–Adresse, *call by reference*)

in umgekehrter Reihenfolge auf den Stack gelegt werden müssen. Dies besorgt ein
Macro, der zwecks Vereinfachung der Mnemonik denselben Namen wie die Subroutine
hat (CVXA = *ConVert heXadecimal to Ascii*):

```
.MACRO   CVXA NUMBER,SOURCE,DESTIN   ; Macro-Beginn
PUSHAB   DESTIN                      ; 3. Argument, call-by-reference
PUSHAB   SOURCE                      ; 2. Argument, call-by-reference
PUSHL    NUMBER                      ; 1. Argument, call-by-value
CALLS    #3,CVXA                     ; Subroutinenaufruf, 3 Argumente
.ENDM                               ; Ende des Aufrufmacros.
```

Die Kommentare zur Routine CVXA werden aus Platzgründen im Kommentarteil nur
numeriert und hier getrennt aufgelistet:

1. Mit einer .ENTRY-Direktive beginnt die Routine CVXA. In spitzen Klammern
   werden die zu rettenden Register R2 bis R7 spezifiziert; der Assemblierer bildet
   daraus die vom Maschinencode gebrauchte 16–Bit–Maske.

2. Der Wert des ersten Arguments NUMBER wird nach R5 gebracht (relativ–indirekte
   Adressierung mit dem Argument Pointer AP, *call–by–value*, vgl. Figur 39).

3. Die Adresse SOURCE wird analog nach R7 gebracht (*call by–reference*).

4. Auf SOURCE in R7 wird NUMBER addiert. Jetzt enthält R7 die Adresse des auf den
   Quellstring SOURCE folgenden Bytes.

5. Die Adresse DESTIN wird nach R3 geschafft.

6. Register R4 soll eine Laufvariable enthalten, die hier mit 1 in Direktwertadressierung initialisiert wird.

7. Mit dem Label 10$ beginnt die Umkodierungsschleife. Durch die Autodekrementadressierung −(R7) wird im Quellstring rückwärts adressiert, und zwar
   vom letzten Byte an. Der Befehl MOVZBL bewirkt die Konversion "*Zero–
   Extended Byte to Longword*" und schafft somit das gewünschte Byte unter
   Nullenauffüllung in des Register R2.

8. In den beiden EXTZV-Instruktionen wird ein Bitfeld der Länge 4, von Position 4
   bzw. 0 ab (also das "höhere" bzw. "niedrigere" *nibble*) aus R2 nach R6 unter
   Nullenauffüllung extrahiert. Diese Instruktion wurde im Abschnitt 13.3.10 näher
   erläutert.

9. Der Wert in R6 liegt dann zwischen 0 und 15 und kann als Index der Tabelle ASCTAB verwendet werden, um das richtige ASCII-Zeichen herauszusuchen. Deshalb wird R6 einfach als Indexregister genommen; es bleibt dem Assemblierer überlassen, die Adresse von ASCTAB zu bilden (z.B. PC-relativ). Das Wegspeichern des ASCII—Bytes erfolgt mit MOVB durch Autoinkrement—Adressierung auf dem Register R3. Dadurch wird in DESTIN automatisch richtig weitergezählt.

10. Das Ende der Schleife bildet der Befehl *"Add One and Branch on Less or Equal"*, der 1 auf R4 addiert, mit R5 vergleicht und die Schleife beim Label 10$ wiederholt, wenn R4$\leq$R5 gilt.

```
            .ENTRY   CVXA,^M<R2,R3,R4,R5,R6,R7>      ; 1)
            MOVL     4(AP),R5                         ; 2)
            MOVL     8(AP),R7                         ; 3)
            ADDL2    R5,R7                            ; 4)
            MOVL     12(AP),R3                        ; 5)
            MOVL     #1,R4                            ; 6)
   10$:     MOVZBL   -(R7),R2                         ; 7)
            EXTZV    #4,#4,R2,R6                      ; 8)
            MOVB     ASCTAB[R6],(R3)+                 ; 9)
            EXTZV    #0,#4,R2,R6                      ; 8)
            MOVB     ASCTAB[R6],(R3)+                 ; 9)
            AOBLEQ   R5,R4,10$                        ; 10)
            RET                                       ;
   ASCTAB:  .ASCII   '0123456789ABCDEF'              ; ASCII-Codes
```

Wenn man das obige Programm unter Weglassung des Macros und der Kommentare assembliert, erhält man bis auf einige Redaktionsarbeiten den in Tabelle 28 dargestellten Output. Darin erkennt man in der Spalte PC die laufenden Adressen vom Beginn der Sektion an. Die dort abgelegten Bytes des Maschinencodes sieht man links davon in hexadezimaler linksläufiger Schreibweise. Man hat z.B.

- den Instruktionscode 90 für MOVB

- direkte Adressierung von Rn durch Code 5n

- Festwertadressierung für i durch Code 0i

- Autoinkrementadressierung (Ri)+ durch Code 8i

- Autodekrementadressierung -(Ri) durch Code 7i

Die durch einen Apostroph gekennzeichneten Adreßausdrücke sind noch nicht endgültig; sie werden noch eventuell vom Linker modifiziert. Es ist deutlich zu erkennen, daß die Adreßausdrücke im Mittel gegenüber den logischen 32—Bit—Adressen erheblich kürzer sind.

```
Maschinencode       |      Assemblercode
                Code
Codes         der Ope-
der Operanden ration |PC    Befehl  Assemblercode
--------------------------------------------------------------
                     0000   1       .PSECT  CVXA
           00FC      0000   2       .ENTRY CVXA,
                                        ^M<R2,R3,R4,R5,R6,R7>
    55    04 AC    D0 0002   3       MOVL  4(AP),R5
    57    08 AC    D0 0006   4       MOVL  8(AP),R7
          57    55 C0 000A   5       ADDL2 R5,R7
    53    0C AC    D0 000D   6       MOVL  12(AP),R3
          54    01 D0 0011   7       MOVL  #1,R4
          52    77 9A 0014   8 10$:MOVZBL -(R7),R2
 56 52 04    04    EF 0017   9       EXTZV  #4,#4,R2,R6
83 00000036'EF46   90 001C  10       MOVB ASCTAB[R6],(R3)+
 56 52 04     0    EF 0024  11       EXTZV  #0,#4,R2,R6
83 00000036'EF46   90 0029  12       MOVB ASCTAB[R6],(R3)+
    DF 54    55    F3 0031  13       AOBLEQ  R5,R4,10$
                   04 0035  14       RET
35 34 33 32 31 30    0036   15 ASCTAB: .ASCII  '0123456789ABCDEF'
42 41 39 38 37 36
       46 45 44 43    0042
                      0046   16              .END  CVXA
```

Tabelle 28: Konversionsprogramm in VMS–MACRO

13.5.3 Konversion in eine ungepackte Dezimalzahl

Im MASM–Assembler sei ein Macro CVTWDA zu schreiben, der ein Wort von 16 Bits als zeichenbehaftete ganze Zahl auffaßt und eine Folge von ASCII–Zeichen erzeugt, die den Wert dezimal beschreibt (ASCII–codierte ungepackte Dezimalzahl). Der Macro (vgl. Tabelle 29) ruft eine Subroutine CVTWDAP auf, die wiederum eine lokale Subroutine CDIG hat, die eine einzelne Dezimalziffer berechnet. Um die Verhältnisse bei Mikroprozessoren zu veranschaulichen, wurde bewußt auf Multiplikations– und Divisionsbefehle verzichtet. Der Vorsatz Typ PTR vor einer Operandenadresse zwingt den Assemblierer zur Annahme des durch Typ angegebenen Datentyps, auch wenn die ursprüngliche Reservierungsdirektive sich auf einen anderen Typ bezog.

Die Tabelle 30 zeigt eine leicht bearbeitete Assemblerliste des Unterprogramms CDIG mit numerierten Kommentaren:

1. Die lokale Prozedur CDIG berechnet eine Dezimalziffer in CL durch sukzessives Subtrahieren des Wertes in DX vom Akku AX. Sie wird viermal nacheinander aufgerufen, und zwar für die Werte 10000, 1000, 100 und 10 in DX. In CH wird

```
          MACRO      WOR,ASC              ; Konversion WOR→ ASC
IF        (SIZE ASC) LT 6                 ; Assemblerfehler,
          .ERR                            ; wenn < 6 Bytes in ASC,
ENDIF                                     ; weil −12345 = 6 Zeichen.
          PUSH       WORD PTR WOR         ; Call-by-value WOR, auf Stack.
          LEA        AX, WORD PTR ASC     ; Call-by-reference ASC,
          PUSH       AX                   ; auf Stack .
IFNDEF    CVTWDAP                         ; Wenn CVTWDAP nicht schon
          EXTRN      CVTWDAP:NEAR         ; definiert ist: als NEAR
ENDIF                                     ; deklarieren.
          CALL       CVTWDAP              ; Aufruf der Prozedur CVTWDAP.
          ADD        SP,4                 ; Stack bereinigen.
          ENDM                            ; Ende des Aufrufmacros.
```

Tabelle 29: Macro zum MASM–Konversionsprogramm

die Quersumme der Ziffern angesammelt, um führende Nullen nicht ausgeben zu müssen.

2. Die Schleife wird verlassen, wenn AX negativ geworden ist. Deshalb müssen AX und CL "repariert" werden: es wurde ein Vielfaches von DX zuviel abgezogen.

3. Hier wird die Quersumme weiter berechnet. Der folgende Sprungbefehl vermeidet die Codierung führender Nullen.

4. Der Wert des zweiten Operanden ist der ASCII–Code des Zeichens 0. Weil die Ziffern innerhalb des ASCII–Codes aufeinander folgen, erhält man die ASCII–Codes aller Ziffern durch Addition der Werte auf den ASCII–Code von 0.

5. Mit indirekter Adressierung wird der ASCII–Code des gefundenen Zeichens abgespeichert. Das Basisregister ist BX, das implizite Segmentregister ist DS.

6. Dieser Befehl löscht CL.

7. Das Basisregister wird erhöht, weil ein Zeichen abgespeichert wurde. Auf der VAX hätte man die Autoinkrement–Adressierung auf dem Basisregister genommen.

In Tabelle 31 steht die Assemblerliste der Prozedur CVTWDAP. Dabei wird vorausgesetzt, daß AX nicht gerettet zu werden braucht.

Die Prozedur beginnt mit einer typischen Instruktionsfolge zur Stackmanipulation mit Registerrettung und Parameterübergabe. Weil man später die Argumente mit indirekter Adressierung aus dem Stacksegment holen möchte, braucht man das einzige dafür geeignete Register BP, das aber dann zuerst gerettet werden muß. Der *stack pointer* SP sollte außer beim Vernichten von Argumenten nach dem Rücksprung (siehe den letzten Befehl des Aufrufmacros) nicht direkt manipuliert werden; er wird nach BP übernommen. In dieser Situation befinden sich der alte BP, die Rücksprungadresse, die Adresse von ASC und das Wort WOR auf dem Stack. Letztere haben den *Offset* 4 bzw. 6 zum Wert von BP, sind also durch die Relativadressen 4[BP] und 6[BP]

```
Offset  Code        Labels    Befehle Operanden        Kommentare
------------------------------------------------------------------
00EC                CDIG      PROC    NEAR             ;
00EC                DIG1:                              ; 1)
00EC    FE C1                 INC     CL               ;
00EE    2B C2                 SUB     AX,DX            ;
00F0    7D FA                 JGE     DIG1             ;
00F2    03 C2                 ADD     AX,DX            ; 2)
00F4    FE C9                 DEC     CL               ;
00F6    02 E9                 ADD     CH,CL            ; 3)
00F8    74 08                 JZ      NODIG1           ;
00FA    80 C1 30              ADD     CL,BYTE PTR ''0''; 4)
00FD    88 0F                 MOV     [BX],CL          ; 5)
00FF    32 C9                 XOR     CL,CL            ; 6)
0101    43                    INC     BX               ; 7)
0102                NODIG1:
0102    C3                    RET
                    CDIG      ENDP
```

Tabelle 30: MASM–Programm zur Ziffernkonversion

zu erreichen. Danach werden die anderen Register durch den oben beschriebenen
rekursiven Macro PUSHREG auf den Stack gerettet, was zwar SP, aber nicht mehr BP
verändert. Die folgenden MOV–Instruktionen holen also die Argumente des Macros
korrekt in die Register.

Der Rest der Prozedur dürfte dann unmittelbar klar sein; es wird zuerst auf Positivität
getestet und bei Bedarf ein ASCII–Minuszeichen erzeugt, ansonsten werden durch
viermaliges Aufrufen von CDIG die ersten vier Ziffern (abgesehen von führenden Nullen)
generiert. Die letzte Ziffer liegt dann zwischen 0 und 9 und kann direkt konvertiert
und gespeichert werden.

Bemerkung 13.5.3.1. In den Beispielen zur MASM–Programmierung wurde zu
Demonstrationszwecken die Registerrettung (bis auf den Akkumulator AX) in allen
Fällen durchgeführt, obwohl man sich auch darauf verständigen könnte, daß nur die
Segmentregister und die Basisregister BP und SP zu retten sind, die anderen Register
aber stets "vogelfrei" bleiben. □

Bemerkung 13.5.3.2. Eine weitergehende Darstellung der Assemblerprogrammierung inklusive der unumgänglichen praktischen Übungen muß Spezialveranstaltungen
überlassen bleiben; hier konnte nur in die allgemeinen Prinzipien propädeutisch eingeführt werden, um die für das Verständnis der Prozessorarchitektur nötigen Grundlagen bereitzustellen.

Auch ist in einem in Buchform komprimierten Text die Fülle des in einer Vorlesung
üblicherweise gebotenen Beispielmaterials nicht adäquat wiederzugeben. □

```
Labels     Befehle Operanden       Kommentare
------------------------------------------------------------
CVTWDAP    PROC    NEAR            ; ConVerT Wort in Decimal Ascii
           PUSH    BP              ; BP retten
           MOV     BP,SP           ; SP festhalten in BP
           PUSHREG BX,CX,DX        ; Registerrettung
           MOV     BX,4[BP]        ; Adresse von ASC in BX
           MOV     AX,6[BP]        ; Wert von WOR in AX
           XOR     CX,CX           ; Nullsetzen von CX
           SUB     AX,0            ; Zeichen von AX testen
           JGE     NONNEG          ; Wegspringen, wenn AX >= 0
           NEG     AX              ; Negieren von AX
           MOV     [BX],BYTE PTR ''-''; Minuszeichen wegspeichern
           INC     BX              ; Basisregister inkrementieren
NONNEG:                            ; Beginn der Ziffernberechnung.
                                   ; AX ist >= 0
           MOV     DX,10000        ; Zehntausenderstelle
           CALL    CDIG            ;
           MOV     DX,1000         ; Tausenderstelle
           CALL    CDIG            ;
           MOV     DX,100          ; Hunderterstelle
           CALL    CDIG            ;
           MOV     DX,10           ; Zehnerstelle
           CALL    CDIG            ; Danach bleibt Einerstelle
           ADD     AL,BYTE PTR ''0''; Direktkonversion wie in CDIG
           MOV     [BX],AL         ; Wegspeichern der Einerstelle
           POPREG  DX,CX,BX        ; Register restaurieren
           POP     BP              ; BP restaurieren
           RET                     ; Rücksprung
CVTWDAP    ENDP
```

Tabelle 31: MASM–Konversionsprogramm

Literatur

[1] **Aho, A. V. / Sethi, R. / Ullman, J. D.** Compilers: Principles, Techniques, and Tools. Addison–Wesley 1986

[2] **Baase, S.** VAX–11 Assembly Language Programming. Prentice–Hall 1983

[3] **Bauer, F. L.**: Advanced Course on Software Engineering. *Lecture Notes in Economics and Mathematical Systems* **81** Springer 1973

[4] **Bauer, F. L. / Goos, G.**: Informatik. Eine einführende Übersicht. *Heidelberger Taschenbücher* **80, 91** Springer 3.Aufl. 1982, 1984

[5] **Bauer, F. L. / Wössner, H.**: Algorithmische Sprache und Programmentwicklung. Springer 2.Aufl. 1984

[6] **Bauknecht, K./ Zehnder, C. A.**: Grundzüge der Datenverarbeitung. *Leitfäden der angewandten Informatik* Teubner 3.Aufl. 1985

[7] **Bode, A./ Haendler, W.**: Rechnerarchitektur I und II. Springer 3.Aufl. 1980 und 1983

[8] **Bourne, S. R.**: The UNIX System. Addison-Wesley 1982

[9] **Brauer, W.** Automatentheorie. *Leitfäden und Monographien der Informatik* Teubner 1984

[10] **Chomsky, N.**: Aspekte der Syntax-Theorie. Suhrkamp 1969

[11] **Claus, V.**: Einführung in die Informatik. *MLG = Mathematik für das Lehramt an Gymnasien* Teubner 1975

[12] **Dahl, O.-J. / Dijkstra, E.W. / Hoare, C. A. R.**: Structured Programming. *A.P.I.C. Studies in Data Processing* **8** Academic Press 1972

[13] VAX Architecture Handbook. Digital Equipment Corporation 1979/80

[14] VAX Hardware Handbook. Digital Equipment Corporation 1982/83

[15] VAX Software Handbook. Digital Equipment Corporation 1981/82

[16] **Dirks, C. / Krinn, H.**: Mikrocomputer. Kohlhammer 2.Aufl. 1977

[17] **Gewald, K. / Haake, G. / Pfadler, W.**: Software Engineering: Grundlagen und Technik rationeller Programmentwicklung. *Reihe Datenverarbeitung* Oldenbourg 1977

[18] **Giloi, W. K.** Rechnerarchitektur. *Heidelberger Taschenbücher* **208** Springer 1981

[19] **Goldschlager, L. / Lister, A.**: Informatik. Eine moderne Einführung. *Hanser Studienbücher* Hanser 1984

[20] **Gries, D. (Ed.)**: Programming Methodology. A Collection of Articles by Members of IFIP WG 2.3. Springer 1978

[21] **Gries, D.**: The Science of Programming. *Texts and Monographs in Computer Science* Springer 2.Aufl. 1983

[22] **Habermann, A. N.**: Introduction to Operating System Design. *SRA Computer Science Series* Science Research Associates 1976

[23] **Hermes, H.**: Aufzählbarkeit, Entscheidbarkeit, Berechenbarkeit. *Heidelberger Taschenbücher* **87** Springer 3.Aufl. 1978

[24] **Hofmann, F.**: Betriebssysteme: Grundkonzepte und Modellvorstellungen. *Leitfäden der angewandten Informatik* Teubner 1984

[25] **Hofstadter, D. R.**: Gödel, Escher, Bach: ein Endlos Geflochtenes Band. Klett-Cotta 1985

[26] **Horowitz, E.**: Fundamentals of Programming Languages. Springer 1983

[27] **Jackson, M. A.**: Grundsätze des Programmentwurfs. Toeche-Mittler, Darmstadt 2.Aufl. 1980

[28] **Jensen, K. / Wirth, N.**: PASCAL User Manual and Report. ISO PASCAL Standard. Springer 3.Aufl. 1985

[29] **Katzan, H. Jr.**: Computerorganisation und das System /370. *Verfahren der Datenverarbeitung* Oldenbourg 1974

[30] **Kenah, L. J. / Bate, S. F.**: VAX/VMS Internals and Data Structures. Digital Press 1984

[31] **Kernighan, B. W. / Plauger, P. L.**: Programmierwerkzeuge. Springer 1980

[32] **Knuth, D. E.** The Art of Computer Programming. 3 Bände, Addison–Wesley 1969–1973

[33] **Kulisch, U. / Miranker, W. L.**: Computer Arithmetic in Theory and Practice. Academic Press 1981

[34] **Maser, S.**: Grundlagen der allgemeinen Kommunikationstheorie. Kohlhammer 1971

[35] **Mehlhorn, K.** Datenstrukturen und effiziente Algorithmen: Band 1 Sortieren und Suchen. *Leitfäden und Monographien der Informatik* Teubner 2. Aufl. 1985

[36] **Morris, C. W.**: Zeichen, Sprache und Verhalten. Pädagogischer Verlag Schwann, Düsseldorf 1973 New York 1946

[37] **Noltemeier, H.**: Informatik I : Einführung in Algorithmen und Berechenbarkeit. Hanser 1981

[38] **Noltemeier, H. / Laue, R.**: Informatik II : Einführung in Rechnerstrukturen und Programmierung. Hanser 1984

[39] **Noltemeier, H.**: Informatik III : Eine Einführung in Datenstrukturen. Hanser 1982

[40] **Ottmann, T. / Widmayer, P.**: Programmieren in PASCAL. *Teubner Studienskripten* **84** Teubner 3.Aufl. 1986

[41] **Postman, N.**: Das Verschwinden der Kindheit. S. Fischer 7.Aufl. 1984

[42] **Richter, L.**: Betriebssysteme. *Leitfäden und Monographien der Informatik* Teubner 2. Aufl. 1985

[43] **Schneider, H. J. (Hrsg.)**: Lexikon der Informatik und Datenverarbeitung. Oldenbourg 1983

[44] **Schumny, H.**: Taschenrechner und Mikrocomputer Jahrbuch 1981, Anwendungsbereiche, Produktübersichten, Programmierung, Entwicklungstendenzen. Vieweg

[45] **Sebesta, R. W.**: VAX-11 Structured Assembly Language Programming. Benjamin/Cummings 1984

[46] **Schmitt, G.** Mikrocomputertechnik mit dem 16–Bit–Prozessor 8086. Oldenbourg 1986

[47] **Shannon, C. E.**: The Mathematical Theory of Communication. University of Illinois Press 1949, Neudruck 1964

[48] **Silvester, P. P.**: The UNIX System Guidebook. Springer 1984

[49] **Simon, H. A. / Newell, A.**: Heuristic Problem Solving : The Next Advance in Operations Research. in: *Operations Research* **6**, 1958

[50] **Steinbuch, K.**: Automat und Mensch. Springer 4. Aufl. 1971

[51] **Waldschmidt, E. H. / Walter, G.**: Grundzüge der Informatik I. *Reihe Informatik* **/43** Bibliographisches Institut 1984

[52] **Waldschmidt, E. H. / Walter, G.**: Grundzüge der Informatik II. *Reihe Informatik* **/52** Bibliographisches Institut 1986

[53] **Watzlawick, P.**: Anleitung zum Unglücklichsein. Piper 20.Aufl. 1983

[54] **Weinhart, K. (Hrsg.)**: Informatik im Unterricht. Oldenbourg 1979 (enthält diverse Beiträge von F.L. Bauer über strukturierte Programmierung)

[55] **Weizenbaum, J.**: Die Macht der Computer und die Ohnmacht der Vernunft. *Suhrkamp Taschenbuch Wissenschaft 274* Suhrkamp 1977

[56] **Wettstein, H.**: Architektur von Betriebssystemen. Hanser 2.Aufl. 1984

[57] **Wirth, N.**: Programming in MODULA-2. Springer 2.Aufl. 1983

[58] **Wirth, N.**: Compilerbau. *Teubner Studienbücher Informatik* Teubner 3.Aufl. 1984

[59] **Wirth, N.**: Systematisches Programmieren. *Teubner Studienbücher* Teubner 5.Aufl. 1985

Steuersprachenkommandos

PASCAL–EBNF–Nichtterminalsymbole

Reservierte PASCAL–Symbole

Vordefinierte PASCAL–Bezeichner

N

Nachbedingung 42
Nachladen 273
Nachricht 1
    Meta– 2
Nachrichtenübertragung 6
Name 19
    logischer 249
    physikalischer 249
Nassi–Shneiderman–Diagramm 72
Negation 80
Netzknoten 243
Netzplantechnik 76
Neumann, J. von 261, 262
Newell, A. 77
Nichtterminalzeichen 108
node 243
Normalformproblem 104
Notation, polnische 95

O

Objekt 38
    –code 253
    –programm 253
    Standard– 18
offset 277, 281, 282, 287, 306
Operand 30
Operation 30, 38
    auf ganzen Zahlen 317
    bedingte 56, 175
        Diagrammschreibweise 72
    bewachte 74
    Deklaration 31
    Gleitkomma– 324
    Standard 35
    Typ 32
    zusammengesetzte 35, 174
Operationen auf Directories 248
Operationen, sequentielle 37
Operator 93
Ordnungsrelation 92
Ordnung, lexikographische 92
Orthogonaler Instruktionssatz 314
Orwell, G. 106
Output 44

overflow 146, 213, 316
    integer 141

P

Paarmenge 91
packed decimal 325
page 277
    –faults 277
paging 274, 277
parallele Formularauswertung 156
Parallelverarbeitung 46, 162, 267
Parameter 53
    –liste 162, 167
    Aktual– 53, 175
    bei Macros 311
    Formal– 48, 53
    Funktionsprozeduren als 168
    Prozeduren als 168
    –übergabe 295, 333, 337
    von Kommandoprozeduren 259
Parität 8
Parsing 107, 113, 129, 135, 154
    bottom–up– 113
    top–down– 113
partiell definiert 93
PASCAL 136
    –Programm 165
    –SC 136
PC, program counter 282
    –relative Adresse 287
PCM 270
Peano 97
Periphere Geräte 261
Philosophenproblem 224
pipe 239, 240
Pipelining 267
PL/1 213
Plattenspeicher 273
Plotter 240
polnische Notation 95
POP 207, 296
Postfix–Notation 95
Postman, N. 106
Potenzmenge 90
Prädikat 86

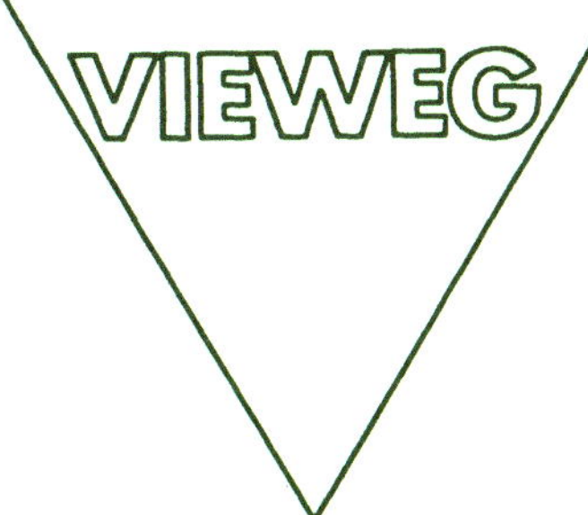

Otto Lange und Gerhard Stegemann

Datenstrukturen und Speichertechniken

2., durchges. Aufl. 1987. X, 254 S. mit 76 Abb., 9 Tab. und zahlr. Beispielen. 16,2 x 22,9 cm. Kart.

Der Inhalt dieses Buches ist aus mehreren Grundlagenvorlesungen ausgewählt und richtet sich an Studenten von Universitäten und Fachhochschulen der Bereiche Elektrotechnik, Informatik, Technische Informatik und Betriebswirtschaft.

Für diese sind Kenntnisse über Datenstrukturen unverzichtbar. Das Wissen über die mathematischen Modelle, die programmiersprachliche formale Beschreibung von Datenstrukturen und die Techniken der Darstellung von Datenstrukturen in Speichern gehören als Grundlagen heute zum Rüstzeug.

Voraussetzungen zum Verständnis des Lehrstoffs sind die Grundlagen der elektronischen Datenverarbeitung sowie Kenntnisse in wenigstens einer Programmiersprache.

Die Darstellung des Stoffes ist durch die zahlreichen Beispiele anschaulich. Eine mathematische Formalisierung erfolgt nur soweit, wie sie zur präzisen Darstellung notwendig ist.

Karl-Heinz Becker und Günther Lamprecht

Einführung in die Programmiersprache Pascal

3., durchges. Aufl. 1986. VI, 161 S. 16,2 x 22,9 cm. Kart.

Die Programmiersprache Pascal wird in diesem Buch anhand von Beispielen erläutert, die der Leser unmittelbar auf einem Kleinrechner (Terminal oder personal computer) interaktiv ausprobieren kann. Da für das Verständnis keine umfangreiche mathematischen Vorkenntnisse erwartet werden, können sich sowohl Schüler in der Sekundarstufe II als auch Studenten der Anfangssemester die Programmiersprache Pascal im Selbststudium aneignen.

Für die Anwender besitzt die Programmiersprache Pascal leider eine Reihe von Fehlermöglichkeiten (Beispiele: Eingaben von Werten, Dateibehandlung, Überlagerung von RECORDs, diverse Spracherweiterungen bei konkreten Compilern). Das Buch geht auf diese Schwierigkeiten ausführlich ein und hilft dadurch dem angehenden Pascal-Programmierer, diese Fehler zu vermeiden.

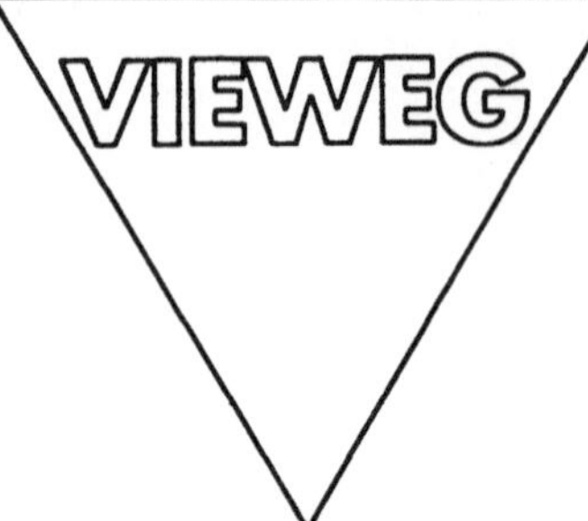

Ekkehard Kaier und Edwin Rudolfs

Turbo Pascal-Wegweiser für Mikrocomputer
Grundkurs + Aufbaukurs + Übungen zum Grundkurs

Diese Wegweiser-Bücher informieren umfassend über die grundlegenden Anwendungsmöglichkeiten, die Turbo Pascal unter den Betriebssystemen CP/M, MS-DOS und MSX-DOS bietet:
- Entwicklung von Software;
- Bedienung des Turbo Pascal-Systems;
- Übungsaufgaben und Lösungen zum Vertiefen der Pascal-Kenntnisse.

Grundkurs zum Programmieren mit Turbo Pascal für Einsteiger:
Welche Sprachmittel stehen zur Programmierung von Folge-, Auswahl- und Wiederholungsstrukturen zur Verfügung? Wie nutzt man Prozeduren und Funktionen als Unterprogramme? Wie setzt man die einfachen Datentypen INTEGER, BATE, REAL, CHAR und BOOLEAN ein? Welche Datentypen kann der Benutzer selbst vereinbaren? Was zeichnet die strukturierten Datentypen String und Array aus? Wozu dienen typisierte Konstanten?

Aufbaukurs zum Programmieren mit Turbo Pascal für Fortgeschrittene:
- Datenstrukturen Set (Menge) und Record (Verbund).
- Datenstruktur File (Datei) als datensatzorientierte Datei, Textdatei und nicht-typisierte Datei.
- Pointer (Zeiger) zur Erzeugung dynamischer Datenstrukturen.
- Direkte Rekursion und indirekte Rekursion (Forward-Vereinbarung).
- Verfahren zum Suchen, Sortieren, Mischen und Gruppieren.
- Dateiorganisation sequentiell, im Direktzugriff und index-sequentiell.
- Stapel und Schlange als statische und dynamische Strukturen.
- Einfach und doppelt verkettete Listen.
- Grundlegende Operationen mit Binärbäumen.

Übungen zum Grundkurs:
156 Aufgaben mit kompletten Lösungen und 120 Programmbeispielen zum Anwenden, Vertiefen und Selbsttesten der eigenen Programmierfähigkeiten.